"十四五"职业教育国家规划教材
"十三五"职业教育国家规划教材
"十二五"职业教育国家规划教材

中国电力教育协会职业院校电力技术类专业精品教材

变电站综合自动化技术

第三版

主　编　丁书文　侯　娟
副主编　贺军荪　程　岚　吴娟娟
编　写　郭晓敏　胥俊岩
主　审　唐志军

中国电力出版社
CHINA ELECTRIC POWER PRESS

内 容 提 要

本书基于"工学结合""项目导向"和"岗课融合"的教学理念，教材内容紧密结合变电站综合自动化技术和智能变电站技术原理及实际应用，依据行业规范、职业标准，对接岗位工作流程，融入"1+X"证书要求，融入微课、视频、动画等媒体资源，融入课程思政内容，采用项目教学、任务驱动的"教、学、做"一体化教学模式编写而成。

本书设计了九个学习项目，包括认识变电站综合自动化系统、变电站综合自动化系统的信息采集测量及传输、变电站综合自动化的监控系统、智能变电站自动化系统认知、智能变电站过程层设备及技术应用、智能变电站的间隔层、智能变电站的站控层设备及监控系统、智能变电站的高级应用功能认知、智能变电站的监控辅助系统。内容由浅入深、通俗易懂、实用性强，是实训操作与理论学习的指导教材。

本书适合作为职业院校电力技术类、自动化类专业教材及应用技术型本科、高职本科教材，也可作为变电站综合自动化技术和智能变电站技术生产人员、技术人员和管理干部的技能培训教材，以及电力工程技术人员的参考用书。

图书在版编目（CIP）数据

变电站综合自动化技术/丁书文，侯娟主编．—3版．—北京：中国电力出版社，2024.10
ISBN 978－7－5198－7668－5

Ⅰ.①变… Ⅱ.①丁…②侯… Ⅲ.①变电所－综合自动化系统－高等职业教育－教材 Ⅳ.①TM63

中国国家版本馆CIP数据核字（2023）第051058号

出版发行：	中国电力出版社
地　　址：	北京市东城区北京站西街19号（邮政编码100005）
网　　址：	http://www.cepp.sgcc.com.cn
责任编辑：	陈　硕（010－63412532）
责任校对：	黄　蓓　王小鹏
装帧设计：	赵姗姗
责任印制：	吴　迪
印　　刷：	三河市航远印刷有限公司
版　　次：	2024年10月第三版
印　　次：	2024年10月北京第一次印刷
开　　本：	787毫米×1092毫米　16开本
印　　张：	17
字　　数：	418千字
定　　价：	56.00元

版 权 专 有　侵 权 必 究

本书如有印装质量问题，我社营销中心负责退换

前 言

随着国家加快构建新型电力系统、规划建设新型能源体系的大力推进，作为数智化坚强电网建设发展的重要环节，智能变电站的建设和变电站的智能化改造正被推广和大量应用。自动化、智能化、信息化等技术充分融入变电站建设，新标准规程及新设备、新技术、新知识、新工艺应用于变电站现场，现有的变电站综合自动化技术不断演进，将逐渐被智能变电站技术替代。

变电站技术发展的日新月异，对本领域的专业人员和职业院校电力、电气专业的教材建设提出了新的要求。作为职业院校电力技术类专业和电气自动化类专业的核心课程，"变电站综合自动化技术"的教学内容也要紧随变电站现场技术的发展及时更新，进一步优化变电站综合自动化技术技能知识，熟知和掌握变电站已经普及应用的变电站综合自动化技术，同时融入电力行业新标准规程、介绍新技术、熟悉新设备、学习新知识，充实和扩展智能变电站技术及应用，服务于职业院校教学和电力行业职工技能培训的知识更新需求。

作为一本基于"工学结合"和"项目导向"教学理念的国家级规划教材，按照"项目导向、任务驱动、理实一体、突出特色"的原则，设计了九个学习项目共17个典型工作任务。

教材内容在引入行业标准和职业规范基础上，融合了变电站综合自动化技术和智能变电站技术及应用；科学合理地设计了学习项目和典型工作任务，每个学习任务由学习目标、任务描述、任务准备、任务实施、相关知识、视野拓展、复习思考等部分构成，格式相对统一；学习领域与工作领域一致，学习内容与工作内容一致，学习过程与职业岗位工作过程一致，将知识学习、技能训练、工作经历、素质培养融为一体。开展"教、学、做"一体化教学实施模式，来实现学生学习项目明确化，学习任务具体化，任务步骤条理化，学习内容简明化。

教材编写团队由郑州、西安、江西、山西等电力行业职业院校专业教授和国网许昌供电公司企业专家组成，编写内容体现了多所院校的教学实践成果和"校企合作"成果。在知识点中体现职业素养、道德情操、工匠精神、爱国情怀；使专业知识、职业技能的智育和科学精神、职业精神、工匠精神的德育并驾齐驱，学生全面发展。为学习贯彻落实党的二十大精神，本书根据《党的二十大报告学习辅导百问》《二十大党章修正案学习问答》，在数字资源中设置了"党的二十大报告及党章修正案学习辅导"栏目，以方便师生学习。

本书由丁书文教授、侯娟高级工程师担任主编。学习项目一、学习项目二、学习项目三由丁书文编写；学习项目四、学习项目五由丁书文、胥俊岩编写；学习项目六由侯娟编写；学习项目七由吴娟娟、郭晓敏编写；学习项目八由程岚编写；学习项目九由贺军苏编写；企业专家胥俊岩还在开发职业能力、提炼工作知识、搭建实践技能、提供教材资料等方面精心构建、参与编写。

  限于编者水平，加之变电站综合自动化技术、智能变电站技术的快速发展和不断更新，书中不当之处在所难免，诚请各位读者批评指正。

作者
2024 年 3 月

目 录

前言

学习项目一 认识变电站综合自动化系统 1
    任务一　变电站综合自动化系统的概念、功能认知 2
    任务二　变电站综合自动化系统结构及配置 12

学习项目二 变电站综合自动化系统的信息采集测量及传输 25
    任务一　信息的采集测量及微机装置硬件 26
    任务二　变电站信息的传输及远动通信规约认知 44

学习项目三 变电站综合自动化的监控系统 65
    任务一　监控系统的设备构成及功能应用 66
    任务二　监控界面的运行监视与典型操作 78

学习项目四 智能变电站自动化系统认知 93
    任务一　智能变电站的概念、特点及结构形式认知 94
    任务二　智能变电站的 IEC 61850 网络通信标准 115

学习项目五 智能变电站过程层设备及技术应用 130
    任务一　过程层主要二次设备及其功能实现 131
    任务二　认识智能化一次设备 151

学习项目六 智能变电站的间隔层 168

学习项目七 智能变电站的站控层设备及监控系统 197
    任务一　站控层设备的巡视与维护 197
    任务二　站控层主要功能及监控系统 210

学习项目八 智能变电站的高级应用功能认知 225
    任务一　设备在线状态监测与可视化技术应用 225
    任务二　一键顺控技术及应用 233
    任务三　智能告警及事故信息分析决策 241

学习项目九 智能变电站的监控辅助系统 253

学习项目 一

认识变电站综合自动化系统

学习项目描述

以培养职业能力为出发点,注重"教、学、做"融为一体的项目教学模式。以电网系统变电站中普遍应用的综合自动化系统为载体,选取变电站综合自动化系统结构展示、变电站综合自动化系统配置实例作为学习任务。从系统认识与讲解、系统的设计与施工、系统监控画面的绘制、系统运行与在线操作等方面实施变电站综合自动化实训教学。引导学生初步认知变电站综合自动化系统的构成、功能及应用特征;完成对一座变电站的综合自动化系统简单配置,达到熟悉变电站综合自动化系统结构构成和功能应用的目的;训练学生获取新知识技能、处理信息的能力,培养学生独立学习、团队协作、善于沟通能力。

任务教学中教师下发项目任务书,描述项目学习目标,讲解变电站综合自动化系统的构成、功能及特点,学生进行变电站综合自动化系统的认识,查阅相关资料,制订工作计划及实施方案,列出工具、仪器仪表、装置的需要清单;教师审核和引导学生确定实施方案;学生进行变电站综合自动化系统的实训操作;教师检查与评估学生实训质量,检查变电站综合自动化系统的基本知识掌握情况,进行评价,提出改进建议。

学习目标

在学习变电站综合自动化的概念、基本功能和结构前,学生已经具备了变电站一次设备和继电保护等二次设备的相关知识,对电力系统、电气设备及工作环境、工作内容和要求有了整体了解,已经具备电力系统整体构成及设备运行基本认知。该学习项目主要以综合自动化的概念、基本功能和结构为载体,培养学生熟悉掌握变电站综合自动化的概念、基本功能和结构,提升对变电站综合自动化技术的理解能力和知识掌握。学习内容包含相关理论知识和技能训练,并突出专业技能及职业核心能力的培养。

知识目标:掌握变电站综合自动化的概念、基本功能和结构形式;理解变电站综合自动化系统包括范畴;理解变电站综合自动化系统的基本功能,熟悉变电站综合自动化系统的主要特征;掌握变电站综合自动化系统的结构配置;了解变电站实现综合自动化技术的优越性。

能力目标:熟知变电站综合自动化系统构成的模块和主要设备,具备识别综合自动化变电站的能力;具备归纳变电站综合自动化系统分层分布式结构中每层所配设备的能力;具备识别间隔层设备的不同组屏方式的能力;能够描述当前普遍应用的变电站综合自动化系统实例,初步认知变电站综合自动化系统。

素质目标:注重职业素质培养,以项目驱动为抓手,加强读图、识图能力,培养学生探索、创新和分析问题的能力,扩展学生分析问题的思维,培养良好的电力安全意识。

教学环境

以实验室、实习车间、实训基地为主要教学实施场所，建议实施小班上课，便于"教、学、做"一体化教学模式的开展。实训场所基本配备白板、电脑、多媒体投影设备等，应能保证教师播放教学课件、教学录像及图片。

变电站综合自动化系统实训场所应具备网络资源（包括专业网站、普通网站等），应具备局域网、无线数据传输环境，教师、学生可借助手机、平板电脑随时查找所需课程学习资料；实训场所应具备移动投屏技术，具备镜像投屏功能，教学资源、小组作业可借助平板电脑、手机等移动终端上传，实现资源共享；应具备联机多媒体技术，能实施学生实训成果展示交流；同时要求教学资源实时更新。

任务一 变电站综合自动化系统的概念、功能认知

学习目标

知识目标：理解变电站综合自动化的含义，熟悉变电站综合自动化系统的结构，熟悉变电站综合自动化系统构成的模块和主要设备，掌握变电站综合自动化系统的组成。

能力目标：能说明变电站综合自动化系统的主要技术特点、基本功能；能列举变电站主要包含的一次设备、二次设备；具备识别综合自动化变电站的能力。能够描述变电站包含的主要二次设备作用；能说明变电站综合自动化技术在电力系统中的应用情况，以达到初步认知变电站综合自动化系统的目的。

素质目标：促使学生养成自主的学习习惯和严谨的工作态度；培养学生吸收新设备、新原理、新技术（以下简称"三新"）能力的职业素质；培养分析问题的能力，培养良好的电力安全意识。

任务描述

在真实的综合自动化变电站场景中，已具备熟悉变电站主要一次设备的构成和作用等基本认知，学习变电站的二次设备和系统，熟悉二次设备自动化系统的构成、作用、功能及使用方法。首先，对学校变电站综合自动化系统实训室、调度厂站实训基地、变电站综合自动化系统厂家进行参观学习；然后，分组讨论、汇报和总结，描述所看到的变电站二次设备，能够列举变电站综合自动化系统主要构成设备，归纳设备的重要性及特点。通过实景现场参观，初步了解变电站综合自动化系统，能描述变电站综合自动化技术在变电站中的应用，为后续学习项目和学习任务做充分准备。

任务准备

教师说明完成该任务需具备的知识、技能、态度，说明观看设备的注意事项，说明观看设备的关注重点。帮助学生确定学习目标，明确学习重点。将学生分组，学生分析学习项目、任务解析和任务单，明确学习任务、实训方法、工作内容和可使用的助学材料和工器

具。查阅资料，预习下列引导问题。

引导问题1：常规变电站二次系统技术存在哪些不足之处需要革新？
引导问题2：变电站综合自动化系统的功能分别通过哪些设备实现？
引导问题3：变电站应用综合自动化技术后有哪些优越性？

任务实施

观摩变电站综合自动化系统设备。

1. 实施地点

综合自动化变电站或变电站综合自动化系统实训室。

2. 实施所需器材

（1）多媒体教学设备。

（2）一套变电站综合自动化系统实物。可以利用变电站综合自动化系统实训室装置，或去典型综合自动化变电站参观。

（3）变电站综合自动化系统音像材料。

3. 实施内容与步骤

（1）学生分组。4~5人一组，每个小组推荐1名负责人，组内成员要分工明确，规定时间内完成项目任务，建立"组内讨论合作，组间适度竞争"的学习氛围，培养团队合作和有效沟通能力。

（2）资讯环节。教师说明完成实训任务需具备的知识、技能、态度，说明观看或参观变电站综合自动化设备的注意事项，说明观看设备的关注重点。帮助学生确定学习变电站综合自动化的概念、基本功能和结构形式，熟悉变电站综合自动化系统的主要特征等学习目标，明确观摩变电站综合自动化系统实训重点；教师下发"变电站综合自动化系统的概念、功能认知"项目任务书，下发"变电站综合自动化系统观摩记录表""变电站综合自动化系统的基本特征记录表""变电站综合自动化系统实现的主要功能记录表""变电站综合自动化系统××项功能的学习记录表"项目任务书，布置学习任务。

学生分析学习任务、了解观摩实训内容，明确学习目标、工作方法和可使用的助学材料，借助变电站综合自动化系统实训室具备的网络资源，可通过手机、平板电脑等不同途径查阅相关资料，获取变电站综合自动化系统相关技术说明书、参考教材、图书馆参考资料、学习项目实施计划等，根据任务指导书通过认知、资讯的方法学习掌握相关的背景知识及必备的理论知识，并对收集的信息资料进行筛选和处理。

指导教师通过图片、实物、视频资料、多媒体演示等手段，讲解变电站综合自动化的概念、基本功能和结构形式等。通过多媒体课件演示与讲授，利用与学习内容相关的案例辅助，增强学生的感性认识，激发学习兴趣。运用讲述法，任务驱动法，小组讨论法，实践操作法，部分知识讲解、部分知识指导、学生看书回答问题、交流讨论等教学方法实施教学。

（3）计划与决策。学生制订工作计划及实施方案，列出工具、仪器仪表、装置的需要清单，设计和编写完成各项任务的操作步骤，以及操作过程中的注意事项。教师提供帮助和建议来保证决策的可行性，审核学生工作计划及实施方案，培养学生运用理论知识解决实际问题的能力，引导学生确立最佳实施方案。

(4) 实训项目1：变电站综合自动化系统设备观摩实训。

通过观摩查找法、实践练习法，进行变电站综合自动化的概念、基本功能和结构形式的观摩与讨论，训练学习项目中的知识技能。学生分组进行活动，明确小组分工及成员合作形式，各成员以不同的身份完成不同的工作环节。通过学习、实践操作内容，培养学生的学习能力、探索方法能力与独立解决问题能力。观察变电站综合自动化系统组屏情况及设备构成；查看变电站综合自动化系统相关原理图、展开图、安装图等图纸。将观察结果记录在表1-1中。

观摩查找法实施实训时要注意：①认真观察，记录完整；②有疑问及时向指导教师提问；③注意安全，保护设备，遵守安全运行规程，不要触摸设备。

表1-1　　　　　　　　　变电站综合自动化系统设备观摩记录表

序号	变电站综合自动化系统观摩的环节记录	列举主要设备	设备间的连接关系描述	主要设备作用描述	主要设备特点描述	备注
1						
2						
3						
…						
疑问记录						
询问后对疑问理解记录						

(5) 实训项目2：观摩研讨式学习。讨论主题：变电站综合自动化系统具备的基本特征。

查阅变电站综合自动化系统相关书籍或教材相关内容，通过不同途径如产品技术说明书、图书馆参考资料、学习项目实施计划、网络资源等对变电站综合自动化系统的基本特征进行查询和理解，并将学习查阅结果记录在表1-2中。

表1-2　　　　　　　　　变电站综合自动化系统的基本特征记录表

序号	基本特征列举	特征详细描述	小组成员间相互讨论描述	举例说明记录	疑问记录	询问后对疑问理解记录
1						
2						
3						
4						
5						
6						
7						

(6) 实训项目3：观摩研讨式学习。讨论主题：变电站综合自动化系统实现的主要功能。

查阅变电站综合自动化系统相关书籍或教材相关内容，并将学习查阅结果记录在表1-3、表1-4中。

表 1-3　　　　　　　　变电站综合自动化系统实现的主要功能记录表

序号	功能列举	具体功能描述	疑问记录	询问后对疑问理解记录
1				
2				
3				
4				
5				
6				
7				
8				
…				

表 1-4　　　　　　　　变电站综合自动化系统××项功能的学习记录表

学生准备对（＿＿＿＿＿＿＿）项基本功能进行学习与记录

序号	记录项目	填写列	序号	记录项目	填写列
1	对该功能的详细描述		4	该功能涉及的操作描述	
2	该功能可能涉及的设备列举		5	疑惑及询问记录	
3	该功能可能涉及的设备参数列举		6	…	

（7）检查与评估。学生汇报计划与实施过程，回答同学与指导教师的问题。重点检查变电站综合自动化系统的基本知识。师生共同讨论、评判实训中出现的问题，共同探讨解决问题的方法，最终对实训任务进行总结。教师与学生共同对学生的工作结果进行评价。

1）自评：每位学生对自己的实训工作结果进行自查、分析，对自己在本任务的整体实施过程进行全面评价。

2）互评：以小组为单位，通过小组成员相互展示、介绍、讨论等方式，进行小组间实训成果优缺点互评，并对小组内部其他成员或对其他小组的实训结果进行评价和建议。

3）教师评价：教师对互评结果进行评价，指出每个小组成员的优点，并提出改进建议。

以上评价采用过程考核和绩效考核两种方法。过程考核要素主要包含学生学习态度和方法、回答分析问题的情况、帮助其他同学的情况、网搜资料的情况等。绩效考核要素主要包括学生制定任务、完成任务的成绩，实验操作及结果、平时实验成绩等。

相关知识

在电力系统中，为了把发电厂或其他电源发出来的电能输送到较远的负荷区，必须把电压升高，变为高压电，到用户附近再按需要把电压降低，这种升降电压的工作靠变电站来完成。变电站是电力系统中变换电压、接受和分配电能、控制电力的流向和调整电压的电力设施，变电站通过其变压器将各级电压的电网联系起来，是电力网中线路的连接点，是输电和配电的集结点。变电站的运行情况直接影响着整个电力系统的安全、可靠、经济运行，然而变电站运行情况在很大程度上取决于其二次设备的工作性能。

当前电力网的变电站，大部分已是二次设备全面微机化的综合自动化变电站。综合自动化变电站集继电保护、控制、监测及远动等功能为一体，可实现设备共享、信息资源共享，使变电站的设计简捷、布局紧凑，从而更加安全可靠地运行，同时减少了变电站二次设备占地面积，使变电站二次设备以崭新的面貌出现。

一、变电站综合自动化概念

变电站综合自动化系统是利用先进的计算机技术、现代电子技术、通信技术和信息处理技术等实现对变电站二次设备（包括继电保护、控制、测量、信号、故障录波、自动装置及远动装置等）的功能进行重新组合、优化设计，对变电站全部设备的运行情况执行监视、测量、控制和协调的一种综合性的自动化系统。通过变电站综合自动化系统内各设备间相互交换信息、数据共享，完成变电站运行监视和控制任务。

变电站综合自动化系统是由基于微电子技术的微机装置和后台控制软件所组成的变电站运行控制系统，包括监控系统、保护系统、电能质量自动控制系统等多个子系统。110kV变电站综合自动化系统的基本配置示意图如图1-1所示。

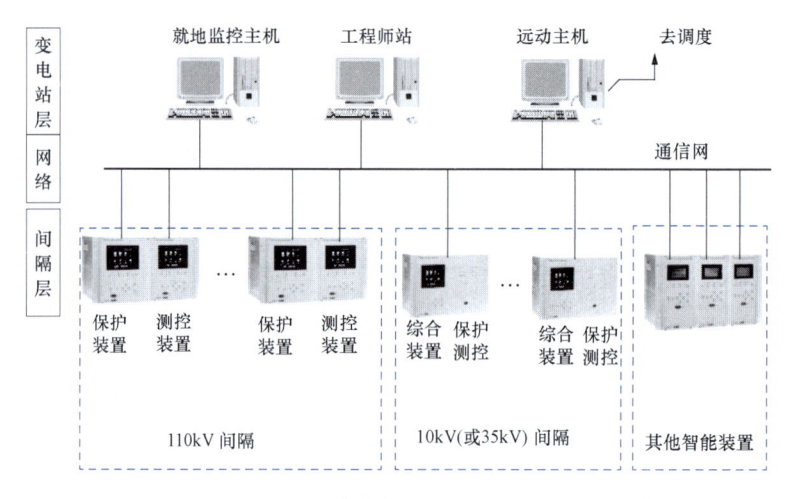

图1-1　110kV变电站综合自动化系统的基本配置示意图

在图1-1中，变电站层的就地监控主机用于有人值班变电站的就地运行监视与控制，同时具有运行管理的功能，如生成报表、打印报表等；远动主机收集该变电站信息上传至调度端（或者控制中心），同时调度端下发的控制、调节命令通过远动主机分别送给间隔层相应的测控装置，完成控制或调节任务；工程师站用于软件开发与管理功能，如用于监视全站的继电保护装置的运行状态，收集保护事件记录及报警信息，收集保护装置内的故障录波数据并进行显示和分析，查询全站保护配置，按权限设置修改保护定值，进行保护信号复归，投、退保护等。110kV线路按间隔分别配置保护装置与测控装置。10kV（或35kV）线路按间隔分别配置保护测控综合装置。每一个保护、测控装置或保护测控综合装置都集成了TCP/IP协议，具备网络通信的功能。其他智能装置（如电能表）一般采用RS-485通信，通过智能设备接口接入以太网。图1-2展示了一套在线运行的变电站综合自动化系统。

二、变电站综合自动化系统基本特征

变电站综合自动化系统通过监控系统的局域网通信，将微机保护、微机测控装置、微机远动装置采集的模拟量、开关量、状态量、脉冲量及一些非电量信号，经过数据处理及功能

图1-2 在线运行变电站综合自动化系统

的重新组合，按照预定的程序和要求，对变电站实现综合性的监视和调度。因此，变电站综合自动化系统的核心是自动监控系统，而变电站综合自动化系统的纽带是监控系统的局域通信网络，它把微机保护、微机测控装置、微机远动装置功能综合在一起形成一个具有远方数据功能的自动监控系统。变电站综合自动化系统最明显的特征主要表现在以下几个方面：

(1) 功能实现综合化。变电站综合自动化技术综合了变电站内除一次设备和交、直流电源以外的全部二次设备。

微机监控系统综合了传统变电站的仪表屏、操作屏、模拟屏、变送器屏、中央信号系统等功能，以及远动的远程终端（RTU）功能及电压和无功补偿自动调节功能；微机保护（和监控系统一起）综合了事件记录、故障录波、故障测距、小电流接地选线、自动按频率减负荷、自动重合闸等自动装置功能，设有较完善的自诊断功能。

(2) 系统构成模块化。测量、保护、控制装置的数字化（采用微机实现，并具有数字化通信能力），利于把各功能模块通过通信网络连接起来，便于接口功能模块的扩充及信息的共享。另外，模块化的构成，方便变电站实现综合自动化系统模块的组态，以适应工程的不同组屏方式。

(3) 结构分布、分层、分散化。变电站综合自动化系统是一个分布式系统，其中微机保护、数据采集和控制及其他智能电子设备等子系统都是按分布式结构设计的，每个子系统可能有多个CPU分别完成不同功能。变电站综合自动化系统是一个由庞大的CPU群构成的完整的、高度协调的有机综合（集成）系统，其往往有几十个甚至更多的CPU同时并列运行，以实现变电站综合自动化系统的所有相关功能。

按照变电站物理位置和各子系统功能分工的不同，综合自动化系统的总体结构又按分层原则来组成。按国际电工委员会（IEC）标准，由于变电站综合自动化系统没有设备层，典型的变电站综合自动化系统结构包含变电站层和间隔层，如图1-1所示。

随着技术的发展，自动化装置逐步按照一次设备的位置实行就地分散安装，由此可构成分散（层）分布式综合自动化系统。

(4) 操作监视屏幕化。变电站实现综合自动化后，不论是有人值班还是无人值班，操作人员在变电站、主控站或调度室内，即可面对彩色屏幕人机对话显示器，对变电站的设备和输电线路进行全方位的监视与操作。变电站实时主接线显示在人机对话显示屏幕上（见图1-3）；计算机的鼠标操作或键盘操作能控制变电站断路器的跳、合闸操作；屏幕画面闪烁和文字提示或语言报警实现信号报警。通过监视屏幕，可以监视变电站设备的实时运行状况和对各断路器设备进行远方操作、控制。

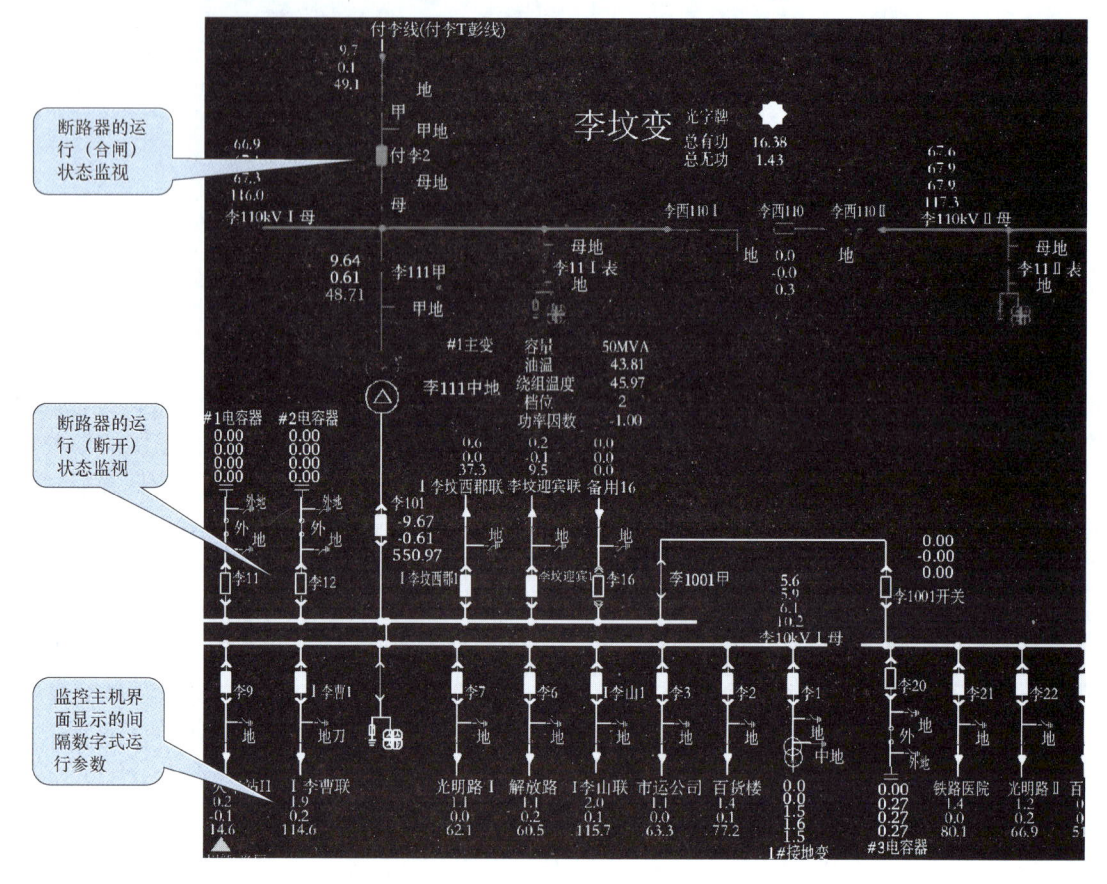

图 1-3　变电站综合自动化系统实时监视与操作主界面示意图

（5）通信局域网络化、光缆化。计算机局域网络技术和光纤通信技术在综合自动化系统中得到普遍应用。光纤通信具有较高的抗电磁干扰能力，局域网络技术能够实现高速数据传送，满足实时性要求，组态更灵活，易于扩展，可靠性大大提高，而且大大简化了常规变电站繁杂的各种电缆，方便变电站建设施工。

（6）运行管理智能化。智能化不仅表现在常规的自动化功能上，如自动报警、自动报表、电压无功自动调节、小电流接地选线、事故判别与处理等方面，还表现在能够在线自诊断，并不断将诊断的结果送往远方主控端。这是区别常规变电站二次系统的重要特征。简而言之，常规变电站二次系统只能监测一次设备，而本身的故障必须靠维护人员去检查、发现。综合自动化系统不仅监测一次设备，还每时每刻检测自己是否有故障，充分体现了其智能性。综合自动化系统打破了传统变电站二次系统各专业界限和设备划分原则，改变了常规保护装置不能与调度（控制）中心通信的缺陷。

（7）测量显示数字化。传统变电站采用指针式仪表作为测量仪器，其准确度低、读数不方便。采用微机监控系统后，彻底改变了原来的测量手段，常规变电站指针式仪表全部被监控屏幕上的数字显示所代替，显示直观、明了；原来的人工抄表记录完全由打印机打印、报表所代替，提高了测量精度和管理的科学性。

三、变电站综合自动化系统的基本功能

（1）数据采集功能。通过测量装置采集模拟量数据（各段母线电压、线路电压、电流、有功及无功功率、频率、相位等电量，变压器油温、变电站室温等非电量），通过模拟量输入通道转换成数字量，由计算机进行识别和分析处理，最后所有参数均可在自动化装置的面板上或当地监控主机上随时进行查询；采集状态数据（断路器状态、隔离开关状态、变压器分接头信息及变电站一次设备告警信号等）。

（2）微机保护功能。对变电站内电气一次设备进行保护，包括线路保护、变压器保护、母线保护、电抗器保护、电容器保护等。微机保护是综合自动化系统的关键环节，微机保护的功能和可靠性在很大程度上影响着整个综合自动化系统的性能。各类保护装置能存储多套保护定值，能远方修改整定值并根据要求可以选配有自带事件记录、故障录波和测距系统。事件记录应包含保护动作序列记录，断路器跳闸、合闸记录。

（3）控制和操作闭锁功能。操作人员可通过监控系统后台机屏幕，利用鼠标对断路器、隔离开关、变压器分接头、电容器组投切进行远方操作。操作闭锁包括微机"五防"及闭锁系统，断路器、隔离开关的操作闭锁等。

（4）自动控制功能。变电站综合自动化系统具有保证安全、可靠供电和提高电能质量的自动控制功能。典型的变电站综合自动化系统都配置有相应的自动控制装置，实现系统接地保护、备用电源自动投入、低频减载、同期检测和同期合闸、电压和无功控制等功能。

（5）远动及数据通信功能。变电站综合自动化系统的通信功能包括系统内部的现场级通信和系统与上级调度的通信两部分。一是综合自动化系统的现场级通信，主要解决综合自动化系统内部各子系统与上位机（监控主机）和各子系统间的数据和信息交换问题，其通信范围是变电站内部。对于集中组屏的综合自动化系统来说，实际是在主控室内部；对于分散安装的综合自动化系统，其通信范围扩大至主控室与子系统的安装地，最大的可能是开关柜间。二是系统与上级调度的通信，综合自动化系统能够将所采集的模拟量和状态量信息，以及事件顺序记录等远传至调度端，同时能够接收调度端下达的各种操作、控制、修改定值等命令。

（6）系统的自诊断、自恢复和自动切换功能。自诊断是指对变电站综合自动化系统的监控系统硬件、软件（包括主机、各种智能模件、通道、网络总线、电源等）故障的自动诊断，并给出自诊断信息供维护人员及时检修和更换。监控系统中设有自恢复功能，当由于某种原因导致系统停机时，能自动产生自恢复信号，将对外围接口重新初始化，保留历史数据，实现无扰动的软件、硬件自恢复，保障系统的正常可靠运行。自动切换指的是双机系统中，当其中一台主机故障时，所有工作自动切换到另一台主机，切换过程中所有数据不能丢失。

总之，变电站综合自动化系统可以完成测量、保护、远动、断路器操作、故障录波、事故顺序记录和运行参数自动记录等功能，并且具有高可靠性，可以实现变电站的无人值班运行。

四、变电站综合自动化系统的监控系统简述

如图1-1所示，变电站综合自动化系统一般由三部分组成：①间隔层的分布式微机装置。它们把采集的模拟量、开关量数字化，实现保护功能，上送测量量和保护信息、接受控制命令和定值参数，是系统与一次设备的接口。②站内通信网。它的任务是搜索各微机装置

的上传信息，下达控制命令及定值参数。③变电站层的监控系统及通信系统。它的任务是向下与站内通信网相连，使全站信息顺利进入监控系统数据库，并根据需要向上送往调度中心和控制中心，实现远方通信功能；变电站综合自动化的监控系统负责完成收集站内各间隔层装置采集的信息，完成分析、处理、显示、报警、记录、控制等功能，完成远方数据通信及各种自动、手动智能控制等任务。其主要由数据采集与数据处理、人机交互、远方通信和时钟同步等环节组成，实现变电站的实时监视、控制。监控系统及通信系统是信息利用和流动的枢纽，是变电站综合自动化系统优劣的重要指标。

1. 监控系统的典型结构

在变电站综合自动化系统中，较简单的监控系统由监控机、网络管理单元、测控单元、远动接口、打印机等部分组成。110kV变电站监控系统的典型配置如图1-4所示，整个系统由变电站层与间隔层两层设备结构构成，变电站主站采用分布式平等结构，就地监控主站、工程师站、远动主站等相互独立。间隔层设备按站内一次设备分布式配置，除10kV间隔测控与保护一体化外，其余测控装置按间隔布置，而保护完全独立，维护与扩建极为方便。

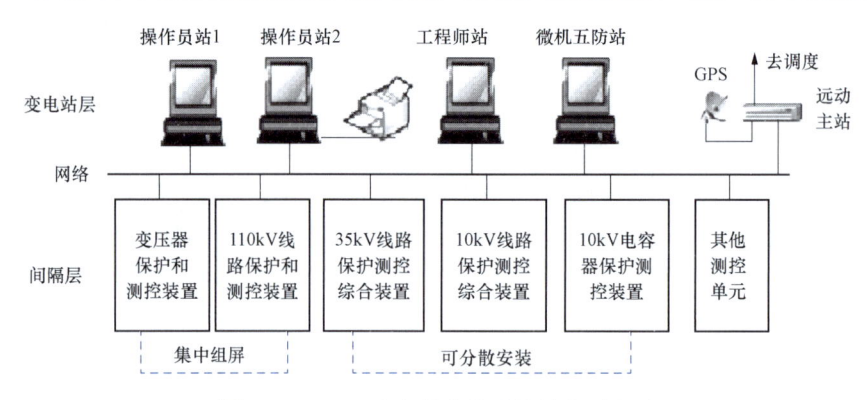

图1-4 110kV变电站监控系统的典型配置

间隔层主要是指现场与一次设备相连的采集终端装置，如备用电源自动投入装置、微机保护综合装置、智能型直流系统和变压器温控仪、智能测控仪表、出线断路器回路采用的信号采集器等智能装置均为间隔层的主要组成部分。间隔层采集各种反映电力系统运行状态的实时信息，并根据运行需要将有关信息传送到监控主站或调度中心。这些信息既包括反映系统运行状态的各种电气量，如频率、电压、功率等，也包括某些与系统运行有关的非电气量，如反映周围环境的温度、湿度等，所传送的既可以是直接采集的原始数据，也可以是经过终端装置加工处理过的信息。同时还接收来自监控主站或上一级调度中心根据运行需要而发出的操作、调节和控制命令。

通信层主要是指通信管理机，由通信管理机硬件装置和通信管理机、通信线路、通信接入软件组成。通信管理机的任务是实现与现场智能设备的通信及与监控主机及调度主站的通信。一方面，通信管理机可独立实现对现场智能装置通信采集，如保护或测控装置，同时把采集的信息选择性地转发到与通信管理机相连的监控系统或远方调度系统；另一方面，把监控系统或远方调度主站的信息命令解释并转发到现场连接的智能设备，达到对现场智能设备的控制操作。通信管理机在整个系统中起

到关键枢纽的重要作用。

变电站层的任务是实时采集全站的数据并存入实时数据库和历史数据库，通过各种功能界面实现实时监测、远程控制、数据汇总查询统计、报表查询打印等功能，是监控系统与工作人员的人机接口，所有通过计算机对配电网的操作控制全部在监控层进行。

操作员工作站是直接提供给操作员进行监控和各种操作的界面，是站内计算机监控系统的人机接口设备，用于图形显示及报表打印、事件记录、报警状态显示和查询、设备状态和参数的查询、操作指导、操作控制命令的解释和下达等。通过操作员工作站，运行值班人员能实现对全站生产设备的运行监测和操作控制。

继电保护工程师站（又称保护管理机系统）主要用于监视全站的保护装置的运行状态，收集保护事件记录及报警信息，收集保护装置内故障录波数据并进行显示和分析，查询保护配置，按权限设置修改保护定值，进行保护信号复归、投退保护等。

远动主站负责站内变电站计算机监控系统和站外监控中心、各级调度中心的数据通信，实现远方实时监控的通信功能。

微机"五防"工作站的主要功能是对遥控命令进行防误闭锁检查，系统内嵌"五防"软件，并可与不同厂家的"五防"设备进行接口实现操作防误和闭锁功能。某变电站监控室如图 1-5 所示。

图 1-5 某变电站监控室

GPS 时钟同步部分由时钟接收器、主时钟等组成，负责接收时钟接收器发来的标准时钟，并通过各种接口与各变电站层及间隔层各设备通信和对时，完成全站各智能装置的时钟同步功能。

2. 监控系统软件

变电站计算机监控系统的软件应由系统软件、支撑软件和应用软件组成。系统软件指操作系统和必要的程序开发工具（如编译系统、诊断系统以及各种编程语言、维护软件等）。支撑软件主要包括数据库软件和系统组态软件等，变电站监控系统所采用的数据库一般分为实时数据库和历史数据库，系统组态软件用于画面编程和数据库生成。应用软件则是在上述通用开发平台上，根据变电站特定功能要求所开发的软件系统。人机交互部分的应用软件主要有监控与数据采集系统（SCADA）软件、无功优化控制系统（AVQC）软件和"五防"闭锁软件。

任务二 变电站综合自动化系统结构及配置

学习目标

知识目标：熟知不同变电站综合自动化系统组网形式；熟知不同变电站综合自动化系统优缺点；熟知变电站综合自动化系统实训室的类型及其硬件结构，熟悉变电站综合自动化系统设备布置方法。

能力目标：能够表述变电站综合自动化系统的结构形式分类，具备识别不同变电站综合自动化系统结构形式的能力；能够总结归纳间隔层设备配置及组屏方式，归纳变电站综合自动化系统分层分布式结构中每层所配设备；能对典型变电站综合自动化系统设备进行初步配置。

素质目标：促使学生养成自主的学习习惯和严谨的工作态度；培养学生吸收"三新"能力的职业素质；培养分析问题的能力；培养变电站综合自动化系统结构形式的认知能力；培养良好的电力安全意识。

任务描述

通过对实训基地、综合自动化变电站实地参观学习或视频学习，强化对变电站综合自动化系统结构形式的认知，然后分组讨论、汇报和总结。能够总结归纳变电站综合自动化系统组网形式及其优缺点。通过概念学习和结构形式分析，了解不同结构形式的变电站综合自动化系统特点及应用情况，熟悉变电站综合自动化系统的构成、作用、功能。选择一套110kV变电站综合自动化系统进行现场实物观摩，学习变电站综合自动化系统配置方法。选择一座典型变电站，根据该站一次系统实际配置，选择变电站综合自动化系统产品，对该典型变电站进行变电站综合自动化系统配置，学会设备选型和配置方法。

任务准备

该任务主要是学习变电站综合自动化系统结构形式，根据某变电站主接线形式和一次设备实际配置，选择配套二次设备，完成该变电站综合自动化系统的初步配置。

教师说明完成该任务需具备的知识、技能、态度，说明观看变电站综合自动化系统设备的注意事项，说明观看设备的关注重点。帮助学生确定学习目标，明确学习重点；将学生分组，学生分析学习项目、任务解析和任务单，明确学习任务、工作方法、工作内容和可使用的助学材料，观看相关视频资料，为完成某典型变电站的综合自动化系统设备配置做准备。借助网络资源和实训场地资源，预习下列引导问题。

引导问题1：什么是变电站综合自动化系统的分层分布式结构？
引导问题2：变电站综合自动化系统结构分层的含义是什么？
引导问题3：面向电气间隔的概念是什么？
引导问题4：全分散式组屏及安装方式的特点有哪些？

📖 任务实施

1. 实施地点

变电站综合自动化系统实训室、多媒体教室。

2. 实施所需器材

（1）多媒体设备。

（2）一套变电站综合自动化系统实物。可以利用变电站综合自动化系统实训室装置，或去典型综合自动化变电站参观。

（3）变电站综合自动化系统音像材料。

3. 实施内容与步骤

（1）学生分组。5~6人一组，指定小组长。组内成员要分工明确，在规定时间内完成项目任务，建立"组内讨论合作，组间适度竞争"的学习氛围，培养团队合作和有效沟通能力。

（2）资讯环节。指导教师下发"变电站综合自动化系统结构及配置"项目任务书，描述项目学习目标，布置工作任务，讲解变电站综合自动化系统的构成、功能及特点；学生了解工作内容，明确工作目标，通过不同途径如产品技术说明书、教材资料、图书馆参考书籍、学习项目实施计划、网络资源等对变电站综合自动化系统结构及配置等学习和预知。

指导教师通过图片、实物、视频资料、多媒体演示等手段，展示变电站综合自动化系统结构形式，让学生理解综合自动化系统的结构形式；给学生展示变电站的综合自动化系统典型配置实例。

（3）计划与决策。学生制订工作计划及实施方案，列出实训需要的工具、仪器仪表、装置清单。教师审核学生工作计划及实施方案，提供帮助、建议，保证决策的可行性，引导学生确定实施方案。

（4）实训项目1：变电站综合自动化系统结构形式及设备连接观摩实训。

学生观察变电站综合自动化系统组屏情况及设备构成；查看变电站综合自动化系统相关原理图、展开图、安装图等图纸并与实物对照，观察变电站综合自动化系统实物及接线，能描述其结构形式及主要设备构成。仔细观察、认真记录，观察结果记录在表1-5、表1-6中。

表1-5　　　　　　　变电站综合自动化系统结构形式记录表

序号	所观察的变电站综合自动化系统的生产厂家记录	变电站综合自动化监控系统产品型号记录	变电站综合自动化系统结构形式描述	结构形式分层数量记录	列举结构形式中各层次的主要设备	结构形式特点描述
1						
2						
3						
…						
疑问记录						
询问后对疑问理解记录						

表 1-6　　　　　　　　变电站综合自动化系统的结构形式对比记录表

序号	结构形式列举	对应结构形式特点描述	对应结构形式优缺点列举	疑问记录	询问后对疑问理解记录
1					
2					
3					
4					
5					
…					

(5) 实训项目2：典型变电站综合自动化系统配置与组屏应用训练。

按照教师下发的项目任务书，以任务书中描述的典型变电站接线为例，依据任务实施方案，选择变电站综合自动化系统合适的厂家对应产品，查阅该厂家产品型号，编制变电站的综合自动化系统典型配置方案，进行变电站综合自动化系统结构形式选取和二次设备配置，设计设备组屏方案，并给出配置说明。将综合自动化系统的配置结果记录在表1-7中，并完成实训报告。

表 1-7　　　　　　　　110kV 典型变电站综合自动化系统配置记录表

序号	结构形式选取描述	变电站层配置的主要设备列举	110kV 间隔配置的主要设备列举	主变压器间隔配置的主要设备列举	10kV 间隔配置的主要设备列举	10kV 电容器间隔配置的主要设备列举	公共间隔配置的主要设备列举	设备组屏方案描述
1								
2								
3								
4								
5								
…								
疑问记录								
询问后对疑问理解记录								

注　若课堂实训面对的是220kV变电站综合自动化系统，请对220kV间隔配置情况一并描述。

(6) 实训项目3：绘制变电站综合自动化系统的分层分布式结构图训练。

依据观摩（参观）的变电站综合自动化系统，观察二次设备的构成情况，借助变电站综合自动化系统产品技术说明书，绘制变电站综合自动化系统的分层分布式结构图，完成变电站综合自动化系统观摩实训报告（画出系统对应的结构图）。

通过绘制变电站综合自动化系统的分层分布式结构图，掌握分层分布式结构中电气间隔的含义；能分清变电站综合自动化系统二层结构的名称，以及所包含的设备，能说出各层间的相互联系，掌握变电站二层结构的名称及所包含的设备与用途。通过绘制系统对应的结构图，强化对变电站综合自动化系统结构及各层相互关系的认识。

（7）检查评估与总结。学生汇报计划与实施过程，回答同学与教师的问题。重点检查变电站综合自动化系统结构形式的基本知识掌握情况。教师与学生共同对学生的工作结果进行评价。

1）自评：每位学生对自己的实训工作结果进行检查、分析，对自己在该项目的整体实施过程进行全面评价。

2）互评：以小组为单位，通过小组成员相互展示、介绍、讨论等方式，进行小组间实训成果优缺点互评，并对小组内部其他成员或对其他小组的实训结果进行评价和建议。

3）教师评价：教师对互评结果进行评价，指出每个小组成员的优点，并提出改进建议。

以上评价采用过程考核和绩效考核两种方法。过程考核强调的是课堂参与度的重要性，考核要素主要包含学生学习态度和方法、学习过程的记录与总结、回答分析问题的情况、帮助其他同学的情况，网搜资料的情况等；绩效考核强调实践的重要性，考核要素主要包括学生制定任务、完成任务的成绩，实验操作及结果，平时实验成绩，读图训练考核等。

相关知识

变电站综合自动化系统结构体系仍在不断地发展完善，有集中式结构和分层分布式结构。在分层分布式结构中，按照继电保护与测量、控制装置安装的位置不同，还分为集中组屏、分散安装、分散安装与集中组屏相结合等几种类型。同时，结构形式正向完全分散式发展。

一、集中式结构形式

集中式结构的变电站综合自动化系统是指采用不同档次的计算机，扩展变电站外围接口电路，集中采集变电站的模拟量、开关量和数字量等信息，集中进行计算与处理，分别完成微机监控、微机保护和一些自动控制等功能的系统。集中结构并非指由一台计算机完成保护、监控等全部功能，而是每台微计算机承担的任务多一些。

集中式结构形式的优点：①结构紧凑、体积小，可大大减少占地面积；②造价低，尤其是对 35kV 或规模较小的变电站适用。

集中式结构形式的缺点：①前置管理机任务繁重、引线多，降低了整个系统的可靠性；②软件复杂，组态不灵活，扩展功能较难等。

二、分层分布式结构形式

分层分布式结构的变电站综合自动化系统是以变电站内的电气间隔和元件（线路、变压器、电抗器、电容器等）为对象开发、生产、应用的计算机监控系统。分层分布式结构的综合自动化系统目前在我国被广泛采用。

（一）分层分布式的变电站综合自动化系统结构特点

1. 分层式的结构

按照国际电工委员会（IEC）推荐的标准，在分层分布式结构的变电站控制系统中，整个变电站的一、二次设备被划分为三层，即过程层、间隔层和站控层。其中，过程层又称为 0 层或设备层，间隔层又称为 1 层或单元层，站控层又称为 2 层或变电站层，如图 1-6 所示。按照该系统的设计思路，每一层分别完成其分配的功能，且彼此之间利用网络通信技术进行数据信息的交换。

变电站综合自动化系统分层分布式结构

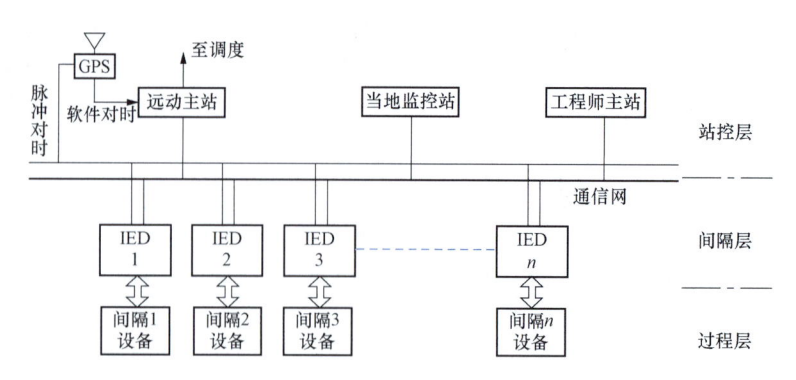

图 1-6 某 110kV 分层分布式的变电站综合自动化系统结构示意图

变电站内的一次设备,如高压母线、输电线路、变压器、电容器、断路器、隔离开关、电流互感器和电压互感器等是变电站综合自动化系统的监控对象。

过程层是一次设备与二次设备的结合面,或者说过程层是指智能化电气设备的智能化部分。过程层的主要功能包括:①利用一次设备的智能化部分实现电力运行的电流、电压及谐波分量的实时电气量检测;②变压器、断路器等运行设备的状态参数在线检测与统计;③变压器分接头调节控制,电容器、电抗器投切控制等操作控制的执行与驱动。

间隔层是继电保护、测控装置层。间隔层各微机装置利用电流互感器、电压互感器等设备获取过程层各设备的运行信息,如电流、电压、压力和温度等模拟量信息,以及断路器、隔离开关等的位置状态量,从而对一次设备进行监视、控制和保护,并与站控层进行信息交换,完成对过程层设备的遥测、遥信、遥控和遥调等任务。间隔层在站内按间隔分布式配置。间隔层的设备均可下放至一次设备场地就地安装,减少大量的二次接线。各间隔设备相对独立,仅通过通信网互联,并同站控层设备通信,取消了原本大量引入主控室的信号、测量、控制、保护等使用的电缆。间隔层设备的主要功能包括:①汇总本间隔过程层实时数据信息;②实施对一次设备保护控制功能;③实施本间隔操作闭锁功能;④实施操作同期及其他控制功能;⑤承上启下的通信功能,即同时高速完成与过程层及站控层的网络通信功能。

| 遥信概念 | 遥测概念 | 遥控概念 | 遥调概念 |

站控层借助通信网络完成与间隔层之间的信息转换,实现对全变电站所有一次设备的当地监控功能,以及间隔层设备的监控、变电站各种数据的管理及处理功能(见图 1-6 中的当地监控站及工程师主站),同时,它还经过通信设备(见图 1-6 中的远动主站)完成与调度中心之间的信息交换,从而实现对变电站的远方监控。站控层的主要任务包括:①通过两级高速网络汇总全站的实时数据信息,不断刷新实时数据库,按时登录历史数据库;②按通信

规约将有关数据信息送向调度和控制中心，接收调度和控制中心有关控制命令，并转间隔层、过程层执行；③具有变电站内当地监控人机联系功能，如显示、操作、打印、报警等；④具有对间隔层、过程层设备的在线维护、修改参数的功能等。

2. 分布式的结构

由于间隔层的各微机装置是以微处理器为核心的计算机装置，站控层各设备也是由计算机装置组成的，它们之间通过网络相连。在分层分布式结构的变电站综合自动化系统中，间隔层和站控层共同构成分布式的计算机系统，间隔层各微机装置与站控层的各计算机分别完成各自的任务，并且共同协调合作，完成对全变电站的监视、控制等任务。

3. 面向间隔的结构

综合自动化系统间隔层设备的设置常采用面向电气间隔的设计理念。即对应于电气一次系统的每一个电气间隔，分别布置有一个或多个微机装置来实现对该电气间隔的测量、控制、保护及其他功能。

电气间隔是指发电厂或变电站一次接线中一个完整的电气连接，包括断路器、隔离开关、TA、TV、端子箱等。根据不同设备的连接情况及其功能的不同，间隔有许多种：①母线设备间隔、母联断路器间隔、出线间隔等；②对主变压器来说，以变压器本体为一个电气间隔，各侧断路器各为一个电气间隔；③开关柜等以柜盘形式存在的，则一般以一个柜盘为一个电气间隔。某220kV变电站典型接线电气间隔划分示意图如图1-7所示。

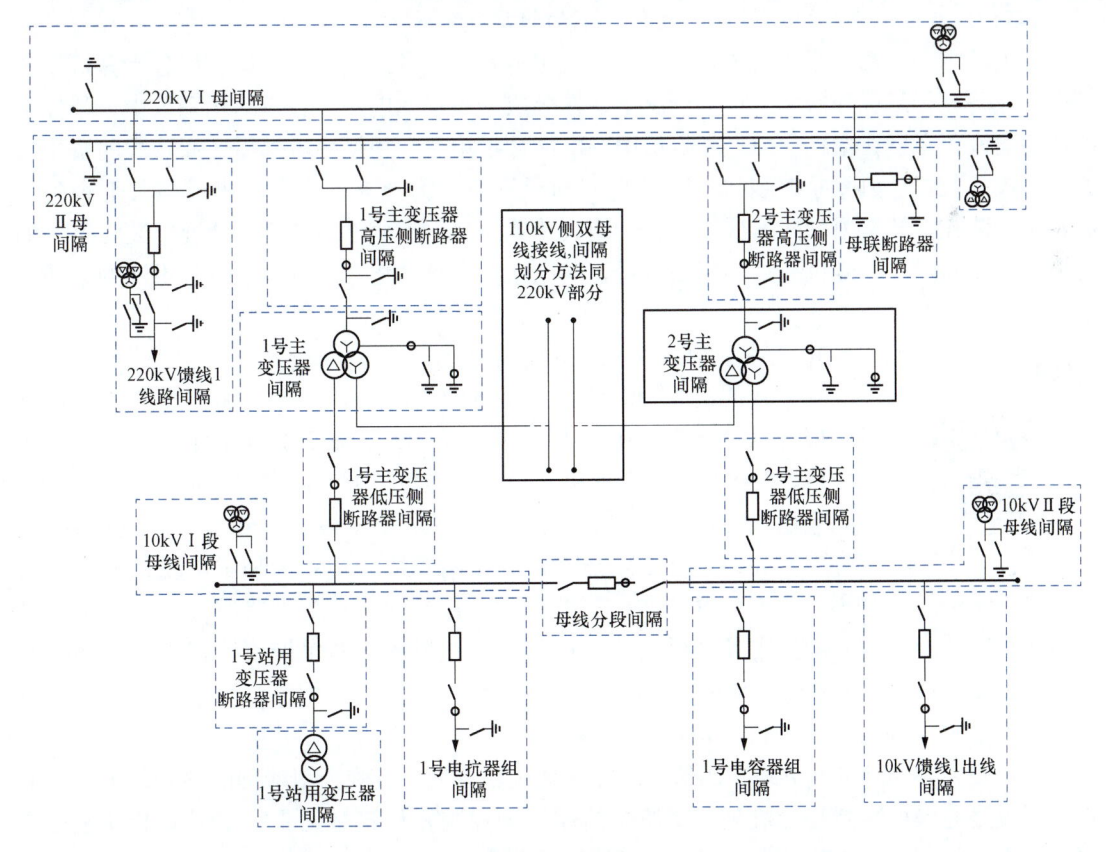

图1-7 某220kV变电站典型接线电气间隔划分示意图

区别于综合自动化变电站，过去传统变电站采用的是面向"功能"的设计理念，即从功能出发，将变电站内分成保护、监控、录波、计费、通信、远动等不同种类的功能分别设计各自的系统和设备。这种方法的优点是便于维修和管理，硬件开销少；缺点是二次接线复杂，事故危害面大。综合自动化变电站采用的是面向"间隔（对象）"的设计理念，从间隔（对象）角度出发，将二次设备的设计与一次设备的设计紧密结合起来，将变电站内分成主变压器、出线、母线、母联断路器、分段开关等不同种类的间隔分别设计各个间隔的综合系统。按"间隔（对象）"的设计理念具有以下特点：

（1）每个计算机只完成分配给它的部分功能，如果一个计算机故障，只影响局部，因而整个系统有更高的可靠性。

（2）由于间隔层各微机装置硬件结构和软件都相似，对不同主接线或规模不同的变电站，软件、硬件都不需另行设计，便于批量生产和推广，且组态灵活。

（3）便于扩展。当变电站规模扩大时，只需增加扩展部分的微机装置，修改站控层部分设置即可。

（4）便于实现间隔层设备的就地布置，节省大量的二次电缆，节约投资。

（5）调试及维护方便。由于变电站综合自动化系统中的各种复杂功能均是微型计算机利用不同软件来实现的，一般只要用几个简单的操作就可以检验系统的硬件是否完好，维护量少。

（二）分层分布式变电站综合自动化系统的组屏及安装方式

变电站综合自动化系统组屏及安装方式是指将间隔层各微机装置、站控层各计算机设备和通信设备进行组屏和安装。一般情况下，在分层分布式变电站综合自动化系统中，站控层的各主要设备布置在主控室内；间隔层中的电能计量单元和根据变电站需要而选配的备用电源自动投入装置、故障录波装置等公共单元均分别组合为独立的一面屏柜或与其他设备组屏，也安装在主控室内；间隔层中的各个微机装置通常根据变电站的实际情况安装在不同的地方。按照间隔层中微机装置的安装位置，变电站综合自动化系统有以下三种不同的组屏及安装方式。

1. 集中式的组屏及安装方式

集中式的组屏和安装方式是将间隔层中各个保护测控装置机箱根据其功能分别组装为变压器保护测控屏、各电压等级线路保护测控屏（包括10kV出线）等多个屏柜，把这些屏都集中安装在变电站的主控室内。

集中式的组屏及安装方式的优点是便于设计、安装、调试和管理，可靠性较高；不足之处是需要的控制电缆较多，增加了电缆的投资。这是因为反映变电站内一次设备运行状况的参数都需要通过电缆从室外送到主控室内各个屏上的保护测控装置机箱，而保护测控装置发出的控制命令也需要通过电缆送到各间隔断路器的操动机构处。

2. 分散与集中相结合的组屏及安装方式

这种安装方式是将配电线路的保护测控装置机箱分散安装在所对应间隔的开关柜上，而将高压线路的保护测控装置机箱、变压器的保护测控装置机箱采用集中组屏安装在主控室内。这种安装方式在我国比较常用，它有如下特点：

（1）10～35kV馈线保护测控装置采用分散式安装，即就地安装在10～35kV配电室内各对应的开关柜上,而各保护测控装置与主控室内的站控层设备之间通过单条或双条通信电缆(如光缆或双绞线等)交换信息,这样可节约大量的二次电缆。

(2)高压线路保护和变压器保护、测控装置及其他自动装置,如备用电源自动投入装置和电压、无功综合控制装置等,都采用集中组屏结构,即将各装置分类集中安装在控制室内的线路保护屏(如110kV线路保护屏、220kV保护屏等)和变压器保护屏等上面,使这些重要的保护测控装置处于比较好的室内工作环境,对可靠性较为有利。

3. 全分散式组屏及安装方式

这种安装方式将间隔层中所有间隔的保护测控装置,包括低压配电线路、高压线路和变压器等间隔的保护测控装置等二次设备分散安装在开关柜上或距离一次设备较近的保护小间内,各装置只通过通信网络与主控室内的站控层设备之间交换信息。全分散式组屏及安装方式如图1-8所示,全分散式变电站综合自动化系统结构示意如图1-9所示。

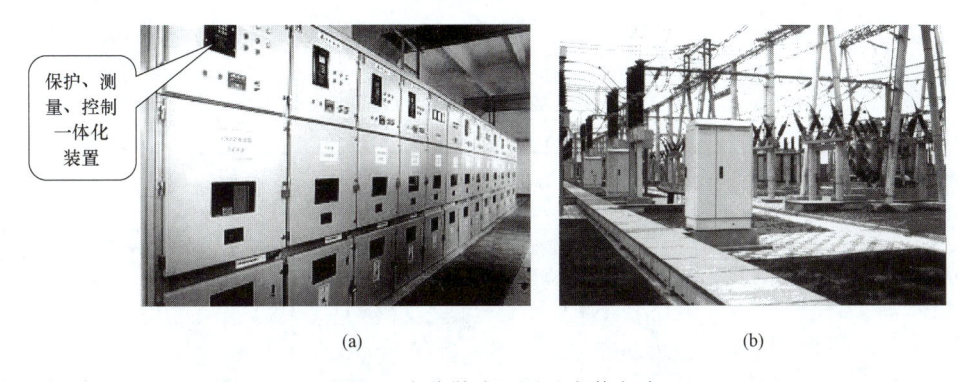

图1-8 全分散式组屏及安装方式
(a)某10kV配电室开关柜上的保护测控装置;(b)某66kV户外保护测控柜

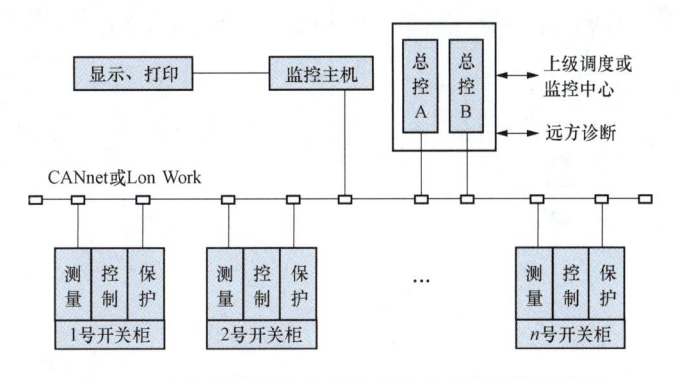

图1-9 全分散式变电站综合自动化系统结构示意图

三、变电站综合自动化系统的设备配置

变电站综合自动化系统的配置,是依据变电站一次系统的电压等级、主变压器台数、进出线数量、变电站的重要程度等多方面综合考虑。依照变电站层的主要任务,一般配置操作员工作站(监控主机)、"五防"主机、远动主站及工程师工作站等设备;网络层主要完成变电站层和间隔层之间的通信,采用适当的通信方式,可选用屏蔽双绞线、光纤或其他通信介质联网;间隔层是继电保护、测控装置层,用来实现相关设备的保护、测量和控制等功能。各间隔单元均保留应急手动操作断路器跳、合手段,各间隔单元互相独立、互不影响。间隔

层在站内按间隔分布式配置。间隔层的设备均可直接下放至开关场就地安装,取消原本大量引入主控室的信号、测量、控制、保护等使用的电缆,节省投资,提高系统可靠性。

现在以某 110kV 降压变电站为例,描述 110kV 变电站典型的变电站综合自动化系统配置与组屏应用。

1. 110kV 变电站典型的主接线图

某变电站一次系统接线如图 1-10 所示,图中接线有两个电压等级,分别是 110kV 和 10kV。其中 110kV 采用单母线分段接线,通过主变压器降压为 10kV 后,供变电站周围负荷用电。

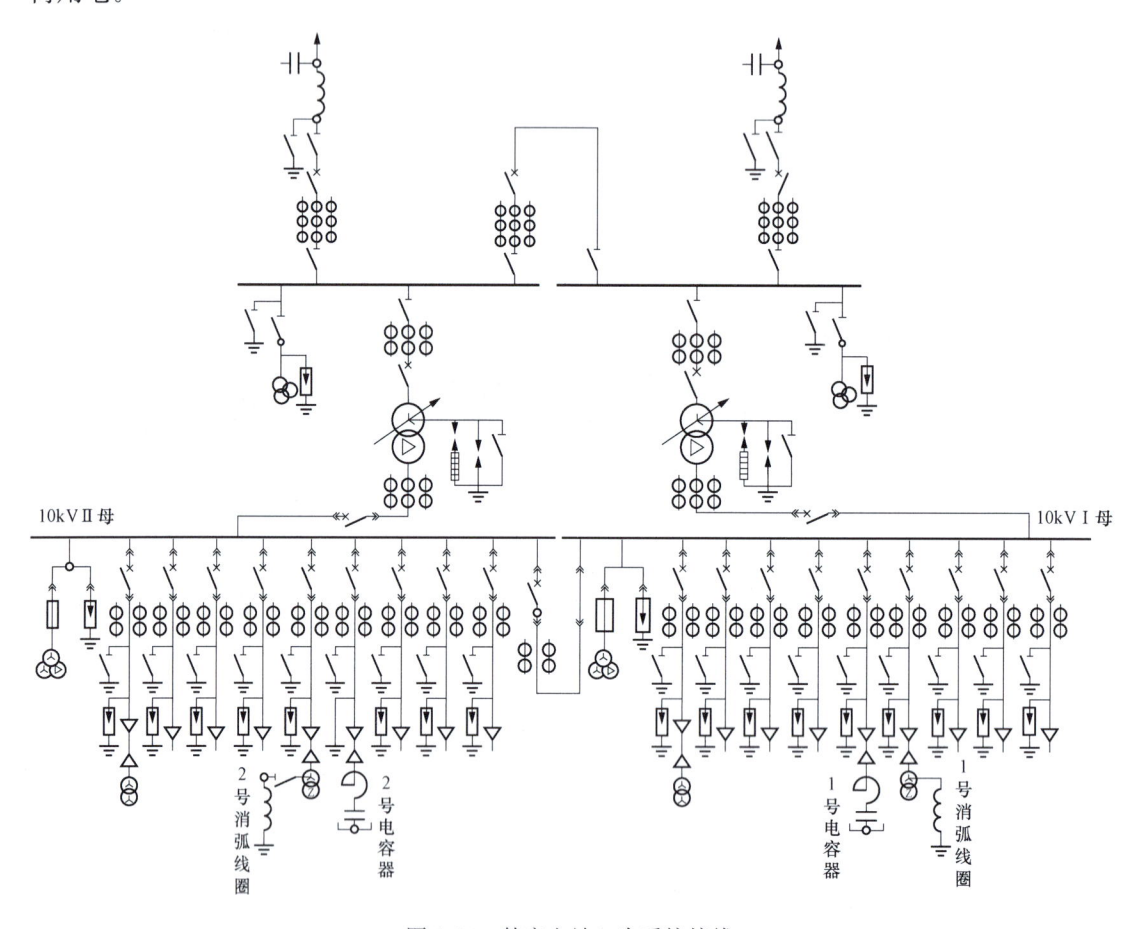

图 1-10 某变电站一次系统接线

2. 配置方案

对于已知的变电站一次系统情况,可以采用分层分布式综合自动化系统,按一次设备间隔配置,满足各个一次设备间隔的测量、监视、保护、控制、通信功能;同时,满足变电站的监控功能、AVQC、接地选线、远动等功能。某变电站配置的综合自动化系统网络图如图 1-11 所示。

3. 综合自动化系统组屏方案

(1) 110kV 间隔部分。该变电站属于降压变电站,在继电保护功能方面,110kV 两条进线配置线路保护两套,配置一台三相操作箱分别对应于两条进线和分段断路器,用于对进

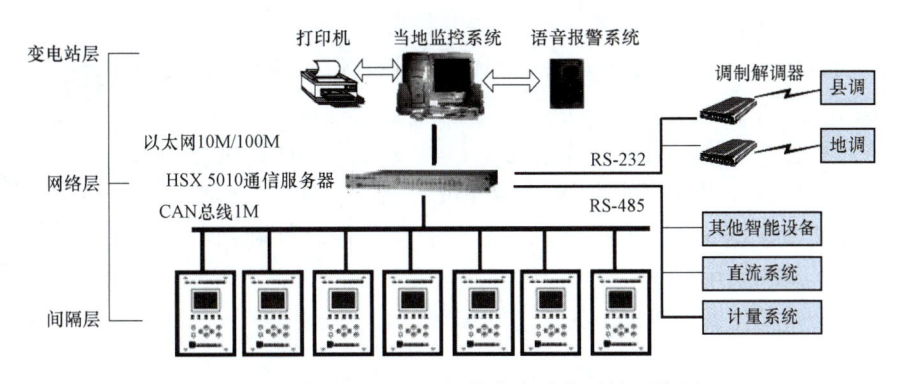

图 1-11　某变电站配置的综合自动化系统网络图

线和分段断路器的控制，并且要具有防跳、压力闭锁等功能。

测控功能方面，针对两回 110kV 进线和分段断路器分别设置数字式测控装置，可用于本间隔的断路器、隔离开关的参数和信息的测量和控制等。

自动控制功能方面，可配置数字式备用电源自动投入装置，实现分段备投或进线备投功能、变压器备用电源自动投入功能或用户需求的多种备自投方案。

（2）主变压器间隔部分。由于变压器测控的重要性，可以采用集中组屏，放置于控制室内。设置两面屏，分别对应 2 台主变压器间隔。

主变压器保护功能方面，可配置数字式变压器主保护装置和后备保护装置。

测控功能方面，针对主变压器间隔可配置数字式变压器测控装置，以及变压器的温控装置和变压器分接头控制装置。完成变压器的遥测（主变压器分接头挡位、主变压器温度的采集）、遥信、遥控（主变压器挡位的调节，中性点隔离开关的控制）。

自动控制功能方面，数字式变压器测控装置与监控系统中的电压无功控制模块配合共同完成变电站的 AVQC 功能。

（3）10kV 出线间隔部分。采用就地分散安装方式，配置测量、监视、保护一体化装置，分别安装在 10kV 开关柜上。完成保护、测控、自动控制功能。10kV 母线分段间隔可配置数字式母线分段保护及备用电源自动投入装置。

（4）10kV 电容器间隔部分。可配置数字式电容器保护测控装置，完成电容器的保护、测控、自动控制功能。

接地变压器是专为消弧线圈所设。对于 10kV 接地变压器间隔可配置数字式低压变压器保护测控装置。

（5）公用间隔部分。针对 110、10kV 两段母线 TV 分别配置数字式电压测控装置，实现 110、10kV 两段母线电压自动并列功能或手动、远方并列功能。

针对全站公用信息配置数字式综合测控装置，主要采集变电站相关信号，如直流系统故障信号、直流屏交流失电压、站用电切换信号、站用电Ⅰ段失电压、站用电Ⅱ段失电压、控制电源故障、合闸电源故障、控制母线故障、合闸母线故障、通信故障信号、通信电源故障、火灾报警控制回路故障信号、灾报警动作信号、保安报警信号等。

全站校时系统方面，可配置卫星时钟装置 GPS，接收卫星时钟，通过其通信接口与通信服务器进行通信，进行网络层对时广播命令，以保证全系统时钟统一。

远动功能方面，可配置通信服务器，将网络上的数据进行筛选排序，并按调度方规约进行转发，完成与调度通信。

电源方面，配置一台不间断电源（UPS），将直流电源逆变成交流220V，以供给监控系统监控主机用电。

(6) 监控系统。硬件方面，需要监控主机，设置两台计算机互为备用（也可仅设置一台）；监控主机需要有源音箱实现音响报警，需要打印机进行变电站技术数据管理。软件方面，需要后台监控软件和网络附件等，完成界面操作和使用。

变电站综合自动化系统组屏方案示意图如图 1-12 所示。

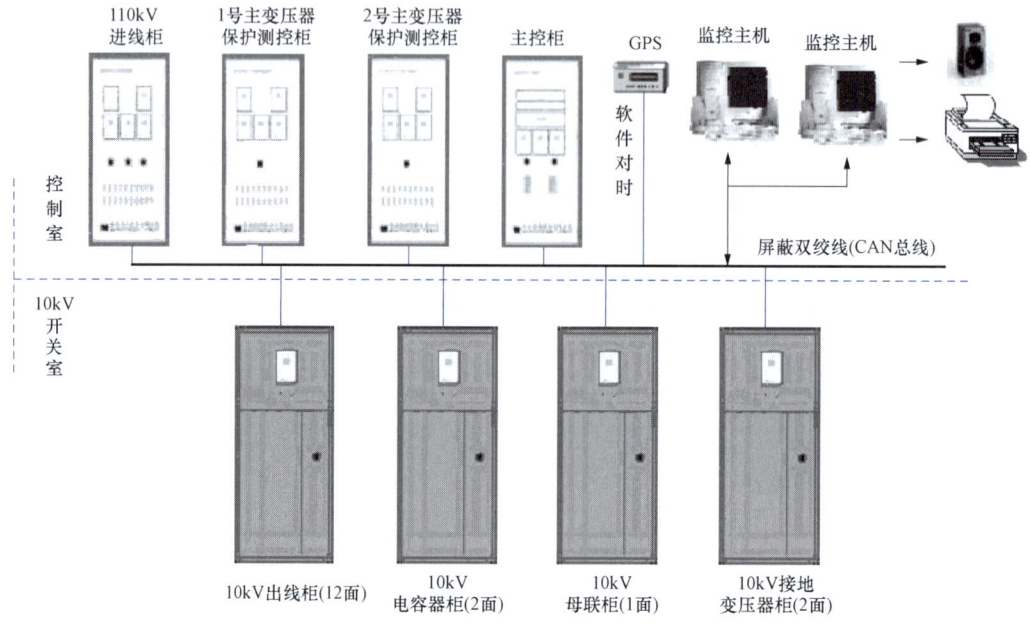

图 1-12 变电站综合自动化系统组屏方案示意图

视野拓展

变电站综合自动化技术的发展前景

(1) 保护监控一体化。已在 35kV 及以下电压等级的变电站中普遍采用，今后在 110kV 及以上电压等级的线路间隔和主变压器三侧中采用此方式也已是大势所趋。其好处是功能按一次单元集中化，利于稳定地进行信息采集及对设备状态进行控制，极大地提高了性能效率比。

(2) 人机操作界面接口统一化、运行操作无线化。无人无建筑小室的变电站，变电运行人员如果在就地查看设备和控制操作，将通过一个手持式可视无线终端，边监视一次设备边进行操作控制，所有相关的量化数据将显示在可视无线终端上。

(3) 防误闭锁逻辑验证图形化、规范化、离线模拟化。在 220kV 及以上电压等级的变电站中，随着自动化水平的提高，电动操作设备日益增多，其操作的防误闭锁逻辑将紧密结合于监控系统之中，借助于监控系统的状态采集和控制链路得以实现。

(4) 就地通信网络协议标准化。具有强大的通信接口能力，主要通信部件双备份冗余设计（双 CPU、双电源等），采用光纤总线等，使现代化的综合自动化变电站的各种智能设备通过网络组成一个统一的、互相协调工作的整体。

(5) 数据采集和一次设备一体化。除了对常规的电流、电压、有功功率、无功功率、开关状态等信息采集外，对一些设备的在线状态检测量化值，如主变压器的油位、断路器的气体压力等，都将紧密结合一次设备的传感器，直接采集到监控系统的实时数据库中。高技术的智能开关、光电式电流电压互感器的应用，必将给数据采集控制系统带来全新的模式。

学习项目总结

随着计算机技术、电子技术、信号处理技术和通信技术的发展，变电站综合自动化系统发生了重大的变革，已由基于模拟器件的控制和模拟通信发展为基于计算机技术的数字控制和通信。简化系统、信息共享、减少电缆、减少占地面积、降低造价等方面的发展已改变了变电站运行的面貌。

变电站综合自动化系统是一个复杂的分布式系统，可以从设计、施工、编辑、调试和操作运行等工作环节开发实训任务，对实训任务进行教学设计。通过理、实一体的教学来讲解变电站综合自动化系统，能够取得很好的教学效果。

该学习项目主要学习了变电站综合自动化的概念、变电站综合自动化系统的特点、变电站综合自动化系统的优缺点，了解了传统变电站与综合自动化站之间的不同，了解了变电站综合自动化的现状。学习了变电站综合自动化系统的结构型式、国内典型的变电站综合自动化系统及发展趋势，以及变电站综合自动化系统的典型配置。

复习思考

一、填空题

1. 变电站综合自动化应能全面代替常规变电站的_____。
2. 分层分布式变电站综合自动化系统的组屏及安装方式通常有_____、_____和_____三种。
3. 变电站综合自动化系统由_____、_____、间隔设备层三部分设备组成。

二、单项选择题

1. 微机型系统只能对（　　）进行运算或逻辑判断，而电力系统中的电流、电压等信号均为模拟量。

   A. 模拟量　　　　B. 电子量　　　　C. 数字量　　　　D. 存储量

2. 变电站综合自动化系统的结构形式的发展方向是（　　）。

   A. 集中式结构形式　　　　B. 分层分布式结构形式
   C. 分布分散式结构形式　　D. 全分散式结构形式

3. 变电站综合自动化系统所采集的开关量是（　　）。

   A. 电压、电流等电气量　　B. 时间、温度等非电气量
   C. 各种开关设备的状态信号　D. 各种脉冲量

三、多项选择题

1. 变电站综合自动化系统结构形式包括（　　）。
   A. 集中式　　　　　　　　　　　　B. 分布式
   C. 分散（层）分布式　　　　　　　D. 组合式
2. 变电站综合自动化系统一般包括（　　）。
   A. 站控层　　　　　　　　　　　　B. 间隔层
   C. 通信层　　　　　　　　　　　　D. 链路层
3. 变电站综合自动化系统的组屏方式有（　　）。
   A. 集中式组屏方式　　　　　　　　B. 全分散式组屏方式
   C. 分散与集中相结合组屏方式　　　D. 现场总线组屏方式

四、判断题

1. 继电保护装置属于变电站综合自动化系统的设备层。（　　）
2. 变电站监控系统站控层应实现面向全变电站设备的操作闭锁功能，间隔层应实现各电气单元设备的操作闭锁功能。（　　）
3. 分散安装结构减小了主控制室面积，简化了二次系统的配置，节省了二次电缆，广泛用于新建的中小型变电站。（　　）

五、简答题

1. 变电站综合自动化与传统变电站相比，其优越性有哪些？
2. 变电站综合自动化系统的功能是分别通过哪些设备实现？
3. 监控系统通过监控屏幕能实现哪些操作？
4. 简述变电站综合自动化的"综合"含义。
5. 简述变电站综合自动化的概念及其系统组成和特点。

标准化测试试题

学习项目一 标准化测试试题

参考文献

[1] 丁书文，胡起宙. 变电站综合自动化原理及应用［M］. 2版. 北京：中国电力出版社，2010.
[2] 湖北省电力公司生产技能培训中心. 变电站综合自动化模块化培训指导［M］. 北京：中国电力出版社，2010.
[3] 刘学琴，杨利水. 变电站综合自动化系统情景教学的研究与实践［J］. 科技资讯，2010（32）：201-202.

学习项目 二

变电站综合自动化系统的信息采集测量及传输

学习项目描述

学习者知识基础：学生已经学习了电工基础、电气一次设备、继电保护、二次回路知识，对变电站电气设备及工作环境、工作内容和要求有了整体认知，对变电站综合自动化体系结构和功能特点有了全面认识。进入对变电站二次设备总结提高的学习阶段，在这个阶段要以变电站综合自动化系统的功能展示、装置应用为主。

学习者特征：高职院校的学生对技能学习兴趣浓厚，但对知识吸收能力有限；乐于参与随堂实训，但需要加强自律性和自我约束力；学习的主动性、持续性需要加强。技能的学习浅谈辄止，需要在训练中培养其工匠精神和对问题的深究精神。

培养设计：以培养学生职业能力为指导思想，贯彻专业人才培养目标。以变电站的信息分类为切入点，介绍变电站综合自动化系统的信息采集方法和电路环节。通过自动化测控装置，熟悉变电站综合自动化系统微机装置的使用和注意事项；能够掌握变电站综合自动化系统的通信内容、掌握"四遥"信息的含义，理解变电站数据通信的传输方式及适用场合，掌握数据通信的传输介质、通信接口及通信规约，能构建综合自动化系统通信网络。同时培养学生团队协作、善于沟通、相互学习的能力。

学习目标

知识目标：掌握变电站综合自动化需要采集的信息内容，熟悉典型的信息特征；掌握变电站综合自动化信息的采集测量方法；熟悉变电站模拟量采集测量的硬件环节；掌握保护测控装置的基本组成、原理及应用场景。理解变电站综合自动化系统数据通信的传输方式；了解变电站综合自动化的传输介质；熟悉变电站综合自动化系统数据通信接口和通信规约。

能力目标：能理解变电站模拟量采集电路环节构成原理；能说明遥信信息及其来源、遥信采集电路、遥信输入的形式；能够对微机装置进行简单操作和维护；能识别不同的传输介质；能分析不同规约的体系结构；能制作网线、使用测线仪测试网线；具备构建变电站综合自动化系统的通信网络的能力。

素质目标：促使学生养成自主的学习习惯；培养规范操作的安全及质量意识；加强培养学生职业素质，养成细致严谨、善用资源的工作习惯；具备分析问题与解决问题能力；提高团队协作与沟通能力。

教学环境

变电站综合自动化系统实训室应具备多媒体教室功能。建议实施小班上课，在变电站综合自动化系统实训室进行教学，便于实施"教、学、做"一体化教学。实训室应具备局域网、无线数据传输环境，教学资源实时更新，课堂难题随时解决；学生、教师具有手机等移动终端，具备镜像投屏功能，教师、学生可借助手机、平板电脑随时上网，查找所需课程学习资料；利用移动投屏技术，教学资源、小组作业借助平板电脑、手机等移动终端上传，实现资源共享。配备需求：白板、电脑、多媒体投影设备。多媒体教室应能保证教师播放教学课件、教学录像及图片。具有继电保护测试仪、万用表等实训工具。

任务一　信息的采集测量及微机装置硬件

学习目标

知识目标：掌握变电站信息的分类，熟悉典型的信息特征及信息传输特点；掌握变电站综合自动化信息的测量与采集方法；熟悉变电站模拟量测量与采集的硬件环节；掌握保护与测控装置的硬件结构，掌握保护测控装置的基本组成、原理及应用。

能力目标：能理解变电站模拟量采集电路环节构成原理；能说明遥信信息及其来源、遥信采集电路、遥信输入的形式；能阅读保护、测量、控制二次回路图；能对微机装置进行简单操作和维护；能说明变电站综合自动化技术在电力系统中的应用情况。

素质目标：促使学生养成自主的学习习惯；加强培养学生职业素质，培养学生分析问题的能力。培养规范操作的安全及质量意识；养成细致严谨、善用资源的工作习惯。

任务描述

变电站综合自动化系统间隔层设备主要包括保护测控装置、自动装置等。学生应熟悉间隔层微机装置的硬件构成，学习掌握交流模拟量直接采样的硬件结构、原理和方法；利用任务驱动式的教学，进行变电站综合自动化系统微机测控装置的学习使用。

阅读学习保护测控装置技术和使用说明书及相关参考书，利用变电站综合自动化系统实物装置操作、演示等手段，学习间隔层保护测控装置的操作与使用。对于设备安装，需要学生看懂安装图纸，会根据图纸进行接线，接线时学生会正确选择和使用工具，接线过程满足相关工艺和标准的要求。间隔层设备安装图包括平面布置图和安装接线图，要掌握查线方法。查线方法的理论依据是相对标号法和回路编号法。相对标号法用于说明本屏内或本箱内元件间的相互连接关系；回路编号法用于说明不在一面屏内或一个箱内的二次设备之间的连接关系。认真完成间隔层设备（保护测控装置）使用、安装调试实训报告。

任务准备

变电站典型信息的采集、测量、计算，需要综合自动化系统中微机保护测控装置的硬件和软件协同工作。学生在前期已经学习过计算机基础知识和简单的 C 语言程序编写，对微机系统的硬件和软件环节有了初步了解。

预习微机系统的硬件和软件环节相关知识，查阅相关参考书籍，观看相关视频资料，借助网络资源和实训场地资源，预习下列引导问题。

引导问题 1：变电站综合自动化系统采集的典型信息有哪些？

引导问题 2：实现变电站综合自动化站内监控所使用的信息有哪些？

引导问题 3：保护测控装置采集变电站信息为什么要满足采样定理？

引导问题 4：信息参数的软件计算中，衡量选择的算法优劣主要指标有哪些？

📖 任务实施

1. 实施地点

(1) 综合自动化变电站或变电站综合自动化系统实训室。

(2) 3D 可视化仿真变电站实训室。

(3) RCS-9700 变电站综合自动化系统实训车间。

既可以在变电站综合自动化系统实训室教学实施，又可以去典型综合自动化变电站参观，实施现场教学。

2. 实施所需器材

(1) 多媒体设备，变电站综合自动化系统 PPT 课件。

(2) 变电站综合自动化系统实训室内一套变电站综合自动化系统，包含站控层、间隔层设备的实物系统。

(3) 变电站综合自动化系统音像材料。

(4) RCS-9700 系统，RCS-9705C 测控装置技术和使用说明书等。

3. 实施内容与步骤

(1) 学生分组。4~5 人一组，指定小组长。小组之间内容安排不同，完成后再进行交换，这样不仅可以充分利用实训场地，也可以提高学生的动手能力，更便于辅导。

(2) 认知与资讯。指导教师下发"信息的采集测量及微机装置硬件"项目任务书，说明完成该任务需具备的知识、技能、态度，描述项目学习目标，布置实训任务。学生了解工作内容，明确工作目标，通过不同途径获取如说明书、教材、图书馆参考资料、学习项目实施计划等学习辅助资料，对变电站的信息测量采集与保护测控装置使用方面的资料进行归总。

指导教师通过图片、实物、视频资料、多媒体演示等手段，运用讲述法，任务驱动法，小组讨论法，实践操作法，部分知识讲解、部分知识指导、学生看书回答问题、讨论等教学方法实施教学。讲解内容包括变电站综合自动化采集的信息，间隔层微机装置的硬件构成、功能及特点；变电站模拟量测量与采集等。

(3) 计划与决策。学生进行人员分配，制订工作计划及实施方案，列出工具、仪器仪表、装置清单。教师审核工作计划及实施方案，提供帮助、建议，保证决策的可行性并引导学生确定最终实施方案。可以采用任务驱动式的教学，在解决具体任务中学习实用技能；也可以采用学生分组讨论，小组互动探究式学习。

(4) 实训项目 1：研讨式学习，讨论主题为变电站综合自动化系统采集的典型信息。

利用信息化环境、网络资源和教学资源，借助手机、平板电脑随时上网，查阅变电站综合自动化系统采集的信息资料，了解变电站综合自动化系统的信息体系结构，查找其他课程学习资料和相关资料，完成表 2-1 和表 2-2。

表 2-1　　　　　　　　　　变电站信息分类表 1

序号	变电站信息分类	尽可能多地列举	备注
1	事故信号		

续表

序号	变电站信息分类	尽可能多地列举	备注
2	异常信号		
3	变位信号		
4	遥测越限信号		
5	告知信号		
6	其他信号		
疑问记录			

表 2-2　　　　　　　　　　变电站信息分类表 2

序号	变电站信息分类	尽可能多地列举	备注
1	模拟量信息		
2	开关量信息		
3	设备异常和故障预告信息		
4	遥测信息		
5	遥信信息		
6	遥控信息		
7	遥调信息		
8	其他信息		
疑问记录			

(5) 实训项目 2：间隔层保护测控装置的学习与使用。

1) 学习间隔层保护测控装置的硬件构成环节。查看 RCS-9705C 测控装置技术和使用说明书及相关参考书，学习间隔层保护测控装置硬件构成的 6 个环节。完成表 2-3 的填写。

2) 认识间隔层保护测控装置的硬件插件及接线图。查看 RCS-9705C 测控装置技术和使用说明书及相关参考书，了解微机保护装置的硬件结构及原理，认识间隔层保护测控装置硬件包含的插件；能识懂保护测控装置面板图、背板图、端子排图；能拆装微机装置的插件。完成表 2-4 硬件插件的填写。

微机保护测控装置保护功能实现案例

表 2-3　　　　　　　间隔层保护测控装置硬件构成填写表

序号	保护测控装置硬件构成的 6 个环节列举	每个环节的主要作用描述	硬件环节的主要学习知识点	备注
1				
2				
3				
4				
5				
6				
疑问记录				

表 2-4　　　　　　　　　　保护测控装置硬件插件填写表

序号	任务列表	描述与填写	任务（是/否）完成	备注
1	描述装置硬件各插件的名称			
2	插件的识别方法描述			根据插件结构、作用识别
3	描述 AC、DC、I/O、CPU 插件背板端子的用途			
4	描述 AC、DC、I/O、CPU 插件功能分区情况			
5	用相对编号法查找装置的功能分区			
6	认识装置背面图、端子排图			识懂装置背面图、端子排图
7	接线（或查线）：接线或检查保护测控装置与 TA、TV 的接线			能根据保护测控装置的背板接线图完成与 TA、TV 二次回路接线
8	描述完成模拟量数据采集需要什么插件，以及连接哪些线			掌握数据采集工作原理及作用
9	描述 TA、TV 对保护测控装置的作用			
10	描述 TA、TV 运行中的注意事项			列 1~2 条关键事项
	疑问记录			

3）间隔层保护测控装置的使用。阅读学习 RCS-9705C 测控装置技术和使用说明书及相关参考书，指导教师利用变电站综合自动化系统实物系统装置操作、演示等手段，学习间隔层保护测控装置的操作与使用。完成表 2-5 的填写。

表 2-5　　　　　　　　　　RCS-9705C 测控装置操作使用填写表

序号	学习项目	分项学习内容			备注
1	面板信号指示灯	指示灯数量及颜色	指示灯亮（或灭）含义	装置运行灯和告警灯状态的查看记录	
		装置在正常状态下和非正常状态下的运行灯和告警灯状态变化的区分记录：				
2	液晶显示屏	列举能显示的内容	显示屏点亮的状态描述	显示屏熄灭的状态描述	

续表

序号	学习项目	分项学习内容			备注
3	面板的操作按键	列出操作按键名称	列出各操作按键功能	"复位"按键使用时机描述	
4	液晶屏显示的菜单结构	装置液晶屏的正常显示内容	列出能设置的参数	列出能显示的模拟量	
		列出能显示的数字量	列出能显示的报告		
5	装置插件	插件数量和名称记录： 各插件的主要作用描述：			
6	装置型号	装置型号记录：			
7	装置软件版本号	装置软件版本号记录：			
	疑问记录				

（6）实训项目3：间隔层设备（保护测控装置）的操作与调试。

保护测控装置与电流互感器的连接

1）测控装置（柜）的断路器分闸/合闸遥控功能远方操作：①操作前查阅变电站断路器分闸/合闸遥控功能远方操作的相关资料，收集对应素材；②编写测控装置的断路器分闸/合闸遥控功能操作步骤和注意事项，并通过小组充分讨论和修改，通过指导教师的检查、核对；③按照作业指导书的要求和操作规范，在指导教师的监督和指导下完成断路器分闸/合闸遥控功能操作，特别需要注意的是在测控装置旁有"远方/就地转换开关"，通过"远方/就地转换开关"可以实现"远方"控制、"就地"控制和"同期手合"等多个控制断路器操作方式；④完成测控装置的断路器分闸/合闸遥控功能操作实验报告；⑤通过测控装置（屏）的断路器分闸/合闸遥控功能远方操作，熟悉保护测控装置手动分闸/合闸，遥控分闸/合闸工作原理；熟悉手动分、合断路器的实现过程。熟悉测控装置遥控操作断路器步骤及注意事项，了解和应用断路器分闸/合闸遥控功能远方操作的行业规范。

2）间隔层设备（保护测控装置）安装调试。通过查线使学生弄清屏内外二次设备间的连接关系，方便学生进行接线安装，这里的安装主要指二次接线，不包括基础定位、屏柜安装和端子箱安装。学生进行二次接线时的工艺及要求主要依据行业规范执行，从而使学生的实践与实际工作接轨。通过查线和接线，学生可对间隔层设备的功能与硬件有清楚的认识。调试是对设备功能和软件实现方法深入理解的重要途径，在运用调试仪进行调试时，学生首先应查看产品说明书，弄清产品功能和软件原理后再进行相应项目的测试。

以 10kV 保护测控装置为例，完成以下项目的调试：①交流回路检查。在屏后交流电压、交流电流输入端子上通过调试仪加额定电压、额定电流，装置正面显示屏上"采样值显示""遥测量显示"显示的值与实际输入值误差满足要求。②输入触点检查。模拟短接屏后各开关量输入触点，装置显示屏上的开关量输入状态应有相应的改变。③输出触点检查。输出触点检查可借助"装置测试"菜单中的"出口传动试验"完成，也可通过具体操作检查相应输出触点的开闭情况进行检查，如进行遥控合闸操作，对应触点应闭合。④整组试验。整组试验主要运用调试仪模拟瞬时性、永久性各种类型短路故障时，保护和重合闸装置的动作情况。

（7）检查与评估。运用变电站综合自动化实训场实践项目，采取"教、学、做"一体化教学，学生汇报计划与实施过程，回答同学与教师的问题。教师与学生共同对学生的工作结果进行评价。

1）自评：学生对该项目的整体实施过程进行评价。

2）互评：以小组为单位，分别对小组内部其他成员或对其他小组的工作结果进行评价和建议。

3）教师评价：教师对互评结果进行评价，指出每个小组成员的优点，并提出改进建议。

以上评价采用过程考核和绩效考核两种方法。过程考核强调的是课堂参与度的重要性，考核要素主要包含学生学习态度和方法、学习过程的记录与总结、回答分析问题的情况、帮助其他同学的情况、网搜资料的情况等；绩效考核强调实践的重要性，考核要素主要包括学生制定任务、完成任务的成绩，实验操作及结果，平时实验成绩，读图训练考核等。

相关知识

变电站综合自动化是提高变电站安全稳定运行水平、降低运行维护成本、向用户提供高质量电能的一项重要技术措施。要实现变电站综合自动化，必须掌握变电站的运行状况，即要测量出表征变电站运行以及设备工作状态的信息。

一、变电站综合自动化系统采集的信息分类

变电站综合自动化系统要采集的信息包含变电运行、电气设备运行的信息，以及控制系统本身的运行状态信息。采集信息大致可划分为以下两类，一是与电网调度控制有关的信息，这些信息在变电站采集测量后，由综合自动化系统向上级监控或调度中心传送；二是为实现变电站综合自动化系统站内监控所使用的信息，由保护测控装置或自动装置测得，用于当地监视和控制。

变电站综合自动化系统要测量出表征变电运行和设备工作状态的信息，才能掌握变电站的运行状况。测量的大量信息主要包括变电站现场的模拟量、开关量、电能量、事件顺序记录及设备的状态等，用于当地监控或传送到上级监控（调度）中心。

二、变电站综合自动化系统采集的典型信息

变电站综合自动化系统需要采集的信息量大，且这些信息具有不同的特征，可以把它们分成以下几种类型。

（1）模拟量。模拟量是指时间和幅值均连续变化的信号，包括需要采集的交流电压、交流电流、有功功率、无功功率、直流电压、温度等。同时，监控系统会对模拟量按照需要再

进行相应的处理，如越限报警、追忆记录等。

（2）开关量。开关量是指随时间离散变化的信号，主要反映的是设备的工作状况，包括断路器、隔离开关、继电器的触点及其他断路器的状态。开关量是指只有两种状态的量，包括不带电位的触点位置（接通或断开），在微机装置中只使用高、低两种电位的逻辑电平，就能描述出对应设备接通或断开的工作状态。

（3）数字量。数字量是指时间和幅值均是离散的信号，并行和串行输入/输出的数据。如保护装置发送的测量值及定值、故障动作信息、自诊断信息、跳闸报告等。

（4）脉冲量。脉冲量是指随时间推移周期性出现短暂起伏的信号，包括系统频率转换的脉冲及脉冲电能表发出的脉冲等。

（5）非电量。变电站综合自动化系统采集的非电量信号主要包括变压器油温、油压、瓦斯气体含量、油位等。

（6）遥测量、遥信量。电力系统运行状况主要由遥测量、遥信量表征。遥测量主要是将变电站中如线路、母线、变压器等的运行参数，通过收集、处理、传送到监控主机及调度中心，遥测量大多为模拟量。遥信量主要反映变电站中断路器的状态量和元件保护状态的信息，主要包括断路器的状态、隔离开关的状态、各个元件继电保护动作状态、自动装置的动作状态等。遥信量对正确反映系统运行工况非常重要，任何输电线路的断路器状态发生变化，均可能引起电网拓扑结构的变化，各种参数就可能随之发生变化。

三、信息采集的间隔层保护测控装置硬件展示

IEC 61850 对智能电子设备（IED）的定义如下：由一个或多个处理器组成，具有从外部源接收和传送数据或控制外部源的任何设备，即电子多功能仪表、微机保护、控制器，在特定的环境下在接口所限定范围内能够执行一个或多个逻辑接点任务的实体。

变电站信息的采集测量主要由间隔层的保护装置、测控装置来实现。间隔层的微机保护装置、测控装置硬件主要包括数据采集系统（电流、电压等模拟量输入变换、低通滤波回路、模/数变换等）、微机主系统（CPU、存储器、实时时钟、看门狗等）、开关量输入/输出通道及人机接口（键盘、液晶显示器）。从功能上可以把微机保护装置、测控装置硬件分为以下 6 个组成环节：微机主系统、数据采集系统、开关量输入/输出系统、人机对话接口、通信接口、电源回路。微机保护装置、测控装置典型硬件结构示意图如图 2-1 所示。

1. 微机主系统

微机主系统是微机装置硬件系统的数字核心部分，一般由 CPU、存储器、定时器/计数器、看门狗、外围支持电路、输入输出控制电路组成。微机执行存放在只读存储器中的程序，将数据采集系统输入至 RAM 区的原始数据进行分析处理，完成各种数据采集及计算、保护及测控功能。

2. 数据采集系统

数据采集系统又称模拟量输入系统，间隔层保护测控装置的微机主系统采集变电站测控对象的电流、电压、有功功率、无功功率、温度等都属于模拟量。由于微型机系统是一种数字电路设备，只能接收数字脉冲信号，识别数字量，所以数据采集系统主要利用模/数变换等功能块，将采集的模拟量信号转换为微型机系统能识别的数字脉冲信号，供微型机系统 CPU 去存储、调用、计算等处理。

一个模拟量从测控对象的主回路到微机主系统的内存，中间要经过多个转换环节和滤波

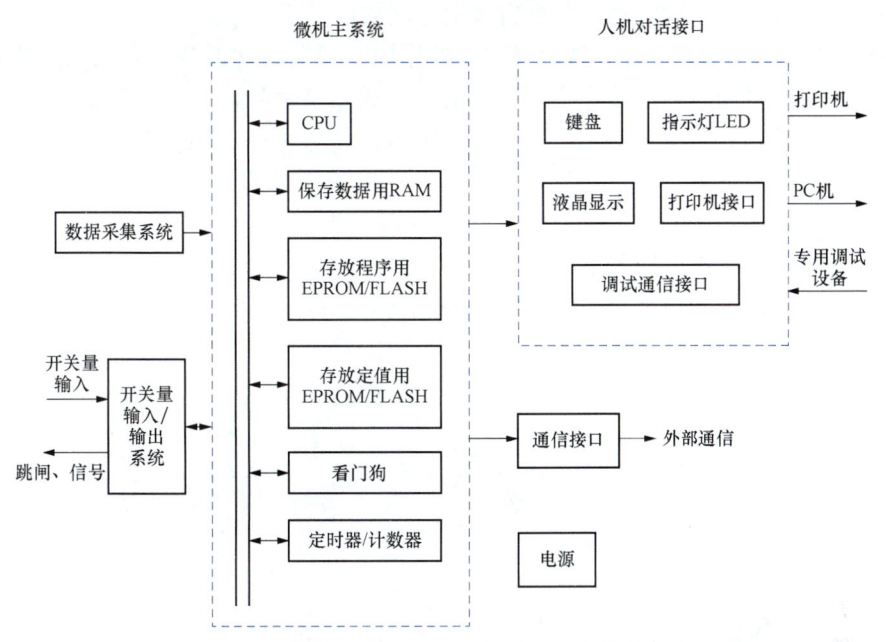

图 2-1 微机保护装置、测控装置典型硬件结构示意图

环节。根据模/数变换原理的不同，微机装置硬件电路的模拟量输入环节有两种方式：一是基于逐次逼近式 A/D 变换方式，是将采集的模拟量直接转变为数字量的变换方式；二是利用电压-频率变换（VFC）原理进行模/数间接变换方式。

（1）基于逐次逼近式 A/D 变换方式。基于逐次逼近式 A/D 变换方式的模拟量输入电路结构框图如图 2-2 所示，该电路结构主要包括电压形成电路、低通滤波器、采样保持器、多路转换开关及模/数变换（A/D）转换器。

典型的模拟量输入电路（数据采集系统）结构框图

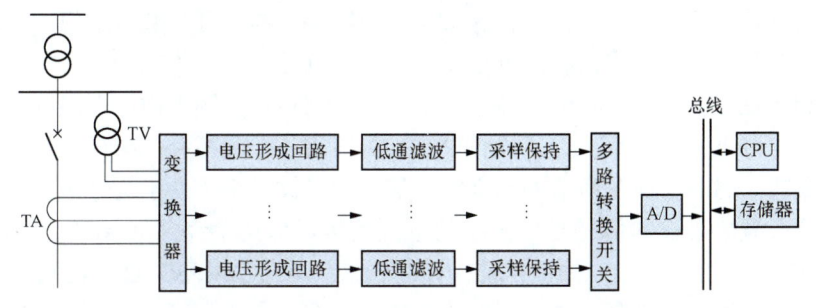

图 2-2 基于逐次逼近式 A/D 变换方式的模拟量输入电路结构框图

1）电压形成电路。其作用如下：①将从 TV、TA 来的高电压、大电流变换成微机保护装置、测控装置内部电子电路所需要和允许的小的电压信号。降低或转换后的电压变成下一环节中 A/D 变换芯片所允许的 ±5V 或 ±10V 电压。②电气隔离和屏蔽作用。从 TV、TA 来的电气量经过很长电缆接到微机装置，也引入了大量的共模干扰。交流变换器一方面提供一个电气隔离，另一方面在一、二次绕组中加了一个接地的屏蔽层，使共模干扰经一次绕组

33

和屏蔽层之间的分布电容而接地，可以有效地抑制共模干扰。

2）低通滤波器与采样定理。低通滤波器的作用是滤除高次谐波。微机主系统处理的都是数字信号，必须将随时间连续变化的模拟信号变成数字信号，首先要对模拟量进行采样，采样是将一个连续的时间信号 $x(t)$ 变成离散的时间信号 $x'(t)$ 的过程。信号采样过程示意图如图 2-3 所示，相邻两个采样时刻的时间间隔称为采样周期 T_s。对电压量、电流量的采样是以等采样周期间隔来表示的，采样周期 T_s 的倒数就是采样频率 f_s。

在自动化装置中，被采样的信号 $x(t)$ 主要是工作频率 50Hz 交流电信号，通常以工频每个周期的采样点数来间接定义采样周期 T_s 或采样频率 f_s。例如若工频每个周期采样点数为 12 次，则采样周期是 $T_s=20/12=5/3$（ms），采样频率 $f_s=50\times12=600$（Hz）。

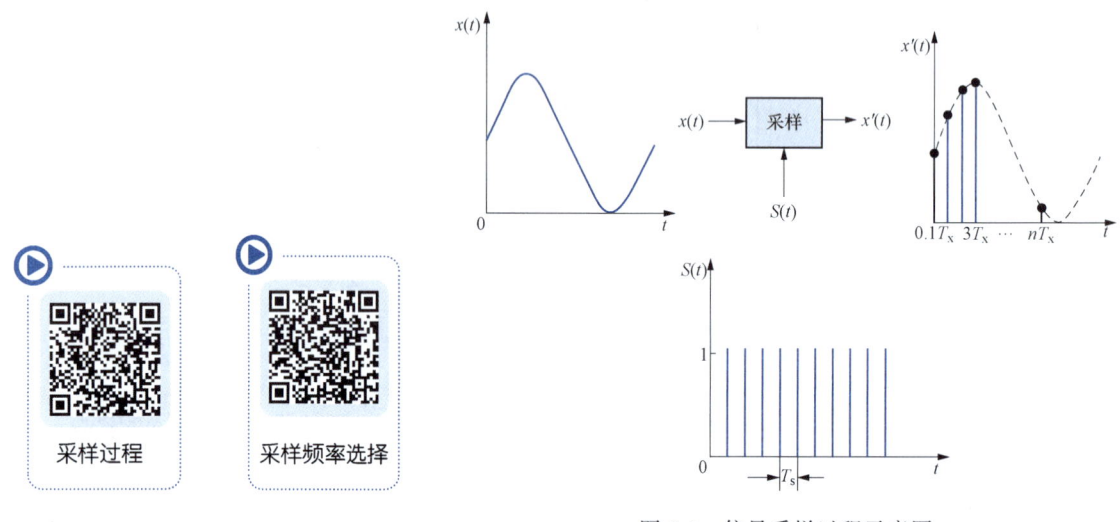

图 2-3　信号采样过程示意图

采样是否成功主要表现在采样信号 $x'(t)$ 能否真实地反映出原始的连续时间信号中所包含的重要信息。为了使信号被采样后不失真还原，避免出现"频率混叠"现象，采样频率必须不小于 2 倍的输入信号的最高频率，这就是奈奎斯特采样定理的基本思想。当前大多数自动化装置原理是反映工频分量的，或者是反映某种高次谐波（例如 5 次谐波分量），故可以在采样之前利用低通滤波器，将最高信号频率分量限制在一定频带内，即限制模拟输入信号的最高频率，以降低采样频率 f_s。限制模拟输入信号的最高频率一方面降低了对微机装置硬件的速度要求，另一方面对所需的最高频率信号的采样不至于发生信号失真。例如小电流接地系统检测装置要采样的信号是 5 倍频的电流信号，即 $f_0=5\times50=250$（Hz），采样频率至少应选 $f_s\geqslant2\times250$（Hz）才能保证采样的 5 倍频电流信号不失真地还原。

电力系统在故障暂态期间，电压和电流参数中含有较高频率成分，如果要对参数中所有的高次谐波成分均不失真地采样，则采样频率就需要选取很高，这样会对微机装置硬件速度提出很高要求，使微机装置成本增高，这是不现实的。因此也采用限制模拟输入信号的最高频率方式来降低采样频率 f_s。

微机装置硬件电路中设置低通滤波器就是要限制采集信号的最高频率。低通滤波器的幅频特性的最大截止频率，必须根据采样频率 f_s 来确定。例如，当采样频率取 1000Hz 时，即交流工频 50Hz 参数每周期采样 20 个点，为了满足采样定理，则要求模拟低通滤波器必须滤除输入信号大于 500Hz 的高频分量；而采样频率取 600Hz 时，则要求必须滤除输入信号大于 300Hz 的高频分量。

3）采样保持器。连续时间信号的采样及其保持是指在采样时刻上，把输入模拟信号的瞬时值记录下来，并按所需的要求准确地保持一段时间，供模/数转换器（A/D）使用。对于采用基于逐次逼近式 A/D 转换方式的数据采集系统，因模/数转换器（A/D）的工作需要一定的转换时间，则需要使用采样保持器。

4）多路转换开关（MPX）。在实际的数据采集模块中，被测参数可能是几路或几十路，对这些回路的模拟量进行采样和 A/D 转换时，为了共用一组 A/D 转换器而节省微机装置硬件成本，可以利用多路转换开关轮流切换各被测量与 A/D 转换电路的通路，达到分时转换的目的。在模拟输入通道中，其各路转换开关是"多选一"，即其输入是多路待转换的模拟量，每次只选通一路，输出只有一个公共端接至 A/D 转换器。

5）模/数变换（A/D）。逐次逼近式 A/D 转换器将来自传感器的模拟输入信号 U_{IN} 与一个推测信号 U_i 比较，根据 U_i 与 U_{IN} 的大小关系来决定增大还是减小该推测信号 U_i，以便向模拟输入信号 U_{IN} 逼近。由于推测信号 U_i 即为 D/A 转换器的输出信号，所以当推测信号 U_i 与模拟输入信号 U_{IN} 相等时，向 D/A 转换器输入的数字量也就是对应于模拟输入量 U_{IN} 的数字量，完成将连续变化的模拟信号转换为数字信号，以便微机主系统或数字系统对被测信号进行处理、存储、控制和显示。

（2）利用电压-频率变换（VFC）原理进行模/数间接变换方式。VFC 型 A/D 变换原理框图如图 2-4 所示，利用电压-频率变换（VFC）原理进行模/数变换是将输入的电压模拟量 u_{in} 线性地变换为数字脉冲式的频率 f，使产生的脉冲频率正比于输入电压，然后在固定的时间内用计数器对脉冲数目进行计数（已是数字量计数），通过脉冲计数变换为数字量来完成变电站模拟量的采集与测量。

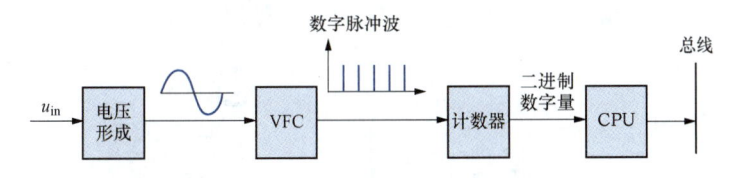

图 2-4　VFC 型 A/D 变换原理框图

VFC 型的 A/D 变换方式与 CPU 的接口，要比基于逐次逼近式 A/D 变换方式简单得多，CPU 几乎不需对 VFC 芯片进行控制。装置采用 VFC 型的 A/D 变换，建立了一种新的变换方式，其优点可归纳为：①工作稳定，线性好，电路简单；②抗干扰能力强，VFC 是数字脉冲式电路，因此不受脉冲和随机高频噪声干扰，可以方便地在 VFC 输出和计数器输入端之间接入光隔元件；③与 CPU 接口简单，VFC 的工作不需要 CPU 控制；④可以方便地实现多 CPU 共享一套 VFC 变换。

3. 开关量输入/输出系统

（1）组成及功能。开关量输入/输出系统由微机若干个并行接口适配器、光电隔离器件及有触点的中间继电器等组成，以完成各种保护的出口跳闸、信号报警、外部触点输入及人机对话、通信等功能。

遥信开关量信息用来传送变电站间隔断路器、隔离开关的位置状态，传送继电保护、自动装置的动作状态及系统、设备等运行状态信号，它们都只取两种状态值，用数字量的一位二进制数（1 或 0）就可以传送一个遥信对象的状态。

1) 断路器状态信息的采集。断路器状态是电网调度自动化的重要遥信信息。变电站现场断路器 QF 的位置信号通过其辅助触点引出。

2) 继电保护动作状态信息的采集。采集继电保护动作的状态信息，也就是采集继电器的触点状态信息并且记录动作时间。

3) 事故总信号的采集。断路器发生事故跳闸将启动事故总信号。事故总信号用以区别正常操作与事故跳闸，对调度员监视电网系统运行十分重要。事故总信号的采集同样是触点位置信息的采集。

4) 其他信号的采集。如无人值班变电站大门开关状态等多种遥信信息。

（2）开关量输入回路。断路器位置状态、继电保护动作信号及事故总信号，最终都可以转化为辅助触点或信号继电器触点的位置信号，只要将触点位置信号采集进入微机主系统，就完成了遥信信息的采集。为了不使干扰影响数字量采集结果的准确性，开关量输入回路的遥信状态量的采集输入回路都要经过光电耦合器件进行光电隔离，开关量输入回路如图 2-5 所示。当外部触点闭合时，光电耦合器的二极管内流过驱动电流，二极管发出的光使三极管导通，因此输出低电平；当外部触点断开时，光电耦合器的二极管内不流过驱动电流，二极管不发光，三极管截止，因此输出高电平。微机主系统只要测量输出电平的高低（即某芯片引脚电位的高低）就可以得知对应的外部开关量的实际工作状态。由于微机装置与外部触点之间经过了电信号→光信号→电信号的光电转换，两者之间没有直接的电磁联系，保护了微机装置免受外界干扰影响。装置有直流信号电源，可启动电路中的光电耦合器，实现外部信号的遥信输入，由自动化装置的微机系统 CPU 读取、存储、使用。

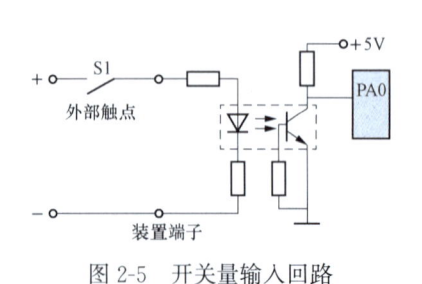

图 2-5 开关量输入回路

（3）开关量输出回路。开关量输出回路如图 2-6 所示，当微机装置欲使输出开关量触点闭合时，只要通过软件驱使装置并行口的 PB0 输出"0"，PB1 输出"1"，便可使与非门 H1 输出低电平，光敏三极管导通，从而使继电器 K 动作，对应触点闭合的触点作为微机装置开关量输出。

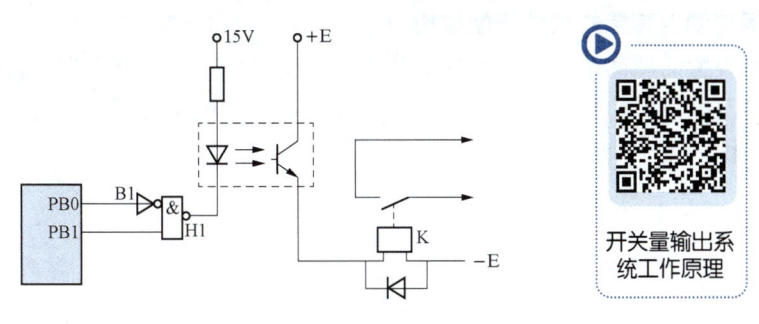

图 2-6 开关量输出回路

在初始化和需要继电器 K 返回时，应使 PB0 输出"1"，PB1 输出"0"。设置反相器 B1 及与非门 H1 而不将发光二极管直接同并行口相连，一方面是因为并行口带负载能力有限，不足以驱动发光二极管；另一方面因为采用与非门后要满足两个条件才能使 K 动作，使遥信开关量输出信号增加了抗干扰能力。为了防止拉、合直流电源的过程中继电器 K 的短时误动，设定两个反相条件互相制约，将 PB0 经一反相器输出，而 PB1 不经反相器输出。因为在拉、合直流电源过程中，当 5V 电源处于某一个临界电压时，可能由于逻辑电路的工作紊乱而造成自动化装置误动作，特别是自动化装置的电源往往接有大量的电容器，所以拉、合直流电源时，无论是 5V 电源还是驱动继电器 K 用的电源 E，都可能相当缓慢地上升或下降，从而完全可能来得及使继电器 K 的触点出现短时闭合现象。

4. 人机对话接口

人机对话接口主要包括装置显示器、键盘、各种面板开关、实时时钟、打印电路等，其主要功能用于人机对话显示画面与数据，如装置调试、定值整定、工作方式设定、动作行为记录、与系统通信等。现在微机装置一般采用液晶显示器和流行的六键盘操作键。

5. 通信接口

微机装置的通信接口包括维护接口、监控系统接口、录波系统接口等。变电站综合自动化系统可分为多个子系统，如监控子系统、微机保护子系统、自动控制子系统等，各子系统之间需要通信，如微机重合闸装置动作跳闸，监控子系统需要知道，即子系统间自动化装置需要通信。同时，有些子系统的动作情况还要远传给调度（控制）中心。综上，通信回路的功能主要是完成自动化装置间通信及信息远传。

6. 电源回路

电源回路提供了整套自动化装置中功能模块所需要的直流稳压电源，可以采用断路器稳压电源或 DC/DC 电源模块，提供给装置数字系统＋5、＋24、±15V 电源。＋5V 电源用于微机主系统主控电源；±15V 电源用于装置数据采集系统、通信系统；＋24V 电源用于装置开关量输入/输出系统、继电器逻辑电源。

四、微机保护测控装置的软件程序结构

间隔层微机装置的硬件系统是软件的工作平台，微机装置的功能主要靠软件实现，微机保护装置软件涉及继电保护原理、算法、数字滤波及计算机程序结构。典型微机保护装置软件程序结构示意图如图 2-7 所示。

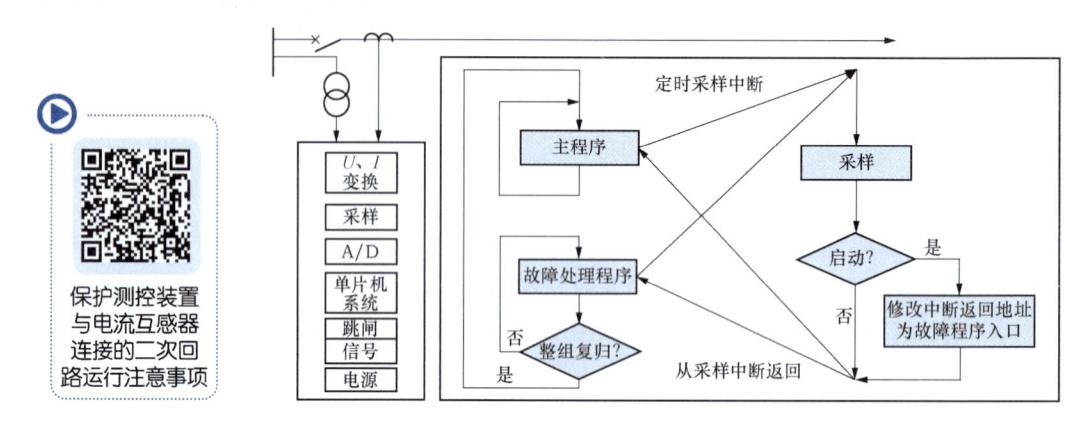

图 2-7 典型微机保护装置软件程序结构示意图

微机保护装置软件程序的整体结构主要包括主程序、采样中断服务程序和故障处理程序。正常时运行主程序，同时每隔 5/3ms 采样间隔时间（假设每周期采样 12 点）执行一次采样中断服务程序，在采样程序中进行模拟量采集与滤波、开关量采集、装置硬件自检、交流电流断线判据计算，并判断相电流差突变量启动元件是否动作等。

如果启动元件不动作，采样中断程序执行完后，正常返回主程序。正常运行时，程序中进行采样值自动零漂调整及运行状态检查。运行状态检查包括交流电压断线、检查断路器位置状态、重合闸充电等，不正常时发报警信号。报警信号分两种，一种是运行异常报警信号，这时不闭锁保护装置，提醒运行人员进行相应处理；另一种为闭锁报警信号，报警的同时将保护装置闭锁，保护退出。

如果启动元件动作，采样中断程序执行完后转入执行故障处理程序，故障计算程序中进行各种保护的算法计算、跳闸逻辑判断，以及事件报告、故障报告及波形的整理。在此过程中，依然每隔 5/3ms 采样间隔时间执行一次采样中断服务程序，直到保护整组复归，返回正常运行的主程序。

五、信息参数值计算的软件算法概念

1. 算法的含义

连续型的电压、电流等模拟信号经过离散采样和模/数变换成为可用计算机处理的数字量后，计算机将对这些数字量（采样值）进行分析、计算，得到所需的电流、电压有效值和相位，以及有功功率、无功功率等参数，并根据这些参数的计算结果及定值大小，通过比较判断决定微机装置的动作行为。完成上述分析计算和比较判断以实现各种预期功能的方法，称为变电站综合自动化系统算法，其主要任务是如何从包含有噪声分量的输入信号中，快速、准确地计算出所需要的各种电气量参数。

2. 研究算法的作用

研究算法的作用主要有两个：一是提高运算的精确度，二是提高运算的速度。算法的运

算速度将影响微机装置检测量的检测和动作速度。一个好的算法要求运算速度高,即在运算时,所用的实时数据窗短,所需采样的点数少,运算工作量少。特别是在计算暂态量时,算法的运算速度更为重要。然而提高运算速度和提高运算精度两者之间是相互矛盾的,因此,研究算法的实质是如何在速度与精度之间进行权衡。

3. 变电站综合自动化系统中保护和监控对算法的要求

监控系统需要计算机得到的是反映正常运行状态的 P、Q、U、I 等物理量,进而计算出功率因数 $\cos\varphi$、有功电能量和无功电能量。保护系统更关心的是反映故障特征的量,保护装置中除了要求计算 U、I、$\cos\varphi$ 等物理量,有时还要求计算反映信号特征的其他一些量,例如频谱、突变量、负序或零序分量、谐波分量等。

监控系统希望采用的算法计算出的参数值尽可能准确;保护装置则更看重算法的速度和灵敏性,必须在故障后尽快反应,以便快速切除故障。

监控系统算法主要是针对稳态时信号,而保护系统算法主要针对故障时的暂态信号。相对于前者,故障时的暂态信号含有更严重的直流分量及衰减的谐波分量等。信号性质的不同必然要求监控系统和微机保护从算法上区别对待。

4. 保护和监控功能常用的基于周期函数模型的傅氏变换算法

由于交流采样所得到的是信号的瞬时值,这些量是随时间而变化的交变量,人们无法直接识别其大小和传送方向(指功率),这就需要通过一种算法把信号的有效值计算出来。交流采用的算法很多,这里介绍常用的傅氏变换算法。傅氏变换算法来自傅里叶级数,即一个周期性函数 $i(t)$ 可以用傅里叶级数展开为各次谐波的正弦项和余弦项之和,计算式表示为

$$i(t) = \sum_{n=0}^{\infty} [a_n \sin n\omega_1 t + b_n \cos n\omega_1 t] \tag{2-1}$$

式中:n 表示谐波分量次数,为自然数,$n=0$、1、2、…。

电流 $i(t)$ 中的基波分量可表示为

$$i_1(t) = a_1 \sin\omega_1 t + b_1 \cos\omega_1 t \tag{2-2}$$

基波电流 $i(t)$ 还可以用一般表达式表示为

$$i_1(t) = \sqrt{2} I_1 \sin(\omega_1 t + \alpha_1) \tag{2-3}$$

式中:I_1 为基波电流有效值;α_1 为 $t=0$ 时的基波分量初相角。

将式(2-3)中 $\sin(\omega_1 t + \alpha_1)$ 用和角公式展开,再与式(2-2)比较,可以得到 I_1 和 α_1、a_1、b_1 的关系式为

$$a_1 = \sqrt{2} I_1 \cos\alpha_1 \tag{2-4}$$

$$b_1 = \sqrt{2} I_1 \sin\alpha_1 \tag{2-5}$$

显然,式(2-4)和式(2-5)中,I_1 和 α_1 是待求数,只要知道 a_1 和 b_1 就可以算出 I_1 和 α_1。而 a_1 和 b_1 可以根据傅氏级数的逆变换求得,即

$$a_1 = \frac{2}{T} \int_0^T i(t) \sin\omega_1 t \, dt \tag{2-6}$$

$$b_1 = \frac{2}{T} \int_0^T i(t) \cos\omega_1 t \, dt \tag{2-7}$$

现在考虑在计算机中怎样用最快、最简捷的加法运算来求得 a_1 和 b_1。交流采样时,设

每周采样 N 点,采样间隔为 T_s,第 k 次采样时刻写为 $t=kT_s$,而采样周期 $T=NT_s$,所以 $\sin\omega_1 t=\sin\frac{2\pi}{T}t=\sin\left(k\times\frac{2\pi}{N}\right)$,这是基波正弦的离散化表达式。于是式(2-6)和式(2-7)用梯形法求和可得出

$$a_1=\frac{1}{N}\left[2\sum_{k=1}^{N-1}i(k)\sin\left(\frac{2\pi}{N}k\right)\right] \tag{2-8}$$

$$b_1=\frac{1}{N}\left[i(0)+2\sum_{k=1}^{N-1}i(k)\cos\left(\frac{2\pi}{N}k\right)+i(N)\right] \tag{2-9}$$

式中:$i(k)$ 为第 k 次采样值,$i(0)$ 和 $i(N)$ 分别为 $k=0$ 和 N 时的采样值。

如果采样点选 $N=12$,则式(2-8)和式(2-9)化简为

$$6a_1=i(3)-i(9)+\frac{1}{2}[i(1)+i(5)-i(7)-i(11)]+\frac{\sqrt{3}}{2}[i(2)+i(4)-i(10)] \tag{2-10}$$

$$6b_1=\frac{1}{2}[i(0)+i(2)-i(4)-i(8)+i(10)+i(12)]+\frac{\sqrt{3}}{2}[i(1)-i(5)-i(7)+i(11)] \tag{2-11}$$

在式(2-10)和式(2-11)中,可将 $\sqrt{3}/2$ 改为 $(1-1/8)$ 误差不大,但计算快得多,因为乘 1/2 和乘 1/8 都可用右移指令来实现,这也是在微机保护中每周采样点选 12 点,并采用傅氏算法的原因。在监控系统中,为了提高计算的精度,采样点也可选为 20 点或 24 点等。

在算出 a_1 和 b_1 后,根据式(2-4)和式(2-5)不难得到基波的有效值和相角为

$$I_1=\sqrt{\frac{a_1^2+b_1^2}{2}} \tag{2-12}$$

$$\alpha_1=\arctan(b_1/a_1) \tag{2-13}$$

5. 算法的选择标准

衡量算法优劣的主要指标有计算精度、响应时间和运算量。参数计算的准确性关系到装置的动作行为是否正确,因此要消除噪声分量的影响,提高参数计算的精度。算法的计算速度则直接决定着装置的动作速度。算法的计算速度包含两方面的含义:一是指算法的数据窗长度,即需要采用多少个采样数据才能计算出所需的参数值;二是指算法的计算量,算法越复杂,运算量也越大,在相同的硬件条件下,计算时间也越长。通常,算法的计算精度与计算速度之间总是相互矛盾的,若要计算结果准确,往往需要利用更多的采样值,即增大算法的数据窗。因此,从某种意义上来说,如何在算法的计算精度和计算速度之间取得合理的平衡,是算法研究的关键,也是对算法进行分析、评价和选择时应考虑的主要因素。

六、间隔层保护测控装置实例

南京南瑞继保电气有限公司生产的 RCS-9000 系列测控装置是综合自动化系统的重要构成部件,按照分布式系统设计,实现数据的采集、控制等功能,实现全变电站的监控。根据配置的通信接口的不同,RCS-9000 系列保护测控装置又分 A、B、C 三种不同的类型,各类型之间的差别主要是网络通信

接口不同，其保护测量功能基本一样。下面以变电站内间隔开关单元以太网接口的 RCS-9705C 测控装置为例，介绍间隔层测控装置的使用。

RCS-9705C 的主要监控对象为变电站内的开关单元，主要功能有：①62 路开关量变位遥信，信号触点和位置触点转为数字量上送；②一组电压、电流的模拟量输入，其基本内容有电流、电压、电能量计算、频率、功率及功率因数计算；③可在微机装置面板上，直接对断路器、隔离开关进行就地操作；④遥控输出可配置为 16 路遥控分合；⑤遥控事件记录及事件时间顺序记录显示（SOE）；⑥液晶画面具备一次接线图显示；⑦1 路检同期合闸，具有同期控制功能。

1. 装置的面板布置

RCS-9705C 测控装置面板布置如图 2-8 所示，该面板由液晶显示屏、信号指示灯、键盘 3 部分组成。

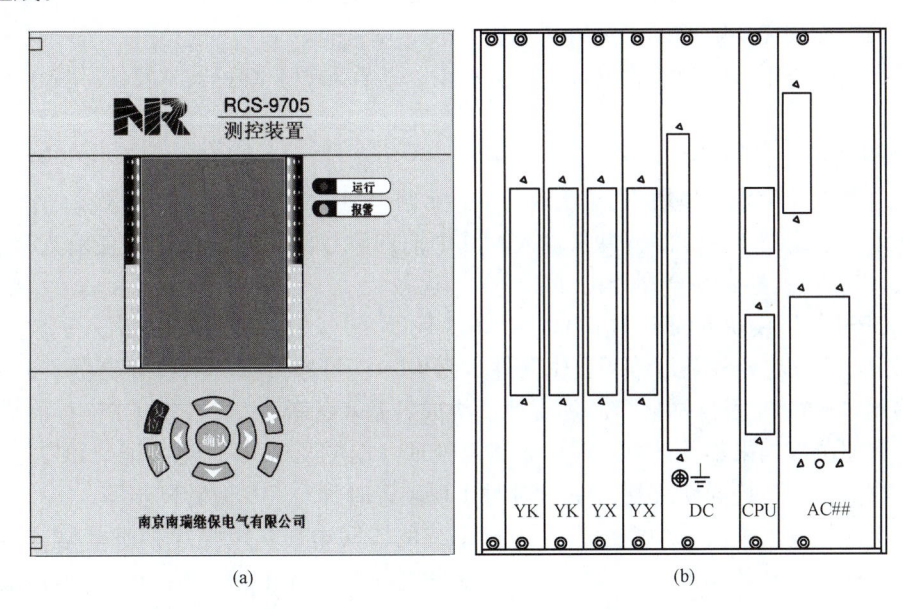

图 2-8 RCS-9705C 测控装置面板布置
（a）正面面板布置；（b）背面面板布置

（1）液晶显示屏。装置采用全汉化大屏幕液晶显示，包括主接线图、断路器、隔离开关及模拟量的显示，菜单及图形界面可编辑。其树形菜单、模拟量、开关量、定值整定、控制字整定等都在液晶显示屏上有明确的汉字标识。装置内部的任何状态变化都能在液晶显示屏上反映，包括开关量输入、开关量输出，所有电压、电流、有功功率、无功功率、功率因数及频率的有效值等。当按动任意键、跳闸或自检报警后，液晶显示屏自动点亮。在无键盘操作一段时间后液晶显示屏将自动熄灭。

（2）信号指示灯。信号指示灯包括运行灯和告警灯。运行灯（绿色）正常时亮。当装置检测到定值出错，RAM/ROM 自检出错，开关量输入、开关量输出电源故障，出口回路异常或装置死机时，运行灯熄灭。故障消除后，运行灯不能自动恢复，需给装置重新上电或在面板上选择装置复位，使装置重新初始化才行。告警灯（黄色）正常时熄灭。当装置检测到 TV 断线、频率异常、断路器位置开关量输入异常、RAM/ROM 自检出错、装置定值异常等故障时，报警灯亮。故障消失后，报警灯可自动熄灭。

（3）键盘。装置配有小键盘，采用菜单工作方式，小键盘与液晶显示配合完成定值整定、报告显示、遥测、遥信量显示、信号复归等。键盘各按键功能说明如下：

1）"＋"和"－"按键：用于输入数字。按一次"＋"键，数字加1；按一次"－"按键，数字减1。

2）"↑"按键：上移光标。

3）"↓"按键：下移光标。

4）"←"按键：左移光标。

5）"→"按键：右移光标。

6）"确认"按键：确认修改、设定；确认命令执行或选择某一菜单项。

7）"取消"按键：退出最底层菜单任务，如退出"遥测显示"菜单任务，返回上一级菜单项；取消已做的操作，如修改定值和参数。

8）"复位"按键：强制装置复位，重新启动。装置面板上红色的"复位"按钮可以手动复位。

2. 装置的插件模块

（1）电源及遥信输入模块（DC插件）。支持110V或220V直流电源的输入作为装置的电源电压，并且支持1～14路开并量输入，其中前四路作为特殊遥信开并量输入（置检修、解除闭锁、远方/就地、手合同期）。

（2）CPU控制模块（CPU插件）。主CPU板以32位微处理器（ARM）＋数字信号处理器（DSP）为核心，复杂可编程逻辑器件（CPLD）、可擦可编程只读存储器（EPROM）、随机存储器（RAM）及外围接口芯片支持，构成最基本的单片机系统。CPU控制模块主要完成任务有遥测数据采集及计算、遥信采集及处理（变位及SOE信息的记录和发送）、遥控命令的接收与执行、检同期合闸、GPS对时实现装置时钟与天文时钟同步等。

（3）交流量输入模块（AC插件）。来自系统的二次电压、电流模拟量信号，经高精度的变换器转换成适合计算机采集的小信号，经滤波后送入A/D变换成数字信号，最后进入CPU进行计算。除了供CPU计算电压、电流、功率、频率等实时数据，AC模块还带有低通滤波电路，能有效滤除输入信号中的干扰信号。

（4）开关量输入模块（YX插件）。两个遥信输入插件，信号以空触点方式引入，经过光电隔离后转换成数字信号进入微机装置，从而取得状态信号、变位信号。遥信输入采用光电耦合器进行隔离，以避免外部干扰传入。CPU对遥信按一定时间扫描读取。

（5）开关量输出模块（YK插件）。控制单元主要负责完成接受命令并根据命令输出相应的控制信息，为了保证遥控输出的可靠性，每一对象的遥控都有三个继电器完成，输出都有两个CPU执行。对象操作严格按照选择、返校、执行三步骤，实现出口继电器校验，保证遥控能安全、可靠地执行。另外该装置还具有硬件自检闭锁功能，以防止硬件损坏导致误出口动作。

3. 液晶屏显示的菜单结构

RCS-9705C测控装置的菜单结构如图2-9所示。

（1）装置液晶的正常显示。装置在上电或复位以后，显示器自动处于"开机屏幕"，在"开机屏幕"状态下，按"取消"进入主菜单，在"主菜单"下，按"取消"回到"开机屏幕"状态。移动光标调整键到适当的位置后，对可修改的数据，按"+"和"—"按键进入编辑界面，修改数值，按"确定"键确认修改，并把相应的数据写入 EPROM。对于选择菜单，当光标移到位后，按"确定"键，将选择所指项目。

（2）参数设置。整个装置的正确运行都依赖于参数的正确设置，运行设备的参数设置应由专门的技术人员负责进行。如发现某单元运行不正常，首先应检查该单元的参数是否正确，在主菜单下选择"参数设置"即可进入查看。

（3）模拟量显示。主要为交流测量而设，可以显示装置所采集、计算的大部分数据。数据显示可分为基本数据（单元交流测点的全部重要数据）和功率数据两大类。所有电压、电流、功率的显示均为二次值。谐波数据是该装置提供的一路监测对象的基波、3、5、7、9、11、13 次谐波分量。

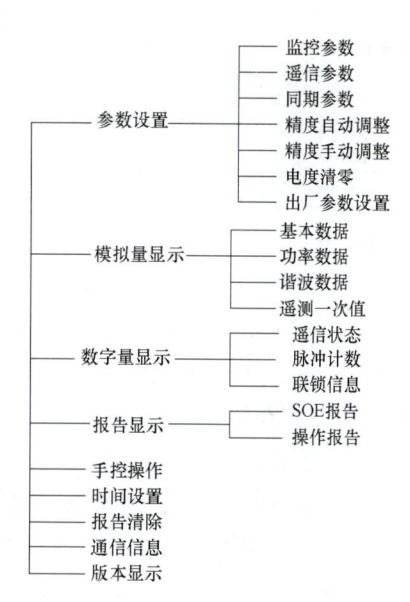

参数设置 ── 监控参数 / 遥信参数 / 同期参数 / 精度自动调整 / 精度手动调整 / 电度清零 / 出厂参数设置
模拟量显示 ── 基本数据 / 功率数据 / 谐波数据 / 遥测一次值
数字量显示 ── 遥信状态 / 脉冲计数 / 联锁信息
报告显示 ── SOE报告 / 操作报告
手控操作
时间设置
报告清除
通信信息
版本显示

图 2-9 RCS-9705C 测控装置的菜单结构

（4）数字量显示。显示当前的全部开关量（遥信）状态。联锁信息是当逻辑闭锁功能投入时，用以显示参与逻辑闭锁运算的远方信息。

（5）报告显示。时间顺序记录显示（SOE）为指示事件发生的先后顺序，共可记录 256 条信息，采用循环式指针记录方式，只记录最后的 256 条信息；操作报告记录装置操作的情况，共可记录 256 条信息，这些信息包括跳闸和合闸信息记录，采用循环式指针记录方式，只记录最后的 256 条信息。

（6）手控操作。在主菜单下，选择"手控操作"进入手控操作菜单。第一步为对象选择；第二步为操作选择；第三步为执行确认。RCS-9705C 测控装置手控操作菜单显示步骤如图 2-10 所示。

第一步:对象选择 遥控1 遥控2 … 遥控16 ⇒ 第二步:操作选择 分闸操作 合闸操作 取消 ⇒ 第三步:执行确认 执行 取消

图 2-10 RCS-9705C 测控装置手控操作菜单显示步骤

断路器分闸或合闸是线路通断的两个最主要的操作步骤。针对断路器分闸操作，应先检查和考虑保护及二次装置的适应情况。例如，并列运行的线路解列后，另一回线路是否会过负荷，保护定值是否需要调整。断路器控制瞬间分闸后，该断路器所控制的回路电流应降至零，绿灯亮，现场检查机构位置指示器指示在分闸位置。针对断路器合闸操作，首先要检查该断路器已完备地（从冷备用）进入（在）热备用状态（包括断路器两侧隔离开关均已在合好后位置，断路器的各主、辅继电保护装置已按规定投入，合闸电源和操作控制电源都已投入，各位置信号指示正确）。操作断路器控制合闸后，检查断路器合闸回路电流表指针回零，并应对测量仪表和信号指示、机构位置进行实地检查。例如电流表、功率表在回路带负荷情况时的指示，分、合闸位置指示器的指示等，从而作出操作结果良好的正确判断。

4. 变电站断路器分闸、合闸操作方式

断路器操作按照操作地点的不同分为远方操作和就地操作。"远方/就地"的操作方式变更是通过一个转换开关来实现的。

（1）远方操作方式。将控制箱的"远方/就地"转换开关打在"远方"的位置，而且对应测控屏上的"远方/就地"转换开关打在"远方"位置，运行人员在远方调度或变电站站控层监控主机发出操作命令，通过交互式对话过程，选择操作对象、操作性质，完成对某一操作过程的全部要求。

（2）就地操作方式。将控制箱的"远方/就地"转换开关打在"就地"位置，然后在控制箱内进行断路器的操作。转换开关的"就地"控制作为后备控制方式，当监控系统故障或网络故障时，可在间隔层的测控单元上就地进行对应断路器的操作。这类方式仅在检修调试时或紧急情况下使用。

需要说明的是"远方/就地"操作是一个相对的说法。有些厂家把远方调度的遥控操作称作"远方"操作，把变电站内监控后台和操作箱上的操作称作"就地"操作；有的厂家仅把在设备上的操作称作"就地"操作。不同厂家的描述有差异。

正常运行时，控制箱内的"远方/就地"转换开关打在"远方"位置，断路器的操作采用远方操作方式。若是"远方/就地"转换开关打在"就地"位置，保护动作将不能跳断路器。严禁用"就地"操作方式分、合投入运行的断路器。

当利用转换开关切换到后备手动"就地"控制时，站控及远方遥控命令不被执行。当切换到站控及调度操作时，后备手动"就地"控制不产生任何作用。"远方/就地"操作控制方式间相互闭锁，同一时刻只允许一种方式操作。

任务二　变电站信息的传输及远动通信规约认知

学习目标

知识目标：掌握变电站综合自动化系统数据通信的内容；理解变电站综合自动化系统数据通信的传输方式；了解变电站综合自动化系统的传输介质；掌握数据通信接口和通信规约；熟悉变电站综合自动化系统的通信网络。

能力目标：能识别数据通信不同的传输介质；能分析不同通信规约的体系结构；能制作网线、使用测线仪测试网线；具备构建变电站综合自动化系统的通信网络的能力。

素质目标：培养规范操作的安全及质量意识；养成细致严谨、善用资源的工作习惯；具备分析问题与解决问题的能力；提高团队协作与沟通能力。

任务描述

通过对变电站综合自动化系统中通信内容的认知，使学生具备搭建、配置变电站内监控局域网的能力；通过对常用变电站通信规约的含义与应用范围的分析说明，使学生具备对不同通信规约体系结构的分析能力，能分析串行、并行数据传输的主要特点及适用场合，能分析同步、异步两种数据传输方式特点及应用场景，能根据网线制作工艺要求制作网线。

任务准备

1. 网络传输介质双绞线的基础知识预习

非屏蔽双绞线（UTP）线缆内部由4对线组成。每一对线由相互绝缘的铜线拧绞而成，拧绞的目的是减少电磁干扰，双绞线的名称即源于此。每一根线的绝缘层都有颜色，一般来说其颜色排列可能有两种情况：一是由4根白色的线分别和1根橙色、1根绿色、1根蓝色、1根棕色的线相间组成，通常把与橙色相绞的那根白色的线称作白橙色线，与绿色线相绞的白色的线称作白绿色线，与蓝色相绞的那根白色的线称作为白蓝色线，与棕色相绞的白色的线称作白棕色线；二是由8根不同颜色的线组成，其颜色分别为白橙（由一段白色与一段橙色相间而成）、橙、白绿、绿、白棕、棕、白蓝、蓝。由于双绞线内部的线已经在技术上按照抗干扰性能进行了相应的设计，所以使用者切不可将两两相绞线对的顺序打乱，如将白绿色线误作为白棕色线或其他线等。

UTP线缆分为直连线、交叉线、反转线三种，其作用及线序排列如下：①直连线用于将计算机连入Hub或交换机的以太网口，或在结构化布线中由配线架连到Hub或交换机等；②交叉线用于将计算机与计算机直接相连、交换机与交换机直接相连，也被用于将计算机直接接入路由器的以太网口；③反转线用于将计算机连到交换机或路由器的控制端口，在这个连接场合，计算机相当于交换机或路由器的超级终端。直连线、交叉线、反转线线序排列见表2-6，表中给出了根据EIA/TIA 568-B标准（也称端接B标准）的直连线、交叉线、反转线的线序排列说明。

表2-6　　　　　　　　　直连线、交叉线、反转线线序排列表

直连线	端1	白橙	橙	白绿	蓝	白蓝	绿	白棕	棕
	端2	白橙	橙	白绿	蓝	白蓝	绿	白棕	棕
交叉线	端1	白橙	橙	白绿	蓝	白蓝	绿	白棕	棕
	端2	白绿	绿	白橙	蓝	白蓝	橙	白棕	棕
反转线	端1	白橙	橙	白绿	蓝	白蓝	绿	白棕	棕
	端2	棕	白棕	绿	白蓝	蓝	白绿	橙	白橙

2. 线缆接口制作与测试的工具和材料准备

（1）测试技术资料的准备。测试串口通信方式时需要准备串口监视软件。

（2）工具、机具、材料、备品备件、试验仪器和仪表的准备。常用工具主要有万用表、螺钉旋具、剥线钳、电烙铁。

（3）调试和测试串口通信所需工具：DB-9孔式接头、波士转换器、有串口的计算机、压线钳（制作冷压头）。

（4）调试和测试现场总线通信所需工具：压线钳（制作冷压头）。

（5）调试和测试网络通信所需工具：网络钳、网络检测仪。

任务实施

1. 实施地点

综合自动化变电站或变电站综合自动化系统实训室。既可以在变电站综合自动化系统实

训室教学实施,也可以去典型综合自动化变电站参观,实施现场教学。

2. 实施所需器材

(1) 多媒体设备,变电站综合自动化系统 PPT 课件。

(2) 变电站综合自动化系统实训室内一套变电站综合自动化系统,包含站控层、间隔层设备的实物系统。

(3) 变电站综合自动化系统音像材料。

(4) 线缆接口制作与测试的工具和材料。

3. 实施内容与步骤

(1) 学生分组。4~5 人一组,指定小组长。

(2) 认知与资讯。指导教师下发"变电站信息的传输及远动通信规约认知"项目任务书,描述项目学习目标,布置实训任务。并通过图片、实物、视频资料、多媒体演示等手段,讲解数据通信的传输方式、传输介质、数据通信 RS-232 接口和通信规约,变电站综合自动化系统的通信网络等。学生了解工作内容,明确工作目标,查阅相关资料,并对资料信息进行筛选和处理。

(3) 计划与决策。学生进行人员分配,制订工作计划及实施方案,列出工具、仪器仪表、装置清单。教师审核工作计划及实施方案,提供帮助、建议,保证决策的可行性并引导学生确定最终实施方案。采用任务驱动式的教学,在解决具体任务中学习实用技能。

(4) 实训项目 1:线缆接口的制作与测试。

1) 第一部分:制作直连线。具体步骤如下:①取适当长度的 UTP 线缆一段,用剥线钳在线缆的一端剥出一定长度的线缆。②用手将 4 对绞在一起的线缆按白橙、橙、白绿、绿、白蓝、蓝、白棕、棕的顺序拆分开并小心地拉直。需要注意的是,切不可用力过大,以免扯断线缆。③按表 2-7 端 1 的顺序调整线缆的颜色顺序,即交换蓝线与绿线的位置。④将线缆整平直并剪齐,确保平直线缆的最大长度不超过 1.2cm。⑤将线缆放入 RJ-45 插头,在放置过程中注意 RJ-45 插头的把子朝上,并保持线缆的颜色顺序不变。⑥检查已放入 RJ-45 插头的线缆颜色顺序,并确保线缆的末端已位于 RJ-45 插头的顶端。⑦确认无误后,用压线工具用力压制 RJ-45 插头,以使 RJ-45 插头内部的金属薄片能穿破线缆的绝缘层。⑧重复步骤①~步骤⑦,制作线缆的另一端,直至完成直连线的制作。⑨用网线测试仪检查自己所制作完成的网线,确认其达到直连线线缆的合格要求,否则按测试仪提示重新制作直连线。

2) 第二部分:制作交叉线。具体步骤如下:①按照制作直连线中的步骤①~步骤⑦制作线缆的一端。②用剥线工具在线缆的另一端剥出一定长度的线缆。③用手将 4 对绞在一起的线缆按白绿、绿、白橙、橙、白蓝、蓝、白棕、棕的顺序拆分开并小心地拉直。需要注意的是,不可用力过大,以免扯断线缆。④按表 2-7 端 2 的顺序调整线缆的颜色顺序,也就是交换橙线与蓝线的位置。⑤将线缆整平直并剪齐,确保平直线缆的最大长度不超过 1.2cm。⑥将线缆放入 RJ-45 插头,在放置过程中注意 RJ-45 插头的把子朝下,并保持线缆的颜色顺序不变。⑦检查已放入 RJ-45 插头的线缆颜色顺序,并确保线缆的末端已位于 RJ-45 插头的顶端。⑧确认无误后,用压线工具用力压制 RJ-45 插头,以使 RJ-45 插头内部的金属薄片能穿破线缆的绝缘层,直至完成交叉线的制作。⑨用网线测试仪检查自己所制作完成的网线,确认其达到交叉线线缆的合格要求,否则按测试仪提示重新制作交叉线。

3) 第三部分:制作反转线。具体步骤如下:①按制作直连线的步骤①~步骤⑦制作线缆的一端；②用剥线工具在线缆的另一端剥出一定长度的线缆；③用手将 4 对绞在一起的线缆按白橙、橙、白绿、绿、白蓝、蓝、白棕、棕的顺序拆分开来并小心地拉直，然后交换绿线与蓝线的位置；④将线缆整平直并剪齐，确保平直线缆的最大长度不超过 1.2cm；⑤将线缆放入 RJ-45 插头，在放置过程中注意 RJ-45 插头的把子朝上，并保持线缆的颜色顺序不变；⑥翻转 RJ-45 插头方向，使其把子朝上，检查已放入 RJ-45 插头的线缆颜色顺序是否和表 2-7 中的端 2 颜色顺序一致，并确保线缆的末端已位于 RJ-45 插头的顶端；⑦确认无误后，用压线工具用力压制 RJ-45 插头，以使 RJ-45 插头内部的金属薄片能穿破线缆的绝缘层，直至完成反转线的制作；⑧用网线测试仪检查已制作完成的网线，确认其达到反转线线缆的合格要求，否则按测试仪提示重新制作线缆。

（5）实训项目 2：信息传输的通信规约（报文）认知。

1）看报文，识信息。先看一帧循环式传输规约（CDT）的传输报文：EB90EB90EB90 71611 D000073 0026042D01 AE…。该报文包含了许多数据信息，如这帧是什么报文？每帧为什么以三组 EB90H 开头？发送和接收站地址是多少？有多少信息内容？信息序号是多少？各信息值是多少？信息是否有效等。通过对信息传输的循环式传输规约（CDT）学习，回答上述提出的问题。

2）实例学习。下列是某变电站循环式传输规约（CDT）传送的遥信报文，请认知下列报文，识别报文的同步字、控制字，解释控制字每位的含义，指出信息字数是多少个，信息字来自于源站址是什么，目的地址是什么，并将报文识别结果写入实训报告中。

报文信息如下：

EB	90	EB	90	EB	90	71	61	12	4D	00	86
E1	CC	06	CC	06	9A	E1	CC	06	CC	06	9A
E1	CC	06	CC	06	9A	03	00	00	00	00	59
04	0C	00	0C	00	64	05	0C	00	00	00	FA
06	00	00	00	00	B4	07	00	00	00	00	D6
08	00	00	00	00	E6	09	00	00	00	00	84
0A	00	00	00	00	22	0B	00	00	00	00	40
0C	00	00	00	00	69	0D	00	00	00	00	0B
0E	00	00	00	00	AD	0F	00	00	00	00	CF
10	00	00	00	00	CD	11	00	00	00	00	AF

（6）检查与评估。运用变电站综合自动化系统实训场，采取"教学做"一体化教学后，学生汇报计划与实施过程，回答同学与教师的问题。重点检查变电站综合自动化系统的基本知识。教师与学生共同对学生的工作结果进行评价。

1）自评：学生对该项目的整体实施过程进行评价。

2）互评：以小组为单位，分别对小组内部其他成员或对其他小组的工作结果进行评价和建议。

3）教师评价：教师对互评结果进行评价，指出每个小组成员的优点，并提出改进建议。

以上评价采用过程考核和绩效考核两种方法。过程考核强调的是课堂参与度的重要性，考核要素主要包含学生学习态度和方法、学习过程的记录与总结、回答分析问题的情况、帮助其他同学的情况、网搜资料的情况等；绩效考核强调实践的重要性，考核要素主要包括学生制定任务、完成任务的成绩，实验操作及结果，平时实验成绩，读图训练考核等。

> **相关知识**

变电站综合自动化系统信息传输的主要任务体现在两个方面：一是完成综合自动化系统内部各子系统或各种功能模块间的信息交换，实现信息共享；二是完成变电站与控制（中心）的通信任务。

一、变电站综合自动化系统的信息传输内容

1. 变电站内的信息传输内容

（1）现场一次设备与间隔层间的信息传输。间隔层设备大多需要从现场一次设备的电压互感器和电流互感器采集正常情况和事故情况下的电压和电流，采集设备的状态信息和故障诊断信息。这些信息主要包含断路器、隔离开关位置，变压器的分接头位置，变压器、互感器、避雷器的诊断信息，以及断路器操作信息。

（2）间隔层的信息交换。在一个间隔层内部相关的功能模块间进行信息交换，即继电保护和控制、监视、测量之间的数据交换。这类信息有测量数据、断路器状态、器件的运行状态、同步采样信息等。同时，不同间隔层之间的数据交换有主后备继电保护工作状态、相关保护动作闭锁、电压无功综合控制装置等信息。

（3）间隔层与站控层的信息。包括：①测量及状态信息。正常及事故情况下的测量值和计算值，断路器、隔离开关状态，主变压器分接开关位置、各间隔层运行状态、保护动作信息等。②操作信息。断路器和隔离开关的分/合闸命令，主变压器分接头位置的调节，自动装置的投入与退出等。③参数信息。微机保护和自动装置的整定值等。

（4）站控层不同设备间的信息传输。站控层的不同设备之间通信，要根据各设备的任务和功能的特点，传输所需的测量信息、状态信息和操作命令等。

2. 综合自动化系统与调度中心的通信内容

综合自动化系统通信控制机具有远动功能，会把变电站内测量的模拟量、电能量、状态信息等"上行信息"传送至控制中心；同时要从上级调度接收数据和控制命令等"下行信息"，如断路器、隔离开关操作命令，在线修改保护定值等。这些信息可按"四遥"功能划分。

（1）遥测信息。远程测量，采集并传送运行参数，包括各种电气量（线路上的电压、电流、功率等量值）和负荷潮流等。

（2）遥信信息。远程信号，采集并传送各种保护和开关量信息给调度。如断路器位置信号、保护动作信号、调节主变压器分接头的位置信号等。

（3）遥控信息。远程控制，接收并执行遥控命令，如断路器的远方分/合闸操作等。

（4）遥调信息。远程调节，接收并执行遥调命令，对远程的控制量设备进行远程调试，如有载调压主变压器分接头位置调节、消弧线圈抽头位置调节等。

二、信息的传输方式

1. 模拟通信与数字通信

通信时要传输的信息可以归结为模拟信号和数字信号两类。当信号的某一参量无论在时间上还是在幅度上都是连续的，这种信号称为模拟信号，如话筒产生的话音电压信号。当信号的某一参量携带着离散信息，而使该参量的取值是离散的，这样的信号称为数字信号。最常见的数字信号是幅度取值只有两种（用0和1代表）的波形，称为"二进制信号"。

数字通信是指用数字信号作为载体来传输信息,或者用数字信号对载波进行数字调制后再传输的通信方式。实现数字通信,必须使发送端发出的模拟信号变为数字信号,这个过程称为模/数变换。采用"采样""量化""编码"三步骤即可完成模拟信号的数字化。

2. 并行数据通信与串行数据通信

并行数据和串行数据传输方式示意图如图 2-11 所示。并行数据通信是指数据的各位同时传送,可以以字节为单位(8 位数据总线)并行传送,也可以以字为单位(16 位数据总线)通过专用或通用的并行接口电路传送,各位数据同时传送、同时接收。

并行传输速度快,在并行传输系统中,除了需要数据线外,往往还需要一组状态信号线和控制信号线,数据线的根数等于并行传输信号的位数。显然,并行传输需要的传输信号线多、成本高,因此常用在短距离传输(通常小于 10m)、要求传输速度高的场合。

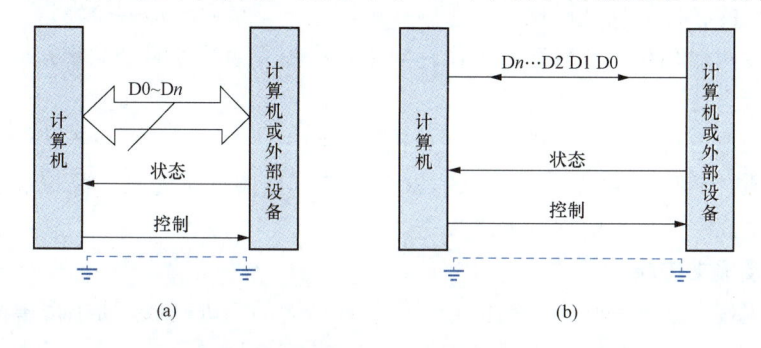

图 2-11 并行数据和串行数据传输方式示意图
(a) 并行数据传输;(b) 串行数据传输

串行通信是数据一位一位按顺序、分时使用同一传输线传送,如图 2-11 (b) 所示。其优点是可以节约传输线,特别是当位数很多和传送距离远时,这个优点更为突出;缺点是传输速度慢,且通信软件相对复杂。串行通信适合于远距离的传输,数据串行传输的距离可达数千千米。

在变电站综合自动化系统内部,各种自动装置间或继电保护装置与监控系统间,为了减少连接电缆,简化配线,降低成本,常采用串行通信。

3. 异步数据传输与同步数据传输

在串行数据传送中,有异步数据传输和同步数据传输两种基本的通信方式。

(1) 异步数据传输。发送的每一个字符均带有起始位、停止位和可选择的奇偶校验位。用一起始位表示字符的开始,用停止位表示字符的结束构成一帧,异步数据传输格式如图 2-12 所示。

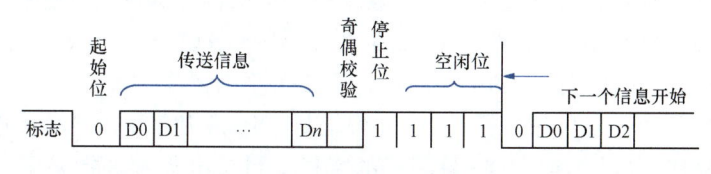

图 2-12 异步数据传输格式

(2) 同步数据传输。同步数据传输的特点是在数据块的开始处集中使用同步字符来作传送的指示,同步数据传输示意图如图 2-13 所示。同步传输中,每帧以一个或多个同步字符

(SYN）开始，同步字符是一种特殊的码元组合。同步字符之后接着是控制字符，帧的长度可包含在控制字符中，这样接收装置是寻找 SYN，确定帧长，读入指定数目的字符，然后再寻找下一个 SYN，以便开始下一帧。

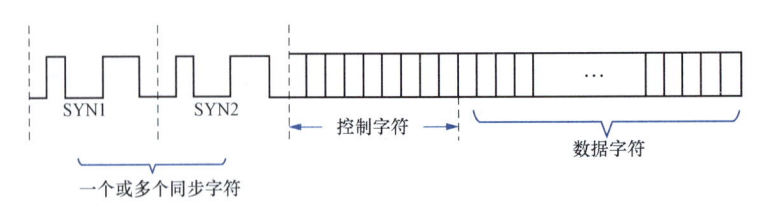

图 2-13 同步数据传输示意图

数字式远传的各种信息是按规定的顺序一个码元、一个码元地逐位发送，接收端也必须逐位接收，收发两端必须同步协调地工作。同步是指收发两端的时钟频率相同、相位一致地工作。

我国发布的电力行业标准的循环式远动传输规约（CDT），采用同步传输方式，同步字符为 EB90H。同步字符连续发 3 个，共占 6 个字节，按照低位先发、高位后发，每字的低编号字节先发、高字节后发的原则顺序发送。

三、报文及报文传输

报文是一组包含数据和呼叫控制信号（例如地址）的二进制数，是在数据传输中具有多种特定含义的信息内容。报文分组就是将报文分成若干个报文段，并在每一报文段上加上传送时所必需的控制信息。原始的报文长短不一，若按此传送则使设备及通道的利用率不高，进行定长的分组将使信号在网络中高效高速地传送。

四、RS-232/RS-485 串行数据通信接口

在变电站综合自动化系统中，特别是微机保护、自动装置与监控系统相互通信电路中，主要使用串行通信。串行通信主要解决的是建立、保持和拆除数据终端设备（DTE）和数据传输设备（DCE）之间的数据链路的规约。

RS-232D 是美国电子工业协会（EIA）制定的物理接口标准，也是当前数据通信与网络中应用最广泛的一种标准。RS 是推荐标准（Recommend Standard）的英文缩写，232 是该标准的标识符，RS-232D 是 RS-232 标准的第四版。RS-232D 标准给出了接口的电气和机械特性及每个针脚的作用，RS-232D 接口标准内容分功能、规约、机械、电气四个方面的规范。

（1）功能特性。功能特性规定了接口连接的各数据线的功能。将数据线、控制线分成四组，分别是数据线、设备准备好线、半双工联络线、电话信号和载波状态线。

（2）规约特性。RS-232D 规约特性规定了数据终端设备（DTE）与数据传输设备（DCE）之间控制信号与数据信号的发送时序、应答关系与操作过程。

（3）机械特性。RS-232D 规定了一个 25 根插针 DB-25 和 DB-9 型两种连接器。在连接器上可看到字母"P"是凸形或"S"是凹形的字样。目前电力现场常采用 DB-9 型连接器，DB-9 型连接器外观和引脚功能标识如图 2-14 所示。

（4）电气特性。RS-232D 标准接口电路采用每个信号用一根导线，所有信号回路共用一根地线。信号速率限于 20kbit/s 之内，电缆长度限于 15m 之内。由于是单线，线间干扰

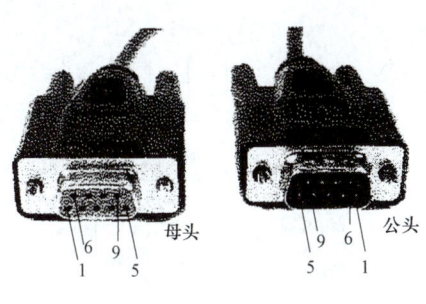

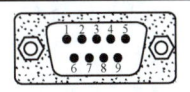

图 2-14　DB-9 型连接器外观及引脚功能标识

较大。其电性能用±12V 标准脉冲，值得注意的是 RS-232D 采用负逻辑。

1) 在数据线上：Mark（传号）＝－5V～－15V，逻辑"1"电平；Space（空号）＝＋5V～＋15V，逻辑"0"电平。

2) 在控制线上：On（通）＝＋5V～＋15V，逻辑"0"电平；Off（断）＝－5V～－15V，逻辑"1"电平。

RS-232 常用三线制接法，即地、接收数据、发送数据三线互连，因为串口传输数据只要有接收数据引脚和发送数据引脚就能实现。连接的原则：接收数据引脚（或线）与发送数据引脚（或线）相连，彼此交叉，信号地对应连接，RS-232 接口串行连接方法见表 2-7。RS-232 传送距离最大约为 15m。RS-232 目前主要应用于智能变电站过程层中相关单元的短距离通信。

表 2-7　　　　　　　　　RS-232 接口串行连接方法

连接器型号	9 针-9 针		25 针-25 针		9 针-25 针	
引脚编号	2	3	3	2	2	2
	3	2	2	3	3	3
	5	5	7	7	5	7

在许多工业环境中，要求用最少的信号线完成通信任务，目前广泛应用的是 RS-485 串行接口。RS-485 适用于多个点之间共用一对线路进行总线式联网，用于多站互连，在 RS-485 互连中，某一时刻两个站中，只有一个站可以发送数据，而另一个站只能接收数据，因此其通信只能是半双工的，且其发送电路必须由使能端加以控制。当发送使能端为高电平时发送器可以发送数据，为低电平时，发送器的两个输出端都呈现高阻态，此节点就从总线上脱离。RS-485 的使用可节约昂贵的信号线，同时可高速远距离传送，其传输速率达到 93.75kbit/s，传送距离可达 1.2km。因此，在变电站综合自动化系统中，各个测量单元、自动装置和保护单元中，常配有 RS-485 总线接口，以便联网构成分布式系统。

五、远距离的信息传输

1. 远距离数据通信的基本模型

电网中厂站监控系统数据网络把各种信源转换成易于数字传输的信息，即基带数字信号。为了增加传输距离，将基带信号进行调制传送，如专用电缆、架空线、光纤电缆、微波空间等。信号到达对端后，进入解调器，以恢复基带信号，显示在信息的接收地或接收人员能观察的设备上。远距离数据通信的基本模型如图 2-15 所示。

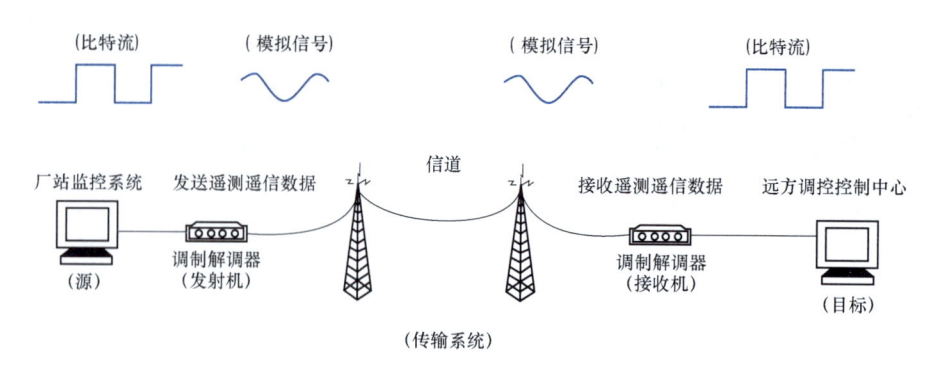

图 2-15 远距离数据通信的基本模型

2. 数字信号的调制与解调

在数字通信中，由信源产生的基带信号不能直接在模拟信道上传输，因为传输距离越远或者传输速率越高，失真现象就越严重。为了解决这个问题，需将数字基带信号变换成适合远距离传输的信号——正弦波信号，这种正弦波信号携带了原基带信号的数字信息，通过线路传输到远距离接收端后，再将携带的数字信号取出来，这就是调制与解调的过程。完成调制与解调的设备叫调制解调器（MODEM）。调制解调器并不改变数据的内容，而只改变数据的表示形式以便于传输。调制与解调示意图如图 2-16 所示，调制的过程就是按基带信号的变化规律去改变载波的某些参数的过程。

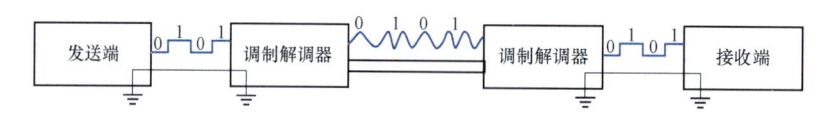

图 2-16 调制与解调示意图

（1）数字信号调制。携带数字信息的正弦波信号称为载波。一个正弦波电压可表示为 $u(t) = U_m \sin(2\pi ft + \varphi)$，如果振幅 U_m、频率 f 和相位角 φ 随基带信号的变化而变化，就可在载波上进行调制，对这三者的调制分别称为幅度调制（AM）、频率调制（FM）和相位调制（PM）。数字调制波形如图 2-17 所示。

1）数字调幅。又称振幅偏移键控，是使正弦波的振幅随数码的不同而变化，但频率和相位保持不变。由于二进制数只有 0 和 1 两种码元，因此，只需两种振幅，如可用振幅为零来代表码元 0，用振幅为某一值来代表码元 1，如图 2-17（b）所示。

2）数字调频。又称频移键控，是使正弦波的频率随数码不同而变化，而振幅和相位保持不变。采用二元码制时，用一个高频率 $f_H = f_0 + \Delta f$ 来表示数码 1，而用一个低频率 $f_L = f_0 - \Delta f$ 来表示数码 0，如图 2-17（c）所示。在电力系统调度自动化中，用于与载波通道或微波通道相配合的专用调制解调器多采用频移键控原理。

数字调频原理如图 2-18 所示，图中用数字电路开关来实现数字调频。两个不同频率的载波信号分别通过这两个数字电路开关，而数字电路开关又由调制的数字信号来控制。当信号为 1 时，开关 1 导通，送出一串高频率 f_H 的载波信号；当信号为 0 时，开关 2 导通，送出一串低频率 f_L 的载波信号。两信号在运算放大器的输入端相加，其输出端就得到已调制信号。

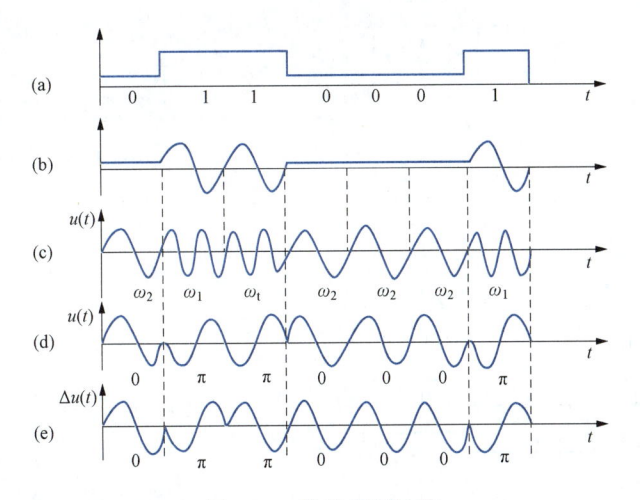

图 2-17 数字调制波形
(a) 数码；(b) 调幅波；(c) 调频波；(d) 二元绝对调相波；(e) 二元相对调相波

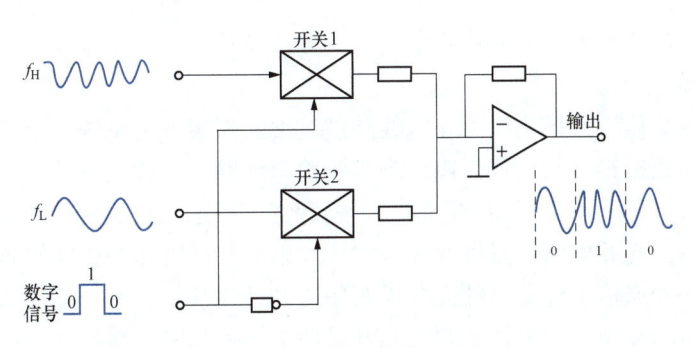

图 2-18 数字调频原理

3) 数字调相。又称相移键控，是使正弦波相位随数码而变化，而振幅和频率保持不变。数字调相分二元绝对调相和二元相对调相，如用相位为 0 的正弦波代表数码 0，而用相位为 π 的正弦波代表数码 1，如图 2-17（d）所示。二元相对调相是用相邻两个波形的相位变化量 $\Delta\varphi$ 来代表不同的数码，如 $\Delta\varphi = \pi$ 表示 1，而用 $\Delta\varphi = 0$ 表示 0，如图 2-17（e）所示。

(2) 数字信号解调。解调是调制的逆过程。各种不同的调制波，要用不同的解调电路。现以常用的数字调频解调方法——零交点检测为例，简单介绍解调原理。前面已讲过，数字调频是以两个不同频率 f_1 和 f_2 分别代表码 1 和码 0。鉴别这两种不同的频率可以采用检测单位时间内调制波（正弦波）与时间轴的零交点数的方法，即零交点检测法。零交点检测法原理框图和相应波形图如图 2-19 所示。

零交点检测法的步骤如下：①限幅放大。首先将图 2-19 中的 a 收到的信号进行放大限幅，得到矩形脉冲信号 b。②微分电路。对矩形脉冲信号 b 进行微分，即得到正负两个方向的微分尖脉冲信号 c。③全波整流。将负向尖脉冲整流成为正向脉冲，则输出全部是正向尖脉冲 d。④脉冲发生。波形 d 中尖脉冲数目（也就是信号零交点的数目）的疏密程度反映了输入调频信号的频率差别。展宽器把尖脉冲加以展宽，形成一系列等幅、等宽的矩形脉冲序列 e。⑤低通滤波器。将矩形脉冲序列 e 包含的高次谐波滤掉，就可得到代表 1、0 两种数

53

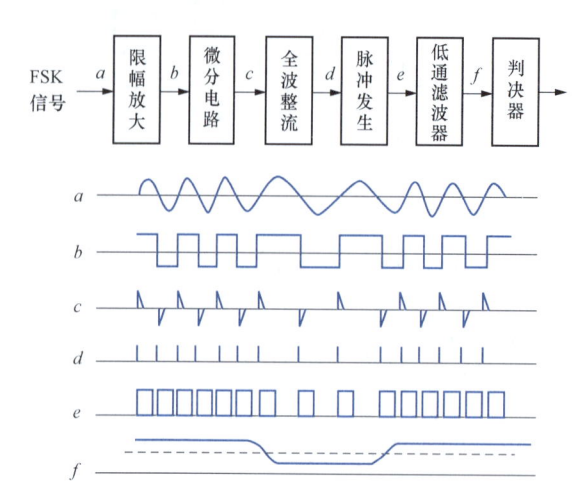

图 2-19 零交点检测法原理框图和相应波形图

码，即与发送端调制之前同样的数字信号 f。

3. 数据远传信息通道

电力系统远动通信的信道类型较多，概括划分如下：

信道 $\begin{cases} 有线信道 \begin{cases} 电缆信道 \\ 电力线载波信道 \\ 光纤信道 \end{cases} \\ 无线信道 \begin{cases} 微波中继信道 \\ 卫星信道 \\ 散射信道 \\ 短波信道 \end{cases} \end{cases}$

（1）明线或电缆信道。这是采用架空或敷设线路实现的一种通信方式。其特点是线路敷设简单，线路衰耗大，易受干扰，主要用于近距离的变电站之间或变电站与调度或监控中心的远动通信。常用的电缆有多芯电缆、同轴电缆等类型。

（2）电力线载波信道。采用电力输电线路载波方式实现电力系统内话音和数据通信的一种通信方式。远动数据经调制、放大耦合到高压输电线路上。在接收端，载波信号先经载波机解调出音频信号，并分离出远动数据信号，经解调可得远动数据的脉冲信号。

（3）光纤信道。光纤通信就是以光波为载体、以光导纤维作为传输媒质，将信号从一处传输到另一处的一种通信手段。光纤连接需要使用光纤连接器。光纤连接器是光纤与光纤之间进行可拆卸（活动）连接的器件，它把光纤的两个端面精密对接起来，以使发射光纤输出的光能量最大限度地耦合到接收光纤中，并使由于其介入光链路而对系统造成的影响减到最小。光纤连接示意图如图 2-20 所示。

随着光纤通信技术的发展，光纤通信在变电站作为一种主要的通信方式已越来越得到广泛的应用。其特点如下：①具有很好的抗电磁干扰能力；②光纤的通信容量大、功能价格比高；③安装维护简单；④光纤是非导体，可以很容易地与导线捆在一起敷设于地下管道内，也可固定在不导电的导体上，如电力线架空地线复合光纤；⑤变电站还可以采用与电力线同杆架设的自承式光缆。

（4）微波中继信道。微波是指频率为 300MHz～300GHz 的无线电波，它具有直线传播的特性，直线传输距离受限，需经过中继方式完成远距离的传输。在平原地区，一个高为 50m 的微波天线的通信距离为 50km 左右，因此，远距离微波通信需要多个中继站的中继才能完成。微波中继信道的优点是容量大，可同时传送几百乃至几千路信号，其发射功率小，性能稳定。

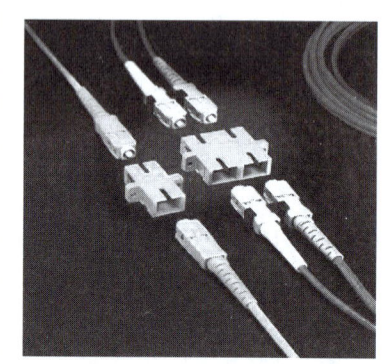

图 2-20 光纤连接示意图

（5）卫星信道。卫星通信是利用位于同步轨道的通信卫星作为中继站来转发或反射无线电信号，在两个或多个地面站之间进行通信。

(6) 电力系统特种光缆的种类。

1) 光纤复合地线（OPGW）。又称地线复合光缆、光纤架空地线等，是在电力传输线路的地线中含有供通信用的光纤单元。它具有两种功能：一是作为输电线路的防雷线，对输电导线抗雷闪放电提供屏蔽保护；二是通过复合在地线中的光纤来传输信息。OPGW 光缆主要在 500、220、110kV 电压等级线路上使用，受线路停电、安全等因素影响，多在新建线路上应用。OPGW 典型结构如图 2-21 所示。

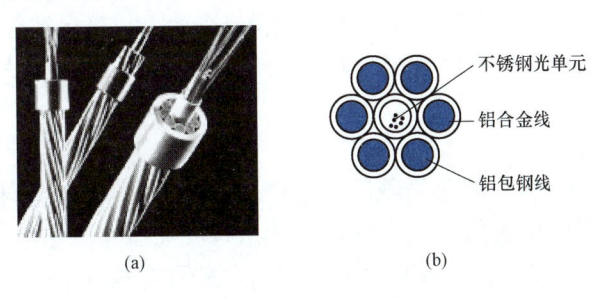

图 2-21　OPGW 典型结构
(a) 外观；(b) 结构示意图

2) 光纤复合相线（OPPC）。在电网中，有些线路可不设架空地线，但相线是必不可少的。为了满足光纤联网的要求，与 OPGW 技术相类似，在传统的相线结构中以合适的方法加入光纤，就成为光纤复合相线（OPPC）。

3) 金属自承光缆（MASS）。金属绞线通常用镀锌钢线，因此结构简单、价格低廉。MASS 作为自承光缆应用时，主要考虑强度和弧垂，以及与相邻导/地线和对地的安全间距。

4) 全介质自承光缆（ADSS）。在 220、110、35kV 电压等级输电线路上广泛使用，特别是在已建线路上使用较多。它能满足电力输电线跨度大、垂度大的要求。全介质自承光缆典型结构如图 2-22 所示。

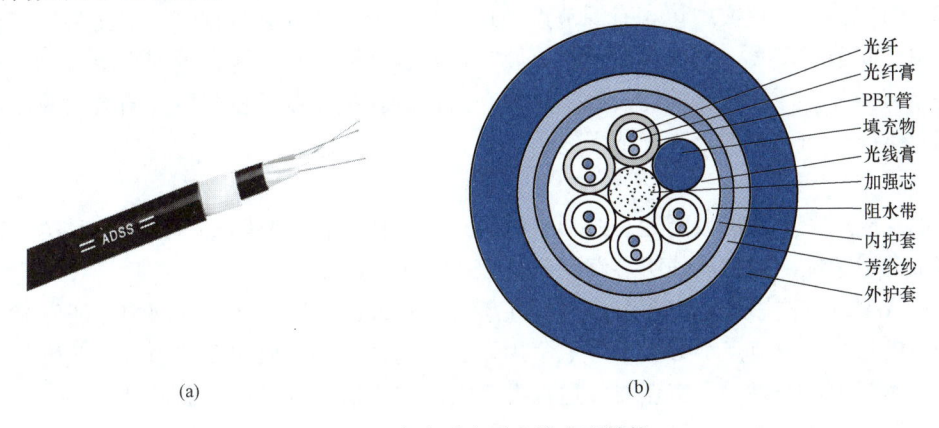

图 2-22　全介质自承光缆典型结构
(a) 外观；(b) 结构示意图

5) 附加型光缆（OPAC）。无金属捆绑式架空光缆和无金属缠绕式光缆的统称，主要用自动捆绑机和缠绕机将光缆捆绑和缠绕在地线或相线上。其优点是质量轻、造价低、安装迅速；缺点是由于采用了有机合成材料做外护套，因此不能承受线路短路时相线或地线上产生的高温，有外护套材料老化问题，在电力系统中未能得到广泛的应用。

目前，在我国应用较多的电力特种光缆主要有ADSS和OPGW。

六、系统的通信网络构建

通信网络作为实现变电站综合自动化系统内部各种微型机装置，以及与其他系统之间的实时信息交换的功能载体，是连接站内各种微型机装置的纽带，必须能支持各种通信接口，满足通信网络标准化。随着变电站的无人化及自动化信息量的不断增加，通信网络必须有足够的空间和速度来存储和传送事件信息、电量、操作命令、故障录波等数据。因此，构建可靠、实时、高效的网络体系是通信系统的关键之一，通信技术是变电站综合自动化系统的关键技术。

1. 局域网的拓扑结构

计算机局部网络（LAN）简称局域网，是把多台小型、微型计算机及外围设备用通信线路互连起来，并按照网络通信协议实现通信的系统。在该系统中，各计算机既能独立工作，又能交换数据进行通信。构成局域网的四大因素是网络的拓扑结构、传输介质、传输控制和通信方式。

局域网的拓扑结构主要有星形、总线形和环形等几种。

（1）星形拓扑结构。星形拓扑结构的特点是集中式控制，网中各节点都与交换中心相连。当某节点要发送数据时就向交换中心发出请求，由交换中心以线路交换方式将发送节点与目的节点沟通。通信完毕，线路立即拆除。在电力系统中，采用循环式规约的远动系统中，其调度端同各厂/站端的通信拓扑结构就是星形结构。

（2）总线形拓扑结构。所有节点都经接口连到同一条总线上，是一种分散式结构。由于总线上同时只能有一个节点发报，故节点需要发报时采用随机争用方式。报文送到总线上可被所有节点接收，与广播方式相似，但只有与目的地址符合的节点才受理报文。

（3）环形拓扑结构。环形拓扑结构由封闭的环组成。在该结构中，报文按一个方向沿着环一站一站地传送。报文中包含有源节点地址、目的节点地址和数据等。报文由源节点送至环上，由中间节点转发，并由目的节点接收。通常报文还继续传送，返回到源节点，再由源节点将报文撤除。环形拓扑结构一般采用分布式控制，接口设备较简单。局域网的传输信道可采用双绞线、同轴电缆、光纤或无线信道。

2. 常用的局域网——以太网

目前，应用最广的局域网是总线形以太网。它的核心技术是随机争用型介质访问控制方法，即带有冲突检测的载波侦听多路访问（CSMA/CD）方法。

CSMA/CD方法用来解决多节点如何共享公用总线的问题。在以太网中，任何节点的发送都是随机的，网中节点都必须平等地争用发送时间，这种介质访问控制属于随机争用型方法。在以太网中，如果一个节点要发送数据，它以"广播"方式把数据通过作为公共传输介质的总线发送出去，连在总线上的所有节点都能"收听"到这个数据信号。由于网中所有节点都可以利用总线发送数据，并且网中没有控制中心，因此冲突的发生将是不可避免的。为了有效地实现分布式多节点访问公共传输介质的控制策略，CSMA/CD方法的发送流程可以简单地概括为先听后发，边听边发，冲突停止，随机延迟后重发。以太网的拓扑结构常采用总线形拓扑结构。

3. 现场总线的应用

现场总线是在微机化测量控制设备之间实现双向串行多节点数字通信的系统，也被称为开放式、数字化、多点通信的底层控制网络。它在变电站的分层分布式综合自动化系统中具有广泛的应用前景。

现场总线技术将专用微处理器置入传统的测量控制仪表，使其均具有数字计算和数字通信能力，采用可进行简单连接的双绞线等作为总线纽带，把单个分散的测量控制设备变成网络节点，把它们连接成可以相互沟通信息、共同完成自控任务的网络系统与控制系统。

现场总线系统的技术特点有：①系统的开放性：可以与世界上任何地方遵守相同标准的其他设备或系统连接，各不同厂家的设备之间可以实现信息交换；②互可操作性与互用性：互可操作性是指实现互联设备间、系统间的信息传送与沟通，互用性则意味着不同生产厂家的性能类似的设备可实现相互替换；③现场设备的智能化与功能自治性：将传感测量、补偿计算、工程量处理与控制等功能分散到现场设备中完成，仅靠现场设备即可完成自动控制的基本功能，并可随时诊断设备的运行状态；④系统结构的高度分散性：现场总线已构成一种新的全分散性控制系统的体系结构；⑤对现场环境的适应性：可支持双绞线、同轴电缆、光缆、射频、红外线、电力线等，能采用两线制实现供电与通信。

现用的有影响的现场总线有基金会现场总线（FF）、Lonworks 现场总线、CAN 总线等。

4. 变电站通信网络硬件设备

组成综合自动化变电站的小型局域网的主要硬件设备有网络接口卡、集线器、交换机、网络传输介质和网关、通信管理机等网络互联设备。

（1）网络接口卡。网络接口卡（NIC）也称网卡，在局域网中用于将用户计算机与网络相连。主要完成两项功能：一是读入由其他网络设备（路由器、交换机、集线器或其他 NIC）传输过来的数据包（一般以帧的形式），经过拆包，将其变成客户机或服务器可以识别的数据，通过主板上的总线将数据传输到所需 PC 设备中（内存或硬盘）；二是将 PC 设备发送的数据，打包后输出至其他网络设备中。

（2）集线器、交换机。集线器是局域网中计算机和服务器的连接设备，是局域网的星形连接点，每个工作站用双绞线连接到集线器上，由集线器对工作站进行集中管理。交换机也叫交换式集线器，是一种能识别、完成封装转发数据包功能的网络设备。交换机同集线器一样主要用于连接计算机等网络终端设备，但比集线器更加先进，它允许连接其上的设备并行通信而不冲突。

（3）网关。网关是将两个使用不同协议的网络段连接在一起的设备，其作用是对两个网络段中使用不同传输协议的数据进行互相翻译转换。路由器也用于连接两种不同类型的局域网，它可以连接遵守不同网络协议的网络，路由器能识别数据的目的地地址所在的网络，并能从多条路径中选择最佳的路径发送数据。如果两个网络不仅网络协议不一样，而且硬件和数据结构都大不相同时，那么就得使用网关。

（4）通信管理机。变电站系统采用的是分层式结构，各个间隔层的设备通过通信网络接入通信层的通信管理机上，通信管理机对数据进行管理，规整之后转发至站控层。这样可以避免用于测量、控制的大批电缆。通信管理机可以有效地提高变电站的网络安全防护能力，同时有利于站控层其他智能设备的接入，达到站内信息的有效管理。站控层设备可以针对性地提供设备状态的监视、控制和相关数据的记录。

通信管理机的功能包括：①通过通信端口与间隔层的智能设备进行通信，做到信息采集、汇总及处理；②对各智能单元实现各种监视及控制功能；③进行规约转换、数据转发。因此，通信管理机是整个厂站自动化系统的枢纽。此外，通信管理机还具有以下功能：①完成一种通信规约的解释和传输；②具备网关功能，能完成多种通信规约之间的规约转换和传输；③具备前置机功能，能完成间隔层各类智能装置数据的采集和传输；④具备后台监控系统功能。

七、信息传输的通信规约认知

在通信网中，为了保证通信双方正确、有效、可靠地进行数据传输，在数据发送端和接收端之间规定了一系列约定和顺序，以约束双方进行正确、协调的工作，将这些规定称为数据传输控制规程，简称通信规约（或通信协议）。当主站和各个远程终端之间进行通信时，通信规约明确规范以下几个问题：①要有共同的语言。必须使对方理解所用语言的准确含义。这是任何一种通信方式的基础，它是事先给计算机规定的一种统一的、彼此都能理解的"语言"。②要有一致的操作步骤，即控制步骤。这是给计算机通信规定好的操作步骤，先做什么，后做什么，否则即使有共同的语言，也会因彼此动作不协调而产生误解。③要规定检查错误及出现异常情况时计算机的应对办法。通信规约的含义如图 2-23 所示，图中形象地说明了在两个数据终端（计算机终端）之间交换数据时，它们所应有的简单规约。

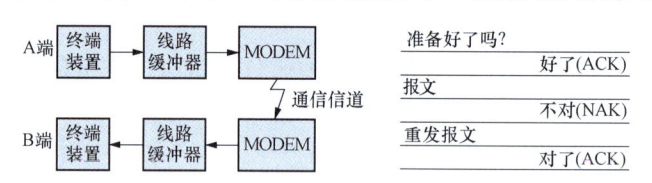

图 2-23 通信规约的含义

一个通信规约包括的主要内容有代码（数据编码）、传输控制字符、传输报文格式、呼叫和应答方式、差错控制步骤、通信方式（指单工、半双工、全双工通信方式）、同步方式及传输速率等。

1. 电力系统常用的通信规约

（1）循环式远动规约。当通信结构为点对点或点对多点等远动链路结构时，即从厂站端向调度端进行信息传输时，可采用循环式远动规约。一般采用标准的计算机串行口进行数据传输，采用同步传输、循环发送数据的方式，其特点是接口简单、传输方便。但由于该协议传输信息量少（仅能传输 256 路遥测、512 路遥信、64 路遥脉，即 64 路脉冲计数值），且不能传输全部保护信息，因此适应性受限。

（2）问答式传输规约。该规约是一个以调度中心为主动的远动数据传输规约。厂站端只有在调度中心咨询以后，才向调度中心发送回答信息。调度中心按照一定规则向各个厂站端发出各种询问报文，厂站端按询问报文的要求及厂站端的实际状态，向调度中心回答各种报文。调度中心也可以按需要对厂站端发出各种控制厂站端运行状态的报文。厂站端正确接收调度中心的报文后，按要求输出控制信号，并向调度中心回答相应报文。对于点对点和多个点对点的网络拓扑，变电站端产生事件时，厂站端可触发启动传输，主动向调度中心报告事件信息。在问答式传输规约中，链路服务级别分为三级：第一级是发送/无回答服务，主要用在调度中心向变电站端发送广播报文；第二级是发送/确认服务，用于调度中心向变电站端设置参数和遥控、设点、升降的选择、执行命令；第三级是请求/响应服务，用于由调度中心向变电站端召唤数据，变电站端以数据或事件回答。

（3）基本远动任务配套标准（IEC 60870-5-101）。一般用于变电站远动设备（RTU）和调度计算机系统之间，能够传输遥测、遥信、遥脉、遥控、保护事件信息、保护定值、录波等数据。该标准规定了电网数据监控与数据采集系统（SCADA）中主站和子站（远动终端）之间以问答方式进行数据传输的帧格式、链路层的传输规则、服务原语、应用数据结构、应用数据编码、应用功能和报文格式。该标准适用于传统远动的串行通信工作方式，一般应用于变电站与调度所的信息交换，网络结构多为点对点的简单模式或星形模式。其传输介质可为双绞线、电力线载波和光纤等。该规约传输数据容量是CDT规约的数倍，可传输变电站内包括保护和监控的所有类型信息，因此可满足变电站综合自动化的信息传输要求。

（4）电能量传输配套标准（IEC 60870-5-102）。主要应用于变电站电量采集终端和电量计费系统之间传输实时或分时电能量数据。该规约支持点对点、点对多点、多点星形、多点共线、点对点拨号的传输网络。传输仅采用非平衡方式（某个固定的站址为启动站或主站）。

（5）继电保护设备信息接口配套标准（IEC 60870-5-103）。该标准是将变电站内的保护装置接入远动设备的规约，用以传输继电保护的所有信息。该规约的物理层采用光纤传输，也可以变通为采用 EIA—RS-485 标准的双绞线传输。该规约的特点是详细地描述了遥测、遥信、遥脉、遥控、保护事件信息、保护定值、录波等数据传输格式和传输规则，可以满足变电站传输保护和监控的信息。

（6）远动规约（IEC 60870-5-104）。该规约是将 IEC 60870-5-101 和由传输控制协议/以太网协议（TCP/IP）提供的传输功能结合在一块，可以说是网络版的101规约；是将 IEC 60870-5-101 以 TCP/IP 的数据包格式在以太网上传输的扩展应用。

（7）变电站通信网络和系统协议（IEC 61850）。详见学习项目四任务二"智能变电站 IEC 61850 网络通信标准"。

2. 循环式远动传输（CDT）规约的传输报文认知

CDT规约适用于点对点通道结构的两点之间通信，信息传递采用循环同步的方式。CDT规约是一个以厂站端为主动的远动数据传输规约。在调度中心与厂站端的远动通信中，厂站端周而复始地按一定规则向调度中心传送各种遥测、遥信、数字量、事件记录等信息。调度中心也可以向厂站端传送遥控、遥调命令及时钟对时等信息。

循环式远动传输规约的帧结构如图 2-24 所示。每帧远动信息都以同步字开头，并有控制字，除少数帧外均应有信息字。信息字的数量依实际需要设定，因此帧的长度是可变的。但同步字、控制字和信息字都由 48 位二进制数组成，字长不变。

| 同步字 | 控制字 | 信息字1 | … | 信息字n | 同步字 | … |

图 2-24 循环式远动传输规约的帧结构

（1）同步字。同步字表明一帧的开始，它取固定 48 位二进制数。为了保证同步字在通道中的传送顺序为三组 EB90H（1110 1011 1001 0000 共 48 位），写入串行口的同步字为三组 D709H（1101 0111 0000 1001）。同步字排列格式如图 2-25 所示。

（2）控制字。控制字由 6 个字节组成，它们是控制字节、帧类别、信息字数 n、源站址、目的站址和校验码字节，控制字和控制字节的组成如图 2-26 所示。其中第 2～5 字节用来说明这一帧信息属于什么类别的帧，包含多少个信息字、发送信息的源站址号和接收信息的目的站址号。

图 2-25 同步字排列格式

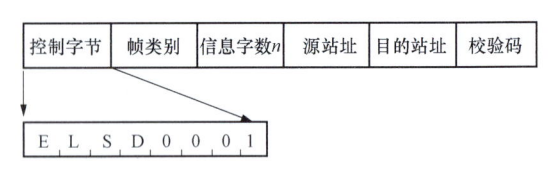

图 2-26 控制字和控制字节的组成

控制字的第一个字节即控制字节的 8 位，后 4 位固定取 0001，前四位分别为扩展位 E、帧长定义位 L、源站址定义位 S 和目的站址定义位 D。前 4 位用来说明控制字中第 2～5 字节。扩展位 $E=0$ 时，控制字中帧类别字节的代码取本规约已定义的帧类别，帧类别代码及其含义见表 2-8；$E=1$ 时，表示帧类别代码可以根据需要另行定义，以满足扩展功能的要求。帧长定义位 $L=0$ 时，表示控制字中信息字数 n 字节的内容为 0，即本帧没有信息字；$L=1$ 时，表示本帧有信息字，信息字的个数等于控制字中信息字数 n 字节的值。源站址定义位 S 和目的站址定义位 D 不能同时取 0，若同时为 0，则控制字中的源站址字节和目的站址字节无意义。在上行信息中，$S=1$ 且 $D=1$ 时，表示控制字中源站址字节的值是信息始发站的站号，即子站站号，目的站址字节的值代表主站站号。在下行信息中，$S=1$ 且 $D=1$ 时，表示源站址字节的值代表主站站号，目的站址字节的值代表信息到达站的子站站号；若 $S=1$ 但 $D=0$ 表示目的站址字节的内容为 FFH，此时是主站发送广播命令，所有站同时接收并执行此命令。

表 2-8　　　　　　　　　　　　　帧类别代码及其含义

帧类别代码	定义 上行 $E=0$	定义 下行 $E=0$	帧类别代码	定义 上行 $E=0$	定义 下行 $E=0$
61H	重要遥测（A 帧）	遥控选择	57H	—	设置命令
C2H	次要遥测（B 帧）	遥控执行	7AH	—	设置时钟
B3H	一般遥测（C 帧）	遥控撤销	0BH	—	设置时钟校正值
F4H	遥信状态（D1 帧）	升降选择	4CH	—	召唤子站时钟
85H	电能脉冲计数值（D2 帧）	升降执行	3DH	—	复归命令
26H	事件顺序记录（E 帧）	升降撤销	9EH	—	广播命令

（3）信息字。每个信息字由 6 个字节组成。其中第一个字节是功能码字节，第 2～5 字节是信息数据字节，第 6 字节是校验码字节。功能码字节的 8 位二进制数可以取 256 种不同的值，对不同的信息字其功能码的取值范围不同。信息字功能码的分配情况见表 2-9。

表 2-9　　　　　　　　　　　　信息字功能码分配情况

功能码代码	字数	用途	信息位数	功能码代码	字数	用途	信息位数
00H-7FH	128	遥测	16	E3H	1	遥控撤销（下行）	32
80H-81H	2	事件顺序记录	64	E4H	1	升降选择（下行）	32
82H-83H	—	备用	—	E5H	1	升降返校	32
84H-85H	2	子站时钟返送	64	E6H	1	升降执行（下行）	32
86H-89H	4	总加遥测	16	E7H	1	升降撤销（下行）	32
8AH	1	频率	16	E8H	1	设置命令（下行）	32
8BH	1	复归命令（下行）	16	E9H	1	备用	—
8CH	1	广播命令（下行）	16	EAH	1	备用	—
8DH-92H	6	水位	24	EBH	1	备用	—
A0H-DFH	64	电能脉冲计数值	32	ECH	1	子站状态信息（下行）	8
E0H	1	遥控选择（下行）	32	EDH	1	设置时钟校正值	32
E1H	1	遥控返校	32	EEH-EFH	2	设置时钟	64
E2H	1	遥控执行（下行）	32	F0H-FFH	16	遥信	32

信息字可以分为上行信息字和下行信息字。上行信息字包括遥测、电能脉冲计数值、事件顺序记录、水位、频率、子站时钟返送和子站状态信息等；下行信息字包括遥控命令、升降命令、设定命令、复归命令、广播命令、设置时钟命令和设置时钟校正值命令等。不同的信息字除功能码取值范围不相同外，信息字中第 2~5 字节（信息数据字节）的各位含义不一样。这里仅以遥测信息字和遥信信息字为例说明。

遥测信息字格式如图 2-27 所示。它们的功能码取值范围是 00H~7FH，每个遥测信息字传送两路遥测量，所以遥测的最大容量为 256 路。

遥测	功能表(00H~7FH)	Bn字节
遥测i	b7…b0	Bn+1
	b15…b8	Bn+2
遥测i+1	b7…b0	Bn+3
	b15…b8	Bn+4
	校验码	Bn+5

遥测信息字格式说明：
(1)每个信息字传送两路遥测量。
(2)b11~b0传送1路模拟量，以二进制码表示。B11=0时为正数。B11=1时为负数，以2的补码表示负数。
(3) b14=1表示溢出，b15=1时表示数无效。

图 2-27　遥测信息字格式

遥信信息字格式如图 2-28 所示。它们的功能码取值范围是 F0H~FFH，每个遥信信息字传送两个遥信字。一个遥信字包含 16 个状态位，所以遥信的最大容量为 512 路。

遥信	功能表(F0H~FFH)	Bn字节
遥信i	b7…b0	Bn+1
	b15…b8	Bn+2
遥信i+1	b7…b0	Bn+3
	b15…b8	Bn+4
	校验码	Bn+5

遥测信息字格式说明：
(1)每个遥信位含16个状态位。
(2)状态位定义：b=0表示断路器或隔离开关状态为断开、继电保护未动作；b=1表示断路器或隔离开关状态为闭合、继电保护动作。

图 2-28　遥信信息字格式

> **视野拓展**

中国首台微机继电保护装置的诞生

中国第一台微机继电保护装置的发明者——杨奇逊院士早期留学澳洲，回国后他带领着研发团队，在一间不足 $16m^2$ 的阴面小屋中，凭借智慧与意志，研发出我国首台微机继电保护装置，该装置于 1984 年参加了全国首届微机应用成果展览会，并荣获一等奖，从此改变了中国微机继电保护的发展历史。首台微机继电保护的诞生开启了我国微机继电保护的新时代，对我国电力系统的安全稳定运行做出了不可估量的贡献，使我国电力系统微机继电保护理论和应用技术达到国际领先水平。

"中国的微机继电保护之父"这一业内公认的称谓，指的就是杨奇逊院士。杨奇逊院士走出了一条从理论研究，到关键技术的开发，到设备的研制，到成果的转化，再到工程应用的完美道路，为电力系统和国家的能源事业，作出了很大的贡献。

2016 年 12 月 15 日上午，"中国首台微机继电保护诞生地"揭牌仪式在华北电力大学保定校区举行。仪式上，杨奇逊和他的团队回顾了研发首台微机继电保护装置的历程。

> **学习项目总结**

变电站综合自动化系统理实一体化实训环节可以按照系统设计、施工、监控界面编辑、调试、运行操作几个模块来进行。系统设计环节的主要任务是认识系统中各种装置，了解系统相关原理，完成系统结构图和网络连接图；系统施工环节的主要任务是完成系统中各个部分的电缆连接和通信连接，掌握电缆敷设和通信测试的一些基本知识；系统调试环节的主要任务是检查系统的各部分是否正常，以及数据交互是否正常，包括模拟量通道测试、开关量通道测试、"四遥"信息对点测试、保护功能测试等子环节。

该学习项目内容主要涉及变电站综合自动化系统的设计、施工、调试及数据通信等应用。知识和技能的学习内容主要包含变电站综合自动化系统的信息采集测量及传输，变电站综合自动化系统的信息采集方法和电路环节，微机装置的使用和注意事项，开关柜断路器的远方、遥控操作与使用。

信息传输部分总结了数据通信的主要方式，包括串行通信和并行通信，串行通信主要解决建立、保持和拆除数据终端设备（DTE）和数据传输设备（DCE）之间的数据链路的规约。RS-232 接口可以实现点对点的通信方式，但这种方式不能实现联网功能；我国电网监控系统主要使用循环式远动规约和问答式运动规约，循环式远动规约是一种以厂站端为主动的远动规约，问答式远动规约是以调度中心为主动的远动数据传输规约。

> **复习思考**

一、填空题

1. 微机保护的典型硬件结构主要包括微机主系统、数据采集系统、开关量输入/输出系统、人机对话接口、通信接口、_____。

2. 微机保护硬件的人机对话接口回路，主要包括打印、显示、键盘及信号灯、音响或语言告警，主要功能用于_____。

3. 综合自动化装置模拟量输入回路中常用_____和_____两种 A/D 转换方式。其中_____式 A/D 变换方式输出的脉冲频率正比于输入电压。

二、单项选择题

1. 变电站综合自动化微机系统所采集的变电站测控对象电流、电压、有功功率、无功功率、温度等都属于（　　）。
   A. 数字量　　　　　　　　　　B. 输出量
   C. 输入量　　　　　　　　　　D. 模拟量

2. 下列属于开关量的是（　　）。
   A. 电流　　　　　　　　　　　B. 电压
   C. 功率　　　　　　　　　　　D. 断路器状态

3. 下列属于模拟量的是（　　）。
   A. 有载调压分接头位置　　　　B. 电压参数
   C. 继电器触点状态　　　　　　D. 断路器开关状态

三、多项选择题

1. 变电站综合自动化系统包括（　　）主要功能。
   A. 微机监控　　　　　　　　　B. 微机保护
   C. 自动抄表　　　　　　　　　D. 通信

2. 变电站综合自动化系统的"四遥"功能包括（　　）。
   A. 遥控　　　　　　　　　　　B. 遥调
   C. 遥测　　　　　　　　　　　D. 遥信

3. 变电站综合自动化系统中各子系统的典型硬件结构包括（　　）。
   A. 微机主系统　　　　　　　　B. 通信接口和电源回路
   C. 开关量输入/输出回路　　　 D. 人机对话接口
   E. 模拟量输入/输出回路

四、判断题

1. 主变压器电流是变电站综合自动化系统实时数据采集功能要采集的状态量信息。（　　）

2. 模拟量输入回路的作用是将来自变电站的模拟信号转换成微机系统能处理的数字信号。（　　）

3. 变电站综合自动化系统信息传输的主要任务体现在一是完成综合自动化系统内部各子系统或各种功能模块间的信息交换，实现信息共享；二是完成变电站与控制（中心）的通信任务。（　　）

五、简答题

1. 变电站综合自动化系统中，开关量信息主要有哪些？
2. 变电站遥信信息分别如何进行采集？
3. 什么是采样定理？
4. 说明 RS-232 和 RS-485 的约定内容。
5. 电力系统中遥测、遥信、遥控、遥调的含义是什么？

标准化测试试题

学习项目二 标准化测试试题

参考文献

[1] 丁书文,贺军荪. 变电站综合自动化技术 [M]. 北京:中国电力出版社,2015.
[2] 曾毅,黄亚璇,苏慧平. 变电站综合自动化 [M]. 北京:北京理工大学出版社,2020.
[3] 高爱云. "变电站综合自动化技术"课程实践项目开发研究 [J]. 中国电力教育:下,2014(4):2.

学习项目 三

变电站综合自动化的监控系统

学习项目描述

该学习项目包含两个典型任务，分别为监控系统的设备构成及功能应用、监控界面的运行监视与典型操作，涵盖了变电站监控系统的基本功能、构成、主要工作站、典型操作任务及常见故障与处理。以培养职业能力为出发点，采用"教、学、做"融为一体的项目教学模式。任务从介绍变电站监控系统的基本功能及运行监控的内容与意义开始，学习变电站监控系统的硬件与软件构成，着重于变电站综合自动化系统站控层的硬件设备与软件系统。阐述继电保护工程师工作站、远动工作站与"五防"工作站所起的作用。实训完成监控系统的典型操作任务后，实现对监控系统中出现的常见故障进行分析与处理。通过实施具体的学习任务，引导学生认知变电站综合自动化系统的构成、作用及使用，熟悉监控系统完成监视和控制任务内容，了解变电站综合自动化系统站控层硬件设备的配置与组建、后台监控系统功能，以及"四遥"的实现和监控系统的操作。能对监控系统的各种事件报告、告警信息等进行分析和处理。训练学生独立学习、严谨工作，获取新知识技能、分析处理问题的能力。

学习目标

知识目标：理解变电站综合自动化监控系统的基本功能。熟悉监控系统的构成和人机界面显示内容；熟悉变电站综合自动化系统二次设备的工作方式；了解监控系统硬件设备的配置、组建及作用；了解变电站站控层软件系统及其应用；熟悉监控系统的 SCADA 功能及界面图形；掌握监控软件的操作界面与监控内容。

能力目标：学会监控系统的人机界面常规操作；具备能辨识监控系统基本功能的能力；掌握综合自动化变电站设备运行工况监视的内容；掌握开关柜断路器的就地、远方、遥控操作技能，以及通过监控系统实现"四遥"技能；具备监控系统常规操作技能，执行典型操作任务的能力；具备分析处理监控系统的硬件与软件常见故障的能力。

素质目标：学生应该具有严谨的工作态度，养成自主学习习惯；强化职业素质培养，培养读图、识图能力及分析问题能力；培养团队协作能力及良好的沟通交流能力；培养良好的电力安全意识与职业操守。

教学环境

建议分小组进行教学，在变电站综合自动化系统的实训室中开展，便于"教、学、做"理实一体化教学的实施。实训室配置一套完整的变电站综合自动化系统设备，含有投影仪的多媒体教室，中控机及与学生数量相匹配的监控计算机、与硬件设备相匹配的监控软件、打印机等设施。实训室应具备局域网、无线数据传输环境，确保教学资源实时更新。

任务一　监控系统的设备构成及功能应用

学习目标

知识目标：掌握变电站综合自动化系统中监控系统的基本功能；掌握监控系统对模拟量、脉冲量与状态量的监视与操作；理解监控系统的硬件和软件组成；掌握监控系统的典型结构形式；理解监控系统继电保护工程师站、远动主站的主要功能；掌握不同的监控主站与"五防"机的配置方式。熟悉监控系统配置设备的作用。

能力目标：能辨识监控系统的基本功能；会分析监控系统所采集的状态量、模拟量与脉冲量；能识别监控系统的硬件和软件构成；会分析监控系统的软件功能；会辨识不同的监控主站与"五防"机的配置方式；能说明变电站监控系统的系统配置。掌握监控系统的软件功能界面常规操作；掌握调用曲线图、生成月报表、日报表等操作技能。

素质目标：培养与人协作能力及良好的沟通交流能力；培养独立思考与处理问题的能力；培养良好的电力安全意识与职业操守。

任务描述

以南瑞继保 RCS-9700 和北京四方 CSC-2000 变电站计算机监控系统为例，使学生具备认知和熟悉变电站计算机监控系统的主要功能，具备常规操作人机监控界面的能力。根据某 220kV 变电站的场景设计概况，为其搭建变电站计算机监控系统设备，画出站控层系统结构图、列出常规软件硬件配置等。

任务准备

变电站综合自动化系统实训室的监控系统应具备良好的人机界面。可利用人机界面实现对变电站的运行监视和遥控遥调操作，监视变电站主接线图和主要设备参数、查看历史数值及各项定值。

学生应课前查阅 RCS-9700 变电站综合自动化系统 Windows 后台监控系统在线运行使用说明书，预习监控系统具备的基本功能；学习设备运行工况监视的要求，学习使用监控平台界面为完成监控任务做准备；了解利用微机后台监控系统完成一、二次设备的运行监视注意事项；学习监控系统软件性能，了解监控系统界面工具栏各个菜单的功能；学习监控系统的操作指南。

任务实施

1. 实施地点

（1）综合自动化变电站或变电站综合自动化系统实训室。

（2）3D 可视化仿真变电站实训室。

（3）RCS-9700 综合自动化系统实训车间。

既可以在变电站综合自动化系统实训室教学实施，又可以去典型综合自动化变电站参观，实施现场教学。

2. 实施所需器材及资料

（1）多媒体设备，变电站综合自动化系统 PPT 课件。

（2）变电站综合自动化系统实训室内一套变电站综合自动化系统，包含站控层、间隔层设备的实物系统装置。

（3）变电站综合自动化系统音像材料。

（4）RCS-9700 变电站综合自动化系统 Windows 后台监控系统在线运行使用说明书。

（5）CSC-2000 变电站综合自动化系统后台监控系统使用说明书。

3. 实施内容与步骤

（1）学生分组。4~5 人一组，指定小组长。

（2）认知与资讯。指导教师下发"监控系统的设备构成及功能应用"项目任务书，描述项目学习目标，布置工作任务，讲解后台监控系统的配置和软件系统的应用，介绍监控系统的界面显示内容，描述变电站综合自动化系统中的二次设备的工作方式，说明变电站某间隔断路器的就地、远方、遥控操作注意事项。

学生了解工作内容，明确工作目标，通过不同途径获取相关资料，如监控系统使用说明书、校本教材、图书馆参考资料、学习项目实施计划等。对变电站综合自动化系统的监控系统构成及使用方面的信息材料进行采集，并对资料信息进行筛选、归类和处理。

指导教师通过图片、实物、视频资料、多媒体演示等手段，运用讲述法，任务驱动法，小组讨论法，实践操作法、部分知识讲解、部分知识指导、学生看书回答问题、讨论等教学方法实施教学。帮助学生学习后台监控系统硬件和软件的知识和技能。

（3）计划与决策。学生进行人员分配，制订工作计划及实施方案，列出工具、仪器仪表、装置的需要清单。教师审核工作计划及实施方案，引导学生确定最终实施方案。运用教师主导的任务驱动法教学，使学生在解决具体任务中学习实用技能；学生分组讨论，小组互动探究式学习。

（4）实训项目 1：变电站综合自动化监控系统认知训练。

变电站综合自动化系统二次设备较多，且电压等级越高涉及的保护、测控、计量等设备就越多。二次设备和一次设备不同，二次设备不仅原理较复杂，直观上也无法确定其作用。二次设备柜安装于二次设备室，一排排的二次设备柜子，要知道如何区分哪些柜子对一次设备起保护作用，哪些柜子能够对一次设备进行控制，需要对照二次设备原理接线图、二次展开图、设备安装位置图等判别分析查找。还要熟悉通信网络，了解监控系统与间隔层设备的网络联系，熟悉变电站 SCADA 功能的实现。观察变电站综合自动化系统及其后台监控界面，填写表 3-1。

表 3-1　　　　　　　　　　监控系统设备观察记录表

序号	监控系统站控层设备列举与记录	监控系统关联的间隔层设备列举与记录	后台监控界面中多个设备及其符号对照记录	监控系统中硬件设备间的连接描述	监控系统中主要设备作用对应描述	备注
1						
2						
3						

续表

序号	监控系统站控层设备列举与记录	监控系统关联的间隔层设备列举与记录	后台监控界面中多个设备及其符号对照记录	监控系统中硬件设备间的连接描述	监控系统中主要设备作用对应描述	备注
…						
	疑问记录					
	询问后对疑问理解记录					

(5) 实训项目 2：告警信息和间隔信息的查询训练。

监控系统界面中告警信息的查询要在包含告警控件的画面上进行，用户由画面系统调出包含告警控件的画面。告警控件由最新未确认告警信息窗、显示告警事件详细信息窗口构成。在监控界面中使用鼠标右键单击进入查看。填写表 3-2，并在实训报告中体现。

表 3-2　　　　　　　　　　报警信息和间隔信息的查询记录表

序号	查询项目	查询方法	查询现象记录与说明	备注
1	实时报警的查询	没有报警窗口弹出下，点击 CSC-2000 系统的工具菜单栏中相应图标，弹出所示界面		正常运行时，若出现报警，一般会有报警窗口弹出
2	历史报警的查询	双击"报警浏览"窗口内的选定内容，显示历史报警信息。同样在查询特定时间内的报警内容时，在"报警浏览"的左上窗口内单击右键，会出现"读入时间段"等选项，单击"读入时间段"，选择查询时间，就可以进行详细查询		
3	间隔信息的查询	在一次电气主接线图中，将鼠标移到线路名称、母线名称、主变压器名称的标注处，鼠标会在屏幕上变成一只小手，此时单击鼠标左键，将进入相应的分隔间隔监控图		在间隔分图中主要显示各间隔内的详细信息，以及系统的运行状况信息等

(6) 实训项目 3：报表使用及浏览历史曲线操作训练。

1) 训练内容 1：借助监控系统使用说明书，熟悉报表的制作和使用，完成报表浏览、报表输出、报表打印训练。

2) 训练内容 2：浏览历史曲线。进行曲线配置后，选中想要查看的曲线组名称，然后分别单击日曲线、月曲线、年曲线的按钮，即可查询该曲线组的日、月、年历史曲线，通过对年月日的选择可以查询不同时间段的历史曲线。实时曲线的两种模式：①时间窗模式。该模式可以设置时间窗的长度，启动曲线后，按照间隔读取当前的最新值，并放入时间窗，如果时间窗里的点已到最大点数，则依次将第一个点移出。因此该模式的实时曲线是移动的，优点是能完全实时反映测点的当前变化，但却不能反映测点的整个变化趋势。②24h 模式。该模式能将当日零时到启动曲线时刻的点都描绘出来，并按照测点的存储间隔将新点也反映在曲线上。同时，还提供了和以前曲线的比较（以虚线来表示）。完成浏览历史曲线、熟悉实时曲线两种模式的操作训练。

（7）检查与评估。运用变电站综合自动化实训场地，实践项目采取"教、学、做"一体化教学，学生汇报计划与实施过程，回答同学与教师的问题。重点检查监控系统的应用技能。教师与学生共同对学生的工作结果进行评价。

1）自评：学生对该项目的整体实施过程进行评价。

2）互评：以小组为单位，分别对小组内部其他成员或对其他小组的工作结果进行评价和建议。

3）教师评价：教师对互评结果进行评价，指出每个小组成员的优点，并提出改进建议。

以上评价采用过程考核和绩效考核两种方法。过程考核强调的是课堂参与度的重要性，考核要素主要包含学生学习态度和方法、学习过程的记录与总结、回答分析问题的情况、帮助其他同学的情况，网搜资料的情况等；绩效考核强调实践的重要性，考核要素主要包括学生制定任务、完成任务的成绩，实验操作及结果，平时实验成绩，读图训练考核等。

相关知识

一、变电站综合自动化系统的构成

1. 间隔层的分布式智能电子设备（IED）

间隔层设备包含监控单元、网络接口、同步时钟接口等。它们把模拟量、开关量数字化，实现保护功能，上送测量值和保护信息、接收控制命令和定值参数，是系统与一次设备接口。

2. 站内通信网

站内通信网系统采用的是网络拓扑的结构形式，采用分层、分布、开放式网络系统实现各设备间连接。它的任务是搜索各智能电子设备的上传信息，下达控制命令及定值参数。

3. 站控层自动化系统

站控层自动化系统采用分布式结构，包括监控后台软件、当地监控PC机、远动通信接口、用于专业管理的工程师站，以及专用设备和网络设备等。当站控层网络与间隔层网络通过通信处理机连接时，应冗余配置，双机互为热备用。网络媒介可采用双绞线、光纤通信缆或以上两种方式的组合，户外的长距离通信应采用光纤通信缆。站控层的任务是向下与站内通信网相连，使全站信息顺利进入数据库，并根据需要向上送往调度中心和控制中心，实现远方通信功能；此外，通过友好的人机界面和强大的数据处理能力实现就地监视、控制功能，是系统与运行人员的接口，实现人机交互。

站控层自动化系统通过组态完成全站检测功能，全面提供线路、主设备等的电量、非电量等运行数据，完成对变压器、断路器等设备的控制等，并具有保护信息记录与分析、运行报表、故障录波等功能。

二、监控系统的典型结构

以变电站广泛应用的南瑞继保RCS-9000系列变电站综合自动化系统为例介绍，包括RCS-9600和RCS-9700两个系列，RCS-9600系统主要适用于110kV及以下电压等级变电站综合自动化，RCS-9700系统主要适用于220kV及以上电压等级变电站综合自动化。

RCS-9700综合自动化系统典型结构如图3-1所示。监控系统通过测控装置、微机保护及变电站内其他智能电子设备（IED）采集和处理变电站运行的各种数据，对变电站运行参数自动监视，按照运行人员的控制命令和预先设定的控制条件对变电站进行控制，为变电站运行维护人员提供变电站运行监视所需的各种功能，减轻运行维护人员的劳动强度，提高变电站运行的稳定性和可靠性。

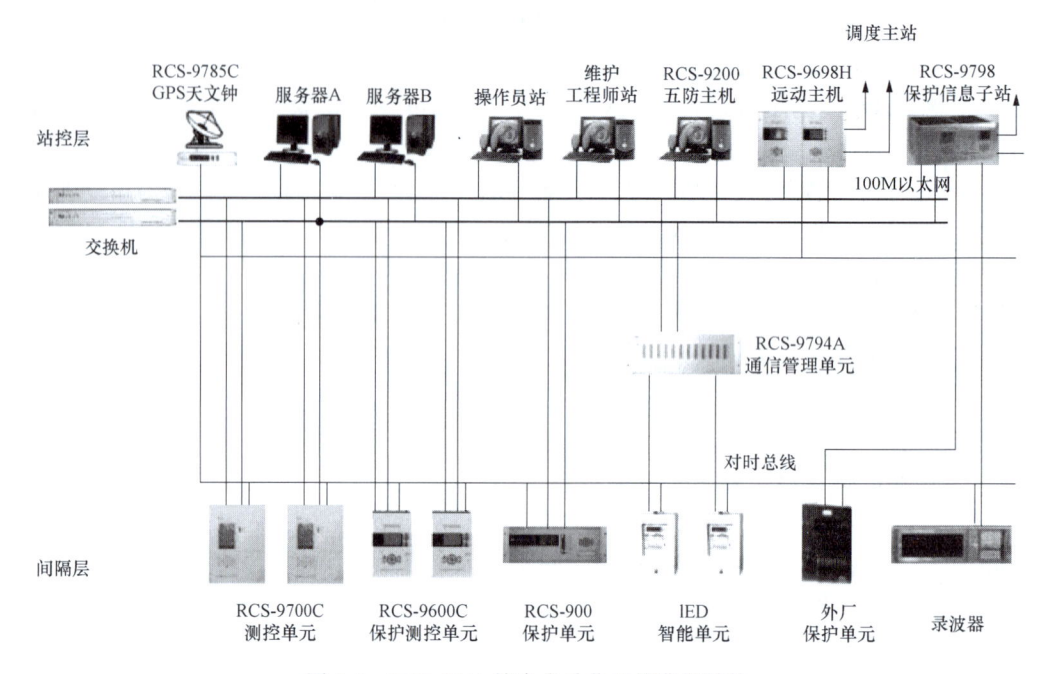

图 3-1　RCS-9700 综合自动化系统典型结构

　　站控层的硬件设备一般主要由操作员工作站（监控主机）、"五防"主机、远动主站及工程师工作站、网络设备组成。

　　操作员工作站（监控主机）是直接提供给操作员进行监控和各种操作的界面，它收集、处理、显示和记录间隔层设备采集的信息，显示各种画面（包括系统图、接线图、曲线图、地理图、曲线、棒图、饼图和仪表图）、报表、告警信息和管理信息；可以检索各种历史数据，根据操作人员的命令向间隔层设备下发控制命令，进行遥控、遥调操作，查询各种参数。

　　工程师工作站的主要功能是采集继电保护装置、故障录波器、安全自动装置等厂站内智能装置的实时/非实时的运行、配置和故障信息，并对这些装置进行运行状态监视。监视全厂的保护装置的运行状态，收集保护事件记录及报警信息，收集保护装置内的故障录波数据并进行显示和分析，查询全厂保护配置，按权限设置修改保护定值，进行保护信号复归，投退保护。

　　"五防"主机的主要功能是对遥控命令进行防误闭锁检查，系统内嵌"五防"软件，并可与不同厂家的"五防"设备进行接口实现操作防误和闭锁功能；根据用户定义的防误规则，进行规则校验，并闭锁相关操作；根据操作规则和用户定义的模板自动开出操作票，确保遥控命令的正确性，并可在线模拟校核；此外，"五防"工作站通常还提供编码/电磁锁具，确保手动操作的正确性。大型变电站的综合自动化系统一般都要配置微机"五防"工作站。"五防"功能是指防止带负荷拉、合隔离开关；防止误入带电间隔；防止误分、合断路器；防止带电挂接地线；防止带地线合隔离开关。

远动主站的功能是与站内间隔层的测量和保护装置等智能设备通信，采集实时信息；对收集到信息进行合成、筛选和排序形成转发表；按约定的通信规约向调度端传送所需信息和接收调度信息、执行调度命令。远动主站的主要功能是实施"四遥"：①遥测是将被监视厂站的主要参数远距离传送给调度，如站端的功率、电压、电流等；②遥信是将被监视厂站的设备状态信号远距离传送给调度，如断路器位置信号；③遥控是从调度发出命令以实现远方对厂站端的操作和切换。④遥调是指远方设定及调整所控设备的工作参数、标准参数等，常用于有载调压变压器抽头的升、降调节和其他具有分级升降功能的场合。电力系统中的厂站端的参数、状态，调度中心的操作、调整等命令都是"信息"，远动装置远距离传送这种信息，以实现遥测、遥信、遥控、遥调等功能。

三、监控系统的基本功能

（1）实时数据采集。监控系统通过 I/O 测控单元实时采集模拟量、开关量等信息量；通过智能设备接口接收来自其他智能装置的数据。主要有：①遥测量采集。变电站运行各种实时数据，如母线电压、线路电流、功率和主变压器温度等。②遥信量采集。断路器、隔离开关位置、各种设备状态、气体继电器信号和气压等信号。③电能量采集。数字电能量、计算电能。④保护数据采集。保护的状态、定值和动作记录等数据。

（2）数据统计和处理。I/O 数据采集单元对所采集的实时信息进行数字滤波、有效性检查，工程值转换、信号接点抖动消除、刻度计算等加工。主要有：①限值监视及报警处理。多种限值、多种报警级别（异常、紧急、事故和频繁告警抑制）、多种告警方式（声响、语音和闪光）、告警闭锁和解除。②遥信信号监视和处理。人工置数功能、遥信信号逻辑运算、断路器事故跳闸监视及报警处理、自动化系统设备状态监视。③运行数据计算和统计。电能量累加、分时统计、运行日报统计、最大值、最小值、负荷率和合格率统计。

（3）操作控制。断路器及隔离开关的分/合控制，变压器分接头调节，对电容器组进行投/切控制，接收遥控操作命令进行远方操作，操作防误闭锁。

（4）运行记录。包含遥测越限记录、遥信变位记录、SOE 事件记录、自动化设备投/停记录、操作记录（如遥控、遥调和保护定值修改等记录）。

（5）报表和历史数据。监控系统应能生成不同格式的生产运行报表，如变电站运行日报、月报；对于需要长期保存的重要数据将存放在历史数据库中，实现历史库数据显示和保存。

（6）人机界面交互。监控系统应能通过各工作站为运行人员提供灵活方便的人机交互手段，实现整个系统的监测和控制。如显示电气主接线图、实时数据画面显示，实时数据表格、曲线、棒图显示，多种画面调用方式（菜单、导航图），各种参数在线设置和修改，保护定值检查和修改，控制操作检查和闭锁、画面复制和报表打印，各种记录打印，画面和表格生成工具等。

（7）支持多种远动通信规约与调度中心通信。

（8）事故追忆功能、追忆数据画面显示功能。

典型变电站综合自动化系统的功能与实现途径见表 3-3。

表 3-3　　　　　典型变电站综合自动化系统的功能与实现途径

变电站综合自动化系统常见设备	变电站综合自动化系统功能							
	继电保护	实时数据	当地功能	远动功能	"五防"功能	电压无功控制	接地选线
保护装置	√	√					
测控装置		√					
后台监控			√		√	√	√
远动装置				√			
"五防"系统					√		
VQC 装置						√	
选线装置		√					√
智能设备		√					

四、监控系统的监控范围

变电站所有的断路器、隔离开关、接地开关、变压器、电容器、交（直）流站用电系统及其辅助设备、保护信号和各种装置状态信号都归入计算机监控系统的监视范围。对所有的断路器、电动隔离开关、电动接地开关、主变压器有载调压开关等实现远方控制。通过站控层的操作员工作站与保护管理机通信，对继电保护的状态信息、动作报告、保护装置的复归和投退、定值的设定和修改、故障录波的信息等实现监视和控制。操作控制功能可按集控中心、站控层、间隔层、设备层的分层操作原则考虑。操作的权限按"集控中心→站控层→间隔层→设备层"的顺序层层下放。原则上站控层、间隔层和设备层只作为后备操作或检修操作手段，这三层的操作控制方式和监控范围可按实际要求和设备配置灵活应用。

在监控系统运行正常的情况下，无论设备处在哪一层操作控制，设备的运行状态和选择切换开关的状态都应处于计算机监控系统的监视中。任何一级在操作时，其他级操作均应处于闭锁状态。

五、监控系统的软件

监控系统在硬件条件下，其监控功能是由各种软件功能模块决定的。监控系统软件一般包括 Windows 操作系统、数据库、界面编辑器和应用软件等部分，监控系统软件结构示意图如图 3-2 所示。

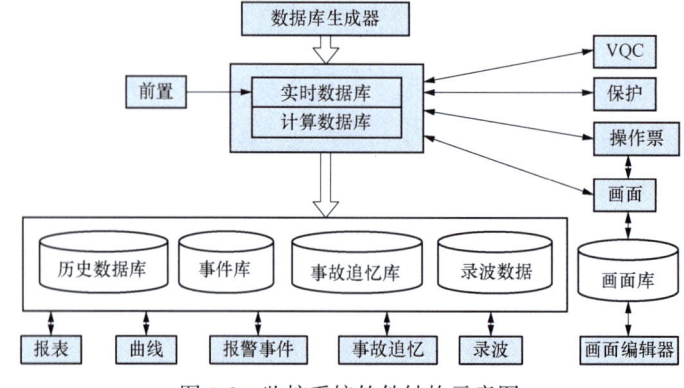

图 3-2　监控系统软件结构示意图

1. 数据库

监控系统实时数据库用于存放现场实时数据及实时数据运算参数，它是在线监控系统数据显示、报表打印、界面操作等的数据来源，也是来自间隔层保护测控装置的数据最终存放地点。数据生成系统提供离线定义系统数据库的工具，而在线监控系统运行时，由系统数据管理模块负责系统数据库的操作，如进行统计、计算、产生报警、处理用户命令（如遥控、遥调等）。

2. 界面编辑器

监控系统的界面编辑器是生成监控系统的重要工具，地理图、接线图、列表、报表、棒图、曲线等画面都是在界面编辑器中生成的。由界面编辑器生成的画面都能被在线监控系统调出显示。地理图、接线图、列表是查看数据、进行操作的主要界面，而报表、曲线则主要用于打印。

界面编辑器提供了方便的界面图形编辑功能，提高了作图效率。同时又提供了报表、列表自动生成工具，加快作图速度。对于画面中经常使用的符号，例如断路器、隔离开关、变压器等，可以使用界面编辑器制成图符，在编辑画面时直接调出使用。使用多个图符交替显示，用来代表断路器、隔离开关的不同状态。通过画面编辑器提供的工具和菜单栏，可方便地选择各种工具，对画面进行编辑和处理，形成具体工程所需的各种画面。

3. 应用软件

应用软件在操作系统的支持下，依据数据库提供的参数，完成各项监控功能，并通过人机界面，利用界面编辑器生成的各种画面，提供变电站运行信息，显示实时数据和状态，异常和事故告警，同时提供运行人员对一次设备进行远方操作和控制的手段，对监控系统的运行进行干预和控制。应用软件包括：

（1）数据采集软件。与通信控制器通信，采集各种数据，传送控制命令。

（2）数据处理软件。对所采集的数据进行处理和分析，判断数据是否可信、模拟量有无越限、开关量有无变位，按照数据库提供的参数进行各种统计处理。

（3）报警与事件处理软件。判断报警或事件类型，给出报警或事件信息，记录报警或事件内容和时间，设置和清除相关报警或事件标志。

（4）人机界面处理软件。监控系统应能通过各工作站为运行人员提供灵活方便的人机交互手段，实现整个系统的监测和控制；能根据运行要求对各种参数、日志和时钟进行设置，并按一定权限对继电保护整定值、模拟量限值及开关量状态进行修改及投退；能根据运行要求对各测点、测控模块、打印机等监控设备的各种工作方式和功能进行投/退选择，能对继电保护信号进行远方复归和对具有权限等级的继电保护装置进行投/退；能显示各种画面和报表、告警和事件信息，给出报警音响或语音，自动和定时打印报警、事件信息及各种报表和画面；操作权限检查，提供遥调、遥控控制操作，确认报警，修改显示数据（人工置数）、修改保护定值等。

（5）控制软件。完成特定的控制任务和工作（如电压无功控制）。对每一项控制任务，一般有一个控制软件与之对应。

（6）通信支持软件。通信支持软件的任务是负责管理系统涉及的各种通信传输介质及各种传输协议，进行有效的通信调度；并负责监测各传输通道的状态，提供通道质量数据。

借助监控软件，监控系统的作用主要体现在：①为运行人员提供反映变电站运行状态的实时信息；②为调度人员提供反映变电站运行状态的远动信息；③为保护人员提供反映事故过程的历史信息；④为维护人员提供反映变电站自动化设备运行状态的实时状态信息。

六、监控系统的后台软件界面

变电站综合自动化系统的站控层操作员工作站提供了运行人员操作的人机监控界面，主要由后台机的自动化系统监控软件来实现。自动化系统后台机的系统软件除了完成大量的实时数据处理，还要根据电力系统运行的需要进行合适的界面处理，如一次接线图的描述、报警的处理、光字牌的制作、遥控界面的制作等。根据生产厂家的不同，变电站综合自动化系统的监控系统后台软件各不相同。这里以北京四方CSC-2000变电站综合自动化系统为例，介绍监控系统后台软件界面。

监控系统后台软件界面如图3-3所示（注：主界面上面叠加了一个"事件通知"窗口）。通过启动监控软件后，后台软件界面中可以看到监控主接线画面，画面上方为CSC-2000变电站综合自动化系统监控软件功能菜单快捷工具条，左中上显示出了图形编辑器功能菜单快捷工具条。图形编辑器功能菜单中包括图形编辑器中各功能快捷键及用户名，根据用户的权限不同，能看到使用的功能快捷键的数量也有所不同。中间框是事件通知器，如果系统正常启动，则会自动弹出事件通知器。若通信网络不正常，则事件通知器中会显示网络通信中断，运行人员要做相应处理。

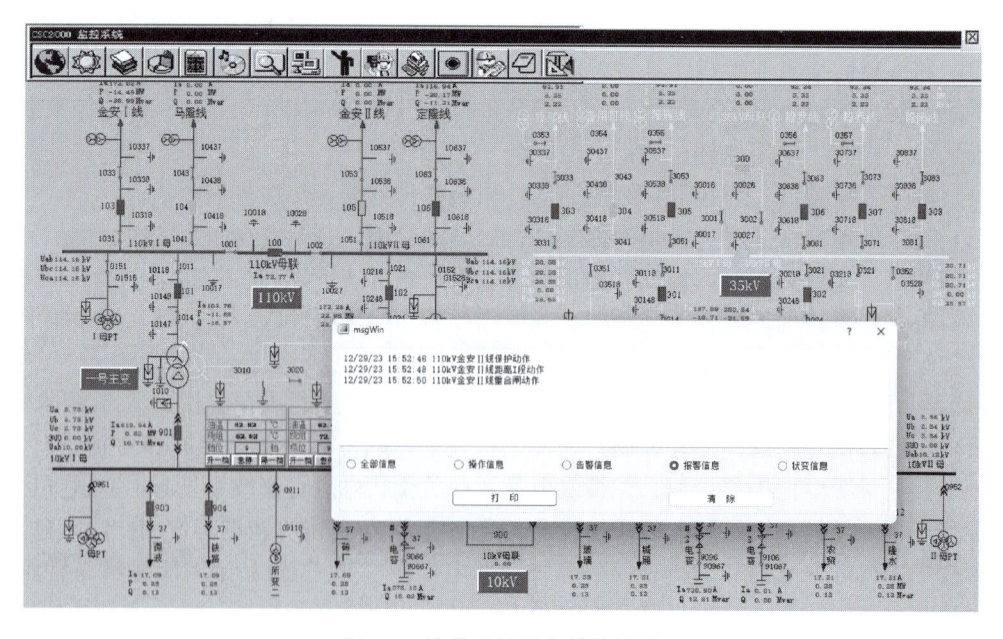

图3-3 监控系统后台软件界面

1. 监控系统界面实时报警

监控系统界面实时报警的内容有图形闪烁、事故推图、事故音响、语音报警、报警灯闪烁。图形闪烁是当有测点处于报警状态时，图形中对应的图符会闪烁；事故推图是当保护事件发生，并伴随有断路器跳闸时，认为是事故，会自动在所有图形中搜索出事故点所在图形并推出；事故音响是当有报警产生时，会响电笛、电铃事故音响；语音报警是当有报警产生时，可以播放事先录制好的语音文件；报警灯闪烁是当有报警产生时，该报警所属的报警灯会闪烁，直到该报警被确认。

当系统有报警产生时，实时报警窗会对此进行分析处理，把具体的信息提示给用户。实时报警窗分为报警灯和报警窗两部分。实时报警窗界面如图 3-4 所示。

图 3-4 实时报警窗界面

在有报警产生时，对应的报警灯会闪烁，点击报警灯会弹出报警窗。经过配置也可以直接弹出报警窗。报警灯的作用就是在有报警产生时，对应的报警灯闪烁来提示用户，用户可以根据报警程度来决定是否需要进行查看。

报警的详细内容可以通过设置表的列显示来控制，最左侧的图标列是固定的，来标识当前报警是否确认。工具条从左到右分别是音响复归、确认所有、删除所有、报警设置、设置保存点击报警设置。

2. 监控界面的快捷工具条

CSC-2000 监控软件功能菜单快捷工具条如图 3-5 所示，各快捷按钮有不同的含义。一般隐藏在屏幕上方，移动鼠标接触屏幕上方的白线即可显示快捷菜单。

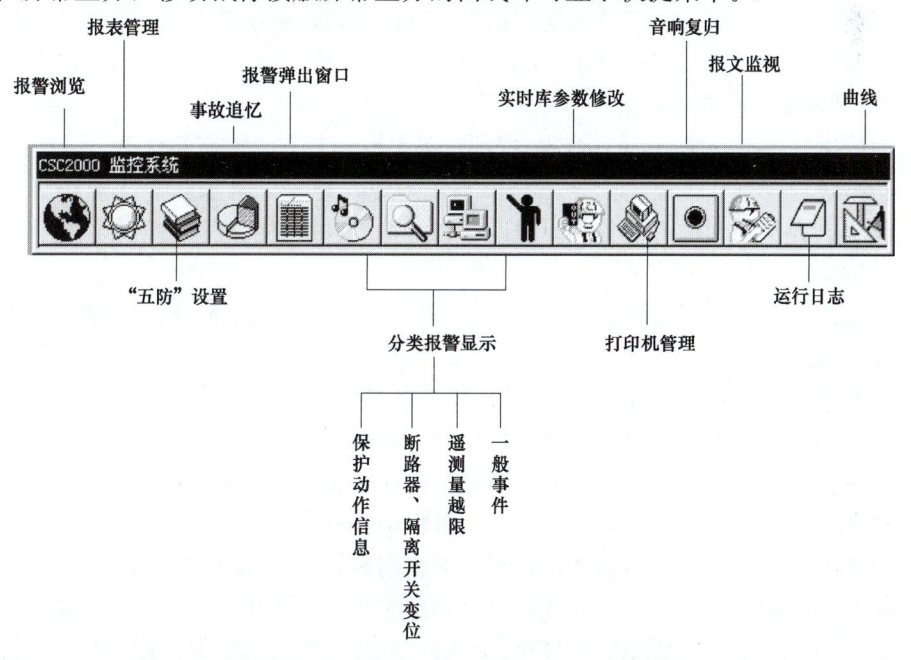

图 3-5 CSC-2000 监控软件功能菜单快捷工具条

（1）报警浏览。历史报警浏览可以对变电站过去某一时刻发生的事件、事故或遥信变位等进行查询和检索，为事故、事件排查分析提供可靠的依据。在历史报警浏览中可以按照变电站间隔类型对历史报警进行检索，也可以按照"四遥"的类别进行检索，并可转变为文本格式方便输出、打印。

（2）"五防"设置。"五防"设置是对变电站设备遥控过程中是否需要启用"五防"进行设置。运行"五防"设置需通过用户验证。

（3）事故追忆。点击运行事故追忆按钮，在窗口下方显示事故列表，列出了每一个事故发生的确切时间及其所在的间隔。

（4）分类报警显示。正常运行过程中，当有报警产生时，有相应的开关量输出去驱动电铃或电笛发出音响，并会有一个报警通知器自动弹出，如图 3-3 所示，这样变电站运行人员可以清楚地知道究竟发生了什么，并采取必要的处理措施。在自动弹出的报警窗口中，能看到当前变电站所有变位或动作信息，包括保护动作信息、断路器变位信息、装置告警信息、遥测量越限等，这些信息均以不同的颜色显示于窗口之中，方便操作员浏览。

（5）实时库参数修改。提供了对实时库中点的属性进行修改的功能。通过间隔监控界面对间隔内的"四遥"量进行修改、设置。实时库参数修改具有三级权限，即运行人员、维护人员和超级用户。不同级别的用户分别具有参数可见或修改参数的权限。

（6）打印机管理。可以实现分类实时打印的设置。在分类打印设置中，可以对遥测越限、遥信变位、遥控记录、保护信息和 SOE 事件选择设置，在想要打印的项前画"√"即可实现实时打印。

（7）音响复归。是电笛、电铃复归按钮。当变电站有事故告警时，监控利用开关量输出回路驱动电笛、电铃，此时可以通过点击该按钮去复归电笛、电铃，解除音响。

（8）报文监视。监控系统的报文监视提供了对以太网或局部操作网络报文的监视功能。

（9）运行日志。变电站运行日志系统是变电站后台监控系统的组成部分。可根据每天的运行历史数据库生成当日的运行日志。

3. 监控界面报表的查看与使用

报表是变电站运行监视和存储运行数据的重要手段，其有两方面的含义：一是就 SCADA 来说，运行报表记录是其主要功能；二是就现场来说，现场日常工作中需要统计大量的表格，报表是运行人员工作的有力支撑。对已存在的报表可按时间进行检索、浏览操作，并定时打印输出。

报表具有如下功能：①编辑报表模板：如新建报表、编辑报表、复制报表等，基本上是由工程人员完成的。工程人员根据现场要求，编辑相应的日表、月表、年表等报表模板。②生成运行报表：现场运行人员选择日期，由报表模板生成所选日期所在范围的日表、月表、年表等，现场运行人员亦可以对之进行打印、输出。

报表程序启动后，显示报表主界面，报表主界面如图 3-6 所示。左边以树形结构显示报表工作室列表，上边显示菜单栏和工具栏。工具栏中部分按钮，如保存报表、实点更新等在报表浏览状态时不可用，以灰色显示；在报表编辑态时，则自动恢复可用状态。含有如运行报表、日报表、周报表、月报表、季度报表、年度报表等报表模板。双击这些报表，在浏览态时会依据所设定日期，生成相应的日表、月表、年表；在编辑态时，则会打开相应的报表模板，可对之进行编辑。如果需要新建或者修改已有报表，需在菜单中选择设置进入报表编

图 3-6　报表主界面

辑或者在工具栏中点击报表编辑进入报表编辑。系统会根据用户权限判定。

(1) 浏览报表。点击报表主界面工具栏上的报表编辑按钮，可进行报表编辑和报表浏览两种状态的切换。在浏览状态下，调出一张报表，只需要双击左侧报表列表中的相应报表节点，即可调出当天、当月、当年等报表。如果需要查看以前的报表，可以通过设置报表日期选择实现。

日报表等报表与历史数据交互，提供给用户一个查看历史记录的方式。在浏览态时，用户不能修改数据，只能查看输出到 Excel、打印等。

(2) 报表输出。报表在浏览态和编辑态时，都可以将报表输出。点击报表上边工具栏中输出 Excel 按钮即可将当前的报表输出。

(3) 报表打印。点击工具栏中打印报表按钮，即可打印报表。在打印前，也可以点击打印设置按钮，调整报表的页面设置，而浏览状态下的报表页面设置更改，并不会影响模板中的页面设置。

4. 监控界面曲线的管理与使用

曲线能直观显示数据的变化规律，形象地反映电力系统厂站设备的运行情况和负荷变化情况。历史曲线以图形的方式显示遥测值或其他资料，有助于分析设备运行和负荷变化的趋势；实时曲线提供时间窗模式和 24h 模式两种模式来反映数据的实时变化情况。

(1) 历史曲线。历史曲线浏览主界面如图 3-7 所示，上端的功能按钮分别表示曲线配置、是否显示点名、是否显示数据名、是否显示纵坐标网格及是否显示横坐标网格。左边显示曲线工作室，右边显示曲线，通过设置左边的曲线工作室，可对右边所显示的曲线组进行颜色设置。

(2) 曲线浏览。进行曲线配置后，选中想要查看的曲线组名称，然后分别点击日曲线、月曲线、年曲线的按钮，即可查询该曲线组的日、月、年历史曲线，通过对年月日的选择可以查询不同时间段的历史曲线。

(3) 实时曲线的两种模式。

1) 时间窗模式。该模式可以设置时间窗的长度，启动曲线后，按照间隔读取当前的最新值，并放入时间窗，如果时间窗里的点已到最大点数，则依次将第一个点移出。因此该模式的实时曲线是移动的，优点是能完全实时反映测点的当前变化，但不能反映测点的整个变化趋势。

2) 24h 模式。该模式能将当日零时到启动曲线时刻的点都描绘出来，并按照测点的

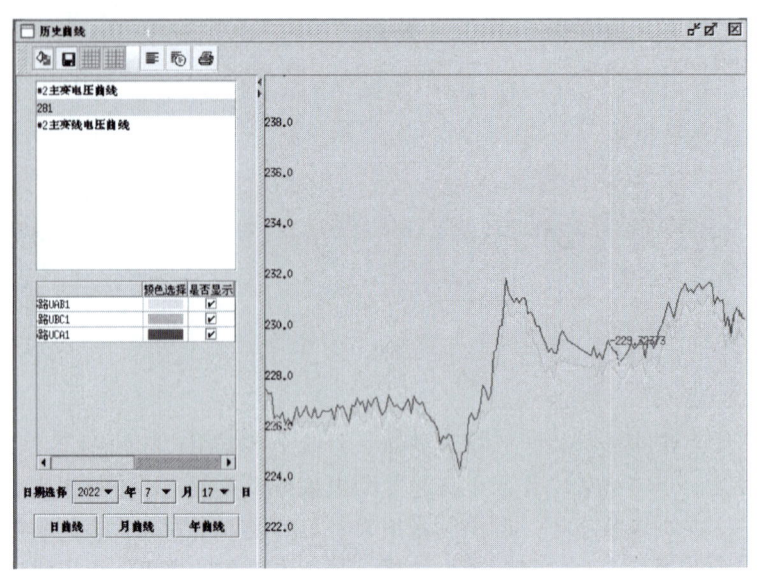

图 3-7 历史曲线浏览主界面

存储间隔将新点也反映到曲线上来。同时，还提供了和以前曲线的比较（以虚线来表示）。

任务二　监控界面的运行监视与典型操作

学习目标

知识目标：熟悉监控系统的 SCADA 功能；熟悉监控系统完成监视和控制任务内容；了解变电站综合自动化系统站控层硬件设备的配置与组建；掌握监控系统的软件功能界面；掌握监控系统的典型操作任务；熟悉监控系统的日常操作。

能力目标：能分析、会执行监控系统典型操作任务；能描述监控系统所具备的功能；熟悉监控系统的日常运行并具备一定的操作能力；能对监控系统的各种事件报告、告警信息等进行分析和处理；培养学生综合自动化系统的监控界面应用能力。

素质目标：培养与人的协作能力及良好的沟通交流能力；培养独立思考与处理问题的能力；培养良好的电力安全意识与职业操守；培养严谨的工作态度。

任务描述

以国电南瑞 RCS-9700 变电站计算机监控系统为例，介绍系统界面及其使用方法；通过监控数据的显示与监视、数据及参数查询、告警信息的监视与处理、断路器的远方遥控操作等几个典型操作任务的训练，使学生具备认知和熟悉变电站计算机监控系统的主要功能和监控界面应用能力。熟悉运行人员运用监控系统完成对继电保护及自动装置的投/退，对各类信息的监视、控制、处理，对断路器的遥控操作等任务。

学习项目三　变电站综合自动化的监控系统

✏️ 任务准备

变电站监控系统用于综合自动化变电站的计算机监视、管理和控制，也可以用于集控中心对无人值班变电站进行远方监控。监控系统应具备良好的人机界面。可利用人机界面实现对变电站设备的运行监视和遥控遥调操作，监视变电站主接线图和主要设备运行状况、参数，查看历史数值及各项定值。

学生课前预习查阅 RCS-9700 变电站综合自动化系统后台监控系统在线运行使用说明书，预习监控系统功能实现的应用软件，为应用监控平台完成监控任务做准备；了解利用微机后台监控系统完成一、二次设备的运行监视注意事项；了解监控系统界面工具栏各个菜单的功能；学习监控系统的操作指南。

📖 任务实施

1. 实施地点

（1）综合自动化变电站或变电站综合自动化系统实训室。

（2）3D 可视化仿真变电站实训室。

（3）RCS-9700 综合自动化系统实训车间。

既可以在变电站综合自动化系统实训室教学实施，又可以去典型综合自动化变电站参观，实施现场教学。

2. 实施所需器材及资料

（1）多媒体设备，变电站综合自动化系统 PPT 课件。

（2）变电站综合自动化系统实训室内一套变电站综合自动化系统，包含站控层、间隔层设备的实物系统装置。

（3）变电站综合自动化系统音像材料。

（4）RCS-9700 变电站综合自动化系统 Windows 后台监控系统在线运行使用说明书。

（5）RCS-9700 变电站综合自动化系统 Windows 后台监控系统维护工具使用说明书。

（6）RCS-9700 变电站综合自动化系统调度员、操作员操作指南。

（7）RCS-9700 变电站计算机监控系统、一次接线图。

3. 实施内容与步骤

（1）学生分组。4~5 人一组，指定小组长。

（2）认知与资讯。指导教师下发"监控界面的运行监视与典型操作"项目任务书，描述项目学习目标，布置工作任务，讲解监控系统的配置和软件系统的应用，介绍监控系统的界面显示内容，描述变电站综合自动化系统中二次设备的工作方式，说明变电站某间隔断路器的就地、远方、遥控操作注意事项。学生了解工作内容，明确工作目标，通过不同途径获取相关资料，如监控系统使用说明书、校本教材、图书馆参考资料、学习项目实施计划等。指导教师通过图片、实物、视频资料、多媒体演示等手段，运用讲述法，任务驱动法，小组讨论法，实践操作法，部分知识讲解、部分知识指导、学生看书回答问题、讨论等教学方法实施教学。

（3）计划与决策。学生进行人员分配，制订工作计划及实施方案，列出工具、仪器仪表、装置的需要清单。教师审核工作计划及实施方案，引导学生确定最终实施方案。通过以教师主导的任务驱动法教学，在解决具体任务中学习实用技能；学生分组讨论，小组互动探究式学习；

（4）实训项目1：使用后台监控主机用户界面完成变电站运行工作状况监视训练。

1）完成变电站运行工况监视的信息填报。变电站后台监控系统记录展示整个变电站实时运行情况、画面的一次接线图，能显示变电站各间隔一次设备的运行遥测值、断路器变位、保护动作事项等，并能够直接操作一次可控的断路器、隔离开关、主变压器挡位的升降等。将相关监视信息填于表3-4中。

表3-4　　　　　　　　　　变电站运行工况监视的信息填报表

序号	项目	项目填写内容	备注
1	变电站运行工况监视的目的描述		
2	变电站设备的三种工作状况描述		三种工作状况为运行状况、检修状况、备用状况（含热备用和冷备用）
3	变电站运行工况监视的信息	遥测信息举2例	
4		遥信信息举2例	
5		遥调信息举2例	
6		遥控信息举2例	

2）主系统的基本运行参数监视。主要监视的量有全站一次设备的状态、电流、电压，保护、测控等二次设备的状态、动作信息，以及变电站视频信息等。电力系统中有许多电气设备，如断路器、隔离开关、变压器、母线、线路等，这些设备有许多参数，监控系统用户界面能够显示变电站电气主接线图。在电气一次主接线图的界面上可以显示变电站母线电压（黄绿红分别代表U_a、U_b、U_c三相）、系统频率、主变压器负荷、主变压器分接头位置、各线路潮流（包括有功功率、无功功率）等参数的实时数据。可以使用用户界面设备参数查询功能来查询一个设备的对应参数。对于遥测量，可以查询数据参数、极值数据、越限数据；对于遥信量，可以查询数据参数、统计数据。利用监控界面，选择一个间隔断路器，查看该间隔断路器遥测信息，完成表3-5。

表3-5　　　　　　　　　变电站某间隔断路器遥测数据的查看和记录表

序号	名称	数据值	数据单位	序号	名称	数据值	数据单位
1	U_a：A相电压			8	I_a：A相电流		
2	U_b：B相电压			9	I_b：B相电流		
3	U_c：C相电压			10	I_c：C相电流		
4	U_{ab}：AB线电压			11	I_0：零序电流		
5	U_{bc}：BC线电压			12	P：有功功率		
6	U_{ca}：CA线电压			13	Q：无功功率		
7	U_0：零序电压			14	$\cos\varphi$：功率因数		

间隔断路器编号：

3）主系统断路器状态信息监视。借助监控系统用户界面电气主接线图，查看表示断路器的图形符号。红色实心表示断路器在"合闸"位置；红色实心闪烁表示断路器由于某种原因由"分"状态到"合"状态；绿色空心表示断路器在"分闸"位置；绿色空心闪烁表示断路器由于某种原因由"合"状态到"分"状态。灰色空心断路器位置不定（即监控系统无法确定断路器的位置），灰色闪烁表示断路器从"分"状态或"合"状态由于某种原因变化到了位置不确定的状态。

4) 主系统隔离开关、接地开关状态信息监视。红色且连通表示在"合闸"位置；红色连通闪烁表示隔离开关由于操作由"分"状态到"合"状态；绿色分断表示在"分闸"位置；绿色断开闪烁表示隔离开关由于操作由"合"状态到"分"状态；灰色任意位置表示隔离开关的状态不确定。

5) 查看遥测值曲线。在监控系统运行画面上的工具栏可以看到曲线相应图标，用鼠标单击该图标可以出现曲线。用户可对任意一个遥测值进行当前趋势的查询，查询的过程由画面系统进入厂站图，用鼠标左键单击画面上的实时曲线，系统弹出一个实时曲线设置对话框，按照对话框要求操作即可。用户还可以对任意一个遥测点的历史数据进行查询，查询方法为由画面系统进入厂站图，用鼠标左键单击画面上的历史曲线，系统弹出"历史曲线设置"对话框。"历史曲线设置"对话框内的上半部分显示的是历史曲线名称、最大值、最小值、每页点数等信息；"历史曲线设置"对话框的下半部分显示的是历史曲线显示的时间范围和时间间隔。在"历史曲线设置"对话框内用户可以进行一些操作来改变显示的内容。

(5) 实训项目 2：利用监控系统后台操作员站完成变电站某间隔断路器的遥控操作。

学生利用监控系统后台界面查看、识别变电站的一次设备和二次设备运行状态，熟悉监控界面中一次设备编号、位置和接线方式，熟悉二次设备的功能、输入/输出量等。除此之外，学生应能对监控系统的各种事件报告、告警信息等进行分析和处理。监控系统的控制功能主要体现在对断路器的操作上，通过实践学生应能针对运行方式的变化或某种实际需要对特定断路器完成遥控或就地手控。

1) 操作前查阅变电站监控系统用户使用手册等相关资料，收集对应素材。熟悉变电站断路器分/合闸远方遥控操作规范。

2) 编写监控系统后台操作断路器，实施远方遥控操作的操作步骤和注意事项，并通过小组充分讨论和修改，通过指导教师的检查、核对。

3) 编写并充分讨论远方遥控操作断路器分/合闸的危险点及其控制措施。

4) 按照作业指导书的要求和操作规范，在指导教师的监督和指导下完成断路器分/合闸的监控系统后台远方遥控操作。

遥控操作前，由操作人确认安全保护措施已落实。操作过程中，在用户输入用户名、密码之前，程序将自动进行防误校验，此时如果防误校验不通过，则直接提示防误校验失败而不再进行下去。这时用户可以点击"取消"按钮，结束本次遥控。倘若用户确定该遥控过程可以执行，那么也可以解锁本次操作，做法是将本次校验的打钩取消掉（该过程需要经过权限校验）。解锁之后，重新点击"遥控选择"继续进行遥控。防误校验通过后，则会要求输入用户名、密码，开始遥控选择。如果遥控选择不成功，则会提示失败原因并结束本次遥控。如果遥控选择成功，点击"遥控执行"，然后等待遥控执行的结果，这时用户可以在对话框上的信息显示栏内观察信息提示。如果执行失败，会提示失败信息并结束本次遥控。

5）实施监控系统后台操作断路器，填写表 3-6 操作执行情况记录表。完成实施远方遥控操作实验报告。

表 3-6　监控系统后台操作断路器实施远方遥控操作的主要环节操作执行记录表

序号	操作内容与过程	操作执行情况记录
1	开始操作时，由监护人记录操作开始时间	
2	操作人手握鼠标坐在操作监控机前，监护人持票站立于操作人的右后侧，思想集中，正视监控画面	
3	进行操作监护、唱票复诵。根据操作票的操作步骤，监护人发布操作命令，操作人按照原令重复一遍（用鼠标指向要操作的设备图标进行核对），核对无误后监护人发出"对，执行"的操作命令，操作人用鼠标单击该设备图标，在操作密码确认对话框上，操作人、监护人分别输入操作密码	
4	微机在检验操作人、监护人操作密码正确后，将弹出遥控操作设备确认对话框，此时操作人应输入该设备的调度编号，并选择要对该设备进行的操作是"分"还是"合"，最后按"确认"按钮将远方遥控操作命令发出	
5	操作完一项，应在监控系统上认真检查操作质量和正确性，待现场人员检查完毕后由监护人在操作票上打"√"。为了明确下一步操作内容，监护人要向操作人提醒下一步操作项目。操作终了后，监护人记录操作终了时间	

（6）检查与评估。运用变电站综合自动化实训场实践项目采取"教、学、做"一体化教学，学生汇报计划与实施过程，回答同学与教师的问题。教师与学生共同对学生的工作结果进行评价。

1）自评：学生对该项目的整体实施过程进行评价。

2）互评：以小组为单位，分别对小组内部其他成员或对其他小组的工作结果进行评价和建议。

3）教师评价：教师对互评结果进行评价，指出每个小组成员的优点，并提出改进建议。

以上评价采用过程考核和绩效考核两种方法。过程考核强调的是课堂参与度的重要性，考核要素主要包含学生学习态度和方法、学习过程的记录与总结、回答分析问题的情况、帮助其他同学的情况，网搜资料的情况等；绩效考核强调实践的重要性，考核要素主要包括学生制定任务、完成任务的成绩，实验操作及结果，平时实验成绩，读图训练考核等。

相关知识

变电站内的操作监控是指运行人员通过监控系统操作员工作站在变电站内进行倒闸操作、继电保护及自动装置的投/退操作及其他特殊操作工作时，对操作过程中的各类信息进行监视、控制，以保证变电设备及操作人员在操作过程中的安全。操作监控的内容有一次设备的倒闸操作，继电保护及自动装置压板的投/退操作，"五防"系统操作及其他特殊操作。下面以 RCS-9700 监控系统为例，对变电站综合自动化监控系统的典型的运行监视和典型操作进行说明。

一、RCS-9700 监控系统界面及其使用

变电站综合自动化系统的后台监控主机提供了运行人员操作的人机监控界面。后台机的人机监控界面主要用来为运行人员对一次设备的监视、控制提供简明、快捷的显示画面，以便简单、方便、可靠地对变电站设备进行人工干预。

变电站综合自动化系统后台机的系统软件除了完成大量的实时数据处理，还要根据电力系统运行的需要进行合适的界面处理，如一次接线图的描述、报警的处理、光字牌的制作、遥控界面的制作等。根据生产厂家的不同，变电站综合自动化系统的系统软件各不相同。

在后台监控主机上启动 RCS-9700 监控系统，会在电脑屏幕下方弹出控制按钮条，RCS-9700 监控界面控制按钮条及操作功能菜单如图 3-8 所示。控制按钮条由开始菜单、快捷按钮、状态信息显示 3 部分组成。

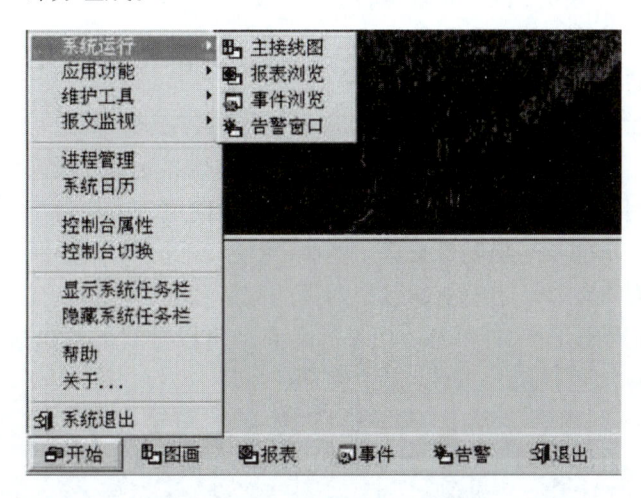

图 3-8　RCS-9700 监控界面控制按钮条及操作功能菜单

1. 开始菜单

点击"开始"按钮，弹出系统功能菜单，包含系统运行、应用功能、维护工具、报文监视 4 部分。

（1）系统运行。系统运行菜单有主接线图（显示图形运行界面）、报表浏览（显示报表运行界面）、事件浏览（显示事件浏览界面）、告警窗口（显示光字牌）。

（2）应用功能。应用功能菜单有事故追忆（显示事故追忆工作界面）、接地选线（显示接地选线工作界面）、VQC 功能（显示 VQC 工作界面）、"五防"操作票（显示操作票编辑和运行界面）、工作票（显示工作票编辑和运行界面）、保护管理（显示保护设备管理界面）、设备管理（显示一次设备管理界面）、插件管理（插件管理平台）。

（3）维护工具。维护工具菜单有报表制作工具、画面编辑工具、数据库编辑工具、用户权限定义工具、系统参数设置工具。

（4）报文监视。报文监视菜单有物理层监视报文（显示物理层报文）、应用层监视报文（显示应用层报文）、后台网监视报文（显示后台网报文）。

2. 快捷按钮

这里以图标方法提供了常见操作，点击图标，会弹出对应操作界面。5 个快捷按钮为图画按钮（开启画图浏览界面）、报表按钮（开启报表浏览界面）、事件按钮（开启事件浏览界面）、告警按钮（开启报警窗口）和退出按钮（系统退出）。

3. 状态信息显示

状态信息栏以文本或图像方式显示系统信息。

（1）第一栏：喇叭表示消除声音。点击该按钮，可使喇叭当前播放停止。

（2）第二栏：信号灯表示确定信号灯。绿色表示全部事件已确定；红色闪烁表示有未确认事件，点击该按钮，可弹出告警窗口。

（3）第三栏：以文本方式提醒本机在系统中运行地位（值班机、备用机、操作员站、维护工程师站、保护工程师站）。

（4）第四栏：以文本方法提醒系统运行安全天数。

（5）第五栏：以动画方式显示系统标识。

二、监控数据的显示与监视

将变电站的监控数据真实、有效并实时地显示至监控主机，使运行值班人员能直观地进行监测管理及分析，保证变电站安全、可靠地运行。监控界面主要用来为运行值班人员对一次设备的监视、控制提供简明、快捷的显示画面，以便简单、方便可靠地对设备进行人工干预。监控系统界面显示的各间隔测量数据如图 3-9 所示，图中的监控界面显示了某变电站电气主接线图，该界面直观显示了变电站各个间隔的测量数据，包括主变压器油温、油位、中性点接地方式、各间隔设备有功和无功功率等信息，每段母线的测量数据及每条支路的电气量。

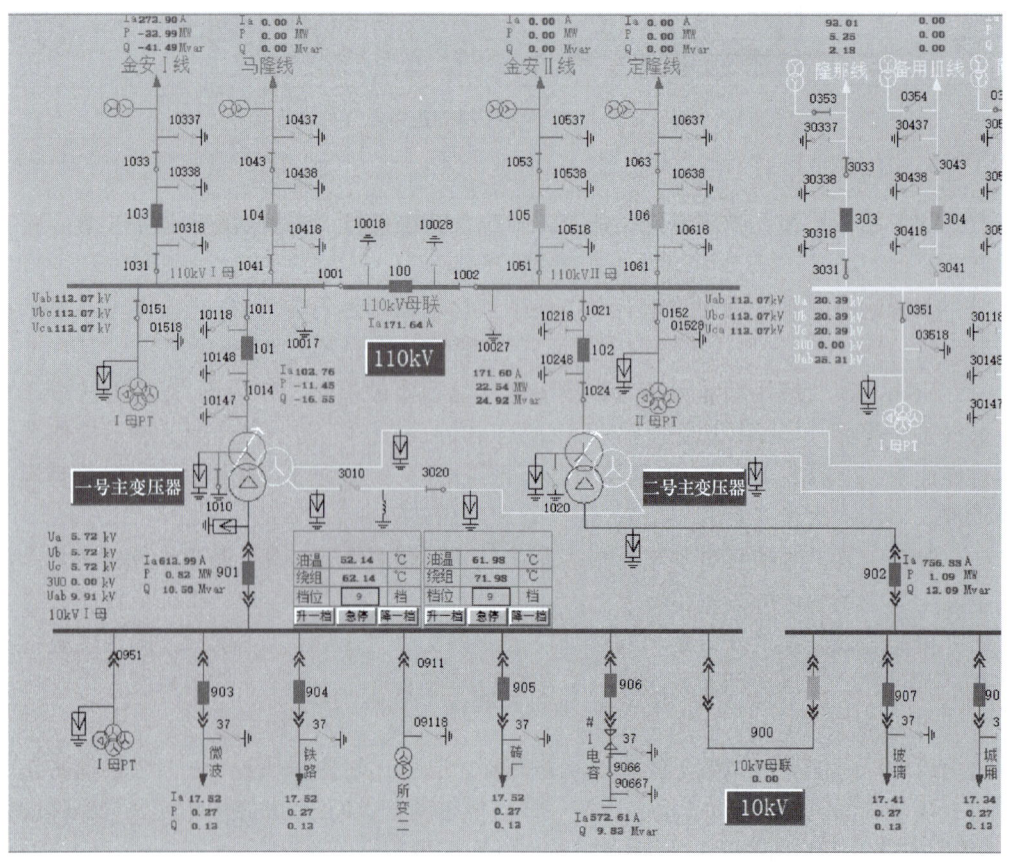

图 3-9 监控系统界面显示的各间隔测量数据

主接线图的界面是调度员经常使用的一个窗口，一般情况下它都以极大化方式显示，该窗口不仅可以显示接线图，也可以显示数据列表、地理图、报警画面等。图中的遥测、遥信值，随现场的参数变化而实时改变。

电气主接线图上还可以进行数据操作，只需用鼠标单击操作数据，即可弹出相应的操作对话框，且当鼠标在可操作的数据点上停留时，系统会自动弹出显示该数据点所对应该点名称的提示信息方框。通过在线界面，用户可以监视电网的运行情况、查询有关的统计数据、下达遥控遥调命令、执行各应用的相关操作等。

三、数据及参数的监视与查询

通过在线操作界面，用户可以监视电网的运行情况；查询有关的统计数据；下达遥控、遥调命令等，完成指定操作。

1. 在线操作界面的启动

在线操作界面在 RCS-9700 综合自动化系统运行时自动启动，通过点击控制台上的图画，或者在综合自动化系统的"开始"菜单中，选取"系统运行"下的"图形浏览"，都可以将在线操作界面提到所有窗口的最前面进行操作。某变电站变压器间隔在线操作界面如图 3-10 所示。

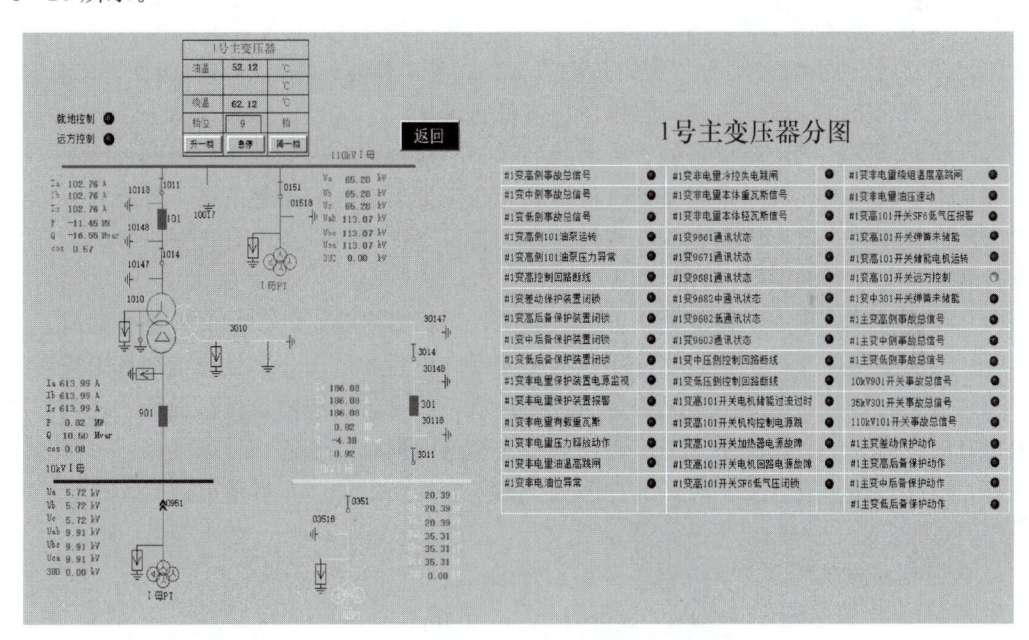

图 3-10 某变电站变压器间隔在线操作界面

2. 告警信息的查询

告警信息的查询要在包含告警控件的画面上进行，用户由画面系统调出包含告警控件的画面。告警控件由最新未确认告警信息窗口、显示告警事件详细信息窗口构成。使用鼠标右键单击进入查看。

3. 数据查询

数据查询主要是查询某个遥测量或遥信量的相关数据。对于遥测量可以查询数据参数、极值数据、越限数据；对于遥信量可以查询数据参数、统计数据。

4. 实时曲线的查询

用户可对任意一个遥测值进行当前趋势的查询，查询的过程由画面系统进入厂站图；用鼠标左键单击画面上的实时曲线即可。

5. 历史曲线的查询

用户可以对任意一个遥测点的历史数据进行查询，查询的方法由画面系统进入厂站图；用鼠标左键单击画面上的历史曲线。

6. 设备参数的查询

电力系统中的电力设备有许多参数，用户可以用设备参数的查询功能来查询对应设备的参数。用户可以查询的设备有断路器、隔离开关、变压器、母线、线路、负荷、发电机、保护、电容电抗器、厂站自动装置等。查询步骤：元件参数查询由画面系统进入厂站图；用鼠标左键单击画面上的设备（如断路器、隔离开关），弹出设备（断路器、隔离开关）的操作对话框，按照提示的步骤操作即可。

四、告警信息的监视与处理

监控系统作为变电站设备运行状态的人机交互界面，提供了电气设备的运行信息和异常信息，监控人员可以通过告警信息及时掌握设备异常状态，并作出及时的处置。

1. 告警信息的告警方式

RCS-9700 监控系统对实时产生的告警信息方式有：画面闪烁、推事故画面、语音报警、音响报警、入历史事件库、入实时告警窗、事件打印。

（1）画面闪烁。测点或设备处于告警状态时，对应图符会闪烁。

（2）推事故画面。测点或设备处于告警状态时，推出事先编辑好的某一幅画面。

（3）语音报警。把厂站名、测点或设备名、告警事件组成一条语音告警。厂站名、测点或设备名、告警事件的语音文件需事先录音。

（4）音响报警。测点或设备处于告警状态时，选择事先整定的音响文件进行播放。

（5）入历史事件库。把报警事件保存历史库中，事后通过历史事件查询工具来查看。

（6）入实时告警窗。弹出实时告警窗进行告警。实时告警窗内只保存最新的定数量（可以设定）的告警事件，每次系统退出时仅保留告警窗内现有的事件。

（7）事件打印。事件发生时，事件信息会加入事件列表中，在启动事件打印机下会打印出事件信息。

2. 报警信息的处理

RCS-9700 报警系统可以实现对报警的分层、分级、分类处理。

（1）分层处理。表示在画面上从系统接线图（对于集控站）到厂站图到间隔图可以一层层显示报警信息。当某个厂站的某个间隔中有事件报警时，能在系统接线图（对于集控站）上显示是哪个厂站产生了报警，点击该厂站图符可以进入该厂站接线图，在厂站接线图上显示可以显示哪个间隔发生了报警。点击该间隔图符可以进入该间隔接线图，间隔接线图中可以内嵌实时报警窗，其中可以显示该间隔的所有报警信息。

（2）分级处理。表示可以把各种报警事件进行分级，分级方法由用户自定义（详见系统设置和数据库组态）。在实时告警窗中按级别来显示报警信息，通过级别来选择报警等。

（3）分类处理。表示按运行人员的关注分类，告警信息一般分为告知信号、遥信变位信号、遥测量越限信号、运行状态异常信号和事故信号。把所有的报警事件分为以下十二大类：SOE事件、遥信变位、遥测越限、挡位变位、遥控事件、保护事件、遥脉越限、遥调事件、定值修改、权限修改、"五防"事件、其他事件。

3. 告警信息的管理

变电站后台监控系统提供实时告警窗和历史事件查询器两个工具来管理告警信息。实时告警窗提供了告警信号的逐条显示，经过优化后告警条文大大减少，防止了告警信息主次不分，防止了重要的告警信号可能淹没在一般信号之中，或使重要的告警信号被大量新产生的信息"挤"出告警窗口。当监控系统监视到告警事件时，实时告警窗对告警事件进行分析处理，并把事件的具体信息提示给用户，以便用户及时地发现和处理系统的各种状况。

历史事件查询器设置有主界面，利用工具栏的"检索"按钮，输入检索条件，可以浏览历史事件。检索条件可以按照厂站、报警等级、报警类型查询发生时间段内的历史事件。可以通过打印功能，打印出查询结果。可以通过在树形视图中选择厂站、间隔来检索相关厂站或间隔下的所有历史事件，实现分层检索历史事件。检索出的事件列表显示的事件属性包括告警等级、时间、操作人、站名称、点名称事件。可以按照报警等级实现分级检索历史事件，如按照所有等级、操作记录、事故等级、断路器变位、遥测越限、告警级、一般级、系统级进行检索。可以按照事件类型实现分类检索历史事件，如按照遥测事件、遥信事件、SOE事件、挡位变化、保护事件、遥控事件、遥调事件、定值修改、权限修改、"五防"事件、电压无功控制（VQC）事件、其他事件、所有事件进行检索。

五、断路器的远方遥控操作

对断路器而言，远方合闸、分闸是指一切通过微机操作箱发来的合、分指令，包括微机保护、自动装置、使用微机型测控屏上的操作把手合/分闸、使用综合自动化系统后台软件合/分闸、使用远动功能在集控中心合/分闸等，这些指令都是通过微机操作箱的合/分闸回路传送到断路器机构箱内的合/分闸回路的。

遥控操作就是由用户人员在控制室内监控机画面中人工断开或合上变电站内断路器。国内大多数厂站都配有"五防"闭锁系统，所以在遥控开始前要先在"五防"机上模拟开票，开票成功后转为执行票给监控系统中相应的断路器遥控解锁。

1. 遥控功能的使用条件

(1) 具备支持遥控功能监控后台或者远方调度系统。

(2) 遥控把手放在远方位置，对应装置"开关量状态"菜单中的"遥控投入"状态应为"1"。

2. 变电站监控系统远方遥控操作步骤

(1) 将监控机画面切换至要遥控的断路器所在变电站系统接线图。

(2) 遥控操作断路器前检查监控系统、遥信信息、遥测信息正确。

(3) 监护人宣读操作项目、操作人员手指微机窗口内的断路器符号与编号进行复诵。

(4) 核对无误后，监护人发出"正确，可以操作"的执行令。

(5) 操作人进行解锁或解密（再次确定所要遥控操作的断路器名称及编号，输入操作人、监护人密码），等待返校成功后，按正确顺序进行操作。

(6) 操作结束，操作人回答"执行完毕"。

(7) 监护人核对无误后，退出操作界面。

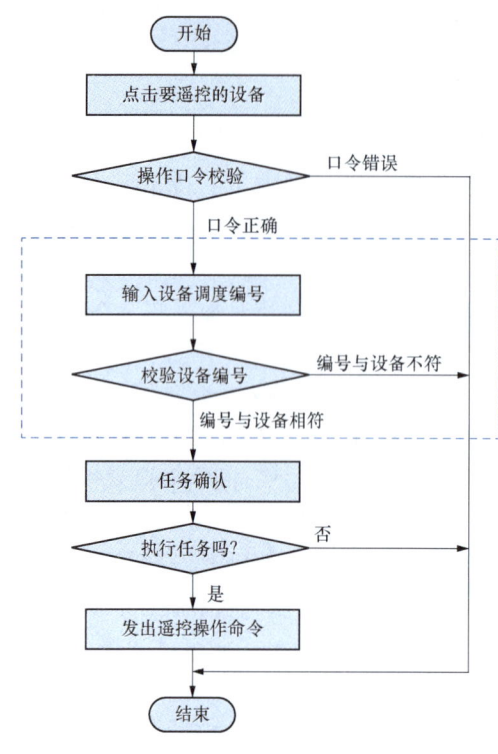

图 3-11 操作员在监控机上发出远方遥控命令流程图

(8) 检查断路器位置要结合监控机信息窗口文字或系统图断路器变位指示及表计等情况确定。

(9) 具备条件的现场检查断路器位置要结合机械位置指示、拉杆状态、弹簧拐臂等情况综合判断。

操作员在监控机上发出远方遥控命令流程图如图 3-11 所示,图中虚线框内的流程是只在对断路器、隔离开关等一次设备进行操作时才执行的部分。

3. 遥控操作的危险点控制措施

(1) 认真核对监控系统中要遥控设备的名称及编号,防止误拉合其他断路器。

(2) 遥控操作必须两人进行,一人操作,一人监护。

(3) 如现场检查断路器位置须戴安全帽。

(4) 检查时严禁仅凭一种现象判断断路器位置。

4. 断路器的远方遥控操作实例

变电站断路器遥控操作常常通过变电站综合自动化在线监控系统后台界面,利用鼠标进行操作。为防止误操作,一般不要在主接线图上直接进行遥控操作,遥控遥调进入间隔的分图后再操作。运行人员能够在控制室内控制变电站设备,如断路器分合、变压器升挡或降挡、控制序列实施等,这些操作在变电站综合自动化系统内全部能实现。

打开监控系统界面,某变电站监控系统界面如图 3-3 所示。监控系统界面接线图是值班员经常使用的一个窗口,该窗口不仅可以显示变电站接线图,也可显示数据列表、报警画面等。图中的遥测、遥信值随现场的变化而变化。

RCS-9700 监控系统后台遥控断路器操作步骤及说明:

(1) 第一步:在变电站监控系统后台界面主接线图上,用鼠标左键单击所要操作的某间隔断路器,例如 705 开关,点击"705 开关"的图标将弹出对应的交互式对话框,如图 3-12 所示。

(2) 第二步:点击"开关刀闸操作"交互式操作对话框中的"遥控操作"按钮,将出现需要填写用户及密码交互式对话界面,输入后点击交互式对话框中的"确定"按钮,将出现输入调度编号界面,调度编号为每条线路的开关的编号。要认真核对监控系统中要遥控设备的名称及编号,防止误拉合其他断路器。

(3) 第三步:点击输入调度编号交互式对话框中"确定"按钮,勾选"遥控解锁"按钮,将出现密码界面,输入后点击"确定"出现相应的交互式对话界面。勾选"遥控解锁"交互式对话框界面如图 3-14 所示。

(4) 第四步：点击图 3-13 中的"遥控选择"按钮后，提示对话框中会出现"遥控选择中，请稍候"。如果遥控不能执行，将出现"遥控返校失败"或"遥控执行超时"提示信息。如果遥控能执行，提示对话框中会出现"遥控选择成功！"。遥控选择成功后交互式对话框页面如图 3-14 所示，此时界面跳出"遥控执行"按钮，表明可以遥控操作了。按"取消"会取消遥控操作，操作终止，断路器仍保持原状态。再点击"遥控执行"，才可以实施遥控并发送出遥控命令，遥控操作命令由后台发送给实施机构，当断路器分、合操作成功后，该断路器状态改变会在变电站接线图上反映出来。这样就完成了后台断路器远方遥控的全过程。

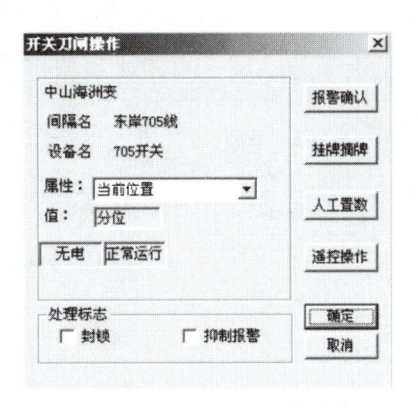

图 3-12　"开关刀闸操作"交互式对话框

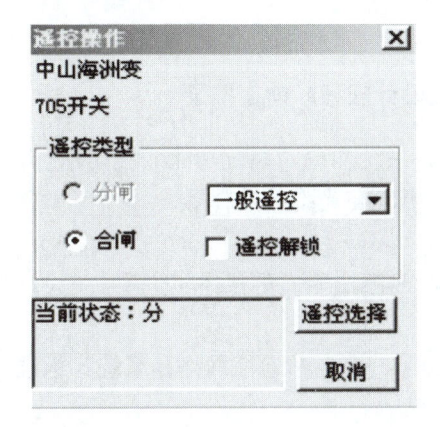

图 3-13　勾选"遥控解锁"交互式对话框界面 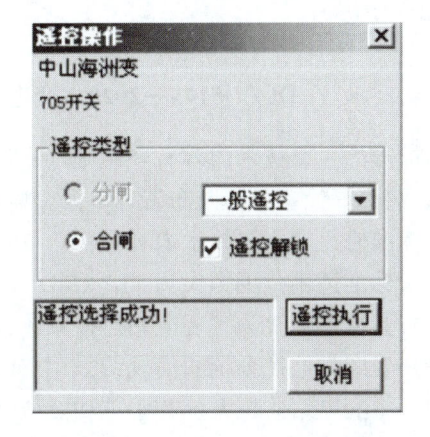　　图 3-14　遥控选择成功后交互式对话框页面

六、监控系统的运行监视主要项目及异常处理

微机监控系统的日常监控是指以微机监控系统为主、人工为辅的方式，对变电站内的日常信息进行监视、控制，以达到掌握变电站一次主设备、站用电及直流系统、二次继电保护和自动装置等的运行状态，保证变电站正常运行的目的。

通过监控系统的正常巡视检查主要项目有：①检查操作员站上显示的一次设备状态是否与现场一致；②检查监控系统各运行参数是否正常，有无过负荷现象；③母线电压三相是否平衡、是否正常；④系统频率是否在规定的范围内，检查其他模拟量显示是否正常。运行监视主要项目及异常处理措施见表 3-7。

表 3-7　　　　　　　　运行监视主要项目及异常处理措施

序号	监视项目	正常运行要求	有人值班变电站异常情况处理措施
1	设备负载	不超过额定输送容量	当接近额定输送容量时，汇报调度，申请控制负荷，并加强现场设备的巡视测温，严防过热情况发生
2	母线电压	符合电压曲线要求	按规定进行调整，当电压不满足要求时，立即汇报调度

续表

序号	监视项目	正常运行要求	有人值班变电站异常情况处理措施
3	设备运行温度	不超过现场运行规定温度	当接近规定值时，立即到现场对设备进行检查处理，发现温度异常升高，汇报调度，申请派人处理
4	预告信号	无异常告警信号	当出现异常告警信息时，应立即检查处理，并按规定进行汇报
5	事故信号	无断路器事故跳闸信号，无保护、安全自动装置动作信号	当出现事故信号时，立即将断路器变位信息、监控机保护及自动装置动作信号汇报调度
6	监控系统通信	现场设备与监控系统通信正常	出现通信中断时，按规定进行汇报，并加强设备现场监视

视野拓展

DL/T 5149—2020《变电站监控系统设计规程》前言摘录

本标准的主要技术内容有：总则，术语和缩略语，系统构成，系统功能，性能指标，信号输入/输出，设备组柜及布置，电源，防雷与接地，电缆与光缆的选择等。

本标准修订的主要技术内容是：

（1）标准适用范围扩大为 110（66）kV～1000kV 变电站（开关站）的监控系统设计。

（2）标准名称改为《变电站监控系统设计规程》。

（3）变电站监控系统通信规约采用 DL/T 860—2006《变电站通信网络和系统》标准。

（4）将变电站监控系统的多项功能合并归纳。

（5）增加信息安全防护设备、光缆的选择等规定；取消电能量信号采集及处理等内容；补充完善附录的信号表格。

（6）标准的章节按《工程建设标准编写规定》（建标〔2008〕182 号）调整，原标 5.5"技术指标"改为"性能指标"，单独成第 5 章；取消原标准第 9 章"场地与环境"，相关规定以节"布置环境要求"纳入第 7 章；修订后标准共 10 章，比原标准减少 2 章。

本标准自实施之日起，替代 DL/T 5149—2001《220kV～500kV 变电所计算机监控系统设计技术规程》。

学习项目总结

变电站综合自动化系统的监控系统负责完成收集站内各间隔层装置采集的信息，完成分析、处理、显示、报警、记录、控制等功能，完成远方数据通信及各种自动、手动智能控制等任务。其主要由数据采集与数据处理、人机交互、远方通信和时钟同步等环节组成，实现变电站的实时监控功能。

变电站监控系统主要由硬件与软件两大部分组成，硬件包括监控主机、网络管理单元、测控单元、远动接口、打印机等部分。监控软件以 RCS-9700 系统与 CSC-2000 系统为例，对后台监控软件的界面进行了讲解，详细展示了监控软件对数据与信息处理的强大功能。以培养职业能力为出发点，注重"教、学、做"融为一体的项目教学模式，对一些典型的监控系统软件与硬件日常操作任务,如历史曲线查询、保护整定值的查询与修改等的原理与必要性也进行了阐述。通过监控数据的显示与监视、数据及参数查询、告警信息的监视与处理、断路器的远方遥控操作等几个典型操作任务的训练,通过实训设备与监控软件对实际操作任务进行强化练习,强化了学习者对于监控系统的常见故障与处理能力。

复习思考

一、填空题

1. 变电站综合自动化系统一般由间隔层的分布式智能电子设备、_____、站控层的监控系统及通信系统三部分组成。

2. _____的主要功能是采集继电保护装置、故障录波器、安全自动装置等厂站内智能装置的实时/非实时的运行、配置和故障信息,对这些装置进行运行状态监视。

3. 监控系统软件一般包括操作系统、_____、画面编辑和应用软件等部分。

二、单项选择题

1. 变电站计算机监控系统的同期功能应由(　　)来实现。
   A. 远方调度　　　　B. 站控层　　　　C. 间隔层　　　　D. 设备层

2. 变电站综合自动化系统的两台远动主机应采用(　　)工作方式。
   A. 冷备用　　　　B. 热备用　　　　C. 相互独立　　　　D. 都可以

3. 监控系统的基本要求不包括(　　)。
   A. 实时性　　　　B. 可靠性　　　　C. 先进性　　　　D. 不可维护性

三、多项选择题

1. 监控系统主要监测的交流模拟量有(　　)。
   A. 电压　　　　B. 电流　　　　C. 功率　　　　D. 电能
   E. 功率因数

2. 变电站综合自动化系统的核心是(　　)。
   A. 局域通信网络　　B. 微机自动装置　　C. 自动监控系统　　D. 微机继电保护装置

3. 变电站综合自动化监控中控制包含(　　)。
   A. 断路器分合闸操作　　　　　　B. 变压器分接头挡位调节
   C. 保护定值修改　　　　　　　　D. 特殊控制

四、判断题

1. 变电站综合自动化系统中安全监视工作是指对采集的电流、电压、温度、频率等进行不断越限监视,如越限则告警。(　　)

2. 监控系统的核心是信息处理子系统。(　　)

3. 当变电站有非正常状态发生和设备异常时,监控系统能及时在当地或远方发出事故音响或语音报警。(　　)

五、简答题

1. 变电站综合自动化的监控系统能够实现哪些功能?

2. "五防"工作站的作用是什么?

3. 监控系统软件一般包括哪些?

4. 监控系统日常监视的内容有哪些?

5. 变电站微机监控系统主要包含哪些软件？

标准化测试试题

学习项目三
标准化测试
试题

参考文献

[1] 丁书文，贺军苏. 变电站综合自动化技术 [M]. 北京：中国电力出版社，2015.
[2] 田淑珍. 变电站综合自动化与智能变电站应用技术 [M]. 北京：机械工业出版社，2018.
[3] 南京南瑞继保电气有限公司. 南瑞继保 RCS-9700 监控系统使用说明书. 版本：R2.0.2011.
[4] 高爱云."变电站综合自动化技术"课程实践项目开发研究 [J]. 中国电力教育：下，2014（4）：2.

学习项目 四

智能变电站自动化系统认知

学习项目描述

以目前电力系统在大量建设和改造的智能变电站自动化系统为载体，选取智能变电站技术原理、智能变电站应用实例为学习任务。按照"教、学、做"一体化教学模式实施教学。以实验室、实习车间、实训基地为主要教学实施场所，依据学习项目具体的项目任务，学习智能变电站基本概念，智能变电站自动化系统的"三层两网"结构形式及其特点；引导学生初步认知智能变电站的构成、特点、功能及应用。

项目任务教学全过程遵照认知与资讯→计划与决策→实施→检查与评估等环节来组织实施。认知与资讯环节，教师描述项目学习目标，通过实例描述智能变电站自动化系统结构和突出特点，学生查阅相关资料；计划与决策环节，制订工作计划及实施方案；实施环节是学生进行智能变电站自动化系统的现场观摩实训、实验，完成项目的工作计划及实施；检查与评估环节是检查智能变电站技术的基本知识掌握情况，帮助学生熟悉智能变电站技术及应用，训练学生独立学习、获取新知识、新技能、处理信息的能力，培养学生团队协作和善于沟通能力，并对学生的工作结果进行评价。

学习目标

知识目标：掌握智能变电站的概念；熟悉智能变电站的技术特征、掌握智能变电站的"三层两网"结构模式；了解通信网络在智能变电站的作用，了解 IEC 61850 的主要内容、关键技术、技术特征。熟悉过程层和间隔层之间采样测量值信息和跳闸命令信息实现方式。

能力目标：能分析说明智能变电站的"三层两网"结构体系及特点；能够描述智能变电站技术优越于常规变电站综合自动化技术关键点；能说明 GOOSE 的传输机制及特点；能说明在过程层和间隔层之间传输的最为重要的两类信息是采样测量值和跳闸命令；能介绍智能变电站系统 IEC 61850 配置文件及配置流程。

素质目标：促使学生养成自主的学习习惯和严谨的工作态度；培养学生吸收新设备、新技术、新原理的能力；培养分析问题的能力，智能变电站关键技术的认知能力。

教学环境

以实验室、实习车间、实训基地为主要教学实施场所，建议实施小班上课，便于"教、学、做"一体化教学模式的开展。实训场所基本配备如白板、一定数量的电脑、一套多媒体投影设备等，应能保证教师播放教学课件、教学录像及图片，具备多媒体教室功能。智能变电站实训室场所应具备网络资源（包括专业网站、通用网站等），应具备局域网、无线数据传输环境。教师、学生可借助手机、平板电脑随时上网，查找所需课程学习资料；实训场所应具备移动投屏技术，具备镜像投屏功能，教学资源、小组作业借助平板电脑、手机等移动终端上传，实现资源共享；应具备联机多媒体技术，能实施学生实训成果展示交流；同时要求教学资源实时更新。

任务一　智能变电站的概念、特点及结构形式认知

学习目标

学习智能变电站技术及应用前，学生已经学习了变电站综合自动化系统基础知识，熟悉了变电站综合自动化系统的结构形式及应用技术，也对变电站电气设备及工作环境、工作内容和要求有了整体的了解。该学习项目主要以智能变电站基本概念及技术特点为载体，培养学生熟悉智能变电站基本技术应用，提升对智能变电站技术的理解能力和认识能力。学习内容包含理论知识和技能训练，突出专业技能及职业核心能力培养。

知识目标：掌握智能变电站的概念；熟悉智能变电站的特点与功能；熟悉智能变电站的结构体系构成，熟悉智能变电站自动化系统构成的模块和主要设备。

能力目标：能说明智能变电站的主要技术特点、基本功能；能说明智能变电站的"三层两网"含义，能分析说明智能变电站的结构体系及特点；能说明常规变电站综合自动化系统与智能变电站结构形式的主要差异；能够描述智能变电站技术优越于常规变电站综合自动化技术关键点，具备识别智能变电站的能力，以达到初步认知智能变电站的目的。

素质目标：促使学生养成自主的学习习惯和严谨的工作态度；培养学生吸收"三新"能力的职业素质；培养分析问题的能力和智能变电站技术的认知能力。

任务描述

随着国家智能电网的大力建设，智能变电站的建设正在推进和普及，大量的智能变电站已经投入运行。在真实的智能变电站场景中，已具备熟悉变电站综合自动化技术和应用等基本认知，应进一步认识智能变电站技术特征，理解智能变电站与综合自动化变电站的不同之处和技术升级情况，熟悉智能变电站新技术、新特征。通过对实训基地、实地智能变电站现场参观学习或智能变电站相关视频资料学习，利用智能变电站实物对照等手段来学习和了解智能变电站技术及应用特征，熟悉智能变电站的构成、作用、功能应用。然后分组讨论、训练、汇报和总结。通过对该学习项目任务的学习，达到能分析变电站综合自动化技术发展到智能变电站技术的主要技术演变，能对智能变电站的概念、功能、结构体系分析说明。

任务准备

最好能面对智能变电站现场实物设备，查找智能变电站与变电站综合自动化系统的不同之处，提出自己的疑惑，并做好记录。教师说明完成该任务需具备的知识、技能、态度，说明观看或参观设备的注意事项，说明观看设备的关注重点。帮助学生确定学习目标，明确学习重点，并提前预习下列引导问题。

引导问题1：常规的变电站综合自动化系统存在的主要问题有哪些？

借助网络资源和图书馆相关参考资料，对常规变电站综合自动化系统存在的主要问题进行描述，罗列问题并通过资料查找寻求问题答案，完成表 4-1。

表 4-1　　　　　　　　　　变电站综合自动化系统存在的主要问题记录表

变电站综合 自动化系统	技术标准 局限性	网络标准 化问题	设备局限性	可扩展 性问题	智能化问题	…
查阅资料情况描述						
解决方法预想						
备注						

引导问题 2：为什么说智能变电站技术优于数字化变电站？

查阅相关资料，获取智能化设备技术说明书、教材、图书馆资料。提前预习，了解数字化变电站的主要特征及存在的局限性，理解智能变电站技术特征及演变过程，回答为什么智能变电站技术优于数字化变电站。并对智能变电站技术与数字化变电站进行性能比照，完成表 4-2。

表 4-2　　　　　　　　　　智能变电站技术优于数字化变电站记录表

序号	性能比照描述					
	1	2	3	4	5	…
智能变电站技术						
数字化变电站						
备注						

引导问题 3：智能变电站技术主要术语的含义是什么？

（1）报文。是网络中交换与传输的数据单元，即站点按照规约格式组织的一次性要发送的数据块。报文包含了将要发送的完整的数据信息，传输过程中会不断地封装成分组、包、帧来传输，封装的方式是添加一些信息段，即报文头以一定格式组织起来的数据。

（2）GOOSE 报文。IEC 61850 对面向通用对象的变电站事件（generic object oriented substation event，GOOSE）进行了定义。GOOSE 报文是指用于一次设备的操控及二次设备间的闭锁与联动等实时性要求的数据。它是 IEC 61850 标准中用于实现在多 IED 之间的信息传递，满足变电站自动化系统快速报文需求的机制，是状态量、跳闸命令、间隔关联闭锁信息的规范。

GOOSE 信息传输机制能有效地减少微机装置之间硬接线，简化二次系统的设计与试验。GOOSE 链路相当于综合自动化变电站中的直流控制开关量输入/开关量输出回路和信号电缆，传输的是控制指令和信号，例如设备处于什么状态（正常/异常、分闸/合闸、动作/复归、联锁/解锁、使能/闭锁、投入/退出等）。GOOSE 以快速的以太网多播报文传输为基础，代替了传统的微机装置之间的硬接线的通信方式，为逻辑节点间的通信提供了快速且高效可靠的方法。既然 GOOSE 报文的作用是反映事件，必然需要反映事件的稳态与变化。

（3）SV 报文（也称 SMV 报文）。采样值（SV）报文是一种用于实时传输数字采样信息的通信服务。SV 信息包括互感器二次侧的电压、电流瞬时值。传输的是电压、电流的采样瞬时值。保护装置使用 SV 报文进行保护计算（例如差流、零序/负序分量、阻抗、谐波、相位等），测控装置使用 SV 报文计算电压、电流有效值、有功功率、无功功率、功率因数等。SV 相当于综合自动化变电站的交流采样回路。

（4）合并单元（MU）。是对来自二次转换器的电流、电压数据进行时间相关组合的物理单元。合并单元可以是互感器的一个组成件，也可以是一个分立单元。合并单元对互感器二次绕组的电压、电流模拟信号进行采样并打包成报文，等间隔地向其他装置发送。凡是需要使用电压、电流的装置（保护、测控装置），不再需要自行采样，只需直接从合并单元发送的 SV 报文中读取电压、电流即可。合并单元相当于常规站中保护或测控装置上的采样插件板。

（5）智能终端。是一种智能组件，与一次设备采用电缆连接，与保护、测控等二次设备采用光纤连接，实现对一次设备（如断路器、隔离开关、主变压器等）的测量、控制等功能。智能终端控制是指控制断路器与隔离开关的分合、调压开关的升降。测量功能是采集断路器、隔离开关的状态，各种异常/告警信号等。

（6）制造报文规范（MMS）。是一种实时通信机制，用于监控网络，实现智能电子设备（IED）之间实时数据交换与信息监控的一套国际报文规范，规范了具有通信能力的智能传感器、智能电子设备、智能控制设备的通信行为。智能变电站中站控层网络的 MMS 通信采用客户端/服务器模式，客户端一般是指后台监控主机、远动装置、保护信息子站等，服务器则主要指一个或几个实际智能设备或子系统，例如保护装置、测控装置、一体化电源系统等。MMS 报文实现面向全站的测量和控制功能，完成数据采集和监视控制、操作闭锁及电能量采集、保护信息管理等相关功能。实现了出自不同制造商的设备之间具有互操作性。

（7）直采、直跳、网采、网跳。"采"指合并单元发送 SV 采样报文，对应于综合自动化变电站的 TA/TV 二次线；"跳"指保护装置发出 GOOSE 跳闸报文，对应于综合自动化变电站从保护装置到开关机构的跳闸线路；"直"指的是报文通过专用光纤点对点传输（直接传输）；"网"指的是报文通过交换机转发（网络传输）。直采、直跳的可靠性高，不经交换机，不受交换机故障的影响，传输延迟固定（取决于光缆的长度）；网采、网跳的可靠性低，因经交换机，若交换机故障将引起严重后果，传输延迟不易确定（受交换机转发速度的影响）。

国网公司 Q/GDW 383—2009《智能变电站技术导则》规定，保护应直接采样，对于单间隔的保护应直接跳闸，涉及多间隔的保护（母线保护）宜直接跳闸。

任务实施

1. 实施地点

智能变电站或智能变电站实训室，或多媒体教室观看智能变电站视频资料。

2. 实施所需器材

（1）多媒体教学设备。

（2）一套智能变电站系统实物。可以利用智能变电站实训室装置，或实地参观典型智能变电站。

（3）智能变电站音像视频材料。

3. 实施内容与步骤

（1）学生分组。4~5 人一组，每个小组推荐 1 名负责人，组内成员分工明确，规定时间内完成项目任务，建立"组内讨论合作，组间适度竞争"的学习模式，培养团队合作和有效沟通能力。

（2）认知与资讯。指导教师下发"智能变电站的概念、特点及结构形式认知"项目任务书，描述项目学习目标，布置工作任务，讲解智能变电站自动化系统的"三层两网"结构构成、功能特点；学生了解工作内容，明确学习目标，查阅相关资料。通过不同途径获取设备技术说明书、教材资料、图书馆参考资料等，对智能变电站自动化系统方面的知识信息进行收集，结合实训现场智能变电站实物及系统结构图，观察智能变电站实物或对照智能变电站实物视频资料，认知智能变电站的结构体系及主要的二次设备，学会智能变电站实物设备与结构图设备的比照对应，并对收集的信息资料进行筛选和处理。

指导教师通过图片、实物、视频资料、多媒体演示等手段，让学生初步了解智能变电站自动化系统基本概念，学习智能变电站自动化系统的"三层两网"结构构成。运用讲述法，任务驱动法，小组讨论法，实践操作法，部分技术知识讲解、部分知识指导、学生看书回答问题、讨论等教学方法实施教学。

（3）计划与决策。学生进行人员分配，制订工作计划及实施方案，列出工具、仪器仪表、装置的需要清单。教师提供帮助、建议，保证学生决策方案的可行性。教师审核工作计划及实施方案，引导学生确定最终实施方案。

（4）实训项目1：智能变电站基础知识学习训练。学生可以实行不同小组分别观察智能变电站自动化系统的不同环节，小组循环进行，仔细观察、认真记录，进行智能变电站技术和设备的认知训练。借助智能变电站视频资料的学习，将观察结果或资料查找结果记录在表 4-3~表 4-5 中。

表 4-3　　　　　　　　　　观摩智能变电站自动化系统及设备记录表

序号	智能变电站自动化系统观察到的环节、层次记录	各环节、层次包括的主要设备列举	设备间的连接情况描述	说明主要设备作用	主要设备技术特点描述	备注
1						
2						
3						
4						
…						
	疑问记录					
	询问后对疑问理解记录					

表 4-4　　　　　　　　　　学习智能变电站"三层两网"结构记录表

"三层"含义描述			
"两网"含义描述			
每层包含的主要二次设备	站控层	间隔层	过程层
每层包含的主要二次设备功能描述			
时间同步系统重要性描述			
疑问记录			
询问后对疑问理解记录			

表 4-5　　　　　　　　　　　智能变电站技术典型特征记录表

序号	典型特征列举	特征详细描述	疑问记录	询问后对疑问理解记录
1				
2				
3				
4				
5				
…				

(5) 实训项目 2：智能变电站认知实训。利用信息化环境、网络资源和教学资源，借助手机、平板电脑随时上网，查阅智能变电站技术信息资料，结合智能变电站现场设备，进行智能变电站认知实训。

1) 第一步：回顾变电站的组成和基本功能。变电站是电力系统中改变电压、控制和分配电能的场所。主要包括升压/降压变压器、电压/电流互感器、开关设备（包括断路器、隔离开关、负荷开关等）及相应的二次设备。

2) 第二步：了解变电站的发展历程，引出和学习智能变电站概念。

传统变电站：20 世纪 80 年代及以前，变电站保护设备以晶体管、集成电路为主。二次设备均按照传统方式布置，各部分独立运行。随着微处理器和通信技术的发展，远动装置的性能得到较大提高，传统变电站逐步增加了"四遥"（遥测、遥信、遥控、遥调）功能。

综合自动化变电站：20 世纪 90 年代，利用计算机技术、现代电子技术、通信技术和信息处理技术，对变电站二次设备的功能进行重新组合、优化设计，建成了变电站综合自动化系统，实现对变电站设备运行情况进行监视、测量、控制和协调的功能。综合自动化系统先后经历了集中式、分散式、分散分层式等不同结构的发展，使得变电站设计更合理，运行更可靠，更利于变电站无人值班的管理。

数字化变电站：随着数字化技术的不断进步和 IEC 61850 在国内的推广应用，国内也尝试建设了基于 IEC 61850 的数字化变电站。数字化变电站具有全站信息数字化、通信平台网络化、信息共享标准化、高级应用互动化四个重要特征。IEC 61850 是电力系统自动化领域唯一的全球通用标准，实现了智能变电站的工程运作标准化。使得智能变电站的工程实施变得规范、统一和透明。无论是哪个系统集成商建立的智能变电站工程都可以通过全变电站配置描述（SCD）文件了解整个变电站的结构和布局，对于智能变电站发展具有不可替代的作用。

智能变电站：数字化变电站从技术上来说，其突出成就是实现了变电站信息的数字采集和网络化信息交互，但这对于智能电网的需求来说还远远不够。国家电网公司在建设统一坚强智能电网的变电环节中，提出建设智能变电站的目标。智能电网中的智能变电站是由先进、可靠、环保、集成的设备组合而成，以高速网络通信平台为信息传输基础，以全站信息数字化、通信平台网络化、信息共享标准化为基本要求，自动完成信息采集、测量、控制、保护、计量和监测等基本功能，同时具备支持电网实时自动控制、智能调节、在线分析决策、协同互动等高级功能的变电站。

3) 第三步：指导教师介绍观摩注意事项：①认真观察，记录完整；②有疑问及时向指导教师提问；③注意安全，保护设备，遵守安全运行规程，不要触碰设备。

4) 第四步：介绍实训现场的智能变电站自动化系统主接线图；熟悉主接线图中的设备

及其对应符号标识;依次介绍智能变电站实训室内一、二次设备及其设备编号,学习和了解设备分类方法。

5)第五步:编写一个间隔断路器 QF 由分闸到合闸的操作流程,并预先设想出每个步骤设备的状态及监控系统可能出现的过程现象。

6)第六步:指导教师演示该间隔断路器 QF 由分闸到合闸的过程。来验证学生编写的每个步骤操作和现象的准确性。并分析监控画面上对应间隔设备符号的变化情况。

7)第七步:总结对智能变电站的认识,完成智能变电站观摩认知实验报告。

(6)实训项目 3:观摩研讨式学习,讨论主题为智能变电站的"新"。智能变电站区别于传统综合自动化变电站,体现出许多"新"的方面。对照智能变电站实物系统,或通过视频资料观看,从智能变电站区别于传统综合自动化变电站的新设备、新标准、新体系结构、新功能、新应用等方面展开讨论和对比,找出智能变电站"新"的内容。完成学习报告,学习报告要包含表 4-6。

表 4-6　　　　　　　　　　智能变电站的"新"内容记录表

序号	比较项目	项目要求	具体描述	备注
1	新设备	罗列新设备,并具体描述每个设备的功能及应用特点		
2	新标准	描述新标准,并说明其主要特点		
3	新体系结构	描述新体系结构的特点		
4	新功能	罗列新功能		
5	新应用	描述新应用		
6	保护装置新的采样方式	描述不同于综合自动化变电站的数据采样方式		
7	系统及设备新维护方式	描述不同于综合自动化变电站的新维护方式		
8	留档文件新形式	描述不同于综合自动化变电站的留档文件新形式		

(7)检查与评估。学生汇报计划与实施过程,回答同学与教师的问题。重点检查智能变电站概念、特点、结构形式等基本知识,检查学生掌握 GOOSE 信息、SV 信息等新内容的情况。教师与学生共同对学生的工作结果进行评价。

1)学生自评:学生对该项目的整体实施过程进行评价。

2)学生互评:以小组为单位,分别对小组内部其他成员或对其他小组的工作结果进行评价和建议。

3)教师评价:教师对互评结果进行评价,指出每个小组成员的优点,并提出改进建议。

以上评价采用过程考核和绩效考核两种方法。过程考核强调的是课堂参与度的重要性,考核要素主要包含学生学习态度和方法、学习过程的记录与总结、回答分析问题的情况、帮助其他同学的情况,网搜资料的情况等;绩效考核强调实践的重要性,考核要素主要包括学生制定任务、完成任务的成绩,实验操作及结果,平时实验成绩,读图训练考核等。

相关知识

一、常规变电站综合自动化系统存在的主要问题

当前电力系统中大量的变电站采用了自动化技术,实现了无人值班。变电站综合自动化技术经过了三十年的发展也逐步成熟和完善,在提高电网自动化水平和输配电可靠性等方面发挥

着重要的作用。然而随着非常规互感器、智能电气设备和网络技术的发展，以及 IEC 61850 的推广应用，常规的变电站综合自动化系统构架体系越来越不能适应新技术的发展，主要存在以下几个方面的问题：

（1）没有统一的变电站综合自动化系统的技术标准。生产厂家各自为政，应用不同的技术标准。变电站综合自动化系统的标准包括技术标准、自动化系统模式及管理标准等。

（2）没有实现传输规约和传输网络的标准化。不同厂家设备间通信协议和接口兼容性差，造成不同厂家的设备间互换性、互操作性差，给变电站设备维护带来困难，同时还造成各厂家设备技术重复开发，浪费人力物力。

（3）一次设备的数字化、信息化不够。常规变电站综合自动化架构体系是基于传统互感器和一次设备实现的，没有真正实现一次设备的数字化，缺乏一次设备状态监视信息，通常设备只能采用计划检修，而不能实现设备的状态检修。非智能一次设备也不能实现例如按波形控制合闸等智能控制功能。

（4）可扩展性差。由于技术的发展，二次设备厂家的产品经常需要升级、扩容和维护，而常规的变电站综合自动化系统结构不能满足设备间的互操作性，不能实现设备间的"即插即用"，因此，在需要系统扩展和设备更新时给用户带来了一系列的问题。

二、智能变电站概念

随着智能化开关、非常规互感器、一次运行设备在线状态检测、变电站运行操作培训仿真等技术日趋成熟，以及计算机高速网络在实时系统中的开发应用，对已有的变电站综合自动化技术产生的影响也越来越深刻，全数字化、智能化的变电站综合自动化系统投入运行并大量建设。

在坚强智能电网的发电、输电、变电、配电、用电和调度六个环节之中，变电环节占据着相当重要的地位，智能变电站因此成为建设坚强智能电网的重要组成部分，是连接发电和用电的枢纽，是整个电网安全、可靠运行的重要环节。应用网络技术、开放协议、一次设备在线监测、变电站全景电力数据平台、电力信息接口标准等方面的发展，驱动了变电站一次设备和二次设备技术的融合及变电站运行方式的变革，由此逐渐形成了完备的智能变电站技术体系。

依据国网公司 Q/GDW 383—2009《智能变电站技术导则》的规定，智能变电站定义为采用先进、可靠、集成、低碳、环保的智能设备，以全站信息数字化、通信平台网络化、信息共享标准化为基本要求，自动完成信息采集、测量、控制、保护、计量和监测等基本功能，并可根据需要支持电网实时自动控制、智能调节、在线分析决策、协同互动等高级功能，实现与相邻变电站、电网调度等互动的变电站。

智能变电站以先进的信息化、自动化和分析技术为基础，灵活、高效且可靠地满足发电、用电对电网提出的各种需求，实现提高电网安全性、可靠性、灵活性和资源优化配置水平的目标。变电站又是电力网络的节点，负责连接线路和输送电能，担负着变换电压等级、汇集电流、分配电能、控制电能流向和调整电压等功能。变电站的智能化运行是实现智能电网的最基础环节之一。

智能变电站主要包括智能高压设备和变电站统一信息平台。智能高压设备主要包括智能变压器、智能高压开关设备、电子式互感器等。智能变压器与控制系统依靠通信光纤相连，可及时掌握变压器状态参数和运行数据。当运行方式发生改变时，设备根据系统的电压、功率情况，决定是否调节分接头；当设备出现异常时，会发出预警并提供状态参数等，在一定程度上降低运行管理成本，减少隐患，提高变压器运行可靠性。智能高压开关设备是具有较高性能的开关设备和控制设备，配有电子设备、传感器和执行器，具有监测和诊断功能。电子式互感器是指纯光纤互感器、磁光玻璃互感器等，可有效克服传统电磁式互感器的缺点。

三、智能变电站技术与数字化变电站技术的比较

数字化变电站技术是在变电站综合自动化技术基础上进一步发展的阶段性技术，其本质特点是变电站实现了一、二次设备就地数字化和数据光缆传输技术的实践应用。建立全站统一的数据通信平台，侧重于在统一通信平台的基础上提高变电站内设备与系统间的互操作性；要求站内应用的所有微机装置满足统一的标准，拥有统一的接口，以实现互操作性，实现一、二次设备的初步融合。

智能变电站更侧重于运行与管理，在数字化变电站的基础上，赋予了更多的"智能"特征，进一步增加高级应用，完善变电站的智能化应用与管理。如监控管理一体化系统，利用了大量数字信息来完成一些分布功能、自动控制功能；是在数字化变电站技术的基础上，对变电站信息进行了综合分析利用，实现了一、二次设备的智能化，允许管理的自动化、操作监视的智能化等。数字化变电站主要强调手段，而智能变电站更强调目的。

智能变电站注重变电站之间、变电站与调度中心之间的信息的统一与功能的层次化，以在全网范围内提高系统的整体运行水平为目标，实现一、二次设备的一体化、智能化整合和集成；需要满足间歇性电源"即插即用"的技术要求。

智能变电站技术与数字化变电站技术比较如下：①信息采集方面：数字化变电站对数据进行全面数字化采集、传输和共享，而智能变电站全面覆盖的智能传感器根据分析要求进行采集；②通信方面：数字化变电站采用高速可靠的数字化通信，而智能变电站采用多种通信介质实现集成的、双向的通信；③决策方面：数字化变电站根据系统实时状态给出准确的处置方案，而智能变电站实时评估，快速判断，并自动生成控制策略；④控制方面：数字化变电站根据辅助决策结果进行人工控制，而智能变电站通过智能控制系统对人工的代替实现电网自愈。

智能变电站与数字变电站的区别主要体现在：一次设备状态监测与一次设备智能化；一体化信息平台与智能高级应用；辅助系统智能化。

四、智能变电站自动化系统典型的三层结构

智能变电站着重强调对一次设备自动控制及二次设备系统组织，同时采用高效快捷的网络通信方式建立起二者之间的交流通道。根据 IEC 61850 提出的变电站三层功能结构，国内智能变电站实施过程中应用较多的是"三层两网"结构，也提出过"三层三网"结构及"三层一网"结构，其在网络配置上差异较大。当前最经典的智能变电站二次系统结构为"三层两网"结构。三层即站控层、间隔层、过程层，两网即站控层网络、过程层网络，站控层网络和过程层网络物理上相互独立。智能变电站典型"三层两网"结构示意图如图 4-1 所示。

1. 三层

（1）过程层。一次设备和二次设备的结合面被称为过程层，或者说过程层是指智能化一次设备的智能化部分，包括变压器、断路器、隔离开关、电流/电压互感器等一次设备及其所属的智能组件，以及独立的微机装置。如电子式互感器、合并单元、智能终端等，完成一次设备的"智能化"功能，如实时运行电气量的采集、设备运行状态的监测、控制命令的执行等。

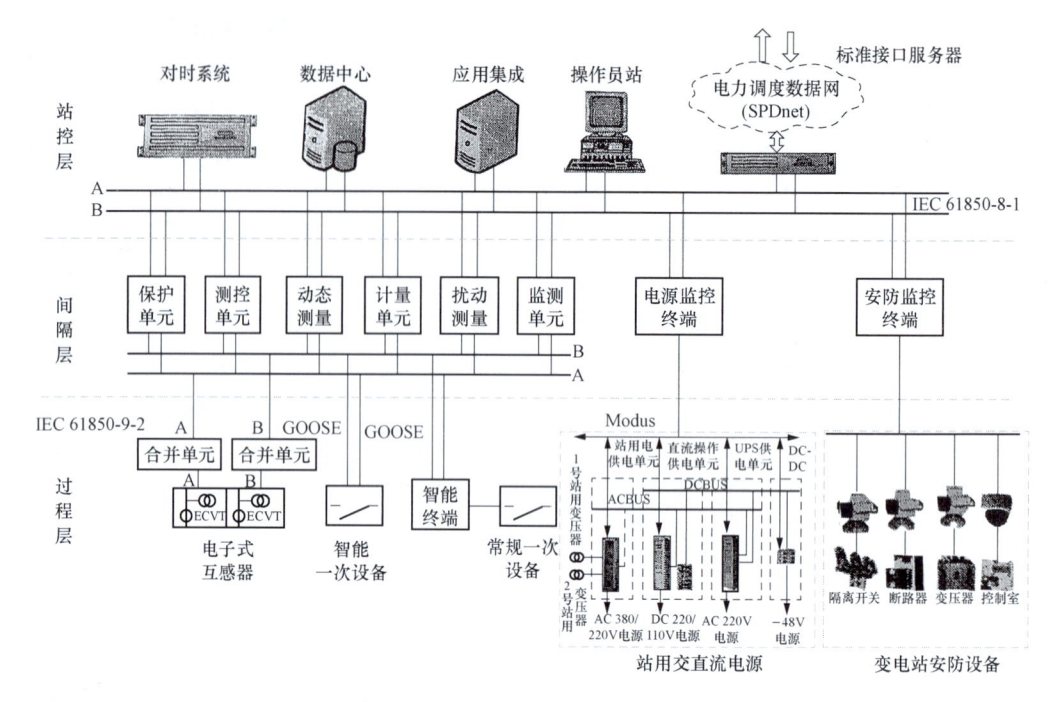

图 4-1 智能变电站典型"三层两网"结构示意图

过程层设备主要作用：①实时电气量检测。如电流、电压及谐波分量等参数的检测。②运行设备的状态参数在线检测与统计。变电站需要进行状态参数检测的设备主要有变压器、断路器、隔离开关、母线、电容器、电抗器及直流电源系统。在线检测的内容主要有温度、压力、密度、绝缘、机械特性及工作状态等数据。③对各种操作进行执行和控制。如变压器分接头调节控制；电容、电抗器投/切控制；断路器、隔离开关合/分控制等。

过程层的控制执行与驱动大部分是被动的，即按上层控制指令而动作，在执行控制命令时具有智能性，能判别命令的真伪及其合理性，还能对即将进行的动作精度进行控制，能使断路器定相合闸、选相分闸，在选定的相角下实现断路器的关合或开断。

（2）间隔层。间隔层设备一般指变电站每个间隔的保护装置、测控装置、故障录波、计量装置等二次设备。间隔层一般按断路器间隔划分，保护装置负责该间隔线路、变压器等设备的保护、故障记录等，测控装置负责该间隔的测量、监视、断路器的操作控制和闭锁，以及时间顺序记录等。

间隔层设备主要作用：采集本间隔一次设备的信号并对一次设备产生保护、控制和监视作用，并将相关信息上送给站控层设备和接收站控层设备的命令。

（3）站控层。站控层（也叫变电站层）由自动化站级监视控制系统、监控主机、远动工作站、操作员工作站、对时系统等组成，提供变电站运行的人机交互界面，实现面向全站设备的监视、控制、告警及信息交互与远方调度中心联系。

站控层设备主要作用：①通过两级高速网络汇总全站的实时数据信息，不断刷新实时数据库，按时登录历史数据库；②按既定规约将有关数据信息送向调度或控制中心；③接收调度或控制中心有关控制命令并转送间隔层、过程层执行；④具有在线可编程的全站操作闭锁控制功能；⑤具有（或备有）站内当地监控，人机交互功能，如显示、操作、打印、报警、甚至图像、声音等多媒体功能；⑥具有对间隔层、过程层诸设备的在线维护、在线组态，在线修改参数的功能；⑦具有（或备有）变电站故障自动分析和操作培训功能。

2. 两网

三层设备之间通过网络通信实现数据交换和信息共享。间隔层设备与站控层设备之间的网络称为站控层网络，过程层设备与间隔层设备之间的网络称为过程层网络。站控层网络实现站控层内部及站控层与间隔层之间的数据传输，过程层网络实现过程层内部及间隔层与过程层之间的数据传输。间隔层设备之间的通信，物理上可以映射到站控层网络，也可以映射到过程层网络。全站的通信网络应采用高速工业以太网组成。

（1）站控层网络。站控层网络设备包括站控层中心交换机和间隔交换机。间隔交换机与中心交换机通过光纤连成同一物理网络。站控层制造报文规范（MMS）网络负责传输全站的实时数据信息；实现变电站与调度或控制中心的数据交互；实现对间隔层、过程层设备的在线维护；实现全站 IED 的信息共享、互操作等功能。

（2）过程层网络。过程层网络包括 GOOSE 网和 SV 网。GOOSE 网用于间隔层和过程层设备之间的状态与控制数据交换。GOOSE 网一般按电压等级配置，220kV 以上电压等级采用双网，保护装置与本间隔的智能终端之间采用 GOOSE 点对点通信方式。SV 网用于间隔层和过程层设备之间的采样值传输，保护装置与本间隔的合并单元之间也采用点对点的方式接入 SV 数据。即常说的"直采直跳"。网络代替电缆，使变电站原来复杂的二次回路转变成简单的网络形式。

（3）智能变电站通信网络的三种通信服务模型。按照报文传输格式，智能变电站通信网络分为三类，即数据采样（SV）、控制信号（GOOSE）、信息管理（MMS）。在数字通信系统中，广泛采用客户 - 服务器模式。就每个信息传送而言，提供信息的一端叫服务端，接收信息的一端叫客户端，因此对每个 IED 而言就是对外提供 MMS、GOOSE、SV 通信服务。智能变电站间隔层 IED 对外提供的三种通信服务是实施智能变电站通信系统的重要内容：①MMS 通信服务用于间隔层保护、IED 对站控层的通信。如保护动作信息、异常告警信息、定值信息、录波信息等。②GOOSE 通信服务用于间隔层保护、IED 与过程层智能终端之间的状态变位及控制信息通信。如状态信息、跳闸命令等。③SV 通信服务用于间隔层保护、IED 与合并单元之间采集值信息传输。智能变电站通信网络的三种通信服务模型示意图如图 4-2 所示。

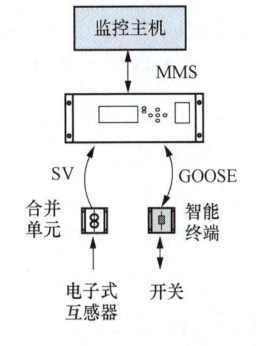

图 4-2 智能变电站通信网络的三种通信服务模型示意图

3. 时间同步系统

电力系统是时间相关系统，电压、电流、相角等参数都是基于时间的波形。为保证全网设备和系统的时间一致性，根据 Q/GDW 383—2009《智能变电站技术导则》规定，智能变电站的时间同步系统应能接收北斗和 GPS 授时信号（优先北斗）对全站智能电子设备（IED）和系统进行授时，时钟同步精度优于 $1\mu s$；应支持 IRIG-B 码、秒脉冲对时方式。

变电站时间同步是指时钟装置通过物理连接方式为站内所有带时间的电气设备提供时间同步信号。时钟装置主要分为主时钟装置和从时钟装置，主时钟可接受卫星授时信号及地面授时信号从而同步装置时间，输出时间信号为变电站被授时装置授时；从时钟装置接收主时钟输出的 IRIG-B 码信号作为同步信号源完成时间同步，再输出时间信号为其他被授时设备授时。主时钟部署于站控层，从时钟一般部署于变电站小室。各级调度机构应配置一套时间同步系统。变电站典型时间同步系统结构如图 4-3 所示。

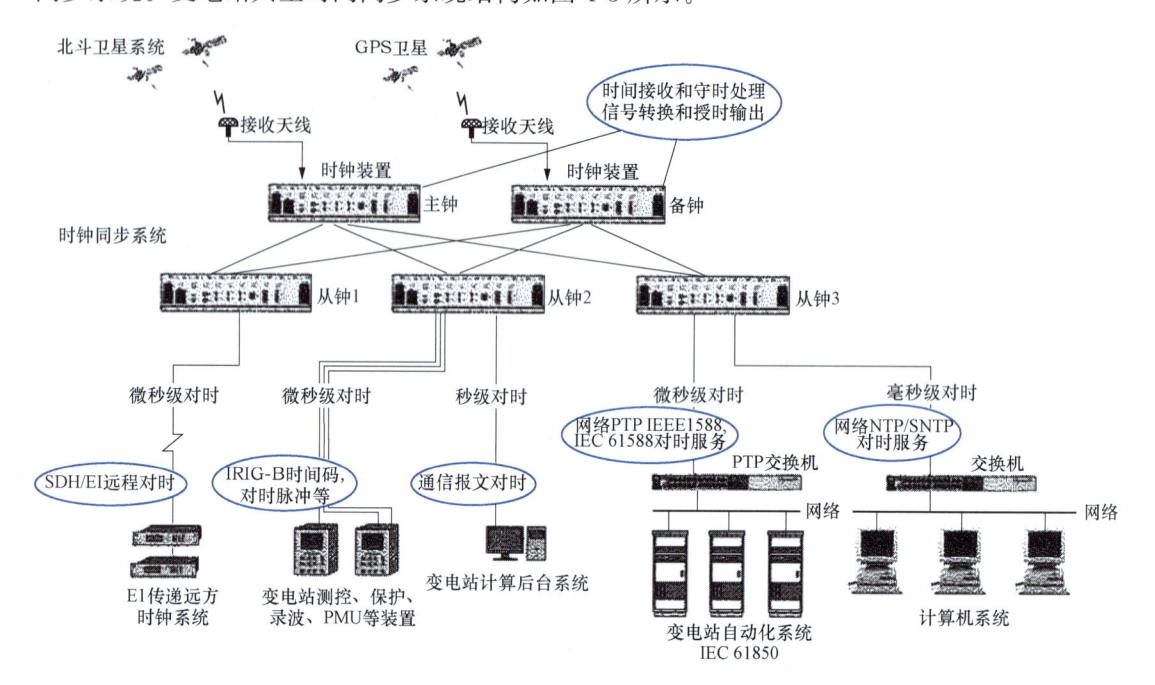

图 4-3　变电站典型时间同步系统结构

4. 110kV 智能变电站结构体系的一种配置方案

不同电压等级的智能变电站体系结构因重要性和功能性不同而有所区别，110kV 智能变电站装置常按单套配置，保护直接采样、直接跳闸，当接入元件数较多时，可采用分布式保护。分布式保护由主单元和若干个子单元组成，主单元实现保护功能，子单元执行采样、跳闸功能。通用 GOOSE 网络、SV 网络组成单网运行，MMS 网络组成单网运行，110kV 智能变电站典型结构体系示意图如图 4-4 所示。

5. 220kV 智能变电站结构体系的一种配置方案

220kV 智能变电站的变压器保护（包括非电量保护）按双重化进行配置。主变压器各侧均配置独立的测控装置及一套本体测控装置。110kV 变压器保护按单套配置，每套保护包含完整的主、后备保护功能；变压器各侧合并单元按单套配置，中性点电流、间隙电流并入高压侧合并单元。220kV 线路配置两套独立的保护装置，配置一套测控装置。110kV 侧线路配置一套保护测控一体化装置。35kV 及以下电压等级侧采用保护测控一体化设备，按间隔单套配置。电压、电流通过直接对常规互感器或低功率互感器采样的方式完成；断路器、隔离开关位置等开关量信息通过硬触点直接采集；断路器的跳/合闸通过硬触点直接控制方式完成。跨间隔开关量信息交换采用站控层 GOOSE 网络传输。GOOSE 网络、SV 网络组成双网运行，MMS 网络组成双网运行。220kV 智能变电站典型结构体系示意图如图 4-5 所示。

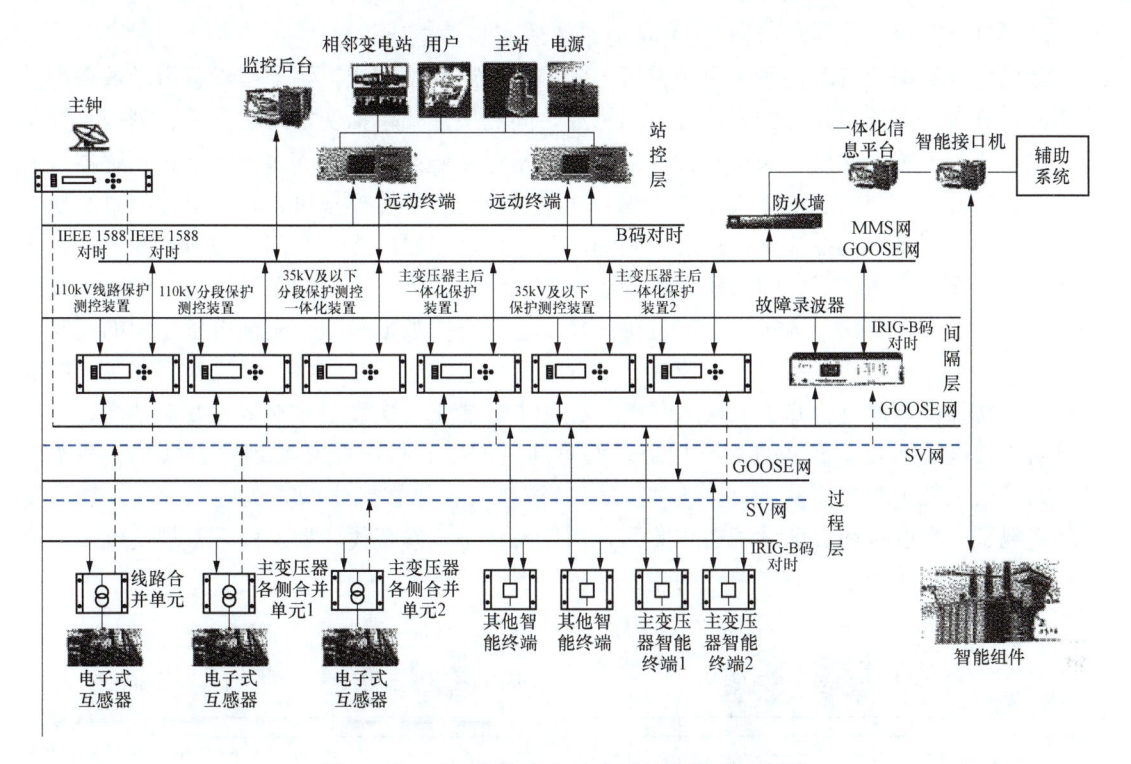

图 4-4　110kV 智能变电站典型结构体系示意图

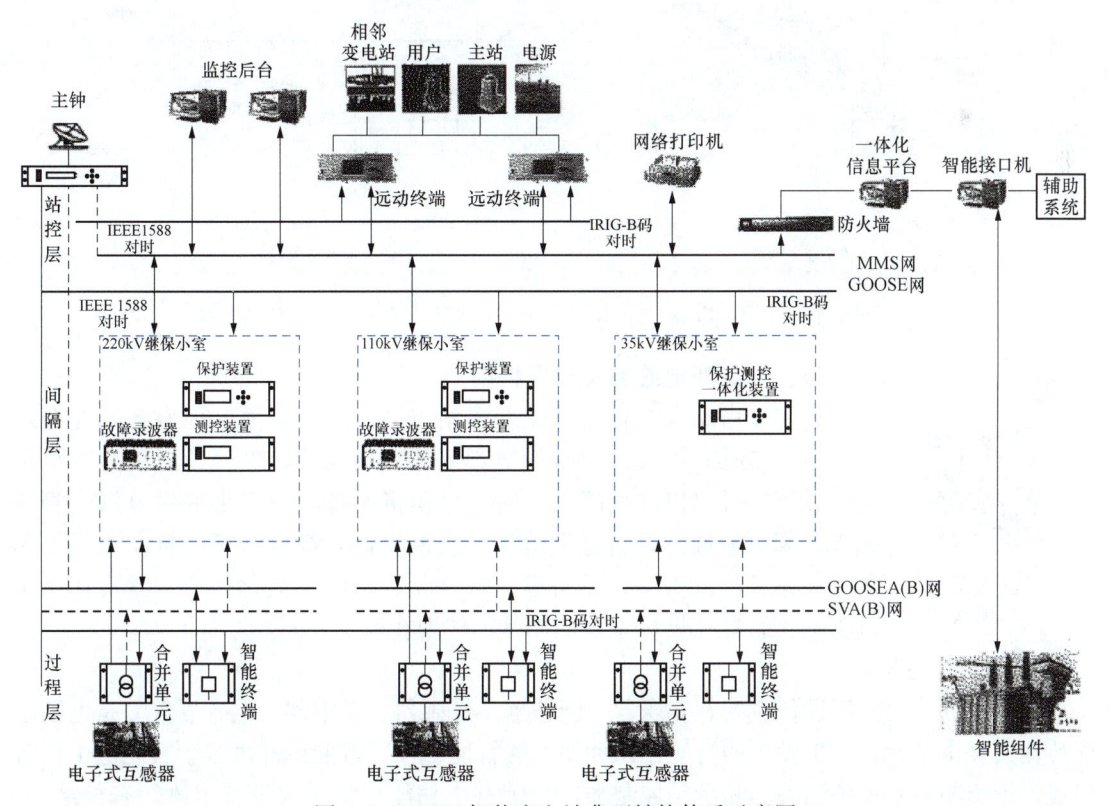

图 4-5　220kV 智能变电站典型结构体系示意图

6. 智能变电站与综合自动化变电站的系统结构形式差异

常规变电站综合自动化系统由站控层、间隔层两层网络构成，站控层设备由带数据库的计算机、操作员工作站、远方通信接口等组成，间隔层主要包括变电站的保护、测控、计量等二次设备。未统一建模，采用多种规约，变电站存在监控、保护等多个网络；互感器、一次设备通过常规控制电缆硬接线方式实现与间隔层设备互感器模拟量、开关量的信息交换。

智能变电站自动化系统为站控层、间隔层和过程层三层结构，全部采用 IEC 61850 规定的要求统一建模。站控层、间隔层设备构成与常规综合自动化变电站差异不大，但功能及网络方面发生了较大变化，其实现了信息统一建模，统一了数据模型，实现设备之间的互联互通，设备之间的电缆连接变为光纤连接；过程层由传统的电流互感器、电压互感器逐步改变为电子式互感器，通过合并单元接入装置，配置了智能化一次设备。在智能变电站内，设备不再出现常规功能装置重复的 I/O 接口，而是通过网络直接相联来实现数据共享、资源共享；站控层实现了顺序控制、一体化"五防"、智能告警等智能化的高级应用功能。智能变电站实现了一次设备和二次设备在线监测，用设备状态检修替代计划检修。常规变电站综合自动化系统与智能变电站结构形式的差异比较如图 4-6 所示。

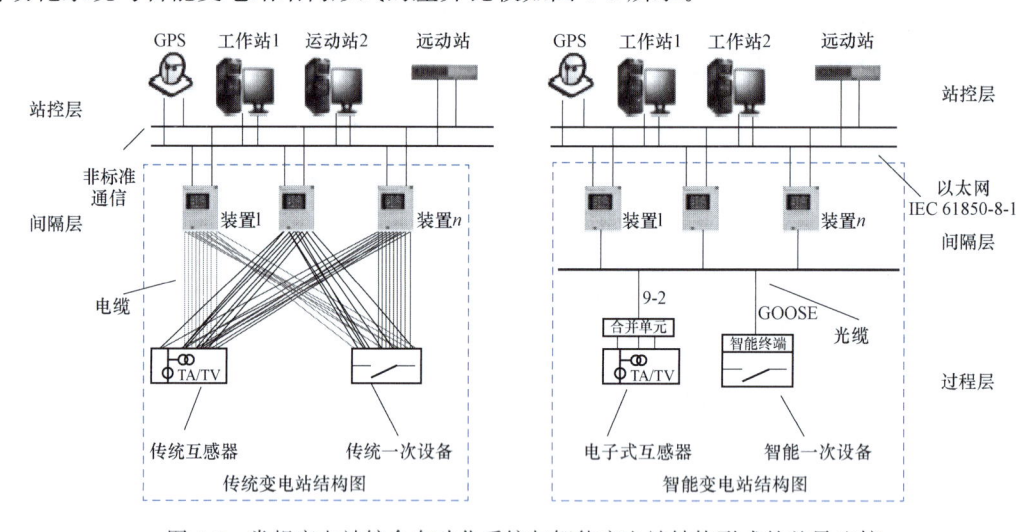

图 4-6 常规变电站综合自动化系统与智能变电站结构形式的差异比较

五、智能变电站典型应用特征

智能变电站与综合自动化变电站不同，除了关注站内设备及变电站本身可靠性外，更关注自身的自诊断和自治功能，做到设备故障提早预防、预警，并可以在故障发生时，自动将设备故障带来的供电损失降至最低。高可靠性的设备是变电站坚强的基础，综合分析、自动协同控制是变电站智能的关键，设备信息数字化、功能集成化、结构紧凑化是发展方向。智能变电站主要应用特征体现在以下方面。

1. 高压设备智能化

变电站的一次高压设备主要有变压器、断路器、互感器、避雷器、电容器等，是电网电能传输的基本单元。一次设备的智能化是利用配置智能组件（智能组件由若干智能电子设备组成，承担与宿主设备相关的测量、控制和监测等基本功能）与一次设备本体的有机结合，集状态监测、监控、保护、通信等功能于一身的电气一次设备，使用标准的通信协议与信息管理系统进行数据交互。

一次设备的智能化改变了传统综合自动化变电站保护测控装置的结构，间隔层保护测控装置结构的演变示意图如图 4-7 所示。智能一次设备逐渐向集成化、结构一体化转变，间隔层保护测控装置模/数转换环节移入电子式互感器，代之以高速数据接口。间隔层保护测控装置开关量输出（DO）、开关量输入（DI）移入智能化断路器，保护装置发布命令，由一次设备的执行器来执行操作。一次设备和二次设备的融合更加紧密。

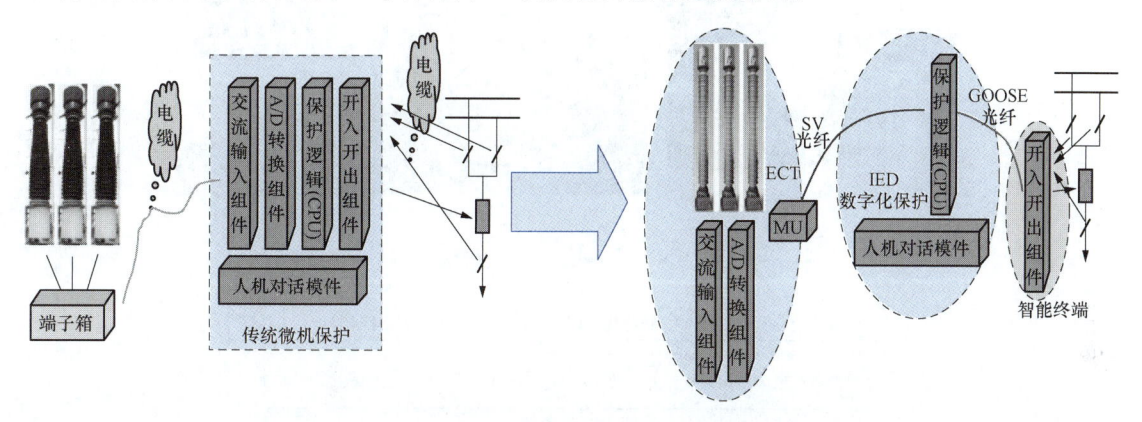

图 4-7 间隔层保护测控装置结构的演变示意图

2. 二次设备网络化

智能变电站采用 IEC 61850 的标准，将二次系统分为过程层、间隔层、站控层三层，采用全站信息的网络化传输，通过 GOOSE 网络、SV 网络传输跳合闸信息、采样信息、控制信息等。传统的硬件设备被分布式网络化功能所取代，控制功能的实现基于网络信息的交互和共享，而不是依赖硬件设备的冗余。采用光纤代替电缆，利用光纤网络，实现信息共享。智能变电站的光纤网络代替综合自动化变电站的电缆实物图例如图 4-8 所示。光纤网络的虚端子（虚端子概念见本任务的"虚端子与虚回路"部分）代替了物理端子，逻辑连接代替了物理连接。

图 4-8 智能变电站的光纤网络代替综合自动化变电站的电缆实物图例

3. 全站信息数字化

智能变电站从数据的采集、传输、处理，到跳闸/合闸命令的发送，均采用数字化信息。

数字化信息也方便智能变电站与相邻变电站调度总站及用户之间的通信。

信息采集实现就地化。智能化一次设备可以看作将常规二次设备的部分或全部功能在设备端实现，就地化与一次设备融合安装，实现设备本体信息就地采集与控制命令就地执行，省去大量信号电缆和控制电缆，表现为一次设备自带测量和保护功能，与管理系统的连接仅为通信网络。智能变电站不同发展阶段信息采集就地化的演变如图4-9所示。

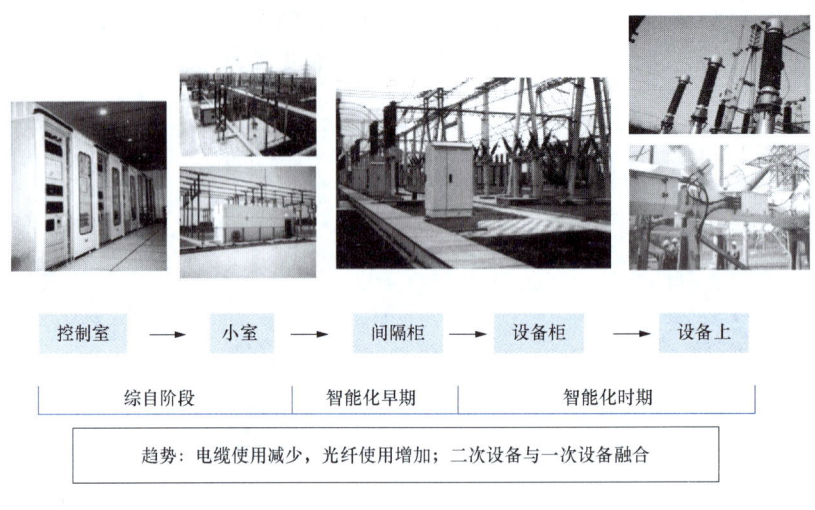

图4-9　智能变电站不同发展阶段信息采集就地化的演变

4. 信息共享标准化

智能变电站采用IEC 61850标准，使变电站自动化系统建立了标准化信息模型，全站的数据按照统一格式、统一编号存放在一起，应用时按照统一检索方式、统一存取机制进行。通过统一标准、统一建模，使智能变电站的站控层可以获得同步、全站、唯一、标准的"高质量"数据，从而实现站内/外信息共享。其意义主要体现在实现智能设备的互操作性、实现变电站的信息共享和简化系统的维护、配置和工程实施，避免了不同功能应用时对相同信息的重复建设。

5. 高级应用互动化

智能变电站的高级应用，包括设备状态检修、综合故障诊断、自动控制、智能调节、在线分析决策、协同互动等。智能变电站建立变电站内全景数据的信息一体化系统，供各子系统统一数据标准化存取访问，以及和调度等其他系统进行标准化交互；满足变电站集约化管理、顺序控制等要求，并可与相邻变电站、电源（包括可再生能源）、用户之间的协同互动，支撑各级电网的安全稳定经济运行。

智能变电站的特点是通过采用先进的电子式传感器、电子、信息、通信、控制、人工智能等技术，以智能化的一次设备和统一的信息平台为基础，实现变电站的实时全景监测、自动运行控制、设备状态的检修、运行状态的自适应、智能分析决策等功能，对智能电网进行安全状态评估、预警和控制，优化智能系统的运行，实现新能源的实时接入和退出，并为调度中心、电源及相关变电站能够协同互动提供支撑。

六、智能变电站体现出的"新"

与综合自动化变电站相比，智能变电站的"新"体现在新设备、新标准、新体系结构、新功能、新应用等方面。如 IEC 61850、电子式互感器、智能化一次设备、光纤物理回路、逻辑虚回路、一体化监控系统等新技术及新设备等。

1. 新装备、新设备

电子式互感器实现了数据采样的数字化，解决了常规电磁式互感器磁饱和问题、控制电缆引起的电磁干扰问题和二次回路复杂问题；合并单元实现了数据采样的共享化；智能终端实现了断路器、隔离开关的开关量输入/输出命令和信号的数字化。

2. 新标准

IEC 61850 的制定与实施，统一了变电站三层模型，设备统一建模，规范了抽象通信服务，详细定义了一致性测试规范，使得二次系统在结构、通信、连接及工程应用方式等方面更易于标准化。IEC 61850 的应用实现了智能变电站的工程运作标准化，使得智能变电站的工程实施变得规范、统一和透明。实现了不同设备厂家的 IED 产品互联互通，即插即用。通过标准化数据采样（SV）、控制信号（GOOSE）、信息管理（MMS）的网络通信，更利于系统的功能配置及设备的兼容、扩展、维护，且更容易按将来的高级应用目的逐步实现新的系统智能化功能。

3. 新体系结构

智能变电站自动化系统为站控层、间隔层和过程层三层结构，代替了常规变电站综合自动化的站控层、间隔层两层网络结构。增加了过程层设备，实现了一次高压设备的智能化。智能设备通过网络直接相联来实现数据共享、资源共享；智能变电站在传统电站的基础上进行了设备的分层、分级，建立起了真正的保护、测控和数据传输网络，使得传统变电站的设备结构和功能发生了变化。智能变电站间隔层设备的出口部分和数据采集部分下放到过程层的智能终端和合并单元，改变了保护、测控装置的组织结构。

4. 新功能、新应用

运行监视、程序操作、智能告警、事故分析与展示、状态监视与分析可视化；实现变电站全景可视化，以及在线监测技术的应用，能实时监测设备信息并作出智能告警分析处理，实现了变电站电气一次设备状态检修。智能变电站关注自身的自诊断和自治功能，做到设备故障提早发现、预警，提高了变电站的安全可靠性，降低全寿命周期内工程总体投资。

总之，从传统综合变电站技术到智能变电站技术，其差异化可总结为三个方面：①实现集在线检测和测控保护技术于一体的智能化一次设备；②实现设备状态在线检测，在一次设备运行状态异常时对设备进行故障分析，对故障的部位、严重程度和发展趋势做出判断，可识别故障的早期征兆，并根据分析诊断结果在设备性能下降到一定程度或故障将要发生之前进行维修，达到设备检修常态化；③变电站二次设备之间的连接全部采用高速的网络通信，而不会出现常规功能装置重复的 I/O 现场接口，通过网络实现数据共享、资源共享，实现二次设备网络化。

七、智能变电站与综合自动化变电站比较

1. 变电站物理结构不同

智能变电站的典型"三层两网"结构与综合自动化变电站的"二层一网"结构不同，如图 4-6 所示。

智能变电站通信规约标准化，所有智能设备均按照统一的 IEC 61850 建立信号模型和通信接口设备。IEC 61850 带来了变电站二次系统物理结构上的变化。如基本取消了硬接线，

所有的开关量输入、模拟量的采集均就地完成,转换为数字量后通过标准规约利用网络传输;开关量输出控制通过网络通信完成;继电保护的联闭锁及控制的联闭锁由网络通信(GOOSE 报文)完成,取消了传统二次继电器物理连接;数据共享通过网络交换完成。

2. 保护测控采集电量、跳闸方式不同

综合自动化变电站的保护装置包含 A/D 变换环节,其采集电气量来自常规互感器 TA、TV 的模拟量,通过自身 A/D 变换环节获得数字量信息;智能变电站的保护装置不再包含 A/D 变换环节,其采集电量直接从合并单元通过 SV 网络获得数字量信息,实现了信息共享。集中采集与分散独立采集、信息集中传输与分散传输、网络共享与点对点采集是二者在采样模式方面的最大变化。

综合自动化变电站断路器的跳闸方式为电缆传输跳闸/合闸电流操作方式,而智能变电站的跳闸方式为基于 IEC 61850 的 GOOSE 等快速报文传递跳闸/合闸命令的操作方式。智能变电站与综合自动化变电站的保护测控采集、跳闸方式对比如图 4-10 所示。

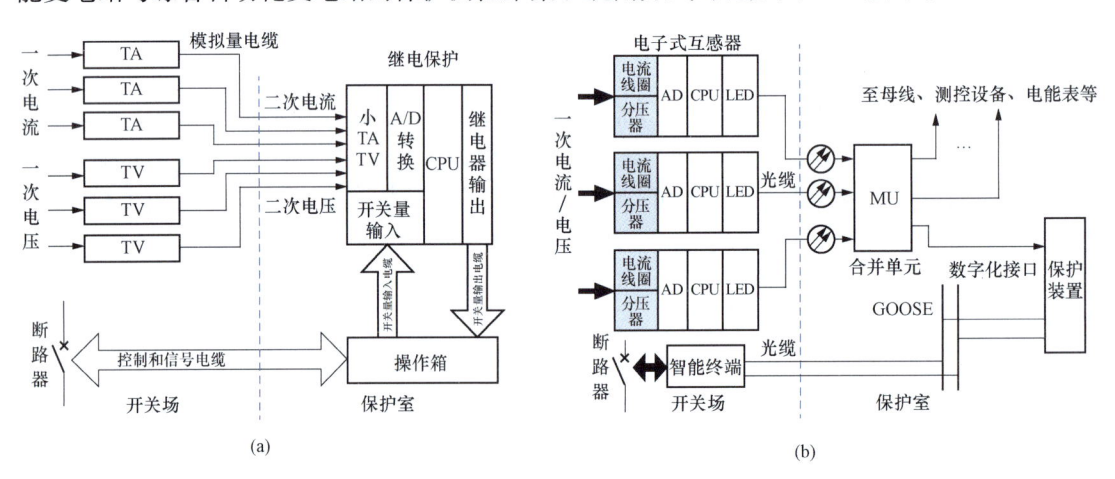

图 4-10 智能变电站与综合自动化变电站的保护测控采集、跳闸方式对比
(a) 综合自动化变电站;(b) 智能变电站

3. 设备间信息传输载体不同

综合自动化变电站大量使用电缆,电流、电压、开关量等信息均利用电缆传递,二次回路复杂,设备自检能力弱,通信能力弱。智能变电站使用光缆代替电缆,信息采用数字量取代模拟量,增加了过程层网络,通过合并单元、智能终端实现就地采集与控制,光缆取代大量电缆解决了电子干扰问题,提高了传输可靠性。缺点是增加了光纤的熔接工作,维护量高,使用光纤增加了交换机的数量。

4. 端子形式发生变革

对于端子连接,智能变电站使用虚端子代替物理端子,逻辑连接替代物理连接。

5. 图纸表达方式(留存文档)不同

综合自动化变电站的留存文档是原理接线图、二次回路图、设备安装图、施工图等。智能变电站的留存文档是设备厂家置微机装置配置描

述（ICD）文件和虚端子表，设计院根据变电站一次系统接线图，生成全站虚端子表，集成商进行虚端子配置，留存虚端子图、变电站配置描述文件（SCD）等。

6. 设备操作形式不同

智能变电站中传统的硬压板被大量的软压板取代，相应功能由软件内部的控制字来实现，促进了装置硬件的简化。传统的人工逐步倒闸操作被程序执行的一键式顺控操作代替。

7. 调试方式发生变革

大量的二次电缆连接演变成虚端子、虚回路，避免了原先对照图纸，依靠人力进行信息输入和现场接线、验证接线的准确性等弊端。

8. 运维技能要求不同

综合自动化变电站能识图，熟规程，会操作，懂处理。而智能变电站则需要懂规约，读报文，识配置，懂信息，会重启。

八、虚端子与虚回路

传统变电站二次回路设计与实施过程如下：①设备制造商提供端子排，视需要在重要端子排和装置之间设置硬压板；②设计院设计各个二次设备屏柜的端子排之间的二次电缆连线；③施工方根据设计院的设计图纸进行屏柜间控制电缆接线；④调试方式是根据图纸对相关接线进行测试和检查。而智能变电站的二次回路设计和实施发生了根本变化。提出了虚端子与虚回路概念。

1. 虚端子与虚回路概念

综合自动化变电站的保护、测控等二次设备开关量输入/输出，模拟量输入/输出等端子排，保护装置的各开关量、跳闸/合闸出口、模拟量采集端口等都一一对应具体的端子。在进行二次系统设计时，通过从端子到端子的电缆线路物理连接实现二次设备之间的配合，以及二次设备至一次设备的出口。传统装置端子电缆连接示意图如图 4-11（a）所示。

智能变电站二次设备数字化信息采用网络传输，信息交互由交换机和网线代替了常规电缆硬接线方式。原有点对点清晰明确的电缆连接也被网络化的光缆连接所取代，变成看不见摸不着的通信网络，取消了原有传统的实端子，各二次设备之间及从保护装置到交换机的光缆连接，所有信息全部隐含在光缆中。智能变电站"虚端子"光纤网络连接示意图如图 4-11（b）所示。

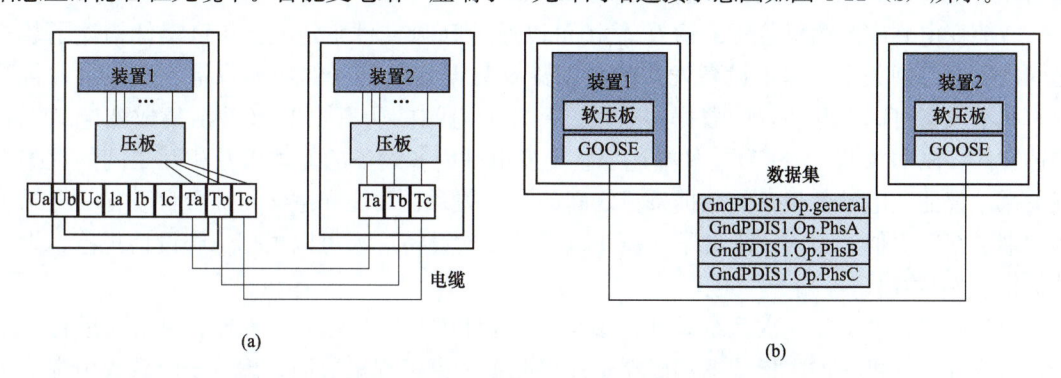

图 4-11 综合自动化变电站与智能变电站端子与"虚端子"连接对比示意图
(a) 传统装置端子电缆连接示意图；(b) 智能变电站"虚端子"光纤网络连接示意图

智能变电站采用全站"三层两网"网络化结构，光纤代替电缆传输信号，在智能变电站的一根光缆中，以报文的形式传输着多路信号，其中的每一路信号都可以视作与传统站端子排上的电缆相对应，GOOSE、SV 信号作为过程层网络上传递的开关量、采样值信号，与传统二次设备屏柜的端子存在对应关系，而这些信号的逻辑连接点称为虚端子，将用光纤代替电缆传输信号的回路称为虚端子回路。设备的输入虚端子接收来自发送设备的输出虚端子，表示设备之间的虚连接关系。GOOSE 信号相当于综合自动化变电站的二次直流电缆；SV 信号相当于综合自动化变电站的二次交流电缆。

虚端子是描述 IED 的 GOOSE、SV 输入输出信号连接点的总称，用以标识过程层、间隔层及其之间联系的二次回路信号，等同于传统变电站的屏柜端子。虚端子是一种虚拟端子，是为了便于形象地反映智能变电站二次设备之间 SV、GOOSE 信息的联系而引入的概念，与综合自动化屏柜的实端子存在着对应关系，是网络上传递的 SV、GOOSE 信号的起点或终点。

通过借用传统二次设备中的端子概念，将智能变电站装置中数字信号以虚端子的方式展示在变电站二次设计人员面前，便于设计人员和现场调试人员理解和辨别现场各智能设备之间的信息交换，能够与传统的实端子形成良好的对应关系，延续以往的端子排设计与校核。用以反映二次设备之间的 SV、GOOSE 配置与联系，解决由于智能变电站二次设备 SV、GOOSE 信息无触点、无端子、无接线带来的施工、调试、检修困难等问题。

虚端子回路中，各微机装置（IED）发送的网络报文经过程层交换机转发后被一到多个微机装置接收，相当于输入、输出虚端子经光纤和交换机构成的实路径构成回路。虚端子能够一对多，不能够多对一，因此一个开关量输出信号能够给多个微机装置使用，而开关量输入信号却不能够并联，只能一对一输入，实端子则刚好相反。与实端子串联的硬压板能够起到二次回路中明显断开点的作用，但对虚端子无此意义，因此，虚端子优先采用软压板。虚端子设计一般包括虚端子、虚端子逻辑连线图及 SV、GOOSE 配置表等。某智能变电站部分虚端子连接表实例如图 4-12 所示。

2. 智能变电站"虚端子"的应用

由于继电保护原理没有因为采用 GOOSE 而改变，对于每台微机装置而言，其 GOOSE 输入、输出与传统端子排仍然存在对应关系，如果 IED 能力描述文件（ICD 文件）相当于装置，那么数据集可以认为是屏上的端子排。例如 GOOSE 输出数据对应传统装置的开关量输出端子，GOOSE 输入数据对应传动装置的开关量输入端子。

智能变电站中，微机装置的输入/输出可以通过 ICD 文件来定义。ICD 文件描述了装置之间的数据订阅关系，即本设备发送的数据集及数据集条目（例如模拟量、开关量、告警等）和本设备订阅哪些装置的数据集条目。智能变电站的所有 ICD 文件汇集成变电站配置描述文件（SCD 文件）。SCD 文件描述了整个变电站内各设备的能力以及相互之间的数据交互关系。智能变电站各设备的数据条目之间的收发关系、功能和意义与综合自动化变电站中的"端子图"类似。引入"虚端子"概念以后，二次设备厂家可以根据传统设计规范，设计并提供输入/输出"虚端子"定义。

设计院进行变电站一次系统设计，根据厂家提供的 ICD 文件或虚端子源头表进行虚端子连接设计，提供一次主接线图和虚端子连接配置表给工程集成商。虚端子配置表由虚端子逻辑连线及其对应的起点、终点组成，以虚端子逻辑连线为基础，根据逻辑连线，将保护装置间虚端子配置以列表的方式加以整理再现。工程集成商通过组态工具和设计院的设计文件，配置虚回路，组态形成项目 SCD 文件。二次设备厂家使用装置配置工具和全站统一的 SCD 文件，提取 GOOSE 收发的配置信息，并下发置入智能装置。调试人员进行测试。

逻辑回路编号	输出端					输入端			
	IED设备名称	虚端子编号	虚端子定义	虚端子数据属性	IED设备名称	虚端子编号	虚端子定义	虚端子数据属性
SVA-20	线路合并单元	SVOUT1	合并器额定延时	MU/LLN0.DelayTRtg	线路保护1 PSLB	SVIN1	合并器额定延时1	SVLDO1/SVINDLYGGIO1.DalayTRtr1.instMag.i
SVA-21		SVOUT2	保护电流A相1	MU/PATCTR1.Ampl.instMag.i		SVIN9	(保护电流_A)IaA	SVLDO1/SVINPATCTR1.Amp1.instMag.i
SVA-22		SVOUT3	保护电流A相2	MU/PATCTR1.Amp2.instMag.i		SVIN10	(保护电流_A)IaQ	SVLDO1/SVINPATCTR1.Amp2.instMag.i
SVA-23		SVOUT4	保护电流B相1	MU/PBTCTR1.Amp1.instMag.i		SVIN11	(保护电流_B)IbB	SVLDO1/SVINPBTCTR1.Amp1.instMag.i
SVA-24		SVOUT5	保护电流B相2	MU/PBTCTR1.Amp2.instMag.i		SVIN12	(保护电流_B)IbQ	SVLDO1/SVINPBTCTR1.Amp2.instMag.i
SVA-25		SVOUT6	保护电流C相1	MU/PCTCTR1.Amp1.instMag.i		SVIN13	(保护电流_C)IcC	SVLDO1/SVINPCTCTR1.Amp1.instMag.i
SVA-26		SVOUT7	保护电流C相2	MU/PCTCTR1.Amp2.instMag.i		SVIN14	(保护电流_C)IcQ	SVLDO1/SVINPCTCTR1.Amp2.instMag.i
SVA-27		SVOUT11	电压A相1	MU/UATVTR1.Vo11.instMag.i		SVIN3	(电压A)UaA	SVLDO1/SVINUATVTR1.Vo11.instMag.i
SVA-28		SVOUT12	电压A相2	MU/UATVTR1.Vo12.instMag.i		SVIN4	(电压A)UaQ	SVLDO1/SVINUATVTR1.Vo12.instMag.i
SVA-29		SVOUT13	电压B相1	MU/UBTVTR1.Vo11.instMag.i		SVIN5	(电压B)UbB	SVLDO1/SVINUBTVTR1.Vo11.instMag.i
SVA-30		SVOUT14	电压B相2	MU/UBTVTR1.Vo12.instMag.i		SVIN6	(电压B)UbQ	SVLDO1/SVINUBTVTR1.Vo12.instMag.i
SVA-31		SVOUT15	电压C相1	MU/UCTVTR1.Vo11.instMag.i		SVIN7	(电压C)UcC	SVLDO1/SVINUCTVTR1.Vo11.instMag.i
SVA-32		SVOUT16	电压C相2	MU/UCTVTR1.Vo12.instMag.i		SVIN8	(电压C)UcQ	SVLDO1/SVINUCTVTR1.Vo12.instMag.i
SVA-33		SVOUT20	同期电压	MU/UxTVTR1.Vo11.instMag.i		SVIN16	(同期电压A相)Uxa	SVLDO1/SVINUxaTVTR1.Vo11.instMag.i
GOA-01	线路智能终端		断路器A相位置	TEMPLATERPT/QAXCBRI.Pos.st	线路保护1 PSLA	GOIN1	断路器TWJA	PIO1/GOINGGIO1.DPCSO1.stVa1
GOA-02			断路器B相位置	TEMPLATERPT/QBXCBRI.Pos.st		GOIN2	断路器TWJB	PIO1/GOINGGIO1.DPCSO2.stVa1
GOA-03			断路器C相位置	TEMPLATERPT/QCXCBRI.Pos.st		GOIN3	断路器TWJC	PIO1/GOINGGIO1.DPCSO3.stVa1
GOA-04			开关量输入13(TJR开关量输入)	TEMPLATERPT/GGIO1.Out13.st		GOIN14	闭气压闭锁重合闸	PIO1/GOINGGIO2.SPCSO16.stVa1
GOA-05			开关量输入16(压力低闭锁)	TEMPLATERPT/GGIO1.Out16.st		GOIN19	低气压闭锁重合闸	PIO1/GOINGGIO2.SPCSO17.stVa1
GOA-06			开关量输入13(TJR开关量输入)	TEMPLATERPT/GGIO1.Out13.st		GOIN20	远方跳闸1	PIO1/GOINGGIO1.SPCSO1.stVa1
GOA-07	线路保护1 PS	GOOUT1	跳闸	PIO1/LinPTRC1.Tr.phsA		GOIN1	跳A	PRIT/GOINGGIO1.SPCSO1.stVa1
GOA-08		GOOUT2	跳闸	PIO1/LinPTRC1.Tr.phsB		GOIN2	跳B	PRIT/GOINGGIO1.SPCSO2.stVa1
GOA-09		GOOUT3	跳闸	PIO1/LinPTRC1.Tr.phsC		GOIN3	跳C	PRIT/GOINGGIO1.SPCSO3.stVa1
GOA-10		GOOUT8	重合闸出口	PIO1/RecRREC1.Op.general		GOIN4	合闸	PRIT/GOINGGIO1.SPCSO4.stVa1

图4-12 某智能变电站部分虚端子连接表实例

3. 引用"虚端子"带来的技术应用难点

相对于综合自动化变电站物理电缆连接二次回路，虚拟二次回路缺乏直观性，给智能变电站的运维带来困难。主要有：①硬件回路不复存在，导致传统基于设备和回路的一系列设计、施工、运行、检修等方面的做法和工具都不再适用，虚端子回路隐藏于过程层交换机内，运维人员无法再用常规万用表和螺钉旋具进行调试和诊断；②GOOSE网络实际上相当于传统变电站中保护测控装置的跳闸/合闸回路，一旦网络出现问题同时系统又发生故障，就有可能出现保护动作而跳闸报文无法及时传输，导致断路器无法及时断开故障点的情况；③SV网络相当于传统变电站的电压、电流二次回路，一旦网络出现问题，保护、测控装置可能接收错误的数据引发保护装置误动。

九、软压板概念

压板从类型上分为硬压板和软压板，从功能上可以分为检修压板、出口压板和功能压板等。综合自动化变电站二次电缆回路中常使用硬压板（也称硬连接片）制造二次电缆回路明显断点。当电缆二次回路中间的硬连接片合上，即硬压板投入；硬连接片未合，二次电缆回路有明显的断点，即硬压板退出。

在智能变电站中，二次电缆回路变成了光纤回路，由于信号、控制等回路的网络化，大部分硬压板也就随着二次电缆回路的消失被软压板所取代，只有检修压板还保存为硬压板。检修硬压板的设置是防止在保护装置进行试验时，有关试验的动作报告不通过通信口上送，而干扰调度系统的正常运行。为此，在装置上设置检修硬压板，在装置检修时，将该压板投入，运行时将该压板退出。

保护装置广泛采用软压板。软压板属于二次设备，只存在于保护和测控等间隔层设备中，通常以修改微机保护的软件控制字来实现。其投入/退出状态的校验属于日常检修工作。

1. 软压板分类

智能变电站保护等二次设备除了保留检修压板和远动硬压板外，其他功能压板都实现了软压板化。按照接入保护、测控装置二次回路位置的不同，软压板主要分为以下几类。

（1）保护功能投退压板。实现某保护功能的完整投入或退出，此类压板为控制保护功能的主压板。

（2）GOOSE出口压板。实现保护装置动作输出的跳闸/合闸信号隔离。此类压板相当于常规变电站保护与保护之间，保护与操作箱之间的配线，即跳闸硬压板。当单一保护停用/启用时，需要操作。

（3）SV接收软压板（采样数据接收软压板）。负责控制来自合并单元的采样值信息，同时监视采样链路的状态。输电线路、母线、主变压器间隔的保护装置中均设置了SV接收软压板。按合并单元（MU）投入状态控制本端是否接收处理采样数据。正常运行时，SV接收软压板应投入。如输电线路检修时，须退出输电线路间隔MU投入软压板，输电线路的数据将不会进入主变压器保护装置。

（4）测控功能压板。实现某测控功能的完整投入或退出。此类压板用于控制测控功能，相当于测控装置的定值。如检无压、检周期等。

（5）控制压板。标记保护定值、软压板的远方控制模式，正常不进行操作。如远方修改定值、远方切换定值区等。

2. 软压板的设置与应用

(1) 继电保护装置有投入、退出和信号三种状态。

1) 投入状态是指装置交流采样输入回路及直流回路正常，装置 SV 接收软压板投入、主保护及后备保护功能软压板投入，跳闸、启动失灵、重合闸等 GOOSE 接收及发送软压板投入，检修硬压板退出。

2) 退出状态是指装置交流采样输入回路及直流回路正常，装置 SV 接收软压板退出、主保护及后备保护功能软压板退出，跳闸、启动失灵、重合闸等 GOOSE 接收及发送软压板退出，检修硬压板投入。

3) 信号状态是指装置交流采样输入回路及直流回路正常，装置 SV 接收软压板投入、主保护及后备保护功能软压板投入，跳闸、启动失灵、重合闸等 GOOSE 发送软压板退出，检修硬压板退出。当装置需要进行试运行观察时，一般投信号状态。

(2) 智能终端设有检修硬压板、跳合闸出口硬压板两类压板。此外，实现变压器非电量保护功能的智能终端还装设非电量保护功能硬压板。智能终端有投入和退出两种状态。

1) 投入状态是指装置直流回路正常，跳闸/合闸出口硬压板投入，检修硬压板退出。

2) 退出状态是指装置直流回路正常，跳闸/合闸出口硬压板退出，检修硬压板投入。

(3) 合并单元仅装设有检修硬压板。合并单元有投入和退出两种状态。

1) 投入状态是指装置交流采样、直流回路正常，检修硬压板退出。

2) 退出状态是指装置交流采样、直流回路正常，检修硬压板投入。

任务二　智能变电站的 IEC 61850 网络通信标准

学习目标

智能变电站的关键技术可概括为五个方面：IEC 61850 标准、电子式互感器的应用、智能一次设备的应用、网络通信技术应用、智能变电站自动化系统总体构架。IEC 61850 的中文全称为《变电站通信网络与系统》，IEC 61850 提出了变电站综合自动化系统功能分层的概念，将变电站设备按照功能分为过程层、间隔层、站控层。

知识目标：了解通信网络在智能变电站的作用；了解 IEC 61850 的基本内容；了解智能变电站系统 IEC 61850 配置文件。

能力目标：能说明 GOOSE 的传输机制及特点；能说明在过程层和间隔层之间传输的最为重要的两类信息是采样测量值和跳闸命令；能介绍智能变电站系统 IEC 61850 配置文件及配置流程；能介绍 IEC 61850 在智能变电站应用的价值。

素质目标：促使学生养成自主的学习习惯和严谨的工作态度；培养学生吸收新设备、新技术、新原理的能力；培养分析问题的能力，智能变电站关键技术的认知能力。

任务描述

智能变电站的网络通信结构设计需要充分考虑网络的实时性、可靠性、经济性与可扩展性。网络的通信结构设计应支持变电站内设备的灵活配置，减少交换机数量，简化网络的拓扑结构，降低变电站的建造和运行成本。另外，在智能变电站的设计中，还应对网络内的信息流量进行计算和控制。

学习 IEC 61850 网络通信标准，需要对变电站有基本的认识，对保护控制装置有大概的了解，对变电站内通信内容及通信结构熟悉；阅读 IEC 61850 主要是对该标准有基础性的理解，认知名词概念，对基本的通信结构和通信方式熟悉，开始几次阅读时可以不用打算把所有不清楚的弄懂，先有概念，再慢慢探索。

认知 IEC 61850 中的 ICD 文件、SSD 文件、SCD 文件、CID 文件及其配置流程，熟知装置生产商使用的装置配置工具和系统集成商使用的系统配置工具作用；完成智能变电站网络交换机基本检查实训。

任务准备

学习 IEC 61850 时要多与实际相联系，多想想为什么要这样设置，经常与协议的想法作比较。预习智能变电站 IEC 61850 配置文件及配置流程内容，准备实训环节试验仪器及材料，如继电保护测试仪、光功率计、网络测试仪、专用工具等工器具。熟悉对现场作业人员要求内容，如现场工作人员应身体健康、精神状态良好；作业人员必须具备必要的电气知识，掌握本专业作业技能，作业负责人必须具有本专业相关职业资格并经批准上岗；全体人员必须熟悉《国家电网公司电力安全工作规程（变电部分）》的相关知识并经考试合格等。查阅参考资料，预习以下几个引导问题。

引导问题 1：IEC 61850 是什么？

引导问题 2：IEC 61850 实现的服务主要内容有哪些？

引导问题 3：IEC 61850 的特点是什么？

任务实施

1. 发布任务

教师根据 IEC 61850 学习内容设计学习资料包，下发智能变电站 IEC 61850 配置文件及配置流程认知训练任务单，下发智能变电站网络交换机基本检查实训任务单。说明完成实训任务需具备的知识、技能、态度，说明观看或参观设备的注意事项，说明观看设备的关注重点。说明任务单的内容、步骤及实施方法。

2. 确定任务

学生需要依据任务提前预习相关的任务内容。教师需要检查学生预习知识及掌握情况；明确学习前学生需要完成的任务，布置实训项目准备工作、危险点分析及安全措施讨论总结等任务内容；学生分析学习任务单、了解工作学习内容，明确学习目标、工作方法和可使用的助学材料。

3. 准备任务

确定任务之后，学生根据任务单的顺序来准备任务。借助于智能变电站实训室应具备的网络资源，查阅相关资料，对 IEC 61850 进行认知学习。

4. 学习过程活动环节

指导教师通过图片、实物、视频资料、多媒体演示等手段，讲解 IEC 61850，运用讲述法、任务驱动法、小组讨论法、研讨交流、学习小结、考试提问等形式开展学习培训，帮助学生掌握知识。

5. 实训项目1：智能变电站 IEC 61850 配置文件及配置流程认知训练

学生可以通过观看智能变电站视频资料，查阅相关书籍，学习智能变电站 IEC 61850 配置文件及配置流程相关知识。将学习与查找结果记录在表4-7中。

表4-7　　　　　　　　　学习 IEC 61850 配置文件及配置流程记录表

序号	配置文件	配置文件的中文名称	主要作用描述	侧重描述的内容	对应的配置工具	备注
1	ICD					
2	SSD					
3	SCD					
4	CID					
疑问记录						
询问后记录						

6. 实训项目2：智能变电站二次设备光纤通信接口检查训练

智能变电站二次智能设备的通信网络大量使用光纤。造成二次智能装置出现通信中断的原因有端口接错、光纤收发接反、光纤损坏、受污染，光功率不足、光口损坏等。光纤连接检查示意图如图4-13所示，选取某个光纤通信接口，根据光纤连接图，使用激光笔在光纤回路的一端发射光线，光纤回路的另外一端观察光线输出情况。借助工具训练光纤通信接口检查方法和效果，并将检查结果记录入表4-8中。

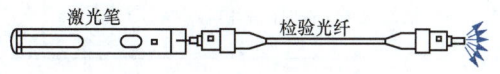

图4-13　光纤连接检查示意图

表4-8　　　　　　　　　　光纤通信接口检查判断记录表

序号	检查方法	现象检查	判断	检查结果记录
1	根据光纤连接图，使用激光笔在光纤回路的一端发射光线，光纤回路的另外一端观察光线输出情况	有可见光射出，且强度较强	表明光纤连接正确，光纤无损坏，可正常使用光纤	
2		有可见光射出，但强度较弱	表明光纤连接正确，但光纤受损，可能是接头受污染或内部损坏，需要更换备用光纤	
3		观察不到可见光，但附近光纤中发现有较强可见光射出	表明光纤连接错误，需要更改连接	
4		无可见光射出，附近光纤中也找不到其他光纤发出的可见光	表明光纤发生严重损坏或者铺设错误，需要更换备用光纤	
5	备注			

7. 实训项目3：智能变电站网络交换机巡视检查训练

智能变电站网络架构中，MMS 网络用于站控层设备和间隔层设备的信息交换；GOOSE 网络用于过程层保护测控装置跳闸、保护装置闭锁与联动信息、一次设备断路器变位等信息的采集；SV（SMV）网络用于传输电流互感器及电压互感器二次侧电流、电压。

由于站控层、过程层、间隔层网络的应用，网络设备在整个智能变电站二次系统中占比较大，工业以太网交换机是数据传输核心，数据线将二次系统的各个网络设备连接起来，组成智能变电站的网络拓扑。在学习和熟悉网络交换机的性能和工作原理后，依照智能变电站网络交换机标准化作业指导书的内容要求，完成网络交换机的常规性检查工作，完成表4-9～表4-11的填写工作，并将检查记录体现在实训报告中。

表 4-9　　　　　　　　　　　网络交换机的常规性检查准备工作记录表

序号	内容	标准	完成情况记录
1	开工前向有关部门上报本次工作的材料计划		
2	学习作业指导书，使全体作业人员熟悉作业内容、进度要求、作业标准、安全注意事项	要求所有工作人员都明确本次工作的作业内容、进度要求、作业标准、安全注意事项	
3	工作前，准备好施工所需仪器仪表、工器具、整定清单、相关材料、相关图纸、相关技术资料	仪器仪表、工器具应试验合格，满足本次工作的要求，材料应齐全，图纸及资料应符合现场实际情况	
4	根据现场工作时间和内容落实工作票	工作票应填写正确，并按《国家电网公司电力安全工作规程》相关部分执行	

表 4-10　　　　　　　　　　　危险点分析及安全措施记录表

序号	类别	危险点	预防措施	预防措施是否到位记录
1	防人身伤害	走错调试区域	严格执行操作票、监护制度和监护人管理制度，防止调试人员走错间隔	
2	防运行设备误动	工作中将继电保护试验的电压、电流引到运行设备，造成运行设备误动	工作负责人检查、核对试验接线正确并确认后，下令可以开始工作后，工作班方可开始工作	
3		工作中误短接端子造成运行设备误动	工作时必须仔细核对端子，严防误短、误碰端子，尤其注意不得误碰、误短有红色标记的端子	
4		工作中恢复接线错误造成设备不正常工作	施工过程中拆接回路线，要有书面记录，恢复接线正确，严禁改动回路接线	
5		工作中误短接端子造成运行设备误跳闸或工作异常	短接端子时应仔细核对屏号、端子号，严禁在有红色标记的端子上进行任何工作	
6	防设备损坏	工作中恢复定值错误造成设备不正常工作	工作前核对保护定值与最新定值单相符合，工作完成后再次与定值单核对定值无误	
7		交换机通道的尾纤损坏	试验前必须拔掉交换机通道的尾纤，做好标记并将光纤头防尘盖好。试验完成后恢复尾纤，恢复前必须用酒精清洗尾纤头，尾纤恢复后才允许做通道对调	

表 4-11　　　　　　　　　　　网络交换机检查项目记录表

序号	类别	测试项目	要求及指标	检查结果记录
1	电源检查	正常工作状态下检验	装置正常工作内部电压输出正常	
2		110%额定工作电源下检验	装置稳定工作，内部电压输出正常	
3		80%额定工作电源下检验	装置稳定工作，逐步降低电压，测试能正常工作的最小电压	
4		直流慢升自启动	装置正常启动，无异常	
5		装置工作电源在50%～115%额定电压间波动	装置稳定工作，无异常	
6		装置工作电源瞬间掉电和恢复	装置断电恢复过程中无异常，通电后工作稳定无异常	
7	外观检查	装置自检	自检正确，操作无异常	
8		程序版本及校验码	版本信息及校验码正确	
9		装置时钟检查（1588）	装置时钟与GPS或标准时间应一致	
10	光纤回路正确性检查	保护装置与合并单元光纤回路	检验方法： （1）可通过装置面板的通信状态检查光纤通道连接是否准确。 （2）可采用激光笔，照亮光纤的一侧，而在另外一侧检查正确性	
11		保护装置与智能终端光纤回路		
12		保护装置之间光纤回路		

8. 检查与评估

学生汇报实施过程，回答同学与指导教师的问题。教师与学生共同对学生的工作成果进行评价，采用过程考核和绩效考核两种方法。过程考核包含任务完成的过程中学习态度和方法，回答分析问题的情况，帮助其他同学的情况，网搜资料的情况等。绩效考核依据的是制定任务完成的成绩。

相关知识

一、制定 IEC 61850 通信标准的目的

在变电站综合自动化系统中，设备与设备之间要进行数据交换，但往往由于不同生产厂商（供应商）的 IED 所支持的通信规约不统一，使得不同厂家的设备不能直接通信，需要进行规约转换，导致设备间配合困难。为解决这些问题，国际电工委员会（IEC）制订了关于变电站综合自动化系统的通信网络和系统的国际标准 IEC 61850。IEC 61850 规范了数据的命名、数据定义、设备行为、设备的自描述特征和通用配置语言。使不同智能电子设备（IED）间的信息共享和互操作成为可能。制定 IEC 61850 系列标准的目的是要实现不同厂商设备之间的互操作性。互操作性是指来自同一个或不同制造商的两个及以上智能电子设备能够交换信息，并利用交换的信息正确执行特定的功能。IEC 61850 是全世界唯一的变电站网络通信标准，也将成为电力系统中从调度中心到变电站、变电站内、配电自动化无缝连接的自动化标准。

IEC 61850 是关于变电站综合自动化系统及其通信的国际标准，其技术特点是对变电站

的通信进行信息分层、统一的描述语言和抽象服务接口，它不仅规范了保护、测控装置的模型和通信接口，而且还定义了电子式互感器、智能断路器等一次高压设备的模型和通信接口。

二、关于引导问题的说明

引导问题1：IEC 61850是什么？

IEC 61850是国际电工委员会（IEC）颁布的新一代的变电站综合自动化系统标准，是变电站综合自动化系统唯一国际标准。它定义了一套实现智能变电站的标准体系，阐述了智能变电站的总体要求及变电站系统的建模方法，制定了满足实时信息和其他信息传输要求的服务模型。通过对设备的一系列规范化，达到全站的通信统一。

IEC 61850将变电站通信体系分为变电站层、间隔层、过程层3层。在变电站层和间隔层之间的网络采用抽象通信服务接口映射到制造报文规范（MMS）、传输控制协议/网际协议（TCP/IP）以太网或光纤网。在间隔层和过程层之间的网络采用单点向多点的单向传输以太网。变电站内的智能电子设备（测控单元和继电保护）均采用统一的协议，通过网络进行信息交换。

IEC 61850定义的数据模型实际上是从通信角度对IED信息的组织和描述，主要解决通信内容问题；IEC 61850所定义的通信服务主要解决数据访问方式问题。数据模型和通信服务是IEC 61850最核心的部分。

IEC 61850作为制定电力系统远动无缝通信系统的基础，能大幅度改善信息技术和自动化技术的设备数据集成，减少工程量、现场验收、运行、监视、诊断和维护等费用，增加了自动化系统使用期间的灵活性。它解决了变电站综合自动化系统产品的互操作性和协议转换问题。采用IEC 61850还可使变电站综合自动化设备具有自描述、自诊断和即插即用的特性，极大地方便了系统的集成，降低了变电站综合自动化系统的工程费用，提高了变电站综合自动化系统的技术水平和安全稳定运行水平，可实现完全的互操作性。

引导问题2：IEC 61850实现的服务主要内容有哪些？

IEC 61850标准的服务实现主要分为MMS服务、GOOSE服务、SMV服务3部分。MMS服务用于装置和后台监控机之间的数据交互；GOOSE服务用于装置之间的通信；SMV服务用于采样值传输。

三个服务之间的关系：在装置和后台监控机之间涉及双边应用关联，在GOOSE报文和传输采样值中涉及多路广播报文的服务。双边应用关联传送服务请求和响应服务（传输无确认和确认的一些服务），多路广播应用关联（仅在一个方向）传送无确认服务。

如果把IEC 61850的服务细化，主要有报告（事件状态上送）、日志历史记录上送、快速事件传送、采样值传送、遥控、遥调、定值读写服务、录波、保护故障报告、时间同步、文件传输，以及模型的读取服务。

引导问题3：IEC 61850的特点是什么？

（1）采用面向对象的技术对变电站相关设备进行建模。首先需要将实际问题抽象化，然后根据抽象后的情况建立准确的模型。模型一旦建立，电力系统就像拥有了一套完整固定的工作程序，它既能够独立于信息的内部表示，促使异构系统的集成更加简化。例如对于一个简单的输电线路保护装置，一台智能化的输电线路保护具有的变量可能是这台装置的生产厂商、额定电压、具有哪些保护功能等；而外部可以对其进行的操作可能是读取参数、修改定值，输入间隔的电流、电压采样值等。IEC 61850 的核心思想是将装置本身看作一个黑盒子（即封装性），对外声明其可以进行的一些操作，根据现场应用将其实例化。

（2）数据自描述。传统通信规约都是面向信号的，是线性的点，以点号（地址）来识别，自描述性比较差，需要双方事先约定，因此不同厂家之间的设备和系统互通互联十分困难。而 IEC 61850 定义了采用设备名、逻辑节点名、实例编号和数据类名建立对象名的命名规则；采用面向对象的方法，定义了对象之间的通信服务，如获取和设定对象值的通信服务、取得对象名列表的通信服务、获得数据对象值列表的服务等。面向对象的数据自描述在数据源就对数据本身进行自我描述，传输到接收方的数据都带有自我说明，不需要再对数据进行工程物理量对应、标度转换等工作。由于数据本身带有说明，所以传输时可以不受预先定义限制，简化了对数据的管理和维护工作。

（3）网络独立性。IEC 61850 总结了变电站内信息传输所必需的通信服务，设计了独立于所采用网络和应用层协议的抽象通信服务接口（ASCI）。IEC 61850-7-2 建立了标准兼容服务器所必须提供的通信服务的模型，包括服务器模型、逻辑设备模型、逻辑节点模型、数据模型和数据集模型。客户通过 ACSI，由专用通信服务映射（SCSM）映射到所采用的具体协议栈，例如制造报文规范（MMS）等。IEC 61850 使用 ACSI 和 SCSM 技术，解决了标准的稳定性与未来网络技术发展之间的矛盾，即当网络技术发展时只要改动 SCSM，不需要修改 ACSI。

IEC 61850 的优点具体表现在：①分层的智能电子设备和变电站综合自动化系统满足实时信息传输要求的服务模型；②采用抽象通信服务接口、特定通信服务映射，以适应网络发展；③采用对象建模技术，面向设备建模和自我描述，以适应功能扩展，满足应用开放互操作要求；④采用配置语言，在信息源定义数据和数据属性，传输采样测量值。

三、IEC 61850 定义的变电站综合自动化系统信息分层结构

IEC 61850 定义了变电站的信息分层结构，将变电站的通信体系分为变电站层、间隔层和过程层，并且定义了层与层之间的通信接口。

过程层主要功能是将交流模拟量、直流模拟量、状态量就地转化为数字信号提供给上层，并接收和执行上层下发的控制命令。过程层设备包括一次设备及其智能组件。过程层的主要功能包括实时电气量检测、设备状态监测、操作控制命令执行。

间隔层主要功能是采集本间隔一次设备的信号，控制操作一次设备，并将相关信息上送给站控层设备和接收站控层设备的命令。间隔层设备由每个间隔的控制、保护、监视装置组成。间隔层的主要功能包括汇总数据，承上启下的数据传输功能，操作闭锁，实施同期及优先级控制。

站控层的主要功能是实现对全站一、二次设备进行监视、控制，以及与远方控制中心通信。站控层设备包括监控主机、远动工作站、操作员工作站、对时系统等。站控层的主要功能包括数据库实时刷新与维护，与调度中心通信，利用人机界面实现人员的操作，全站控制闭锁，控制参数修改。

IEC 61850 描述的变电站通信网络为站控层网络和过程层网络"两网"结构。站控层网络中保护与监控主机通信，主要有保护动作信息、异常告警信息、定值信息、录波信息等，属于 MMS 信息。过程层网络中保护与智能终端通信，主要有状态信息 GOOSE，属于开关量；保护与合并单元通信主要有采样值信息 SV，属于模拟量。

四、站控层网络的制造报文规范（MMS）具备的优势

IEC 61850 的一个重要目的就是使不同厂家的设备实现互操作性，因此需要在这些设备之间建立网络连接，并规范设备间的通信内容，使得接受请求的设备知道发送请求的设备的目的和要求，接受请求的设备进行操作后返回其结果，从而实现某一个特定的功能。

制造报文规范（MMS）是一种实时通信机制。制造报文规范（MMS）规范了具有通信能力的智能传感器、智能电子设备（IED）、智能控制设备的通信行为，为制造设备入网提供方便，易于实现信息互通和资源共享，使得来自不同厂家的设备可以实现互操作。

MMS 具有三大优势：①实现互操作。互操作性是制定 MMS 的初衷，即为设备和应用定义一套标准通信机制，使其在此通信体制下具有高度互操作性。②实现独立。使用户不再受限于选择固定的设备提供商，只要符合 MMS 标准并能实现相同功能的设备就可以进行替换，这种独立性还体现在网络连接和功能的实现上。③实现异构环境下的数据访问。以往大部分通信机制提供的只是一种简单的字节队列信息在网络中传输的机制，缺乏独立性，而 MMS 对传递的信息提供了更多的限定和结构化抽象，屏蔽了实际设备内部特性，在表示层编码。

五、过程层网络采样值（SV）报文的发布/订阅机制

在过程层和间隔层之间传输的最为重要的两类信息是采样测量值和跳闸命令。采样值是通过 SV 报文传输，跳闸命令是通过 GOOSE 报文传输。

SV 报文是采样值数字化传输信息，互感器将电流、电压采样值传送到合并单元，保护装置通过直采的方式从合并单元获取采样值，测控装置、故障录波、网络报文分析仪等通过 SV 网从合并单元获取采样值。

SV 报文基于发布/订阅机制，是过程层与间隔层设备之间通信的重要组成部分，是一种时间驱动的通信方式，即每隔一个固定时间发送一次采样值。其最主要的传输要求是实时、快速性。当由于网络原因导致报文传输丢失时，发布者（电流、电压传感器）继续采集最新的电流、电压信息。而订阅者（比如保护装置）必须能够检测出来，这可以通过 SV 报文中的采样计数器参数 SmpCnt 来解决。

保护装置 SV 报文检修处理机制：①当合并单元装置检修压板投入时，发送采样值报文中采样值数据的品质 Q 的 Test 位应置 True。②SV 接收端装置应将接收的 SV 报文中的 Test 位与装置自身的检修压板状态进行比较，只有两者一致时才将该信号作为有效信号用于保护处理或动作，否则丢弃，不参加保护逻辑的计算。对于状态不一致的信号，接收端装置仍然计算和显示其幅值。③若保护配置为双重化，保护配置的接收采样值控制块的所有合并单元也应双重化。两套保护和合并单元在物理和保护上都完全独立，一套合并单元检修不影响另一套保护和合并单元的运行。

六、过程层网络 GOOSE 报文发送机制

在分布式的变电站综合自动化系统中，IED 共同协助完成自动化功能的应用场合越来越多，如间隔层的设备之间的防误闭锁、分布式母线保护等，这些功能得以完成的重要前提条件是 IED 之间数据通信的可靠性和实时性。GOOSE 报文用于一次设备的操控及二次设备间的闭锁与联动，是一种通信服务机制，是状态量、跳闸命令、间隔联闭锁信息的规范。提供了多 IED 之间快速可靠地输入、输出数据值的信息传递功能。

在智能变电站中，GOOSE 报文主要用于 IED 设备传送开关量状态信号、保护跳闸信号

及闭锁信号。其内容应包含合并单元、智能终端与保护、测控、故障录波等间隔层装置间传输的一次设备本体位置/告警信息，合并单元/智能终端自检信息、保护跳闸/重合闸信息、测控遥控合闸/分闸/联闭锁信息及保护失灵启动和保护联闭锁信息等。

GOOSE 报文的作用是反映事件，必然需要反映事件的稳态与变化。GOOSE 报文的发送采用心跳报文和变位报文快速重发相结合的机制，GOOSE 报文传输时间如图 4-14 所示，GOOSE 报文按图示的规律执行。

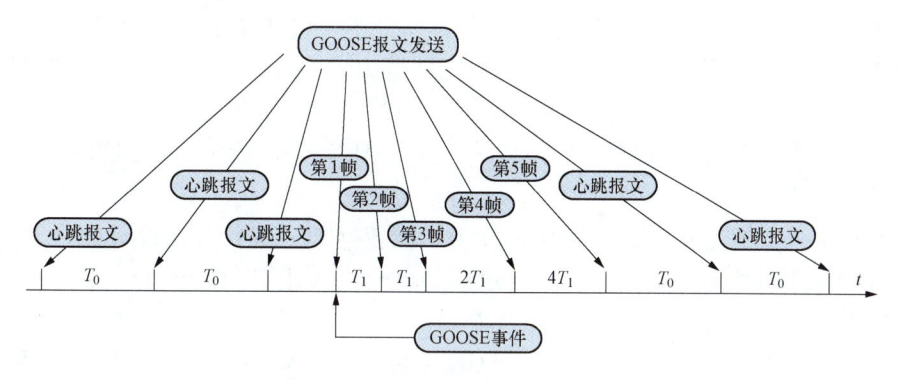

图 4-14 GOOSE 报文传输时间

在稳态情况下，GOOSE 源将稳定地以 T_0（一般为 5s）时间间隔循环发送 GOOSE 报文，其中 T_0（典型为 5s）又称心跳时间，在 GOOSE 数据集中的数据没有变化的情况下，装置平均每隔 T_0 发送一次当前状态，即心跳报文。当装置中有事件发生（如断路器状态变位）时，GOOSE 服务器将立即发送事件变化报文，此时 T_0 时间间隔将被缩短；GOOSE 服务器将以最短时间间隔 T_1，发送第 2 帧及第 3 帧，即快速重传两次变化报文；间隔 T_2、T_3 发送第 4、5 帧，T_2 为 $2T_1$，T_3 为 $4T_1$，后续报文以此类推，发送间隔以 2 倍的规律逐渐增加，直到增加到 T_0，报文再次成为心跳报文。所以可以看出 GOOSE 报文的传输本质是事件驱动的。

T_0 为稳定条件下，心跳报文传输间隔；T_0 稳定条件下，心跳报文传输可能被事件打断；T_1 为事件发生后，最短的重传间隔；T_2、T_3 为直至获得稳定条件的重传间隔。

工程应用中，T_0 设为 5s，T_1 设为 2ms。GOOSE 状态变位过程共发 5 帧数据，即以 2ms—2ms—4ms—8ms 的时间间隔重发 GOOSE 报文，连续发 5 帧后便以 5s 时间间隔变成心跳报文。

GOOSE 接收可以根据报文允许存活时间来检测链路中断，定义报文允许存活时间为 $2T_0$，接收方若超过 2 倍报文允许存活时间没有收到 GOOSE 报文即判为中断，发 GOOSE 断链报警信号。因此，通过 GOOSE 报文发送机制也可以检测装置间二次回路的通断状态。

IEC 61850 中定义的面向通用对象的变电站事件（GOOSE）以快速的以太网多播报文传输为基础，代替了传统的智能电子设备（IED）之间的硬接线的通信方式，简化了变电站二次接线。在智能变电站中、GOOSE 报文主要用于 IED 传送变电站内保护跳闸、断路器位置等实时性要求的信号。GOOSE 采用发布者/订阅者的通信模式。一个或多个发布者可以向多个订阅者发送数据，即一对多或多对多的方式。

七、智能变电站 IEC 61850 配置文件及配置流程

智能变电站由于采用基于 GOOSE、SV 技术实现装置之间高速通信，其信号（虚端子）

关联依赖SCD文件和相关配置工具，在配置及调试智能变电站时，要以SCD文件为核心对变电站进行配置。由SCD文件生成CID文件和GOOSE文本，以供变电站各个IED使用。

1. 智能变电站系统IEC 61850配置文件

IEC 61850配置文件是指描述通信相关的IED配置和参数、通信系统配置、开关场（功能）结构及它们之间关系的文件。配置文件用于在不同厂商的配置工具之间交换配置信息。通过一系列配置文件的传递，不同厂商的智能设备就能知道与对方通信所需要的数据信息，从而实现通信双方配置信息的交换。配置文件具体描述变电站及站内IED的实际配置信息，如变电站开关场一次接线拓扑结构、站内智能装置IED的IP地址、GOOSE连线信息等。在智能变电站中，IEC 61850中提到了IED能力描述文件（ICD文件）、系统规格文件（SSD文件）、全变电站配置描述文件（SCD文件）、IED实例配置文件（CID文件）4种配置文件。

（1）ICD文件。智能变电站自动化系统为了能较好地了解各智能设备的行为、互操作性，工程实施采用了面向对象的方法，创建一个可全面描述IED功能的文件，这个文件称为智能设备的配置描述文件，也称为IED能力描述文件，通常以.ICD作为扩展名，简称ICD文件。ICD文件是系统集成厂商制作SCD文件的必要前提元素，由装置厂商提供给系统集成厂商。该文件描述了IED提供的基本数据模型及服务等自描述信息，但不包含IED实例名称和通信参数。每一个ICD文件对应一个IED。ICD文件内部包含着设备信息，客观上起到厂家设备的原理图作用，在解决一些故障的过程中可做设备原始资料备查。

（2）CID文件。一个置于变电站通信网中的智能设备除了本身可独立运行外，还需要与其他智能设备进行数据交换，以完成自身的某些功能，或者输出数据以供其他智能设备使用，那该智能设备如何才能知道与其他智能设备交换什么数据？可以利用配置工具对智能装置ICD文件予以配置，主要包括MMS、GOOSE、SMV部分，告知智能设备需要与外界交换的信息，这个经过变电站配置描述语言（SCL）工具配置过的文件称为经过配置的智能设备描述文件，简称CID文件，它是对ICD文件的一个扩充，不仅包含IED的功能描述，而且包含数据交换信息、报文控制信息等。CID文件是具体工程实例化文件，每个IED对应一个，由装置厂商使用装置配置工具，根据SCD文件中IED的相关配置导出生成。

（3）SCD文件。它描述了一个智能变电站内各个孤立的IED及各IED间的逻辑联系，它完整地描述了各个孤立的IED是怎样整合成为一个功能完善的变电站综合自动化系统的。如描述了智能变电站一次系统结构、所有IED的实例配置信息、通信访问点的位置及地址和所有IED间虚端子互连信息等。智能变电站的全景信息体现在SCD文件中，是全站统一的数据源。由系统集成厂商完成。

（4）SSD文件。SSD文件在SCD文件的基础上，具备了变电站实时画面编辑等功能，生成的文件扩展名为.ssd。SSD文件包含的信息包含了变电站一次系统结构及相关联的逻辑节点、逻辑节点的类型定义等。SSD文件应由系统集成商提供，全站唯一，最终包含在SCD文件中。一个SSD文件和数个ICD文件将合成一个SCD文件。

（5）配置文件以文档的形式存放。这四种配置文件使用不同的后缀加以区别。其中ICD文件和CID文件主要侧重描述IED的内容，而SSD文件和SCD文件侧重描述这个变电站的系统级功能。分别由IED配置工具和系统配置工具进行功能和参数的配置。

ICD文件、SCD文件、CID文件之间的关系描述：ICD文件由装置厂商提供给系统集成厂商，该文件描述 IED 提供的基本数据模型及服务，但不包含 IED 实例名称和通信参数；SCD 文件应全站唯一，该文件描述所有 IED 的实例配置和通信参数、IED 之间的通信配置及变电站一次系统结构，由系统集成厂商根据 ICD 文件完成；CID 文件每个装置有一个，由装置厂商根据 SCD 文件中 IED 的相关配置生成。

2. IEC 61850 配置工具

IEC 61850 配置工具分为系统配置工具和装置配置工具，配置工具应能对导入/导出的配置文件进行一致性检查，生成的配置文件应能通过验证，并生成和维护配置文件的版本号和修订版本号。

（1）系统集成商提供系统级配置工具。系统配置工具是一种系统集成工具软件，独立于 IED。它导入装置配置工具生成的 ICD 文件及 SSD 文件，按照系统配置的需要，增加 IED 所需要的实例化配置信息和系统配置信息。当上述配置完成后，系统配置工具应导出 SCD 文件，并将该文件反馈给装置配置工具。

（2）装置厂商提供装置配置工具。装置配置工具具有的配置功能包括：①建立一个新的 ICD 文件或者打开一个已有的 ICD 文件，根据实际需求，配置或修改相关信息，生成规范的 ICD 文件；②接收 SCD 文件，提取 SCD 文件中相关的 IED 配置信息，生成 IED 工程调试运行所需要的 CID 文件，并下载最终配置文件到 IED 装置中；③对其导入/导出的配置文件进行合法性校验。装置配置工具支持系统配置工具进行工程实例配置，如通信参数配置（通信子网配置、网络 IP 地址、网关地址等）；IED 名称配置；GOOSE 配置（GOOSE 控制块、GOOSE 数据集、GOOSE 通信地址等）；数据集和报告的实例配置等。

3. IEC 61850 工程配置流程

在智能变电站建设工程实施过程中，各设备厂商提供装置配置工具，生成符合工程要求的 ICD 文件；系统集成商使用系统配置工具，根据所有系统内 ICD 文件，统一进行所有设备的实例配置，生成 SCD 文件，建立站内设备之间的数据收发关系；设备厂商使用装置配置工具从 SCD 文件中导出单个设备的 CID 文件；设备厂商使用配置工具，增加自己的内部功能配置数据，为站控层和过程层建立模型与数据的对应关系，生成最终下载到设备的配置文件；设备厂商使用下载工具把设备需要的所有配置文件下载到设备。借助以上配置文件，智能变电站可以完成系统集成任务。

智能变电站文件配置流程示意图如图 4-15 所示，具体流程如下：

（1）第一步：资料收集。收集设计院设计资料，主要有一次系统主接线图、监控系统网络架构、二次设备配置、虚端子配置等；收集产品制造商提供的，含有装置出厂配置信息的 ICD 文件、设备图纸、说明书等，制作全站装置信息表。

（2）第二步：SCD 文件创建。设计人员根据变电站系统一次接线图、功能配置，新建变电站，增加电压等级、间隔、装置，统筹分配全站装置的 IP 地址、IEDname，生成系统的 SSD 文件，SSD 文件必须全站唯一。工程维护人员根据变电站现场运行情况，读取各厂家微机装置的 ICD 文件，对变电站内的通信信息进行配置，根据虚端子表拉虚端子。最后生成 SCD 文件，SCD 文件包含了变电站内所有的智能电子设备、通信及变电站模型的配置。

（3）第三步：生成 CID 文件。导出虚端子配置，从 SCD 文件中拆分出和工程相关的实例化了的 CID 文件。

（4）第四步：装置实例化配置。把生成的 CID 文件下装到保护、测控装置中，完成

IED 实例化配置。

（5）第五步：SCD 文件提供给后台监控和远动装置使用。完成各设备的网络连接，包括交换机参数配置、通信链路检查等。基于 SCD 文件导入监控主机、数据通信网关机等，生成数据库，进行画面制作、功能配置、监控系统功能联调。

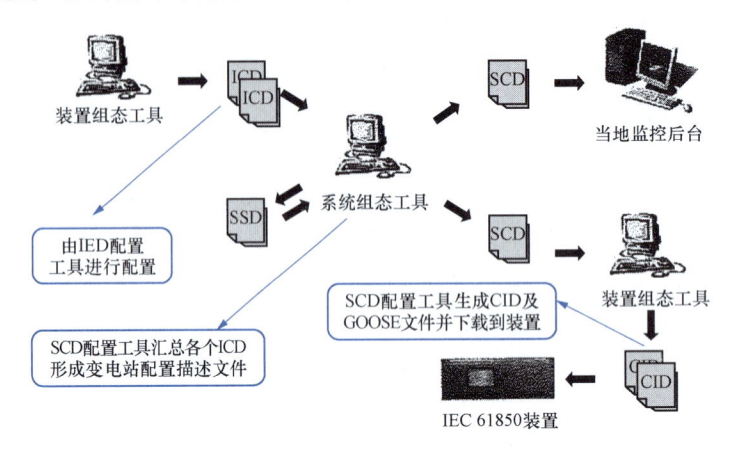

图 4-15 智能变电站文件配置流程示意图

八、IEC 61850 具有的优势

IEC 61850 对变电站内 IED 间的通信进行分类和分析，定义了变电站装置间和变电站对外通信的 10 种类型，针对这 10 种通信需求进行分类和甄别。针对不同的通信，有不同的优化方式。

引入 GOOSE、SMV 和 MMS 等不同的通信方式，满足变电站内装置间的通信需求。建立装置的数字化模型，理顺功能、IED、逻辑设备（LD）、逻辑节点（LN）概念的关系和隶属，建立统一的 SCD 文件，使各个变电站在电压等级、供电范围、一次接线方式等不尽相同的情况下，依然能够建立起一个统一格式、统一实现方式、各个厂商通用的变电站配置。首次提出过程层概念和解决方案，使得电子式互感器得以推广和应用。

九、智能变电站的网络交换机

1. 交换机概述

交换机是一种有源的网络元件。交换机连接两个或多个子网，子网本身可由数个网段通过转发器连接而成。智能变电站中使用的交换机均为以太网交换机。交换机是用于监视端口的数据，判断其属性，通过对网卡物理地址（MAC 地址）寻址，根据数据包的地址信息广播到另一个端口来完成数据帧转发、过滤的交换设备。

工业以太网交换机是智能变电站二次侧网络信息的交换枢纽。由交换机构建的网络称为交换式网络，每个端口都能够独享带宽，所有端口都能够同时进行通信，并且能够在全双工模式下提供双倍的传输速率。

2. 交换机的工作原理

交换机工作于开放系统互联（OSI）参考模型的数据链路层。交换机能够凭借 MAC 地址识别连接的每一台设备，具有 MAC 地址学习功能，它会把连接到自己身上的 MAC 地址记住，形成一个节点与 MAC 地址对应表。在今后的通信中，发往该 MAC 地址的数据包将仅送往其对应的端口，而非所有的端口，所以交换机所进行的数据传递有明确方向。同时由于交换机可以进行全双工传输,所以交换机可以同时在多对节点之间建立临时专用通道,形成立体交叉的数据传输通道结构。当交换机从某一节点收到一个帧时,将对地址表执行两个动作:①检查该帧的源 MAC 地址是否已在地址表中,如果没有,则将该 MAC 地址添加到地址表中;②检查该帧的目的 MAC 是否在地址表中,如果存在,则将该帧发送到相应的节点,从而使那些既非源节点又非目的节点的节点间仍能够进行相互间的通信。如果该 MAC 地址不存在于地址表中,则该帧将发送到所有其他节点,相当于该帧是一个广播帧。

新交换机的 MAC 地址表是空白的,交换机通过"学习"功能建立起地址表。当计算机打开电源后,安装在该系统中的网卡会定期发送出空闲包或信号,交换机即可据此得知它的存在及其 MAC 地址,这就是所谓的自动地址学习。这样交换机使用的时间越长,学习到的 MAC 地址就越多,未知的 MAC 地址就越少,因而广播的包就越少,工作速度就越快。

3. 交换机的主要功能

应用于智能变电站过程层和站控层的网络交换机,具有自动配置、统一管理、流量监控和智能告警等功能。

(1) 为 SV 和 GOOSE 报文提供转发和接收途径。基于虚拟局域网(VLAN)和基于 MAC 多播地址过滤的多播模式,SV 和 GOOSE 发布者订阅者可实现多数据源向多收者的数据发送,且满足数据流量大、实时性要求高的要求。

(2) 实现智能变电站网络冗余。网络冗余包括链路冗余和设备冗余,链路冗余指交换机冗余,设备冗余主要指装置的网口冗余。

学习项目总结

该学习项目描述了智能变电站的概念、特点、应用结构,提出了智能变电站的典型应用特征,智能变电站是变电站综合自动化技术进一步发展的结果,也是数字化变电站和高级应用的进一步提升,其主要变化体现在一次设备智能化检测、操作,二次设备网络化功能实现等,如采用光纤作为保护及自动装置测量信息的主通道。智能变电站能够完成比常规变电站范围更宽、层次更深、结构更复杂的信息采集和信息处理,变电站内、站与调度、站与站之间、站与大用户和分布式能源的互动能力更强,信息的交换和融合更方便快捷,控制手段更灵活可靠。智能变电站设备具有信息数字化、功能集成化、结构紧凑化、状态可视化等主要技术特征,符合易扩展、易升级、易改造、易维护的工业化应用要求。

通过该学习项目的学习和训练,学生能够理解什么是智能变电站,掌握智能变电站的概念;熟悉智能变电站的技术特征、掌握智能变电站的三层两网的结构模式;了解通信网络在智能变电站的作用,了解 IEC 61850 的主要内容、关键技术、技术特征,熟悉在过程层和间隔层之间采样测量值和跳闸命令两类信息等技能,了解 IEC 61850 准中提到的 ICD 文件、SSD 文件、SCD 文件、CID 文件的含义。同时培养了学生自主学习能力,提升了分析问题能力和智能变电站认知能力。

视野拓展

中国量子通信领先世界

量子通信是指利用量子纠缠效应进行信息传递的一种新型通信方式。以量子计算、量子通信和量子测量为代表的量子信息技术可能引发信息技术体系的颠覆性创新与重构,并诞生改变游戏规则的变革性应用,从而推动信息通信技术换代演进和数字经济产业突破发展。

2017年8月,中国凭借《自然》周刊上发表的两项成果确保了在量子通信这一未来通信技术领域的至上地位。

2020年10月,习近平总书记作出把握量子科技大趋势,下好先手棋的系列重要指示。

2021年3月,"十四五"规划正式发布,明确提出量子信息领域组建国家实验室,实施重大科技项目,谋划布局未来产业,加强基础学科交叉创新等一系列规划部署。

2021年5月,构建了当时超导量子比特数目最多的62比特超导量子计算原型机"祖冲之号",实现了可编程的二维量子行走。

2021年底,中国科研团队利用量子安全直接通信原理,首次实现了网络中15个用户之间的安全通信,其传输距离达40km。该研究为未来基于卫星量子通信网络和全球量子通信网络奠定了基础。

2023的号角已经吹响,量子通信将发展出完整的天地一体广域量子通信的相关技术,并推动量子通信在各行各业的广泛应用。

量子卫星运用了比普通量子保密技术高一个层次的特殊技术,可以轻松实现对地面量子通信技术的无缝对接,覆盖全中国,这项数据保密技术将推广到全社会,让我们普通人也不必担忧数据泄露。

复习思考

一、填空题

1. 智能变电站是采用先进、可靠、集成、低碳、环保的智能设备,以全站信息数字化、通信平台网络化、_____为基本要求,自动完成信息采集、测量、控制、保护、计量和监测等基本功能,并可根据需要支持电网实时自动控制、智能调节、在线分析决策、协同互动等高级功能的变电站。

2. IEC 61850是基于通用网络通信平台的变电站综合自动化系统唯一国际标准,这种说法是_____(对、错)的。

3. 智能变电站按分层分布式结构配置三层结构分为_____、_____和_____。

二、单项选择题

1. 制造报文规范是指(　　)。
   A. GOOSE　　　　B. GSE　　　　C. MMS　　　　D. SMV

2. 合并单元是(　　)的关键设备。
   A. 站控层　　　B. 网络层　　　C. 间隔层　　　D. 过程层

3. 从结构上讲,智能变电站可分为站控层设备、间隔层设备、过程层设备、站控层网络和过程层网络,即"三层两网"。(　　)跨两个网络。
   A. 站控层设备　　B. 间隔层设备　　C. 过程层设备　　D. 过程层交换机

三、多项选择题

1. 智能变电站"三层两网"结构中"三层"指的是(　　)。
   A. 站控层　　　B. 间隔层　　　C. 过程层　　　D. 设备层

2. 智能变电站的基本要求是(　　)。

A. 全站信息数字化 　　　　　　　　B. 通信平台网络化
C. 信息共享标准化 　　　　　　　　D. 保护装置采用统一的平台
3. 智能变电站相比于传统变电站其主要特点包括（　　）。
A. 通信网络化　　B. 保护设备数字化　C. 二次功能组件化　D. 一次设备智能化

四、判断题

1. 智能变电站和常规变电站相比，可以节省大量电缆。（　　）
2. GOOSE 通信是通过重发相同数据来获得额外的可靠性。（　　）
3. 我们经常所说的智能变电站"三层两网"结构中"两网"指的是站控层网络、过程层网络。（　　）

五、简答题

1. 智能变电站的含义是什么？智能变电站增加了什么关键设备？
2. 简述智能变电站与常规综合自动化变电站的区别。
3. 智能变电站的结构是什么？什么是"三层两网"？
4. 智能变电站中 IED 指的是什么？
5. 智能变电站的技术优势有哪些？

标准化测试试题

学习项目四
标准化测试
试题

参考文献

[1] 田淑珍. 变电站综合自动化与智能变电站应用技术［M］. 北京：机械工业出版社，2018.
[2] 丁书文，贺军苏. 变电站综合自动化技术［M］.2 版. 北京：中国电力出版社，2019.
[3] 高博. 智能变电站运维技术及故障分析［M］. 北京：中国电力出版社，2019.
[4] 王芝茗. 高度集成智能变电站技术［M］. 北京：中国电力出版社，2015.

学习项目 五

智能变电站过程层设备及技术应用

学习项目描述

电子式互感器是智能变电站过程层重要的设备之一，其数字化输出和网络化接线使得电力系统运行更安全、更利于一次电气设备乃至整个输配电系统的智能化。电网一次电气设备的智能化是在一次设备上增加智能控制模块。智能控制模块具有数据采集、全电动操作、在线监测、智能分析及故障报警等功能，提高了变电站设备智能化运维和安全操作水平。

过程层设备主要包括电子式互感器、合并单元、智能组件、智能终端等，包含着一次设备的智能化部分。该学习项目以过程层主要设备为学习对象，按照"教、学、做"一体化教学模式，依据具体的学习任务实施教学与实训。任务教学全过程遵照资讯→计划与决策→实施→检查与评估等环节来组织实施和学习效果评价。

学习目标

知识目标：掌握电子式互感器的概念、分类、主要技术参数、应用特点；理解合并单元概念、功能；熟悉智能终端概念、特点及安装位置；熟悉变压器、高压断路器在线监测的主要内容；熟悉智能断路器的构成及功能应用。

能力目标：学会电子式互感器的运行检查与检修；学会合并单元的运行检查与基本调试项目；学习智能终端的功能要求及技术应用；能描述变压器、断路器常规在线监测技术及应用场景；能描述智能组件的组成要素。

素质目标：促使学生养成自主的学习习惯；注重职业素质培养，培养学生分析问题的能力，读图、识图能力，以项目驱动为抓手，扩展学生分析问题的思维、探索及创新能力，培养学生团队协作和善于沟通的能力。

教学环境

以实验室、实习车间、实训基地为主要教学实施场所，建议分小组进行教学，便于"教、学、做"一体化教学模式的开展。实训场所基本配备如白板、一定数量的电脑、一套多媒体投影设备等，应能保证教师播放教学课件、教学录像及图片，具备多媒体教室功能。智能变电站实训室场所应具备网络资源（包括专业网站、通用网站等），应具备局域网、无线数据传输环境。实训场所应具备联机多媒体技术，能实施学生实训成果展示交流。

任务一 过程层主要二次设备及其功能实现

学习目标

学习过程层主要二次设备及其功能技术前，学生已经具备了变电站一次设备和继电保护等二次设备的相关知识，对电气设备及工作环境、工作内容和要求有了整体的了解。同时，对前一学习项目"智能变电站自动化系统认知"的学习与熟悉，已经具备了智能变电站的概念、功能及技术特征认知。该学习项目主要以智能变电站过程层设备及技术的知识和技能为载体，培养学生熟悉过程层设备及技术应用，提升对智能变电站技术的理解能力和知识掌握。学习内容包含相关理论知识和技能训练，并突出专业技能及职业核心能力培养。

知识目标：掌握电子式互感器的概念、分类、主要技术参数、应用特点；熟悉电子式互感器的数据接口；练习电子式互感器的运行检查与检修性能；理解合并单元概念、功能；熟悉合并单元和电子式互感器的接口功能，与保护测控设备的接口功能，模拟量高精度采样同步功能，以及合并单元的安放位置和传输信号等知识；熟悉智能终端概念、特点及安装位置。

能力目标：学会电子式互感器的运行检查与检修；学会合并单元的运行检查与基本调试项目；通过对合并单元的了解和认识，更加清晰认知智能变电站的合并单元的正常运行重要性和注意事项；学习智能终端的功能要求及技术应用。

素质目标：促使学生养成自主的学习习惯；注重职业素质培养，培养学生分析问题的能力，读图、识图能力，以项目驱动为抓手，培养创新能力，扩展学生分析问题的思维、探索及创新能力。

任务描述

在熟悉智能变电站的基本功能、技术特征、"三层两网"基本架构后，进一步学习智能变电站的过程层设备及技术应用。通过对实训基地、智能变电站实地参观学习或实训场所相关视频的学习，在理解智能变电站过程层主要包含的二次设备基础上，学习过程层设备功能及工作原理。具体任务主要有：①电子式互感器的概念及分类、电子式互感器的数据接口、电子式互感器的运行检查与检修。②学习合并单元的功能、定义，合并单元和电子式互感器的接口功能，与保护测控设备的接口功能，模拟量高精度采样同步功能，以及合并单元的安放位置和传输信号的问题，学习合并单元的巡视项目。通过对合并单元的了解和认识，更加清晰智能变电站的合并单元的正常运行与否，直接影响变电站"智能化"的水平。③学习智能终端概念、特点及安装位置，智能终端的巡视项目。

任务准备

了解现场工作对作业人员要求内容：现场工作人员应身体健康、精神状态良好，着装符合要求；工作人员必须具备必要的电气知识，掌握本专业作业技能，熟悉保护设备，掌握保护设备有关技术标准要求；熟悉《国家电网公司电力安全工作规程（变电部分）》的相关知识。

学生上课前已经实施了企业现场的认识实习等环节，对智能变电站有了感性认识。还可以先进入校企工厂参加实践，先对智能变电站过程层设备有初步认知，然后开展"教、学、做"一体化教学和训练。学生凭着企业实践中的感性认识，利用网络教学资源预先学习，结合所学知识完成教学内容的设备认知与知识掌握，形成一套适合自己的解决问题的方法。这种专业理论教学和技能操作训练的有机结合，使学生理性与感性取得同步认识。借助于网络资源，预先学习下列引导问题。

引导问题1：电子式互感器的概念、分类、主要技术参数、主要特点有哪些？

引导问题2：合并单元的功能及分类，不同电压等级下合并单元配置方案有哪些？

引导问题3：智能终端的功能及分类，智能变电站中智能终端的配置情况有哪些？

引导问题4：智能终端应具备的功能有哪些？

任务实施

1. 实施地点

智能变电站现场或智能变电站实训室。

2. 实施所需器材

（1）多媒体教学设备。

（2）一套智能变电站系统实物；可以利用智能变电站实训室装置，或实地现场参观典型智能变电站。

（3）智能变电站音像视频材料。

3. 实施内容与步骤

（1）学生分组。4~5人一组，每个小组推荐1名负责人，组内成员要分工明确，规定时间内完成项目任务，建立"组内讨论合作，组间适度竞争"的学习氛围，培养团队合作和有效沟通能力。

（2）资讯环节。指导教师下发"电子式电流互感器原理特点及数据接口""电子式互感器、合并单元的巡视与检查训练""智能变电站过程层的'新设备'"项目任务书，说明完成实训任务需具备的知识、技能、态度，说明观看或参观设备的注意事项，说明观看设备的关注重点。帮助学生确定学习电子式电流互感器原理特点及数据接口，以及电子式互感器、合并单元的巡视与检查等学习目标，明确实训重点，布置工作任务。

学生分析学习任务、了解实训工作内容，明确学习目标、工作方法和可使用的助学材料，借助智能变电站实训室具备的网络资源（包括专业网站、普通网站等），可通过手机、平板电脑等不同途径查阅相关资料，获取智能化设备技术说明书、参考教材、图书馆参考资料、学习项目实施计划等，并根据任务指导书通过认知、资讯的方法学习掌握相关的背景知识及必备的理论知识，对智能变电站过程层设备和技术等方面的知识进行学习与训练，并对采集的信息进行筛选和处理。

指导教师通过图片、实物、视频资料、多媒体演示等手段，传授电子式互感器的概念及分类、合并单元的构成，合并单元和电子式互感器的接口功能；学习智能终端概念、特点及安装位置，智能终端的巡视项目等。课程通过多媒体课件演示与讲授，利用与学习内容有关的案例辅助，增强学生的感性认识，激发学习兴趣。运用讲述法，任务驱动法，小组讨论法，实践操作法，部分知识讲解、部分知识指导、学生看书回答问题、交流讨论等教学方法实施教学。

（3）计划与决策。学生进行人员分配，依据任务书描述的任务内容，制订工作计划及实施方案，列出实训工具、仪器仪表、装置的需要清单，设计和编写完成任务的操作步骤，以及操作过程中的注意事项。教师提供帮助和建议来保证学生决策的可行性，审核工作计划及实施方案，培养学生运用理论知识解决实际问题的能力，引导学生确立最佳实施方案。

(4) 操作与实训 1：观摩研讨式学习。讨论主题：电子式电流互感器原理特点及数据接口。

通过实践练习法，进行过程层设备的观摩与讨论，训练学习项目中的知识技能。学生分组进行活动，明确小组分工以及成员合作的形式，各成员以不同的身份完成不同的工作环节。通过学习、实践操作内容，培养学生的学习能力、方法能力与独立解决问题能力。

这一部分实训可以采用讨论与讲解相结合的方式实施，依照实训室的电子式互感器设备观摩和讲解，主要学习罗氏线圈电流互感器、低功率电流互感器（LPCT）、光学电流互感器（OCT）、全光纤型电流互感器等原理与技术应用。在进行电子式互感器原理与应用认知及实训时，学生应了解不同原理电子式互感器技术（有源式、光学玻璃式和全光纤式等）的发展过程，熟悉电子式互感器的应用场景。还可结合实物了解电子式互感器校验装置、校验方法及校验回路。

(5) 操作与实训 2：电子式互感器、合并单元的巡视与检查训练。

为保证电气设备的安全运行，需要定期或不定期对设备进行巡视与检查。完成电子式互感器、合并单元的巡视与检查前准备工作，电子式互感器、合并单元的巡视与检查前准备工作安排见表 5-1；准备工作完成后进行电子式互感器、合并单元巡视与检查，做好检查记录，将检查结果记录于表 5-2 中，并将表 5-2 纳入撰写的实训报告。

表 5-1　　　　　　　电子式互感器、合并单元的巡视与检查前准备工作

序号	准备内容	准备标准	准备情况记录
1	工作前提前做好摸底工作，结合现场施工情况制定工作方案及安全措施、技术措施、组织措施，并经正常流程审批	(1) 摸底工作包括检查现场的设备环境，试验电源供电情况，电子式互感器及合并单元的安装情况、光纤铺设情况，合并单元上电情况。 (2) 工作方案应细致合理，符合现场实际，能够指导工作实施；学习作业指导书；熟悉作业内容、危险源点、安全措施、进度要求、作业标准、安全注意事项	
2	根据工作计划，学习作业指导书，熟悉作业内容、危险源点、安全措施、进度要求、作业标准、安全注意事项	要求工作现场人员都明确本次校验工作的内容、进度要求、作业标准及安全注意事项	
3	准备电子式互感器说明书、接线图、光纤联系图、虚端子表、交换机配置表、设备出厂调试报告、装置技术说明书、装置厂家调试大纲	材料应齐全，图纸及资料应符合现场实际情况	
4	检查系统厂内集成测试记录及出厂验收记录	SCD 文件正确，系统出厂前经相关部门验收合格	
5	检查工作所需仪器仪表、工器具	仪器仪表、工器具应试验合格，满足本次作业的要求	
6	试验电源检查	用万用表确认电源电压等级和电源类型无误，应采用带有剩余电流动作保护的电源盘并在使用前测试剩余电流动作保护装置是否正常	

表 5-2　　　　　　　电子式互感器、合并单元巡视与检查项目记录表

序号	项目	检查要求	检查结果记录
1	互感器本体检查	电子式互感器型号、生产厂家、设备唯一编码并记录	
2		检查电子式互感器外观无明显的划伤、无闪络、烧蚀、脱漆等现象，无明显的放电痕迹	
3		检查电子式互感器铭牌安装完好，内容正确	
4		检查电子式互感器极性、相别、接地标识清晰、正确	
5	合并单元检查	检查合并单元的 SV 点对点输出口、SV 组网输出口、GOOSE 输出口的数量	
6		合并单元、电子式电流互感器远端模块上电，合并单元与远端模块之间光纤接线正确，合并单元应正常运行，装置面板指示灯指示正常，无异常和报警灯指示	
7		检查合并单元对时接口符合设计要求，接入对时信号后，合并单元的对时异常告警返回	
8	屏柜及装置外观检查	检查屏柜内螺钉是否有松动，是否有机械损伤，是否有烧伤现象	
9		检查电源断路器、空气断路器、按钮是否良好；检修硬压板接触是否良好	
10		检查装置型号、端口标识是否清晰，是否与图纸一致；装置接地端子是否可靠接地，接地线是否符合要求	
11		检查屏柜内电缆是否排列整齐，是否固定牢固，标识是否齐全正确	
12		检查屏柜内光缆是否整齐，光缆的弯曲半径是否符合要求；光纤连接是否正确、牢固，是否存在虚接，有无光纤损坏、弯折、挤压、拉扯现象；光纤标识牌是否正确，备用光纤接口或备用光纤是否完好的护套	
13		检查屏柜内单个独立装置和压板标识是否正确齐全，且外观无明显损坏	
14		检查柜内通风、除湿系统是否完好，柜内环境温度、湿度是否满足设备稳定运行要求	
15		有源式电子互感器应重点检查供电电源工作无明显异常	
16	装置自检	装置上电运行后，自检正常，操作无异常	

（6）操作与实训 3：观摩研讨式学习。讨论主题：智能变电站过程层的"新设备"。

智能变电站与传统综合自动化变电站的主要区别之一是增加了过程层设备及对应功能。对照智能变电站实物系统，通过视频资料观看，从智能变电站区别于传统综合自动化变电站的新设备、新功能、新应用等方面展开讨论，梳理智能变电站过程层"新"的地方。完成学习报告。学习报告要包含表 5-3。

表 5-3　　　　　　　智能变电站过程层的"新设备"记录表

序号	列举新设备	新设备功能描述	新设备技术特点描述	新设备输入、输出描述	新设备安装位置描述	新设备具体分类情况描述	新设备网络连接描述	备注
1								

续表

序号	列举新设备	新设备功能描述	新设备技术特点描述	新设备输入、输出描述	新设备安装位置描述	新设备具体分类情况描述	新设备网络连接描述	备注
2								
3								
…								

（7）检查与评估。学生汇报计划与实施过程，回答同学与指导教师的问题。重点检查智能变电站过程层设备及技术原理与技术应用基本知识。师生共同讨论、评判操作中出现的问题，共同探讨解决问题的方法，最终对实训任务进行总结。教师与学生共同对学生的工作结果进行评价。

1）自评：每位学生对自己的实训工作结果进行检查、分析，对自己在该项目的整体实施过程进行全面评价。

2）互评：以小组为单位，通过小组成员相互展示、介绍、讨论等方式，进行小组间实训成果优缺点互评，并对小组内部其他成员或对其他小组的实训结果进行评价和建议。

3）教师评价：教师对互评结果进行评价，指出每个小组成员的优点，并提出改进建议。

以上评价采用过程考核和绩效考核两种方法。过程考核强调的是课堂参与度的重要性，考核要素主要包含学生学习态度和方法、学习过程的记录与总结、回答分析问题的情况、帮助其他同学的情况，网搜资料的情况等；绩效考核强调实践的重要性，考核要素主要包括学生制定任务、完成任务的成绩，实验操作及结果，平时实验成绩，读图训练考核等。

相关知识

一、过程层主要设备

相对于综合自动化变电站，智能变电站的一、二次设备发生了巨大变化，电磁式互感器被电子式互感器取代，传统断路器被智能化断路器取代，多个智能电子设备之间通过 GOOSE、SV 进行信息的传递。这些特征有利于实现反映变电站、电力系统运行的稳态、暂态、动态数据及变电站设备运行状态、图像等数据的集合，为电力系统提供全景数据。

智能变电站从变电站间隔采集数据到继电保护装置逻辑判断一次设备是否故障，到控制对应间隔断路器动作跳闸这一过程将通过非常规互感器、合并单元、保护装置及智能终端四种装置完成。非常规互感器、合并单元、智能终端均可以归属于过程层设备。智能变电站线路间隔过程层信息传输示意图如图 5-1 所示，图中展示了变电站某条线路间隔对应的过程层设备关联图。非常规互感器采集该间隔线路电气量信息，通过合并单元传输给保护装置，线路故障时，保护装置能发出跳闸命令通过智能终端作用于该线路断路器跳闸。

过程层是智能变电站区别于常规综合自动化变电站的主要特征，是指智能化一次电气设备的智能化部分，主要包括变压器、断路器、隔离开关、电流/电压互感器等一次设备及实现其智能化所属的合并单元、智能终端等智能组件，还包括上述组合形成的智能设备。合并单元与互感器的输出相连并完成数据传输，智能终端能够完成某种控制动作。

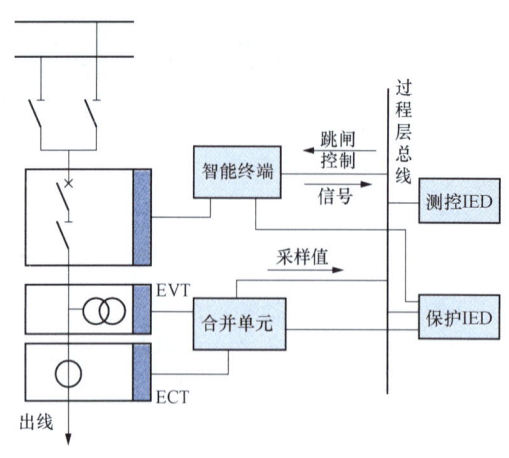

图 5-1　智能变电站线路间隔过程层信息传输示意图

过程层的主要功能分以下 3 类：①电力运行实时的电气量检测。主要包括电流、电压、相位及谐波分量的检测，与常规方式相比不同的是传统的电磁式互感器被光电/电子式互感器取代，传统模拟量被直接采集数字量所取代。②运行设备的状态参数在线监测与统计。变电站需要进行状态参数检测的设备主要有变压器、断路器、隔离开关、母线、电容器、电抗器及直流电源系统，在线检测的内容主要有温度、压力、密度、绝缘、机械特性及工作状态等数据。③操作控制执行与驱动。包括变压器分接头调节控制，电容、电抗器投/切控制，断路器、隔离开关合/分控制，直流电源充/放电控制。

二、电子式互感器技术及应用

互感器是为电力系统进行电能计量、测量、控制、保护等提供电流/电压信号的重要设备，其精度及可靠性与电力系统的安全、稳定和经济运行密切相关。

近年来，电子式互感器逐渐成为传统电磁式互感器的理想替代品。一方面，电子式互感器信号采用数字输出，接口方便、通信能力强，其应用将直接改变变电站通信系统的通信方式。采用电子式互感器输出的数字信号，可以实现点对点/多个点对点或过程总线通信方式，完全取代二次电缆线，解决变电站二次接线复杂的问题，同时能够大大简化变电站测量或保护装置的系统结构，降低对绝缘水平的要求，从根本上减少误差源，简化了微机装置的结构，实现真正意义上的信息共享。另一方面，电子式互感器的输出采用光纤传输，电缆的数量很少，因此，相比于常规综合自动化变电站的电缆，敷设工作量远远减少。

电子式互感器相对于传统互感器的主要优点包括：①高低压完全隔离，安全性高，具有优良的绝缘性能；②不含铁芯，消除了磁饱和与铁磁谐振等问题；③低压侧无开路高压危险；④暂态响应范围大；⑤测量精度高，频率响应范围宽；⑥没有因充油而潜在的易燃、易爆等危险；⑦适应了电力计量与保护数字化、微机化和自动化发展的潮流。

1. 电子式互感器分类

电子式互感器分为有源和无源两大系列，有源电子式互感器又称为电子式电压/电流互感器（EVT/ECT），其特点是需要向传感头提供电源，主要是以罗戈夫斯基线圈为代表；无源电子式互感器主要指采用法拉第旋光效应光学测量原理的电流互感器，又称为光电式电压/电流互感器（OVT/OCT），其特点是无须向传感头提供电源。电子式互感器分类如图 5-2 所示。

2. 有源电子式互感器（ECT/EVT）

有源电子式互感器利用电磁感应等原理感应被测信号，电流互感器常采用罗戈夫斯基线圈（简称罗氏线圈），电压互感器常采用电阻、电容分压等方式。有源电子式互感器的高压平台传感头部分具有需电源供电的电子电路，在一次平台上完成模拟量的数值采样（即远端

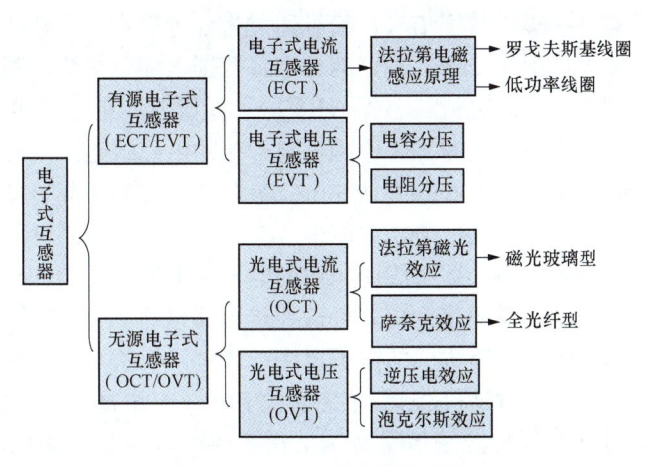

图 5-2 电子式互感器分类

模块），利用光纤传输将数字信号传送到二次的保护装置、测控装置和计量系统。

有源电子式互感器又可分为封闭式气体绝缘组合电器（GIS）式和独立式。GIS 式电子互感器一般为电流、电压组合式，其采集模块安装在 GIS 的接地外壳上，由于绝缘由 GIS 解决，远端采集模块在地电位上，可直接采用变电站 220V（或 110V）直流电源供电；独立式电子式互感器的采集单元安装在绝缘瓷柱上，因绝缘要求，采集单元的供电电源有激光、小电流互感器、分压器、光电池供电等多种方式，实际工程应用一般采取激光供电，或激光与小电流互感器协同配合供电，即输电线路有流时由小电流互感器供电，无流时由激光供电。对于独立式电子式互感器，为了降低成本、减少占地面积，工程中电子式互感器一般为电流、电压组合式，即将电流互感器、电压互感器安装在同一个复合绝缘子上，远端模块同时采集电流、电压信号，可合用电源供电回路。有源电子式互感器结构如图 5-3 所示。

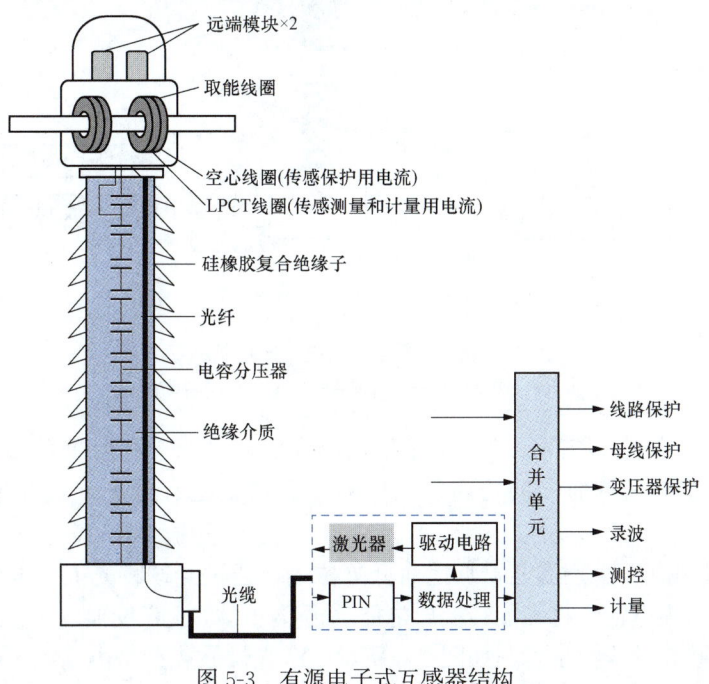

图 5-3 有源电子式互感器结构

137

电子式互感器能够直接提供数字信号,信号通过光纤传输到一个合并单元,合并单元对信号进行初步处理,然后以 IEC 61850 规定的标准将数据上传至保护、测控、计量等系统。

(1) 罗氏线圈原理的电子式电流互感器(ECT)。罗氏线圈电子式电流互感器又称有源型互感器。罗氏线圈原理是一种电磁耦合原理,与传统的电磁式电流互感器不同,它是密绕于非磁性骨架上的空心螺绕环,空心线圈往往由漆包线均匀绕制在环形骨架上制成,骨架采用塑料、陶瓷等非铁磁材料,被测电流从线圈中心穿过,可根据被测电流的变化,感应出被测电流呈微分正比关系的电动势。罗氏线圈原理的电子式电流互感器如图 5-4 所示,其特点在于被测电流几乎不受限制,反应速度快,且这种传感器可达到 0.1% 的测量精度。有源电子式电流互感器高压侧有电子电路构成的电子模块,该电子模块采集线圈的输出信号后,首先经滤波、积分变换及 A/D 转换将被测信号变为数字信号,并通过电/光转换电路将数字信号变为光信号,然后通过光纤将测量信号送至二次侧供继电保护、测控和电能计量等 IED 使用。由于没有铁芯,不存在铁磁饱和问题。两种集成有源电子式电流互感器的外观图例如图 5-5 所示。

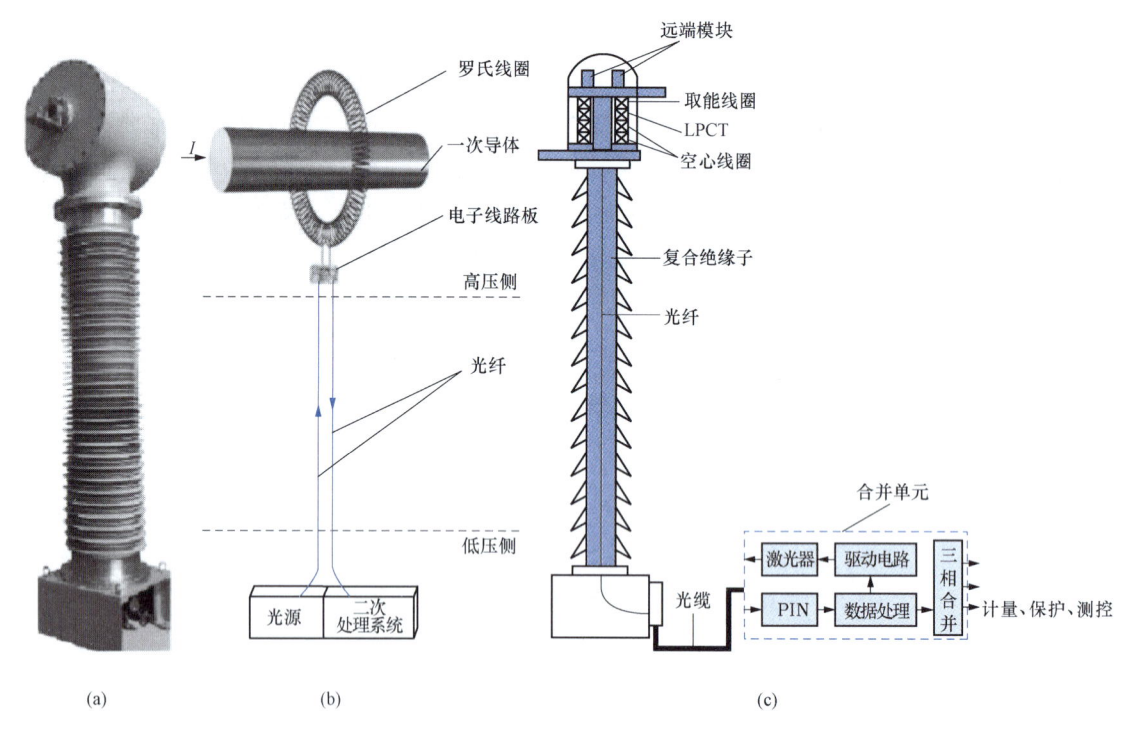

图 5-4 罗氏线圈原理的电子式电流互感器
(a) 实物图;(b) 原理图;(c) 接线示意图

有源电子式电流互感器高压侧的电子模块需要工作电源,利用激光供能技术实现对高压侧电子模块的供电是目前当前普遍采用的方法,这也是有源电子式互感器的关键技术之一。

1) 激光供能方式。采用激光器从地面低电位侧,通过光纤将光能传送到高电位侧,再经光电转换器件(光电池)将光能转换成电能,再经过 DC‐DC 变换以后,提供稳定的电压输出。激光供能装置的连接示意图如图 5-6 所示,激光供能装置是由光源、传输光纤、光电

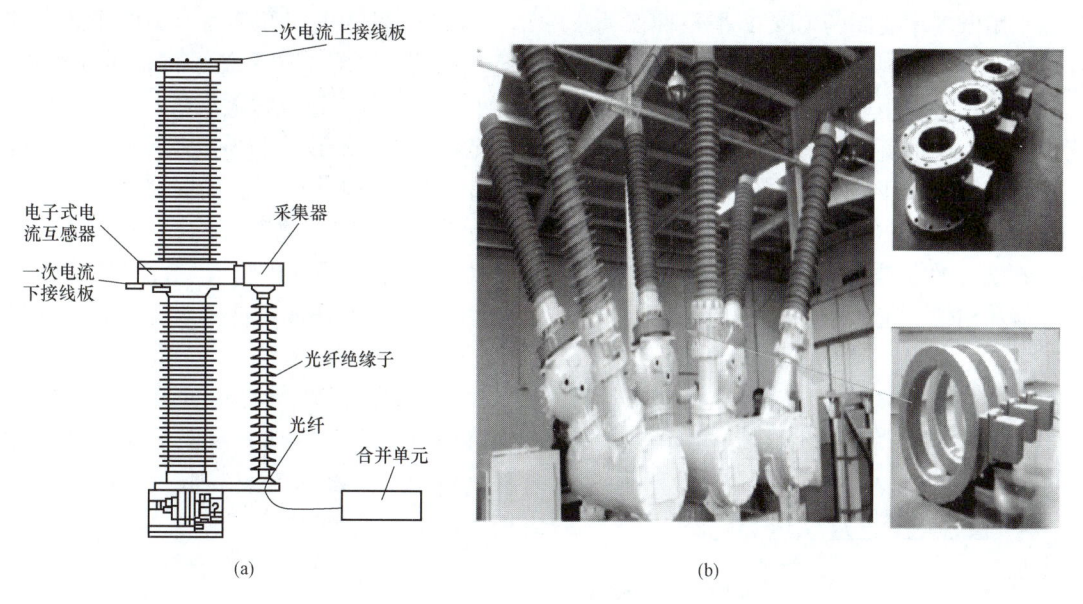

图 5-5 两种集成有源电子式电流互感器的外观图例
(a) 结构外观图；(b) 实物外观图

池组成的一个能量传输系统。激光供能的优点是通过光纤传输，完全实现高低压侧之间的电气隔离，不会受到电磁干扰的影响，稳定可靠。但是激光的发光波长及其输出功率受温度影响，因此必须采取措施对温度进行自动控制。另外，互感器的高压侧电路要采用低功耗设计，制作成本较高。

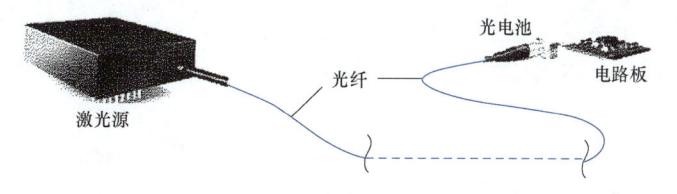

图 5-6 激光供能装置的连接示意

2) 高压侧在线取能方式。利用特制电流互感器线圈从母线采电或者经电容分压器取电，然后经过整流、滤波、稳压等后续处理，才能给高压侧电路供能。高压侧在线取能方式的优点是电路简单，成本低且提供的功率相对较大；缺点是可靠性不高，在线路故障或者空载等情况下存在工作盲区，在设计中需要考虑备用电源，增加了系统的复杂性。

3) 特制 TA 供能与激光供能结合的供能方式。当线路正常时，采用特制 TA 供电，当线路出现故障，如线路电压降低时，可以使用低压侧激光供电的方式。当线路电压低于某个界限时，低压侧启动激光供电方式为高压侧供电。

(2) 低功率电流互感器（LPCT）。罗氏线圈的电子式互感器由于受温度、振动、外界磁场电场等因素的影响，其精度问题适用于大范围、低精度的继电保护，难以满足测控及计量设备对测量精度的使用要求。针对以上情况的做法是在同一互感器中配置一个罗氏线圈测量暂态信号为继电保护装置提供数据，再配置一个低功率电流互感器测量一次系统稳态信号为小范围、高精度要求的测量和计量装置提供数据。

采用低功率线圈的 LPCT 是一种低功率输出特性的电磁式电流互感器，为电子式电流互感器的一种实现形式。LPCT 主要由电磁式电流互感器、取样电阻和信号传输单元组成。其工作原理是采用非晶铁芯将一次电流转换为二次小电流，并通过取样电阻将二次电流转换为正比于一次电流的小电压信号输出；信号传输单元由双层屏蔽绞线和连接端子构成，主要将互感器输出电压信号传递到智能电子设备（IED），同时实现外界电磁场屏蔽功能。低功率电流互感器（LPCT）的结构如图 5-7 所示，图中 I_p 为一次侧电流，N_p 为一次侧绕组匝数，N_s 为二次侧绕组匝数，U_s 为 LPCT 电压输出。二次电流在采样电阻 R_{sh} 上产生的电压，在幅值和相位上正比于一次电流，R_{sh} 集成于 LPCT 中，其阻值选取应使其对互感器的功耗近于零。

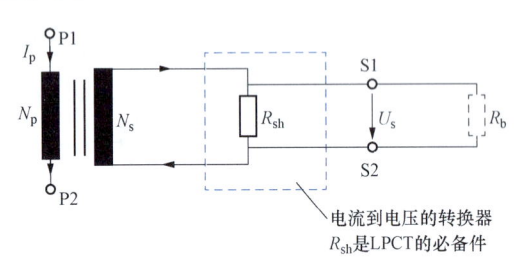

图 5-7 低功率电流互感器（LPCT）的结构

罗氏线圈、低功率线圈数据采集模块位于高电位部分，合并单元、保护测控装置位于低电位部分。高压系统和低压系统通过光纤通信解决了绝缘问题。

（3）有源电子式电压互感器（EVT）。根据使用场合不同，有源电子式电压互感器一般采用电容分压、电阻分压或阻容分压三种方式，利用与有源电子式电流互感器类似的电子模块处理信号，使用光纤传输信号。

有源电子式电压互感器在结构上主要包括分压器部分、一次和二次的隔离部分和数字信号处理部分。相对于电阻分压器，电容分压器的优点更加突出，表现如下：①和电阻分压器一样，结构比较简单，相对于光电式互感器来说更容易实用化，而且不含电磁单元，不存在铁磁谐振问题；②由于本身是电容结构，杂散电容的影响不会产生相位误差；③由于电容本身基本上不消耗能量，基本不会发热，温度稳定性也相对较好。因此，电容式分压器在高压领域应用较为广泛。

电容分压器外观及原理如图 5-8 所示，图中 C_1、C_2 分别为分压器的高、低压臂，U_1 为被测一次电压，U_{C1}、U_{C2} 分别为分压电容上的电压。

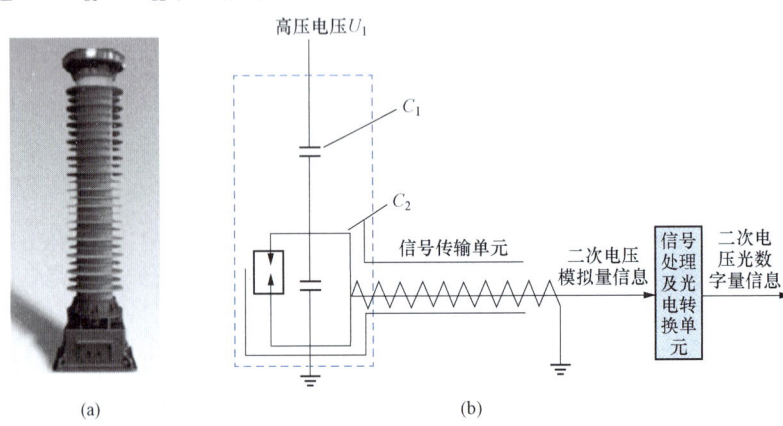

图 5-8 电容分压器型 EVT 外观及原理
(a) EVT 实物；(b) 接线示意图

由于两个电容串联,所以有 $U_1 = U_{C1} + U_{C2}$,根据电路理论,可以得出:

$$U_{C2} = \frac{C_1}{C_1 + C_2} U_1 = KU_1 \tag{5-1}$$

式中:K 为分压器的分压比,$K = C_1/(C_1 + C_2)$。

由式(5-1)可知,只要适当选择 C_1 和 C_2,即可得到所需的分压比,这即是电容分压器的分压原理。

3. 无源电子式互感器(OCT/OVT)

无源电子式互感器又称为光学互感器或光电式互感器。光电式电流互感器是基于法拉第磁光效应原理的传感器感应被测信号,按传感器材料形式可分为光纤和磁光晶体两种类型。除传感材料和测量方式的区别之外,它们都由传感头部、绝缘传导(光纤)和采集器构成。光电式电压互感器利用泡克尔斯(Pockels)电光效应或基于逆压电效应感应被测信号,现在研究的光学电压互感器大多是基于泡克尔斯效应。

光电式互感器传感头部分不需要复杂的供电装置,整个系统的线性度比较好。互感器利用光纤传输一次电流、电压的传感信号,至主控室或保护小室进行调制和解调,输出数字信号至合并单元供保护、测控、计量使用。无源电子式互感器结构如图 5-9 所示。传感器将一次电流、电压转变成电子电路允许测量的信号,由采集器单元就地完成模/数变换并调制成光信号,通过光纤把一次电流、电压数字量传送到位于集控室的合并单元。

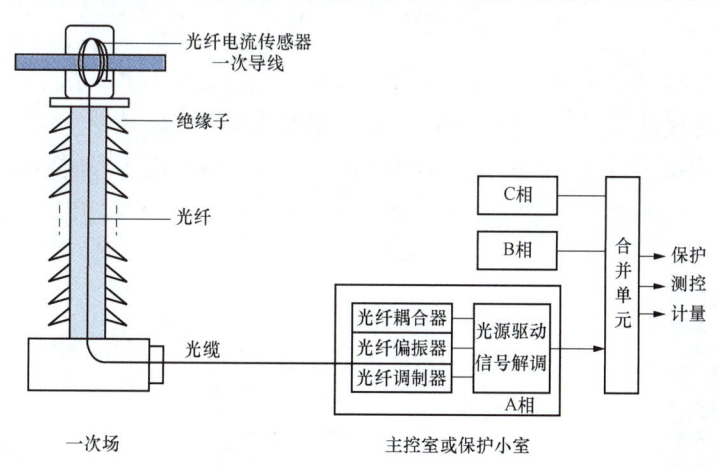

图 5-9 无源电子式互感器结构

(1)无源磁光玻璃型电子式电流互感器(OCT)。无源磁光玻璃型电子式电流互感器特点是一次传感器为磁光玻璃,绝缘性能天然优良。利用法拉第磁光效应原理感应被测信号,无须电源供电。其工作原理:线偏振光在磁光材料(如重火石玻璃)中受磁场的作用其偏振面将发生旋转,线偏振光旋转的角度 θ 与被测电流 I 成正比。无源磁光玻璃型电子式电流互感器原理如图 5-10 所示。

在图 5-10 中,偏振光的法拉第旋转角 φ 计算如下:

$$\varphi = V \int_L \vec{H} \mathrm{d}\vec{l} \tag{5-2}$$

式中:V 为光学材料的维尔德常数,它是介质的旋光特性;$\vec{H}$ 为磁场强度,它是由导体中流过的待测电流引起的;L 为光线在材料中通过的路程。

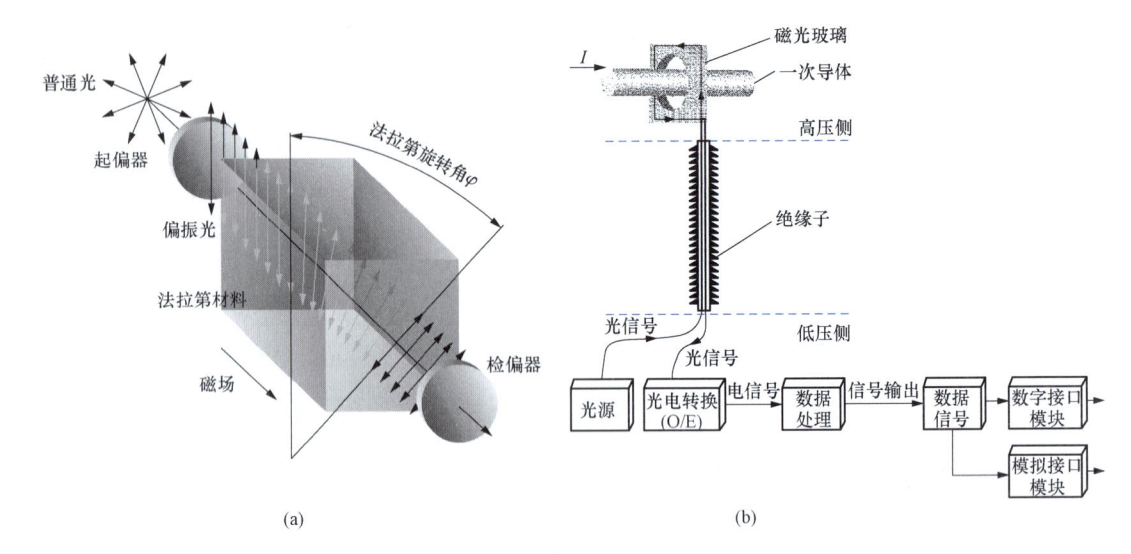

图 5-10 无源磁光玻璃型电子式电流互感器原理
(a) 法拉第磁光效应原理；(b) 电流互感器工作原理

若光路设计为闭合回路，由全电流定理可得

$$\varphi = V \oint \vec{H} \mathrm{d}\vec{l} = Vi(t) \tag{5-3}$$

只要测量出法拉第旋转角 φ，就可以按式（5-2）或式（5-3）求得磁场强度，从而间接测出产生这个磁场的电流。一般可采用光功率振幅检测和光功率相位检测两种方法测出法拉第旋转角 φ。法拉第磁光效应的全光电式电流互感器具有与电流和波形无关的线性化动态响应能力。不仅可以测量各种交流谐波，而且可以测量直流量。全光电式电流互感器的外观图例如图 5-11 所示。

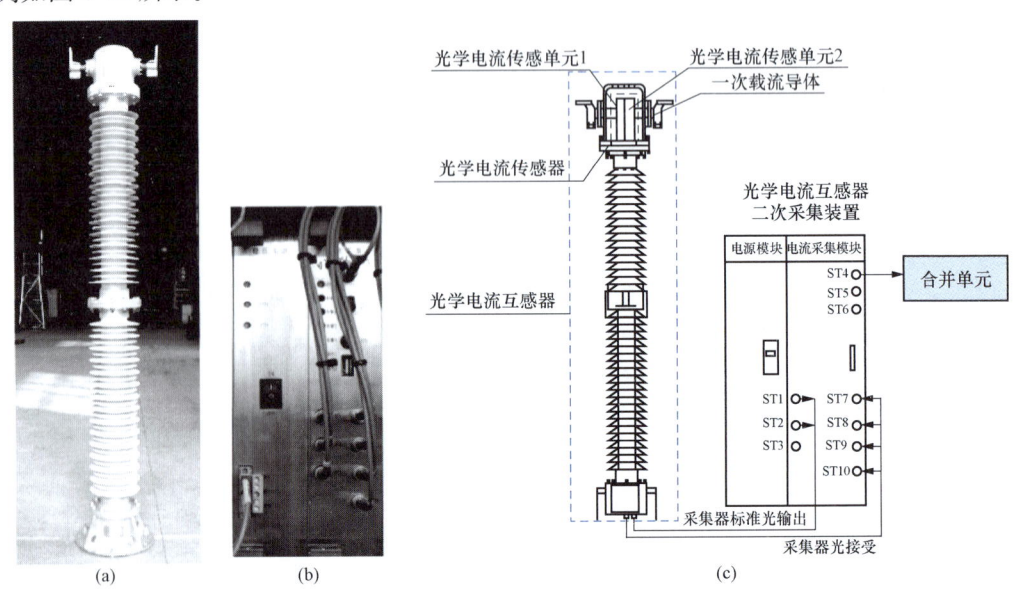

图 5-11 全光电式电流互感器的外观图例
（a）实物图；（b）二次采集装置实物图；（c）接线示意图

(2) 全光纤型电流互感器（FOCT）。全光纤型电流互感器的传感部分采用光纤，将光纤围绕被测载流导体形成闭合环路来测量电流，传输系统也采用光纤。传感原理基于法拉第效应，全光纤型电流互感器原理如图 5-12 所示。光源发出至线性偏光器，然后经过偏振分离器的光被分成两束线性偏振光波，并沿光纤向上传播到传感器并通过 1/4 波长滤波器产生右旋和左旋偏振光，在围绕导线的光纤环中传播，在终端两光波经反射镜的反射并发生交换，最终回到光电探测器处发生相干叠加。当一次导体中无电流时，两光波的相对传播速度保持不变，即物理学上说的没有出现相位差。而一次导体通上电流后，在通电导体周围的法拉第效应产生磁场作用下，两束光波的传播速度发生相对变化，即出现了相位差，最终表现的是探测器处叠加的光强发生了变化，通过信号处理单元检测光强的大小，即可测出对应的电流大小。

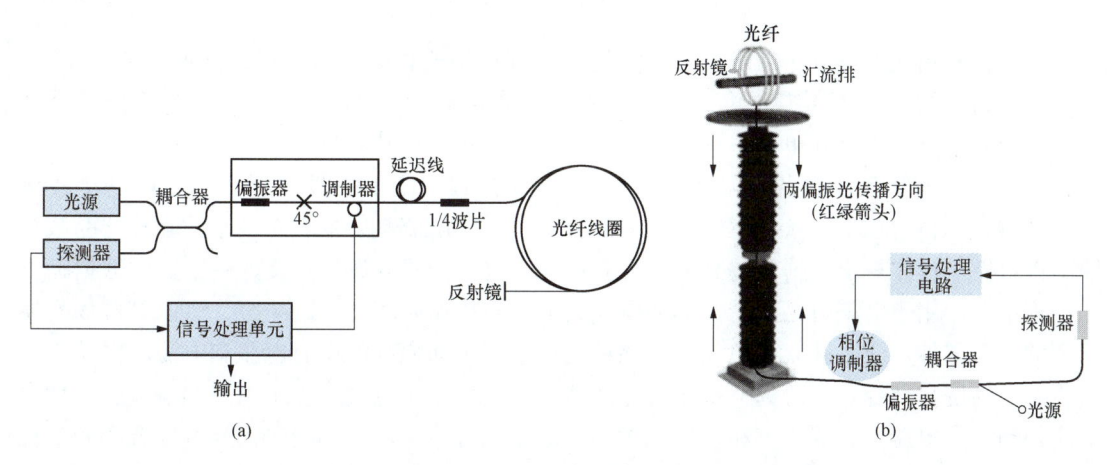

图 5-12 全光纤型电流互感器原理
(a) 原理接线图；(b) 实物接线展示图

(3) 无源式光电式电压互感器（OVT）。无源电子式电压互感器根据测量原理大致可以分为基于泡克尔斯（Pockels）效应和基于逆压电效应两种。其中，基于泡克尔斯效应的电压互感器是最为成熟的一种方案。

泡克尔斯效应是指外加电场使得某些电光晶体中出现线双折射的现象，并且双折射的大小正比于外加电场。外加电场垂直于光传播方向时发生线双折射，称为横向泡克尔斯效应；外加电场平行于光传播方向时发生线双折射，称为纵向泡克尔斯效应，能在外加电场作用下产生线双折射的晶体称为电光晶体。

基于泡克尔斯效应光电式电压互感器的测量原理如图 5-13 所示，光源发出的光经起偏器转变为线偏振光，当线偏振光照射到电光晶体表面时，分裂成振动方向相互垂直的两束光，两束光在电光晶体中由于折射率不同，相应的传播速度也不同，产生相位差，相位差与外加电压成正比。利用偏光干涉的方法将相位差变化转换为输出光强的变化，在检偏器处发生干涉，携带电场信号相位的干涉信号被探测器接收变成电信号进行解调，经光电变换及相应的信号处理便可求得被测电压。

4. 电子式互感器的数据输出接口

智能变电站采用电子式互感器转变一次电流/电压信号，合并单元控制电子式互感器内的采样模块按等时间间隔对二次模拟信号进行就地采样，输出的采样数据通过光纤传输至合

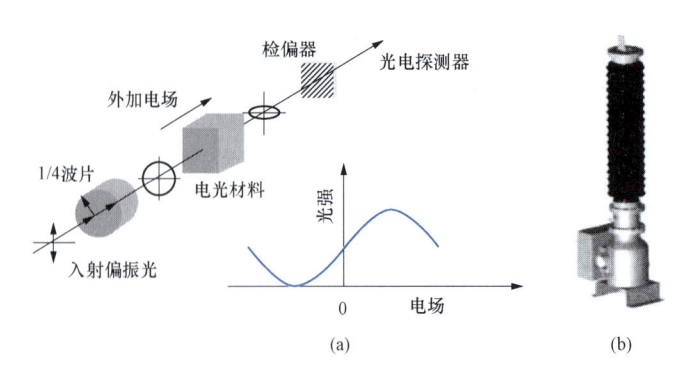

图 5-13 基于泡克尔斯效应光电式电压互感器的测量原理
(a) 工作原理；(b) 实物

并单元，合并单元进行排序处理后按一定的传输规约格式将采样数据经以太网传送至 IED。智能变电站中的 IED 不再需要输入接口模块，仅需增设以太网接口就可以得到多路采样数据。智能变电站要求合并单元采集的数据能"一处采集，全站共享"。

(1) 电子式互感器输出数据接口认知。IEC 60044-7《互感器 第 7 部分：电子式电压互感器》、IEC 60044-8《互感器 第 8 部分：电子式电流互感器》对电子式互感器的数据输出接口做了具体规定，这里提到的"合并单元"是电子式互感器定义的一个实现数据输出的物理单元，用于对来自二次转换器的电流或电压数据做时间相干的组合，可以是现场变换器中的一个部件，或是独立的单元。合并单元接收一个间隔内的所有电压和电流二次端信号实施统一的信号处理，一般为 7 个电流互感器（测量用三相电流、保护用三相电流、中性点电流）和 5 个电压互感器（三相电压、中性点电压和母线电压）的信号，经过综合和同期化处理，按照通信标准中的测量帧和保护帧的格式，把数据转换为数字量串行输出，分别发送给各个测量仪器、仪表和保护或控制装置，电子式互感器数字接口如图 5-14 所示。

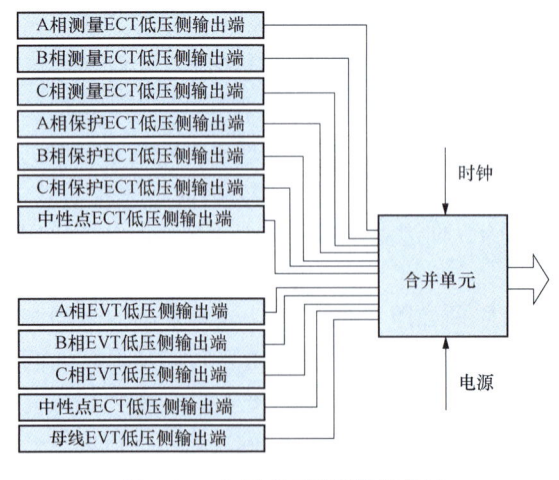

图 5-14 电子式互感器数字接口

(2) 合并单元的功能。电子式互感器的数字接口实际上是合并单元的数字接口。合并单元主要完成 3 个功能。

1) 同步功能。由于各个间隔的电子式互感器独立工作，为获得在同一时刻的电流、电压瞬时值，需要在各个远端模块之间实现同步。用来同步与合并单元连接的 12 路 A/D 转换电路，接收外部的同步输入信号，根据采样率的要求产生同步采样命令。

2) 多路数据采集处理功能。将采集到的电流、电压信息按指定格式实时发送到间隔层网络是合并单元的主要功能。合并单元在发出同步采样命令后将在同一时间段内接收 12 路的 A/D 转换电路输出的数字信号，并及时将数字信号进行适当转换，以方便后面的以太网络通信模块的使用。

3) 串口发送功能。合并单元将各路的有效信号按照标准规定的测量帧和保护帧格式组成数据帧后通过以太网络发送给保护、测量设备。

(3) 电子式互感器的输出。IEC 60044-7《互感器 第 7 部分：电子式电压互感器》、IEC 60044-8《互感器 第 8 部分：电子式电流互感器》对互感器的定义如下：一种装置，由连接到传输系统和二次转换器的一个或多个电流或电压传感器组成，用以传输正比于被测参数的数值量，供给测量仪器、仪表和继电保护装置或控制装置。在数字接口的情况下，一组电子式互感器共用一台合并单元完成此功能。从定义看，按照输出信号的类型划分，电子式互感器应该包含模拟量输出和数字量输出两种类型。

IEC 60044-7/8 中规定的电子式互感器额定二次输出均为电压输出，没有电流输出。电子式互感器模拟输出接口采用峰值为±10V 的电压输出，其中测量互感器二次额定输出为 4V 有效值，保护互感器二次额定输出为 200mV 有效值。这样设计保证了继电保护用电子式互感器可以测量的电流/电压可达到额定一次值的 40 倍（0%偏移，无直流分量）或 20 倍（100%偏移，全直流分量）而不会过载；测量用电子式互感器可以测量的电流/电压可达到额定一次值的 2 倍而不会过载的要求。模拟输出接口是为了与现有的变电站综合自动化系统兼容，利用变电站已有模拟接口二次设备的一种过渡措施。

电子式互感器的数字输出接口是变电站通信对电子式互感器的最终要求。其输出通过合并单元实现。测量用电子式互感器（ECT、EVT）数字输出的额定标准均方根值为十六进制的 2D41H（十进制为 11585），保护用电子式电流互感器（ECT）则为十六进制的 01CFH（十进制为 463），正溢出用 7FFFH 指示，负溢出用 8000H 指示。所列 16 进制数值，在数字侧代表额定一次电流。

三、合并单元

1. 合并单元概念

合并单元（MU）是指用来收集各互感器传输过来的多路电流、电压采样值并对其进行合并和同步处理，处理后的采样值数字信息按照通信标准格式转发给间隔层的二次设备（如测控装置、保护装置、录波装置等）使用的一个过程层关键接口设备。

2. 合并单元的主要功能

(1) 合并单元与电子式互感器的接口功能。对于采用电子式互感器的智能变电站，合并单元能够对互感器通过采集器输出的数字量及其他合并单元输出的电压/电流数字量进行合并处理。

(2) 接收数据的同步功能。由于数据从互感器输出到合并单元存在延时，且不同的采样通道间隔的延时还可能不同，再考虑电磁式互感器和电子式互感器可能的混合接入情况，为了能够给保护装置等提供同步的数据输出，需要合并单元对原始获得的采样数据进行数据的二次重构，即重采样过程，以保证输出同步的数据。合并单元的同步功能包括对接入合并单元的不同电子式互感器之间的同步及合并单元之间的同步。例如三相电流、电压间采样同步，变压器差动保护从不同电压等级的多个间隔间采样同步，母线差动保护从多个间隔间采样同步，线路纵差保护线路两端数据采样同步。

(3) 对接收数据的合并及处理功能。合并单元装置能够对各个间隔独立工作的互感器采样值进行关联合并；对采样值品质（失步、失真、有效性、接收数据周期、检修状态等）进行判别处理。

(4) 与保护、测控装置的接口功能。在智能变电站中，保护装置的采样值传输、断路器状态量获取、跳闸指令下达等都通过以太网数据帧形式，并以交换机及光纤为介质，由过程层网络执行通信。合并单元将各路的有效信号按照 IEC 61850 中数据格式标准规定的测量帧和保护帧格式组成 SV 报文，并上送订阅了该 SV 报文的保护、测控装置。保护、测控装置收到该 SV 报文后，进行内部逻辑判断，满足条件后保护动作并发 GOOSE 跳闸报文，订阅该 GOOSE 报文的智能断路器收到命令后，将动作于对应断路器的跳闸出口。

(5) 电压切换及并列功能。单母分段、双母线、双母单分段等主接线形式的母线合并单元需具备电压并列功能。母线电压合并单元通过 GOOSE 信号或硬节点形式输入母联断路器和相应隔离开关位置，通过母线电压并列命令控制并由逻辑判断后由软件实现并列功能；当合并单元对应间隔接双母线时，间隔合并单元接收两路母线电压信号，根据隔离开关的 GOOSE 信号或硬节点信号进行满足切换逻辑的电压切换。间隔合并单元应能实现电压的无缝切换。

(6) 装置自检及事件记录、故障报警功能。合并单元应能对装置本身的硬件或通信状态进行自检，并能对自检事件进行记录。具有掉电保持功能，并通过直观的方式显示。记录的事件包括电子式互感器通道故障、时钟失效、网络中断、参数配置改变等重要事件。在合并单元故障时应输出报警触点或闭锁触点。

3. 合并单元分类

合并单元可以按照输入量的类型和功能应用的不同进行分类，合并单元分类说明见表 5-4。

表 5-4 合 并 单 元 分 类 说 明

分类原则	合并单元类型	应用描述
前端输入不同	模拟量输入式合并单元	全部或部分接收常规互感器的模拟量数据，采用交流电压/电流模拟量输入的合并单元
	数字量输入式合并单元	全部或部分接收电子式互感器的数字量数据，采用交流电压/电流数字量输入的合并单元
功能应用不同	间隔合并单元	用于线路、变压器和电容器等电气间隔电气量采集，发送一个间隔的电气量数据。电气量数据典型值为三相电压、三相保护用电流、三相测量用电流、同期电压、零序电压、零序电流。对于双母线接线的间隔，间隔合并单元根据间隔隔离开关位置自动实现电压的切换输出
	母线合并单元	一般采集母线电压或者同期电压。母线合并单元可接收至少 2 组电压互感器数据，并支持向其他合并单元提供母线电压数据，在需要电压并列时可通过软件自动实现各段母线电压的并列功能

4. 合并单元的技术原理

合并单元连接示意图如图 5-15 所示。电子式互感器由连接到传输系统和二次转换器的一个或多个电流或电压传感器组成，用以传输正比于被测参数的测量值。在数字接口的情况下，由一组电子式互感器共用一台合并单元完成此功能。采集器实现模拟量向数字量转化。互感器输出的二次信号需经过采集器调理（包括滤波、移相、积分等环节）和 A/D 采样后再通过光纤输送到合并单元。合并单元的功能模块组成如图 5-16 所示，主要功能模块包括采集、处理、发送三部分。

（1）电气量采集技术。合并单元电气量输入的可能是模拟量，也可能是数字量。合并单元一般采用定时采集方法对外部输入信号进行采集。

1）模拟量采集。合并单元通过电压、电流变送器，直接对接入的常规互感器或电子式互感器的二次模拟量输出进行采集。模拟信号经过隔离变换、低通滤波器后进入中央处理单元采集处理并输出至 SV 接口。

2）数字量采集。合并单元采集电子式互感器的数字输出信号，数字输出信号有同步和异步两种方式。采用同步方式时，合并单元向各电子式互感器发送同步脉冲信号，电子式互感器收到同步脉冲信号后，对一次电气量开始采集、处理并发送至合并单元；采用异步方式时，电子式互感器按照自己的采样频率进行一次电气量采集、处理并发送至合并单元，合并单元必须处理采样数据同步问题。

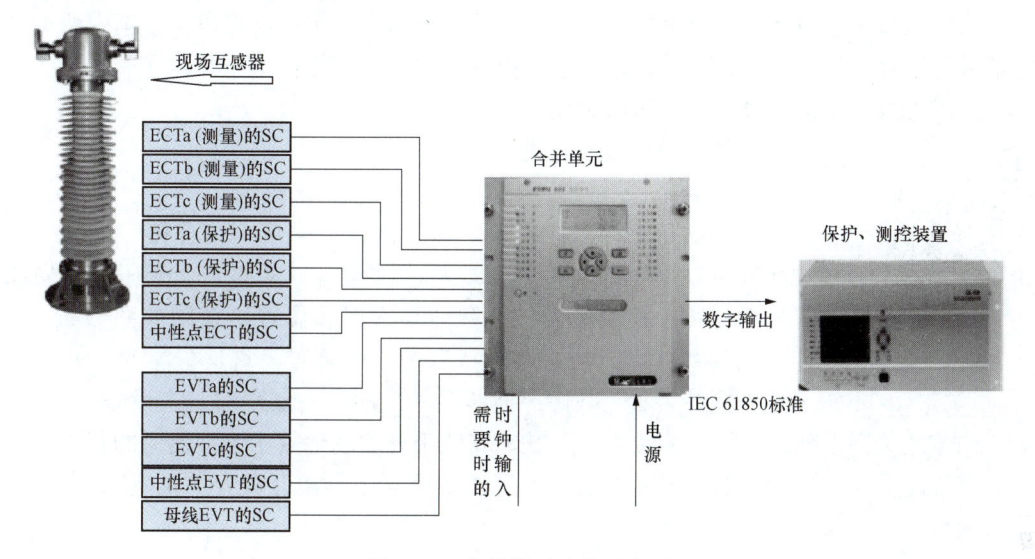

图 5-15 合并单元连接示意图

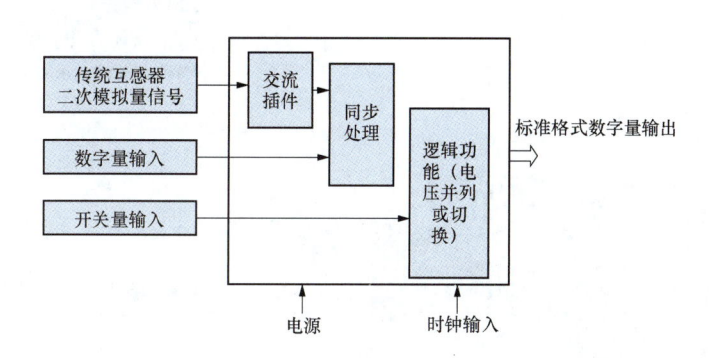

图 5-16 合并单元功能模块组成

（2）采样数据同步。进行重采样过程，以保证输出同步的数据。

（3）接口与协议。合并单元的输出接口协议主要有 IEC 60044-8 和 IEC 61850-9-2 通信协议，输入接口（即与互感器之间的通信）协议一般采用厂家自定义规约。

（4）状态量采集与发送。合并单元状态量（开关量输入量）输入可自身直接采集，或经 GOOSE 通信采集。

(5) 合并单元时钟同步。合并单元时钟同步的精度直接决定了合并单元采样值输出的绝对相位精度。合并单元广泛采用 IRIG-B 码（一种传递时间信息的编码格式）对时，另外 IEEE 1588 对时方式在智能变电站中也有一定范围的应用。

(6) 合并单元守时功能。合并单元要求在时钟丢失 10min 内，其内部时钟与绝对时间偏差保证在 4μs 内。

5. 不同电压等级下合并单元配置方案

220kV 及以上电压等级系统，由于继电保护装置的双重化（或双套）配置，其合并单元也应双重化（或双套）配置和保护装置相对应；110kV 电压等级系统，合并单元宜采用单套配置，和保护装置相对应。对于双重化配置的变压器保护，变压器各侧及公共绕组的合并单元均按双重化配置，中性点电流、间隔电流并入相应侧的合并单元。

母线电压应配置单独的母线电压合并单元。母线电压合并单元应可以接收至少两组电压互感器数据，并支持向其他合并单元母线电压数据，根据需要提供电压并列功能。各间隔合并单元所需母线电压量通过母线电压向单元转发。

四、智能终端及其功能

1. 智能终端概念

智能终端是一种二次设备，与一次设备采用电缆连接，与保护测控等二次设备采用光纤连接，实现对一次设备（断路器、变压器、隔离开关等）的监测、控制等功能。智能终端安装位置示意图如图 5-17 所示。智能终端装置是智能变电站所特有的智能装置，它是智能变电站继电保护装置、测控装置、故障录波装置等二次设备实现对一次设备信息采集、控制、调节的关键设备。智能终端装置一般就地安装于开关场地或主变压器旁的智能终端柜中，兼有传统操作箱功能和部分测控功能；实现了断路器、隔离开关开关量输入/输出命令和信号的数字化。

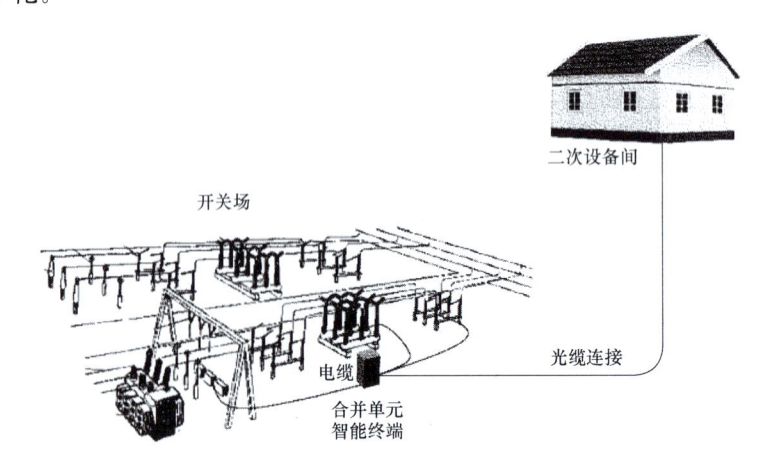

图 5-17 智能终端安装位置示意图

智能终端作为现阶段智能变电站过程层设备，主要完成：①一次设备断路器、主变压器的数字化接口改造，实现一次设备信息的就地采集和上传；②接收并下载保护装置、测控装置的跳闸/合闸 GOOSE 命令，并驱动相应的出口回路完成本间隔内各开关元件分闸/合闸控制功能；③接收授时命令，并准备对时、授时。

断路器智能终端的出现，改变了断路器的操作方式，除了输入/输出触点外，操作回路功能通过软件逻辑实现，操作回路接线大为简化；改变了保护装置的跳合闸出口方式，微机保护装置通过光纤接口接入断路器智能终端实现跳闸/合闸，保护装置之间的闭锁、启动信号也由常规的硬触点、电缆连接改变为通过光纤、以太网交换机连接。

2. 智能终端实现的功能

在运行中，不仅可以方便地通过智能终端直接对断路器、隔离开关进行就地操作或接收监控系统的命令进行遥控操作。同时，也能对自身及操动机构运行状况进行监测、诊断，确保操动机构在正常状态下运行。断路器智能终端功能主要有：

（1）采集断路器位置、隔离开关位置等一次设备的开关量信息，以 GOOSE 通信方式上送给保护、测控等二次设备。

（2）接收和处理保护、测控装置下发的 GOOSE 命令，对断路器、隔离开关和接地开关等一次断路器设备进行分闸/合闸操作。

（3）控制回路断线监视功能，实时监视断路器跳闸/合闸回路的完好性。

（4）断路器跳闸/合闸压力监视与闭锁功能。

（5）闭锁重合闸功能。根据遥跳、遥合、手跳、手合、非电量跳闸、保护永跳、装置上电、闭锁重合闸开关量输入等信号合成闭锁重合闸信号，并通过 GOOSE 通信上送给重合闸装置。

（6）环境温度和湿度的测量功能。

3. 智能终端分类

智能终端根据控制对象不同分类，智能终端分类见表 5-5。

表 5-5　　　　　　　　　　　智 能 终 端 分 类 表

分类原则	智能终端类型	应用描述
控制对象不同	三相智能终端	三相智能终端与采用三相联动操动机构的断路器配合使用，一般用于 110kV 及以下电压等级
	分相智能终端	分相智能终端与采用分相操动机构的断路器配合使用，一般用于 220kV 及以上电压等级
	本体智能终端	包含完整的变压器、高压并联电抗器本体信息交互功能（非电量报文、调挡及测温等），并可提供用于闭锁调压、启动风冷、启动充氮灭火等出口触点

4. 智能变电站中智能终端的配置

典型线路间隔配置示意图如图 5-18 所示。智能变电站中智能终端的配置应遵循以下原则：

（1）220kV 及以上电压等级智能终端按断路器实行双重化配置（即每台断路器配置两套智能终端），并且每套智能终端都应具备完整的断路器信息交互功能。

（2）110kV 智能终端宜单套配置。对于 35kV 及以下（主变压器间隔除外），若采用户内开关柜保护测控下放布置时，可不配置智能终端；若采用户外敞开式配电装置保护测控集中布置时，宜配置单套智能终端。

（3）每台变压器、高压并联电抗器配置一套本体智能终端，本体智能终端包含完整的变压器、高压并联电抗器本体信息交互功能（非电量动作报文、调挡及测温等），并可提供用于闭锁调压、启动风冷、启动充氮灭火等出口触点。

（4）智能终端应采用就地安装方式，放置在智能控制柜中。

（5）智能终端跳闸/合闸出口回路应设置硬压板。

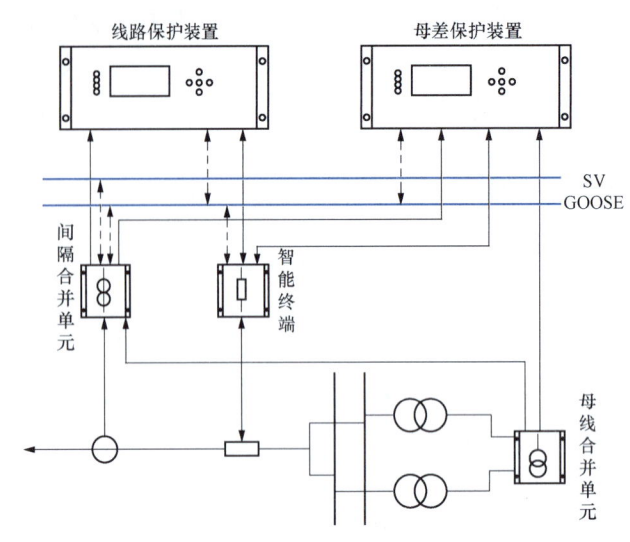

图 5-18 典型线路间隔配置示意图

5. 智能终端应用实例

PCS-222C 智能操作箱适用于 110kV 及以下电压等级智能变电站一次开关设备操作的智能终端。它支持实时 GOOSE 通信，通过与保护和测控等装置相配合能够实现对断路器、隔离开关的分闸/合闸操作，同时能够就地采集断路器、隔离开关等一次设备的开关量信号，满足 GOOSE 点对点直跳的需求。

PCS-222C 智能终端的面板布置图如图 5-19 所示，该智能终端含有电源插件、CPU 插件、GOOSE 插件、开关量输入插件、继电器出口及人机对话插件等。

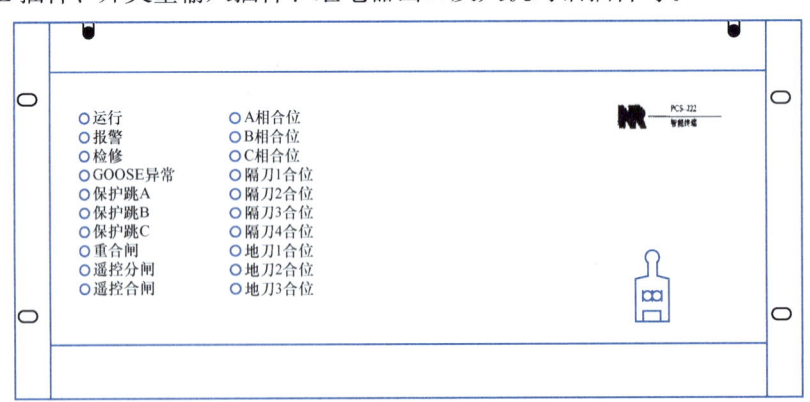

图 5-19 PCS-222C 智能终端面板布置示意图

面板的人机接口功能由专门的人机接口模块实现。人机接口模块将用户需要重点关注的信息提取出来，并通过点亮或者熄灭指示灯来显示相关信息。各指示灯说明如下：

(1) 运行灯：灯为绿色，装置正常运行时处于点亮状态，软硬件故障时灯灭。

(2) 报警灯：灯为黄色，发生报警信号时灯被点亮，可通过菜单查看报警信息。

(3) 检修灯：灯为黄色，检修压板投入时检修灯亮。

(4) GOOSE 异常：灯为黄色，当检测到 GOOSE 通信异常时闪烁。

(5) 保护跳 A/B/C：灯为红色，当接收保护跳闸 GOOSE 命令时灯亮。

(6) 遥控分闸/遥控合闸：灯为红色，当装置收到测控分、合闸命令而动作时点亮。

(7) "隔刀 1 合位""隔刀 2 合位""隔刀 3 合位""隔刀 4 合位""地刀 1 合位""地刀 2 合位""地刀 3 合位""地刀 4 合位"：灯为红色，指示当前 4 把隔离开关、4 把接地开关的位置。

任务二 认识智能化一次设备

学习目标

该学习项目主要教学内容为智能变压器、智能化开关设备、智能组件的技术应用。熟悉变压器、高压断路器在线监测的主要内容。智能组件是智能化一次设备的核心器件，通过智能组件实现设备实时在线分析决策、先进的智能控制及调节、友好互动等功能。

知识目标：掌握智能变压器的组成及功能应用；熟悉智能断路器的构成及功能应用。掌握智能组件的定义、属性及组成。

能力目标：能说明电气设备在线监测技术的基本组成，能描述变压器、断路器常规在线监测技术及应用场景；正确使用智能高压设备，能描述智能组件的组成要素。

素质目标：学生应该具有严谨的工作态度，养成自主学习习惯；培养学生读图、识图能力及分析问题能力；培养良好的电力安全意识与职业操守。

任务描述

随着电网"设备智能化"的不断发展，传统意义上的一、二次设备间的界限也将逐渐模糊，一次设备通过安装内置或外置传感器和集成智能组件，逐步发展成智能化设备。一次设备高度集成二次功能，具有统一的通信平台和标准的接口，结构紧凑，运行稳定，这也正是智能变电站的主要特征之一。

学习智能化一次设备的智能组件，了解高压设备不但可以根据运行的实际情况进行操作上的智能控制，同时还可根据在线检测和故障诊断的结果进行状态检修。熟悉智能化一次设备体现"智能"的措施及技术应用。通过相关实训环节，使学生对变电站和智能高压设备等相关知识有更深入的理解，并能进一步增强学生理论联系实际的能力。

任务准备

学习和认知智能变电站一次设备的智能化，要学习智能组件的定义、属性、组成，理解一次设备智能化的基本技术特征，熟悉一次设备智能化的实现途径。提前预习以下引导问题。

引导问题 1：一次设备智能化的实现途径有哪些？

引导问题 2：一次设备智能化的基本技术特征是什么？

引导问题 3：智能组件的定义、属性、组成是什么？

引导问题 4：变压器智能化体现在哪些方面？

引导问题5：断路器智能操作的优越性有哪些？

📖 任务实施

1. 实施地点

智能变电站实训室，或智能变电站现场教学。

2. 实施所需器材

（1）多媒体教学设备。

（2）一套智能变电站系统实物；可以利用智能变电站实训室装置，或实地参观典型智能变电站。

（3）智能变电站音像视频材料。

3. 实施内容与步骤

（1）学生分组。4～5人一组，每个小组推荐1名负责人，组内成员分工明确，规定时间内完成项目任务，建立"组内讨论合作，组间适度竞争"的学习模式，培养团队合作和有效沟通能力。

（2）认知与资讯。指导教师下发"智能一次设备的'智能'实现""智能高压设备认知实训"项目任务书，布置工作任务。说明完成实训任务需具备的知识、技能、态度，说明观看或参观设备的注意事项，说明观看设备的关注重点。帮助学生确定学习智能组件的定义、属性、组成及架构，智能变压器的组成、功能，智能化开关设备的组成及功能等学习目标，明确学习重点；通过图片、实物、视频资料、多媒体演示等手段，演示与讲授学习内容有关的案例，增强学生的感性认识，激发学习兴趣。运用讲述法，任务驱动法，小组讨论法，实践操作法，部分知识讲解、部分知识指导、学生看书回答问题、讨论等教学方法实施教学。

学生分析学习任务、了解工作内容，明确学习目标、工作方法和可使用的助学材料，智能变电站实训室应具备网络资源（包括专业网站、普通网站等），学生可通过手机、平板电脑等不同途径查阅相关资料，获得智能化设备技术说明书、教材、图书馆资料、学习项目实施计划等，并根据引导通过认知、资讯的方法学习掌握相关的背景知识及必备的理论知识，并对采集的信息进行筛选和处理。

（3）计划与决策。学生进行人员分配，制订工作计划及实施方案，设计和编写完成各项任务的操作步骤，以及操作过程中的注意事项。教师提供帮助、建议，保证决策的可行性。教师审核工作计划及实施方案，引导学生确定最终实施方案，培养学生运用理论知识解决实际问题的能力。

（4）操作与实训1：观摩研讨式学习。讨论主题：智能一次设备的"智能"实现。

结合智能变电站实训室实际设备，对智能化一次设备的主要知识点进行学习。可以采用观摩、讨论、指导教师讲解相结合的方式实施，通过实践练习法，应用学习项目中智能组件的定义、属性、组成及组成架构，智能变压器、智能断路器组成及功能知识。学生分组进行讨论，明确小组分工及成员合作的形式，通过学习、讨论，培养学生的学习能力、方法能力与独立解决问题的能力。

依照实训现场的智能变压器、智能断路器等智能化一次设备及其附件，主要学习智能变压器及其智能组件、智能断路器及其智能组件。对照实训场地实物，熟悉智能化一次设备的"智能化"部分构成、性能原理、实施功能、主要特点等，熟悉智能变压器、智能断路器的测量功能、控制功能、在线监测功能、保护及报警功能、通信和信息交互功能。

(5) 操作与实训2：智能高压设备认知实训。

高压电气设备是高压输、配电网的核心元件，担负着对整个电网输、供/用电系统的控制、调节、监测、变换、保护等重大任务，是输、供、配电技术的基础设施，也是学生学好电网输、供、配电技术的基础。

实训目的是让学生认识并掌握智能高压设备（如智能变压器、智能断路器等）的图形符号型号、作用、接线、使用注意事项等相关知识，熟悉智能组件的性能与技术。

实训方法可以采用教师讲解任务项目及相关知识点，实训室内直接查找实物，并按教师要求观察记录，学生小组讨论，最后将了解到的信息以小组为代表向大家展示汇报，撰写实训报告。

实训内容可以根据实训条件从智能高压设备的展示实验、高压断路器监测实验、变压器状态监测实验等方面展开，采取分组循环或统一演示实验等实施方法。实验过程中，通过监控软件可以实时观测高压电子式互感器送来的电压、电流测量信息、断路器监测与状态信息，以及变电站监测系统的监测信息等。此外，通过对各种高压设备及其监测装置工作原理和构成的现场讲解，使学生对智能高压设备和装置加深了解。

在实施智能高压设备认知实训中，完成表5-6～表5-8，并把记录表体现在实训报告中。

表5-6　　　　　　　　　　　观察智能高压设备记录表

序号	列举出3~4种智能高压设备	描述智能高压设备智能化前的主要作用	描述智能高压设备配置的智能组件有哪些	描述智能高压设备配置智能组件后具备的智能功能	备注
1					
2					
3					
…					
疑问记录					
询问后对疑问理解记录					

表5-7　　　　　　　　　　　智能变压器观察记录表

序号	智能变压器的主要组成部分列举	智能变压器体现智能化的五个方面	列举智能组件柜包含的6例IED	列举智能组件柜包含的6例IED对应实现的功能	智能变压器与传统变压器性能比较列举	备注
1						
2						
3						
4						
5						
…						
疑问记录						
询问后对疑问理解记录						

表 5-8　　　　　　　　　　　　　智能断路器观察记录表

序号	列举智能断路器的主要组成部分	列举智能断路器的4例智能组件	列举智能断路器4例智能组件对应实现的功能	列举4种智能断路器操作的优越性	列举智能断路器展现出的4种主要功能	备注
1						
2						
3						
…						
疑问记录						
询问后对疑问理解记录						

（6）检查与评估。学生汇报计划与实施过程，回答同学与指导教师的问题。重点检查智能化一次设备技术原理的基本知识。师生共同讨论、评判观摩操作中出现的问题，共同探讨解决问题的方法，最终对工作任务进行总结。教师与学生共同对学生的工作结果进行评价。

1）自评：每位学生对自己的实训工作结果进行检查、分析，对自己在该项目的整体实施过程进行全面评价。

2）互评：以小组为单位，通过小组成员相互展示、介绍、讨论等方式，进行小组间工作成果优缺点互补，并对小组内部其他成员或对其他小组的工作结果进行评价和建议。

3）教师评价：教师对互评结果进行评价，指出每个小组成员的优点，并提出改进建议。

以上评价采用过程考核和绩效考核两种方法。过程考核包括任务完成的过程中学习态度和方法，回答分析问题的情况，帮助其他同学的情况，网搜资料的情况等。绩效考核依据的是制定任务完成的成绩，包括实验操作及结果、平时实验、读图训练等。

相关知识

变电站设备主要包括变压器、断路器、互感器、母线等一次设备和变电站综合自动化系统、辅助系统、智能组件等二次设备。一次设备智能化是智能变电站的重要标志之一。采用标准的信息接口，实现集状态监测、测控保护、信息通信等技术于一体的智能化一次设备，可满足整个智能电网电力流、信息流、业务流一体化的需求。

一、变电站一次设备智能化认知

Q/GDW 2410—2010《高压设备智能化技术导则》中对智能一次设备的定义：智能一次设备是由高压设备本体和智能组件组成，具有测量数字化、控制网络化、状态可视化、功能一体化和信息互动化特征的高压设备。

一次设备智能化是指使电力系统一次设备具有准确的感知功能、正确的思维判断功能、有效的执行功能、能与其他设备交换信息的双向通信功能，能自动适应电网、环境及控制要求的变化并始终处于最佳运行工况的方法，以及由此形成的装置设备。具体而言，感知功能包括对设备自身的特征参数、各种运行参数及系统参数的检测和采集；思维判断功能是对自身和系统状态进行评估，并作出相应的控制，可依靠计算机和数字信号处理器（DSP）来完成；执行功能是指对电力系统一次设备的操动与调节；通信功能是指基于标准通信协议（如 IEC 61850）实现与其他设备交换信息。

1. 变电站实现一次设备智能化的益处

（1）智能化一次设备通过先进的状态监测手段和可靠的自评价体系，可以科学地判断一次设备的运行状态，识别故障的早期征兆，并根据分析诊断结果为设备运维管理部门合理安排检修，为调度部门调整运行方式提供辅助决策依据，在发生故障时能对设备进行故障分析，对故障的部位、严重程度进行评估。

（2）目前电网大规模间隙发电和分布式发电的接入，要求电网具有很高的灵活性，而一次设备智能化是满足这种要求的重要基础。

（3）把一次设备智能化的信息传输至信息平台，建设变电站状态监测系统，智能变电站通过状态监测单元实现主要一次设备重要参数的在线监测，为电网设备管理提供基础数据支撑。

（4）实时状态信息通过专家系统分析处理后可作出初步决策，实现站内智能设备自诊断、自我动作等功能。

2. 一次设备智能化的实现途径

一次设备的智能化通过外附智能组件实现。智能组件由测量、控制、检测、保护等智能电子设备组成，就近安装于一次设备旁。保护装置的就地化，符合一次设备智能化的发展趋势。

3. 智能化一次设备的基本技术特征

（1）测量数字化。传统测量全部实现就地数字化测量。如基本状态参量，包括变压器油温、有载分接开关分接位置，开关设备分/合位置等。重要参量由节点信息转化为连续测量信息（如油压、气体聚集量等）；测量结果可根据需要发送至站控层网络和过程层网络，用于高压设备或其部件的运行与控制。

（2）控制网络化。对有控制需求的高压设备或其部件实现基于 IEC 61850 的网络控制；主要参量控制转变为基于多参量聚合的智能控制。如变压器冷却装置、有载分接开关、开关设备的操动机构等。

（3）状态可视化。设备状态可视化包括两个方面的内容：一是基于自监测信息和经由信息互动获得的高压设备其他状态信息，通过智能组件的自诊断，完成设备状态确认。例如对断路器来说可以通过监测断路器的分闸/合闸速度、分闸/合闸时间、分闸/合闸线圈电流波形、储能电机电流等来判断断路器操动机构的状态。二是向相关系统广播设备状态。

（4）信息互动化。信息互动化包括两个方面：一是与调度系统交互：智能化高压设备将其自诊断结果报送（包括主动和应约）到调度系统，使其成为调度决策和高压设备事故预案制定的基础信息。二是与设备运行管理系统互动：包括智能组件自主从设备运行管理系统获取宿主设备其他状态信息，以及将自诊断结果报送到设备运行管理系统。

（5）功能一体化。在高压设备设计中集成必要的传感器和执行器，实现传感器和执行器与高压设备的一体化；将互感器与变压器、断路器等高压设备进行一体化设计，实现传统一次与二次的一体化；在智能组件中，将相关测量、控制、计量、监测、保护进行一体化融合设计。智能变电站工程实践应用的装置，如智能终端、合并单元装置、测控装置、计量装置等已经使宿主设备具有测量数字化、控制网络化等特点。

4. 智能化高压一次设备的组成架构

智能化高压一次设备在组成架构上包括以下三部分：

（1）高压一次设备本体。

（2）传感器或/和执行器，内置或外置于高压设备或其部件。

（3）智能组件。通过传感器或/和执行器，与高压设备形成有机整体，实现与宿主设备相关的测量、控制、计量、监测、保护等全部或部分功能。

根据高压设备的类别和现场实际情况，智能组件与执行器之间由模拟信号电缆或光纤网络连接，传感器与智能组件之间通常由模拟信号电缆连接。执行机构、传感器、互感器及智能组件可分离制造，通过就近安装组合实现一次设备智能化，也可通过工厂集成制造直接融合为智能设备。

二、智能组件

1. 智能组件的定义

Q/GDW 383—2009《智能变电站技术导则》中智能组件定义：由若干智能电子装置集合组成，承担宿主设备的测量、控制和监测等基本功能；在满足相关标准要求的同时，还可承担相关计量、保护等功能；可包括测量、控制、状态监测、计量、保护等全部或部分装置。

智能组件是服务于一次设备的测量、控制、状态监测、计量、保护等各种附属装置的集合，包括各种一次设备控制器（如变压器冷却系统汇控柜、有载调压开关控制器、断路器控制箱等）及就地布置的测控、状态监测、计量、保护装置等。组成智能组件的各种装置，从物理形态上可以是独立分散的，在满足相关标准要求时，也可以是部分功能集成的。用于设备状态监测的传感器可以外置，也可以内嵌。但是智能组件的发展趋势是功能集成、结构一体化。

智能组件的三个属性：①是一个物理设备；②是宿主高压设备的一部分；③由一个以上的智能电子装置组成。

2. 智能组件的组成

（1）传感器。传感器是高压设备的状态感知元件，通常安置在高压设备内部或外部，其信息流向是从传感器（高压设备）到智能组件，用于将高压设备的某一状态参量转变为可采集的信号。如 SF_6 压力传感器、变压器油中溶解气体传感器等。传感器不包括集成于高压设备的各类型互感器等原属一次设备的功能元件。

外置传感器置于高压设备或其部件外部（含外表面），如贴附于变压器主油箱外壁，用于变压器振动波谱监测的振动传感器。内置传感器置于高压设备或其部件内部，如内置于变压器主油箱、用于局部放电监测的特高频传感器。

（2）执行器。执行器是高压设备状态调整的执行元件，其信息流向是从智能组件到执行器（高压设备），如开关设备的操动机构等。传感器和执行器是高压设备与智能组件之间的纽带和桥梁。

（3）控制器。控制器是一种向执行器发布控制信息、采集受控对象状态信号的智能电子装置。控制器的控制信息可以是控制器根据采集信息自主生成的，如变压器冷却系统控制器的控制信息，也可以是来自其他装置的控制信息，如开关设备控制器接收继电保护装置的控制信息等。

智能组件一般就地安置在宿主设备旁，智能组件与执行机构、互感器之间由模拟信号电缆或光纤网络连接，智能组件与传感器之间一般由模拟信号电缆连接。

三、电力变压器的智能化

常规电力变压器包含变压器本体及冷却装置、有载调压分接开关、套管电流互感器、油温及油位指示、绕组温度测量、气体继电器、压力释放装置、端子箱等附件。电力变压器本体通过出线套管接入变电站一次系统，变压器附件为变压器的控制、测量、保护及报警提供触点输出或模拟接线。

变压器纵差动保护原理

电力变压器技术的发展趋势是具备超（特）高压、大容量、少油甚至无油化、智能化等特点。智能变压器是指一个能够在智能系统环境下，通过网络与其他设备或系统进行交互的变压器。需要配置内置或外置必要的传感器，采集更多有关电力变压器运行状态、控制状态和可靠性状态的信息，和执行器在其智能组件的管理下，对采集信息进行自主就地处理，形成智能化的结果信息，为电力变压器的智能控制、电网优化运行以及电力变压器的优化检修提供信息支撑。

1. 智能变压器的构成与原理

智能化变压器由变压器本体和智能组件组成；变压器本体包括各种变压器本体健康状态监测传感器、各控制器、电子式电流、电压互感器；智能组件包括监测功能组（由主 IED 和其他监测 IED 组成）、合并单元。油浸式智能化电力变压器示意图如图 5-20 所示，其主要的部分组成如下：

（1）变压器本体。

（2）控制器。如控制分接头位置的无载调压和有载调压，实现电压质量调节控制功能。

（3）传感器。可实现对变压器运行状态的实时在线监控。

（4）智能组件。作为变压器智能核心，智能组件有强大的数据采集、处理、通信、存储功能。其对变压器运行参数，如电压、电流、功率、功率因数、温度等进行监测，并根据控制原则实时控制，实现遥测、遥信、遥控功能。在变压器供电回路出现故障时，智能组件还应及时报警，为检修人员快速定位和处理故障提供良好的帮助。

传感器采集变压器本体的特征参量，智能组件采集传感器信息，合并单元采集系统电压、电流数据等，按 IEC 61850 要求，以 MMS 报文和 GOOSE 报文的形式传输给测控装置、保护装置和监控后台。在接收远方控制命令进行出口控制的同时，智能组件可结合变压器的就地运行情况实现智能化的非电量保护、风冷控制、有载分接开关控制及运行状态的监视和综合判断功能。

2. 智能化变压器的特点

智能变压器的智能化主要体现在以下方面：

（1）测量就地数字化。与运行控制直接相关的参量，如变压器油温、分接开关分接位置，开关设备分、合闸位置等就地数字化测量。

（2）控制功能网络化。对有控制需求的部件实现基于网络控制，如变压器冷却装置、有载分接开关和开关操动机构等。

（3）状态评估可视化。以传感器信息为基础，把设备状态信息通过智能组件的自诊断，以可辨识的方式，使设备状态在电网中可观测。对变压器的运行、控制状态进行评估并形成

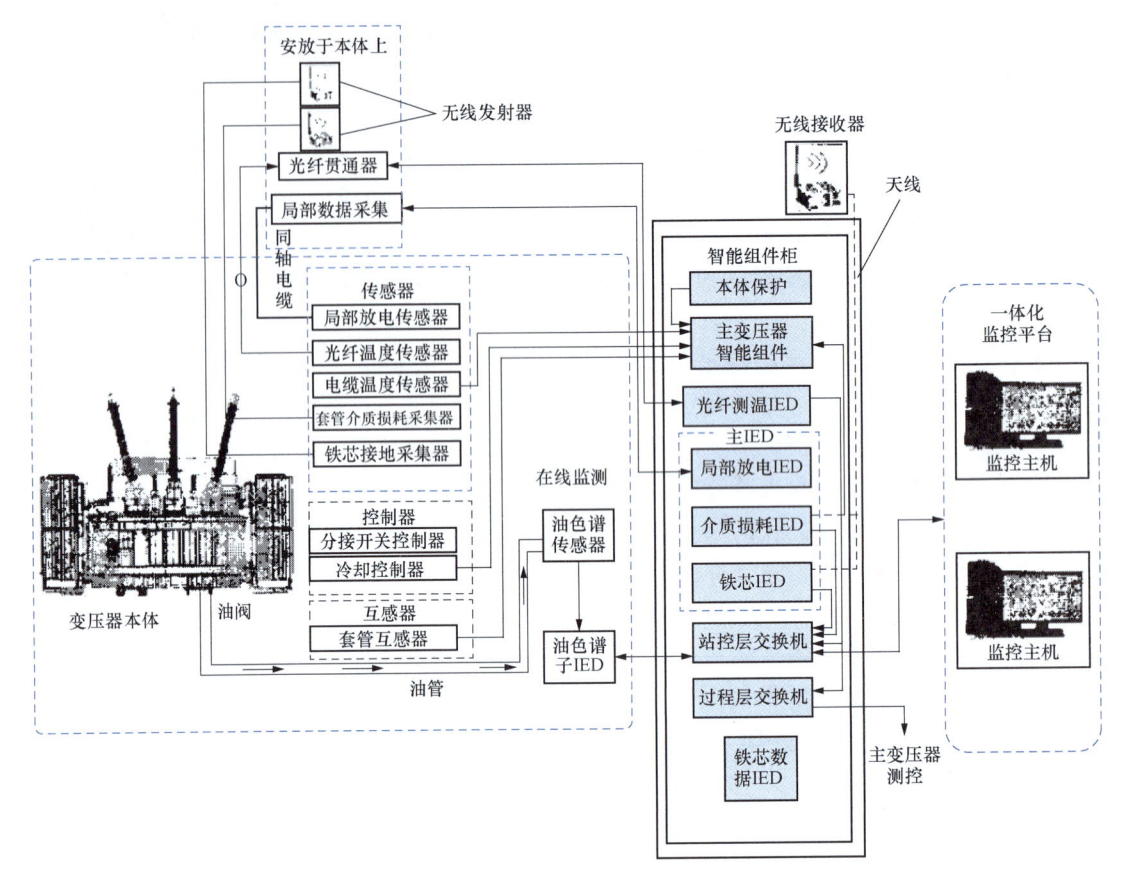

图 5-20 油浸式智能化电力变压器示意图

可视信息。

(4) 信息交互自动化。评估信息应上传至调控中心和管理系统,支持调控的协调优化控制和变压器状态检修。

(5) 一体化设计。传感器、智能组件及组合形式与设备本体一体化设计、制造。设备内部的传感器,其设计寿命应不小于被监测设备的使用寿命;智能组件采用嵌入式模块化功能设计,同时在一体化设计和制造的基础上,实现一体化调试和试验。

3. 电力变压器的智能化技术

智能化变压器除变压器本体外,在过程层配置智能组件柜,智能组件柜包括检测单元(分为检测主 IED 和子 IED)和合并单元、智能终端。配备智能组件与装有传感器的变压器对接,通过传感器采集变压器实时状态数据,再通过智能专家系统评估,对变压器潜伏性故障、早期故障及突发性故障做出预先判断,从而实现变压器的智能化,确保电力变压器能够安全、可靠、经济运行。

在智能组件柜内的各 IED 应独立供电,彼此电气隔离,且通过光纤进行通信。智能组件内所有 IED 都应接入过程层网络,与站控层设备有信息交互需要监测的,主 IED 还应接入站控层网络。智能组件内各 IED 与监测主 IED 的通信采用 MMS 服务,其他 IED 之间的通信采用 GOOSE 服务。智能变压器配置的智能组件柜示意图如图 5-21 所示。

（1）集成电子式互感器，实施智能变压器的测量数字化。智能变压器利用集成的电子式互感器，通过合并单元，获取电力系统运行和控制中需求的本间隔各类TA、TV信号，并将合并信息传至过程层网络和继电保护装置。具备数据采集和处理单元，各种参量以数字形式提供，信息的后续传输、处理与存储也是以数字化形式进行。如测量各侧负荷电流及中性点电流，进行保护和状态感知。

（2）配备有载分接开关（OLTC）控制智能组件IED，实施有载调压智能控制。基于变压器本体测控参量，有载分接开关控制 IED 从站控层网络获取数据信息（电流、电压有效值），获取控制信息，根据设定的调压控制方式，自动向有载调压开关控制器发出调节指令，从有载分接开关就地控制器获取挡位、操作次数、OLTC 异常状态（如电源故障、拒动）等信息，并发送至站控层网络。

（3）配备冷却装置控制智能组件 IED，实施变压器冷却装置的智能控制。冷却装置控制 IED 从过程层网络获取相关信息（油面温度、底部油温度、绕组温度、负荷电流等），评估绕组的热点温度，判断冷却装置运行是否异常，冷却装置开启组数参量用于控制冷却装置负荷匹配及运行状态。通过就地控制器控制冷却装置，并将冷却装置的运行状态信息返回至冷却装置控制 IED。

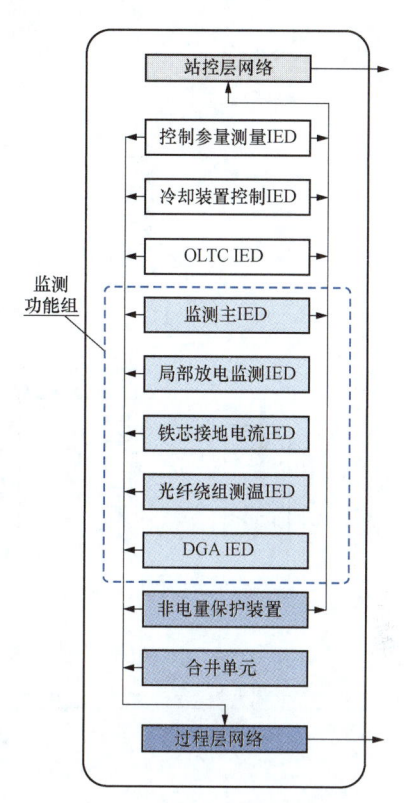

图 5-21 智能变压器配置的智能组件柜示意图

（4）配备在线监测智能组件 IED，实施变压器状态监测。智能变压器是在传统变压器中安装状态监测传感器，对油中溶解气体、油中微水、油色谱、套管绝缘、局部放电、温度负荷进行在线监测，实现对变压器所有主要部件进行监控。智能变压器状态监测采集配置如图 5-22 所示。

1）变压器油中溶解气体及微水监测分析。油中溶解气体的成分和含量可以作为反应充油式电力变压器绝缘故障的特征量，对变压器的 40% 的缺陷都能反映，且不需要设备停电。

2）变压器局部放电在线监测。局部放电是引起电气设备绝缘劣化的主要原因之一。智能变压器智能组件配备了局部放电在线监测 IED 单元。通过监测阻抗、接地以及绕组中由于局部放电引起的脉冲电流，来判定放电的严重程度，进而运用现代分析手段了解绝缘劣化的状况及其发展趋势。

局部放电监测可以反映电晕、油中气体放电等多种缺陷。对局部放电准确定位从而准确测定放电量、判断其对绝缘的危害状态，并加以解决。

3）铁芯接地电流在线监测。变压器运行时，铁芯的对地电流比较微弱，一般为毫安级；可一旦发生绝缘损伤，铁芯存在非单一点接地时，会产生较大的放电脉冲，对地电流升级到安培级，这必然致使元件发热，故障恶化时会导致继电保护装置动作。智能变压器智能组件常配置铁芯接地电流在线监测 IED，通过采用高精度穿心式电流互感器套装在变压器铁芯接

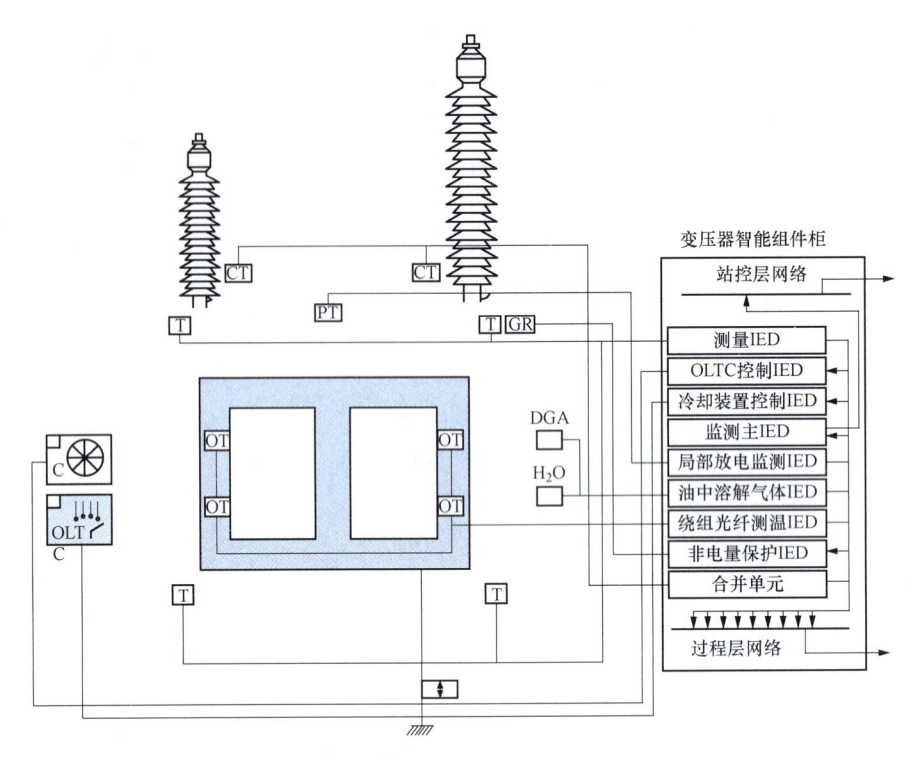

图 5-22 智能变压器状态监测采集配置

地线上的方法，采集铁芯对地的泄漏电流信号来判断、预测铁芯绝缘的健康状况，从而实现对其工作状况的监测。

4) 绕组温度在线监测 IED。大型变压器运行时，变压器的绝缘性能、寿命与绕组最热点温度有关，绕组温度每上升 6℃ 寿命降低一半（六度法则）。

变压器绕组热点温度的直接测量法是使用光纤技术，在变压器绕组制造过程中埋入光纤。

绕组温度光纤监测智能组件能直接、实时、准确地测量绕组温度，比传统的测量顶层或底层油温的方式更可靠、更准确，实现对变压器内部温度的全面监控，实时控制相应的冷却系统，从而大大延长电气设备变压器使用寿命、在高峰负荷时保障电力供应并使非计划性或突发性事故降到最低程度。

5) 智能化绝缘套管在线监测功能。在大多数变压器故障中，变压器套管故障是主要的故障形式之一。套管在变压器结构中起着支持导线并隔离高压的作用。在变压器常年运行过程中，随着水分的渗入和油的品质降低，绝缘纸的老化及过热都会导致高压套管绝缘品质的下降，从而引起套管介质损耗和电容值的变化。智能化绝缘套管在线监测通过配置套管末屏传感器实时测量三相套管/TA 的电容电流、介质损耗等值的变化，并进行数据采集、计算，判断套管绝缘劣化情况是否超标并进行报警。

6) 监测功能组设置主 IED，承担所有监测 IED 监测结果的综合分析。监测功能组主 IED 是变压器智能监控系统的核心组件，将多个监测 IED 与控制 IED 的信息进行聚合，一方面对单项监测参数进行权重分析，对每个单项评估结果、风险值进行综合评估；另一方面综合各类在线监测数据，对设备故障类型、故障部位进行综合判断，实时监视变压器的运行情况。依据IEC 61850与站控层的主服务器进行通信，上报诊断结果与监测数据。

4. 智能变压器与传统变压器性能比较

智能变压器采用了变压器本体＋传感器＋智能组件的方式实现智能化，利用在线监测技术实现了对变压器的分析、评估和预报，判断故障性质、类型、程度和原因。智能变压器与传统变压器的性能比较见表5-9，通过比较可看出变压器智能化的优越性。智能变压器的智能化水平关系着智能变电站运行的可靠性和经济性。

表5-9　　　　　　　　　智能变压器与传统变压器的性能比较

对比项目	传统变压器	智能变压器
状态评估诊断系统	无	有
实时运行状态监视	无	有
实时过负荷能力评估	无	有
运行寿命损失评估	无	有
与站控层系统的交互性	基本无交互	全站采用统一标准协议，可完全实现信息互动
对执行器的控制	采用常规控制策略，本地控制	采用智配优化策略，并网络化控制
功能集成水平	功能单一，且独立	测、控、检、计、保功能一体化
状态评估准确程度	低	高
传感器集成水平	单一	全面
运行可靠性	低	高
维修维护方式	定期检修	状态检修
前期投入成本	低	稍高（比常规高5%～10%）
后期维护费用	高	很低
值班人员配置	1～2人	无人值守

四、断路器的智能化

传统断路器的跳闸方式为电缆传输跳闸/合闸电流操作方式，通常由继电保护装置和操作人员对断路器发出合闸或分闸控制命令后，断路器按设计预定的单一分闸/合闸运动特性动作，完成电力回路的通/断基本功能。

智能断路器具有较高性能的开关设备和控制设备，配有电子设备、传感器和执行器，监测信息更全，诊断手段更多。跳闸方式为基于IEC 61850的GOOSE等快速报文传递跳闸/合闸命令的操作方式。不仅具有开关设备的基本功能，还具有附加功能。智能断路器能够根据监测到的不同故障电流，自动选择和调整操动机构，以及与灭弧室状态相适应的理想工作条件，以改变现有断路器的单一分闸特性。例如在小电流或无载时以较低的分闸速度开断，而在短路故障时以较快的分闸速度开断。在保证可靠开断的前提下，用最佳的开断速度特性操作断路器，以减轻断路器在分闸操作时的机械撞击力和机械部件的磨损，获得开断过程中电气和机械性能上的最佳开断效果。

1. 智能断路器的构成

智能断路器包括断路器本体和智能组件，本体上装有执行器和传感器，智能组件可包括过程层设备和间隔层设备，通过传感器和执行器与高压设备形成有机整体，由若干IED实现与宿主设备相关的测量、控制、计量、监测和保护等全部或部分功能。断路器智能化主要体现在断路器状态参量的在线监测，状态监测量主要包括分/合闸线圈电流的波形状态、动触头行程、储能电机电流波形、储能状态、SF_6 压力、微水和密度等。通过内置或外置于断路器本体上的传感器，经相应的 IED，采用 IEC 61850 标准接口经光纤上传至信息一体化平台，即通过各种 IED 实现断路器的智能化。智能断路器各装置智能组件布置如图 5-23 所示。

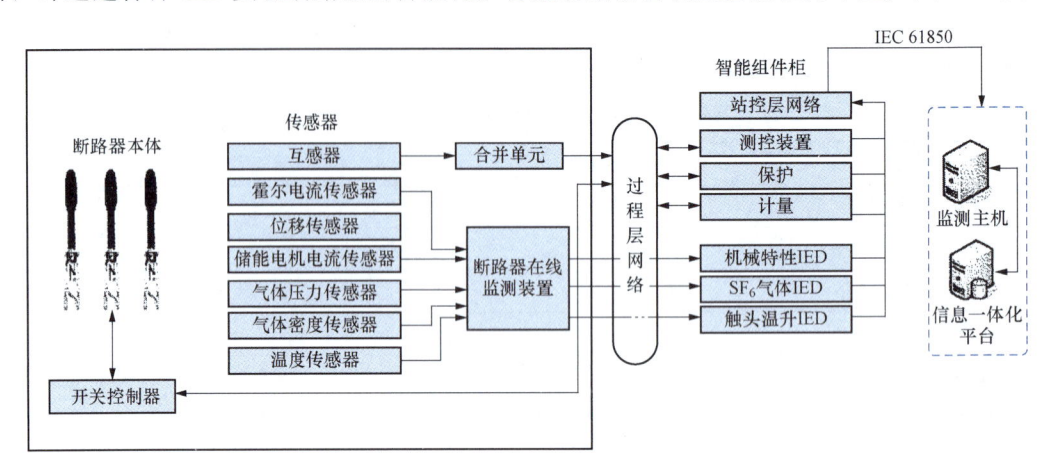

图 5-23 智能断路器各装置智能组件布置

2. 断路器的智能化技术

兼有微处理器系统和新型传感装置的智能化断路器，通过霍尔电流传感器实现分闸/合闸线圈电流的监测，判断断路器操作过程中的运行状态；通过气体密度传感器实现连续的状态监测，确定气体密度趋势及极限值，并能在此基础上实现常规的 SF_6 气体的锁定和报警功能；通过行程传感器，能够实现操动机构的状态监测。这些传感器的信号同时用于常规的位置指示和电动机控制功能。

开关设备在线监测装置由主控制器和传感器组成。每台断路器都配有一个主控器，每个主控器通过后端的电缆分别和传感器相连接。主控制器都通过光纤以太网和站控层进行数据交换。智能断路器智能组件构成如图 5-24 所示。

（1）配置电子式互感器（若集成）和传感器，实施智能断路器的信号数字化测量与采集。测量与采集电力系统运行和控制中需要获取的各种电参量，以及反映电气设备自身状态的各种状态量。测量分闸/合闸位置信号可以实现断路器位置指示；测量断路器操作次数，可以判断断路器触头的机械寿命；测量断路器分闸/合闸控制回路断线信号，可以实现断路器控制回路断线信号指示；测量储能电机超时、过电流信号，可以实现电机过电流超时报警；测量 SF_6 气压信号，可以判断 SF_6 气室的各种异常情况；测量交直流失电信号，可以判断电源是否正常工作。各种参量以数字形式传输，并实时发送运行数据和故障报警信息。

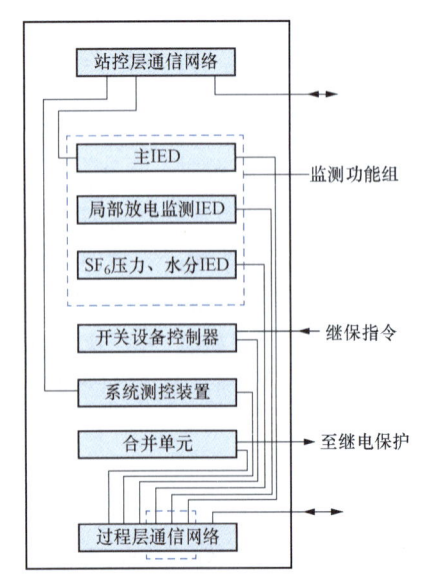

图 5-24 智能断路器智能组件构成

（2）实现分闸/合闸操作智能控制和合闸选相控制。

分闸/合闸操作智能控制单元接收到继电保护装置等向对应断路器发出操作命令，并向开关设备控制器发送相关测量和监测信息，经综合评估出与断路器工作状态对应的操动机构预定的最佳状态，自动确定与之相对应的操动机构的调整量并进行自我调整，从而实现最优操作。此外，智能组件还应支持宿主断路器间隔各开关设备的顺序控制，即接收一个完整操作的一系列指令，智能组件自动按照规定的时序和逻辑闭锁要求逐一完成各指令所规定的操作。

合闸选相控制是指断路器智能选择合适的相位进行合闸操作，这对减少合闸涌流、降低合闸过电压有积极意义。合闸选相控制的主要依据是电压的相位信息，对于容性回路，通常在电压过零时合闸比较理想。

（3）配备在线监测智能组件 IED，实现智能断路器的状态监测。进行高压断路器设备监控时需要关注：断路器绝缘水平是否达标；载流回路是否满足要求；操动机构是否完好；断路器通断能力是否良好等。在线监测技术对断路器运行状态进行实时监测，提升断路器的自我感知能力，实现断路器从计划检修到状态检修的转变。

对断路器的状态监测主要包括两方面：一是机械状态监测。断路器机械状态监测主要监测其传动机构和储能电机，对储能电机的监测针对储能电机的日储能次数、单次储能时间长短。机械状态监测可以有效地判断断路器是否老化、是否变形、是否磨损等绝大多数的问题。二是电寿命监测。对断路器电寿命的监测建立在触头累计磨损量模型的基础上，将电寿命与机械状态、电量和非电量的监测相结合，及时察觉内部放电隐患，采取有效措施阻滞故障的恶化，以免造成大的损失对高压断路器的在线监测和故障诊断具有很好的效果。

3. 断路器智能化展现的主要功能

智能断路器可以实现最佳开断、定相位合闸、定相位分闸和顺序控制的智能控制功能，可提供位置信息、状态信息、分合闸命令的数字化接口。断路器智能化展现的主要功能有：

（1）智能选择分闸动作速度。根据检测到的不同故障电流自动选择动作方式。即正常运行电流小时，以较低的速度分闸，系统短路电流较大时，以较高的速度分闸，这样可以获得最佳的分闸效果。

（2）实现重合闸的智能操作。根据监测系统的信息判断故障是永久性的还是瞬时性的，确定断路器是否重合，提高重合闸的成功率，减少由于断路器的短路合闸对电网的冲击。

（3）分合闸相角控制，实现断路器选相合闸和同步分断。选相合闸指控制断路器在不同相别的弧触头在各自零电压或特定电压相位时刻合闸，这样可以避免系统的不稳定，克服容性负载的合闸涌流与过电压。断路器同步分断指控制断路器在不同相别的弧触头、在各自相电流为零时实现分断，这样可以从根本上解决操作过电压问题。同时，能大幅度提高断路器的开断能力，延长断路器使用寿命。

断路器选相合闸和同步分断首先要求实现分相操作，对于同步分断还应满足以下三个条件：①有足够高的初始分闸速度，动触头在 1～2ms 内达到能可靠灭弧的开距；②触头分离时刻应有过零前的时刻，对应原断路器首开相最少燃弧时间；③过零点监测可靠、及时。

4. 智能隔离断路器实例

（1）智能隔离断路器的概念。智能隔离断路器（DCB）是断路器触头处于分闸位置时具有隔离开关的功能，其断路器端口的绝缘水平满足隔离开关绝缘水平的要求，而且集成了接地开关，增加了机械闭锁装置以提高安全可靠性。在隔离断路器的基础上集成接地开关、电子式电流互感器、智组件等部件，就形成了集成式智能隔离断路器。

采用集成式隔离断路器可以大大简化系统的设计和接线方式、优化检修策略，具有减少设备用量、减少变电站占地面积及节约成本等诸多优势，是智能电网发展的必然产物。

（2）隔离断路器的构成。一套智能隔离断路器包括本体、断路器弹簧机构、接地开关、接地开关机构和相关智能组件。GLW2-126kV智能隔离断路器结构图及现场图如图5-25所示，图中的126kV隔离断路器为三级机械联动形式，安装在同一横梁上，共用一台弹簧操动机构。

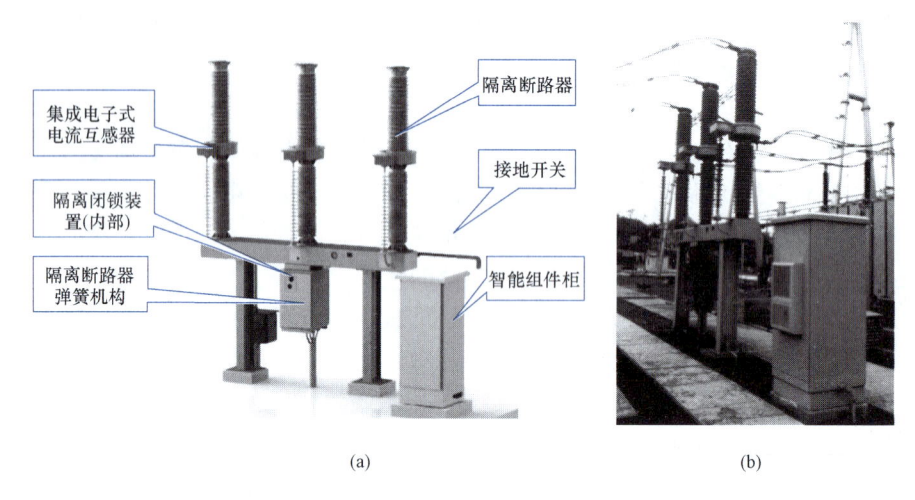

图 5-25　GLW2-126kV 智能隔离断路器结构图及现场图
(a) 结构图；(b) 现场

隔离断路器要求灭弧室断口在全生命周期内，尽管有操作造成的接触磨损和很多开断引起的电弧分解物，但是断口间绝缘性能不会下降。

智能隔离断路器是在隔离断路器的基础上，再集成智能组件、接地开关、电子式电流互感器、电子式电压互感器等部件形成的，能够实现在线检测、就地控制与智能操作等功能，系统维护量少。集成式智能隔离断路器将测量、检测、保护、控制等功能统一集成到间隔智能组件柜中，其智能化与一体化水平较高。

（3）智能隔离断路器关键技术。集成式隔离断路器的触头部位集成于隔离断路器的SF_6灭弧室内，运行可靠性高。

1）端口绝缘设计技术。智能隔离断路器采用优良的灭弧室结构，其触头部位集成于隔离断路器的SF_6灭弧室内，隔离开关的隔离功能是通过隔离断路器动、静触头的高绝缘水平来实现的，同时要求隔离断路器能够承受雷电冲击电压、系统失步工频电压和操作冲击电压，运行可靠性高。动作过程中仅有一套运动触头，没有多余的触头和部件用于隔离开关的功能，根据隔离断路器设计标准要求，断路器端口的绝缘水平必须达到隔离端口要求。与普通的隔离开关相比，智能隔离断路器的隔离端口还要具备灭弧功能。

2）闭锁系统设计技术。合理设计的闭锁系统可确保人员安全和防止误操作。隔离断路器在其分闸位置应该具有临时的机械联锁装置。隔离断路器合闸、分闸对于接地开关应进行机械及电气闭锁。

3）电子式电流互感器集成安装技术。分布安装的电子式电流互感器集成于隔离断路器上，线圈和采集器分散放置；整体套装式电子式电流互感器套在隔离断路器下的接线板上，电流从中间通过，光纤通过小的绝缘支柱与地绝缘，小的绝缘支柱紧密布置在断路器支柱旁边。

4）智能化集成技术。隔离断路器智能化集成技术的关键是传感器的集成。传感器的集成主要包括机械特性位移传感器与机构、SF_6气体特性传感器与管路、分闸电流传感器与控制系统的集成、机构的控制系统与智能终端的集成。应实现对SF_6气体压力、温度和密度的监测，并通过监测断路器分合闸速度、时间和分合闸线圈电流波形等机械特性，实现断路器本体的智能控制、本体运行状态与控制状态智能评估和支持电网优化运行等智能化功能。

五、其他智能化一次设备

（1）避雷器设备智能化。在传统避雷器上增加避雷器在线监测系统，实时对自身的绝缘状态进行监测，实现了避雷器的全电流、泄漏电流及计数器开关动作次数的在线监测。供数据中心与调控中心调用和分析，有利于提高智能金属氧化物避雷器（MOA）的运行的稳定性和可靠性。

（2）电容器设备智能化。将智能组件集成到高压容性设备上，能够实时采集设备的运行数据，实现的监测功能有电容量监测、末屏泄漏电流监测、介质损耗因数监测、环境温度及湿度监测等。具有实时监控的功能，当数据超过临界值时，智能设备将故障数据发送到信息一体化平台或监测主机，故障点、故障类型、故障数据能够在信息一体化平台上显示，为工作人员定位故障和安排合理的检修计划提供了依据。

（3）电缆设备智能化。主要实现了对电力电缆的局部放电、介质损耗因数、直流分量等参量监测，掌握其绝缘特性。

> **视野拓展**

新型电力系统

（1）新型电力系统概念。新型电力系统是以承载实现"碳达峰、碳中和"，立足新发展阶段、贯彻新发展理念、构建新发展格局、推动高质量发展的内在要求为前提，确保能源电力安全为基本前提，以满足经济社会发展电力需求为首要目标、以最大化消纳新能源为主要任务，以坚强智能电网为枢纽平台，以源网荷储互动与多能互补为支撑，具有清洁低碳、安全可控、灵活高效、智能友好、开放互动基本特征的电力系统。

（2）新型电力系统特征。一是清洁低碳，形成清洁主导、电为中心的能源供应和消费体系，生产侧实现多元化、清洁化、低碳化，消费侧实现高效化、减量化、电气化。二是安全可控，新能源具备主动支撑能力，分布式、微电网可观可测可控在控，大电网规模合理、结构坚强，构建安全防御体系，增强系统韧性、弹性和自愈能力。三是灵活高效，发电侧、负荷侧调节能力强，电网侧资源配置能力强，实现各类能源互通互济、灵活转换，提升整体效率。四是智能友好，高度数字化、智慧化、网络化，实现对海量分散发、供/用电对象的智能协调控制，实现源网荷储各要素友好协同。五是开放互动，适应各类新技术、新设备及多元负荷大规模接入，与电力市场紧密融合，各类市场主体广泛参与、充分竞争、主动响应、双向互动。

（3）新型电力系统的关键技术展望。一是源网荷储双向互动技术。通过数字化技术赋能，推动"源随荷动"向"源荷互动"转变，实现源网荷储多方资源的智能友好、协同互动。二是虚拟同步发电机技术。通过在新能源并网中加入储能或运行在实时限功率状态，并优化控制方式为系统提供调频、调压、调峰和调相支撑，提升新能源并网友好性。三是长周期储能技术。长周期储能与大型风光项目的组合将大概率替代传统化石能源，成为基础负载发电厂，对零碳电力系统中后期建设产生深远的影响。四是虚拟电厂技术。源网荷储一体化项目的推广应用，以及分布式能源、微网、储能的快速发展为虚拟电厂提供了丰富的资源，虚拟电厂将成为电力系统平衡的重要组成。五是其他技术。新能源直流组网、直流微电网、交直流混联配电网等技术的研发与突破，将有助于实现更高比例的新能源并网，为电力系统的安全稳定运行提供保障。

学习项目总结

智能变电站在一次设备方面变化主要体现为电子式互感器的应用及断路器、变压器等重要一次设备的智能化等。对于保证电力系统安全可靠运行，提高自动化程度具有深远的意义，一次设备智能化的在线监测技术"传感器内置化，智能组件本体化，信息传送标准化"是一次设备智能化的典型特征。

该学习项目介绍了电子式电流互感器的结构与特点，其结构简单、灵敏度高，是传统的电磁式互感器的升级换代产品，避免了传统的电磁式电流互感器二次开路、电压互感器二次短路的安全隐患和潜在威胁；电子式互感器由于减少了有害物质的使用、几乎不消耗能量，因此更加清洁、环保、节能；电子式互感器以其优越的性能适应了电力系统智能化和网络化发展的需要。

学习了合并单元概念、合并单元和电子式互感器的接口功能、与保护测控设备的接口功能、模拟量高精度采样同步功能，以及合并单元的安放和传输信号的问题，探索了合并单元在智能变电站中的应用。通过对合并单元的了解和认识，更加清晰智能变电站的合并单元的正常运行与否直接影响变电站"智能化"的水平，分析了合并单元的同步问题。

智能终端作为中间设备，以GOOSE模式传输主设备的各种状态信息，接收主设备的下行控制命令，实现对主设备的控制。智能终端可以根据实际应用情况安装在户内柜或户外柜，但设备及柜体需达到相应的安全防护等级，以确保设备运行的安全性及可靠性。

智能高压设备所具备的自我状态描述功能支持高压设备的优化控制及电网的优化运行；智能高压设备的技术理念既包含在线检测技术的各项功能，又新增优化控制和支持电网优化运行的功能，并能从技术上解决在线监测网络的应用缺陷及完全满足智能电网对网络结构的要求。

学习了智能隔离断路器中光学电流互感器的具体应用。隔离断路器实现了隔离开关、断路器、互感器的集成，不仅占地面积小、投资少，而且具有可靠性高、维护量少等特点，体现出了智能电网小型化、集成化、智能化的战略发展方向，逐渐在新一代的智能变电站中得到使用。

复习思考

一、填空题

1. 智能变电站中过程层面向_____，站控层面向运行和继保人员。
2. 智能终端是一次设备与二次设备的_____。
3. 智能化高压设备的基本技术特征有测量数字化、控制网络化、状态可视化、功能一体化和_____。

二、单项选择题

1. 下面功能不会在合并单元中实现的是（   ）。
   A. 电压并列　　　B. 电压切换　　　C. 数据同步　　　D. GOOSE跳闸
2. 智能终端是（   ）的关键设备。
   A. 站控层　　　　B. 网络层　　　　C. 间隔层　　　　D. 过程层

3. 智能变电站中交流电流、交流电压数字量经过（　　　）传送至保护和测控装置。
A. 合并单元　　　　B. 智能终端　　　　C. 故障录波装置　　　　D. 电能量采集装置

三、多项选择题

1. 属于过程层设备的有（　　　）。
A. 测控装置　　　　B. 合并单元　　　　C. 智能终端　　　　D. 电子式互感器
2. 下列设备不属于智能变电站过程层设备的有（　　　）。
A. 合并单元　　　　B. 智能终端　　　　C. 线路保护　　　　D. 操作箱
3. 以下属于过程层设备的是（　　　）。
A. 电子式电压互感器　　　　　　　　B. 合并单元
C. 站控层交换机　　　　　　　　　　D. 智能终端

四、判断题

1. 智能控制和状态可观测是高压设备智能化的基本要求。（　　　）
2. GOOSE是一种面向通用对象的变电站事件，主要用于实现在多IED之间的信息传递，包括传输电流、电压采样值，具有高传输成功概率。（　　　）
3. 电子式互感器按一次传感部分是否需要供电划分，可分为有源式电子互感器和无源式电子互感器。（　　　）

五、简答题

1. 什么是合并单元（MU）？智能站中的合并单元有什么作用？
2. 什么是智能终端？智能站中的智能终端有什么作用？
3. 智能终端是怎么实现跳闸、合闸的？
4. 智能化一次设备有哪些特点？
5. 与常规电磁式互感器相比，电子式互感器具有哪些优点？

标准化测试试题

参考文献

[1] 国家市场监督管理总局. 互感器合并单元校准规范：JJF 1879—2020［S］. 2020：11.
[2] 芮新花. 智能变电站综合调试指导书［M］. 北京：中国电力出版社，2018.
[3] 王顺江，唐宏丹. 智能化变电站自动化实操技术［M］. 北京：中国电力出版社，2018.
[4] 高博. 智能变电站运维技术及故障分析［M］. 北京：中国电力出版社，2019.
[5] 南京南瑞继保电气股份有限公司. PCS-222C智能操作箱技术和使用说明书. 2019.

学习项目 六

智能变电站的间隔层

学习项目描述

智能变电站间隔层设备主要包括继电保护装置、测控装置、故障录波装置、网络记录分析仪及稳控装置等。该学习项目以间隔层主要设备为学习对象,包括智能变电站的间隔层功能及特点;智能变电站间隔层基本架构、设备的作用。涵盖的工作任务主要包括智能变电站间隔层保护测控装置的运行与维护,以智能变电站实验室、实习车间、实训基地为主要教学实施场所,按照"教、学、做"一体化教学模式,依据具体的学习任务实施教学与实训。

项目任务教学全过程遵照认知与资讯→计划与决策→实施→检查与评估等环节来组织实施。认知与资讯环节,教师描述项目学习目标,通过实例描述智能变电站自动化的间隔层设备的结构及特点,学生查阅相关资料;计划与决策环节,制订工作计划及实施方案;实施环节,学生进行智能变电站自动化系统间隔层设备的巡视及检查,完成项目的工作计划及实施;检查与评估环节,检查智能变电站间隔层设备技术原理与应用的掌握情况,帮助学生熟悉智能变电站隔层设备技术及应用,训练学生独立学习、获取新知识、新技能、处理信息的能力;培养学生团队协作和善于沟通能力。并对学生的工作结果进行评价。

学习目标

学习间隔层设备及其功能技术前,学生已具备变电站继电保护和自动装置等二次设备的相关知识,具备对智能变电站的概念、功能及技术特征的认知,掌握智能变电站过程层设备及技术的知识和技能。该学习项目主要以智能变电站间隔层设备及技术的知识和技能为载体,培养学生熟悉间隔层设备及技术应用,提升对智能变电站技术的理解能力和知识掌握。学习内容包含相关理论知识和技能训练,并突出专业技能及职业核心能力培养。

知识目标:学生能够熟悉智能变电站的间隔层功能及特点;理解智能变电站间隔层基本构架;理解间隔层设备与过程层和站控层设备之间的连接关系;理解常规变电站与智能变电站间隔层设备主要的区别;熟悉微机保护装置、测控装置的硬件结构。

能力目标:具备对智能变电站间隔层保护装置、测控装置及相关设备的认知能力,能在专业人员的监护下对智能变电站间隔层保护测控装置进行运行巡视与维护,能对装置进行常规检查。

素质目标:培养学生良好的敬业精神,养成良好的职业习惯;具有安全风险防范意识,树立按照标准化作业流程工作的意识;具备乐观、向上、积极进取的精神;具备良好的沟通能力及团队协作能力;具备一定的自主学习新知识和技能的能力。

任务描述

通过对实训基地、智能变电站实地参观学习或实训场所相关视频的学习,在理解智能变电站间隔层主要设备基础上，学习间隔层设备功能及工作原理。具体任务主要有：①学习智能变电站间隔层的基本构架及设备功能；②微机保护测控装置的硬件结构及巡视项目；③微机保护测控装置交流采样回路接线及交流量精度检查。

任务准备

学生利用网络教学资源预先学习，结合所学知识完成教学内容的认知与掌握，形成一套适合自己的解决问题的方法。理论教学和技能操作训练的有机结合，使学生同步获得理性与感性认识。借助于网络资源，预先学习下列引导问题。

引导问题1：智能变电站微机保护测控装置应具备哪些功能？

引导问题2：智能变电站微机保护测控装置外观检查包含哪些项目？

引导问题3：智能变电站中过程层设备互感器、断路器、合并单元、智能终端与间隔层设备微机保护测控装置之间的连接关系是什么？

引导问题4：智能变电站采用IEC 61850标准后间隔层设备接口与常规站相比发生很大变化，模拟量输入转换为SV信号，开关量输入/输出变为GOOSE信号，智能变电站微机保护装置交流量精度检查时如何实现电流电压SV信号采集？

实训工作中应具备安全规程学习、考试等环节，避免实际操作中存在的安全风险。

任务实施

1. 实施地点

智能变电站二次设备实训室或智能变电站现场。

2. 实施所需要的器材

（1）多媒体教学设备。

（2）一套智能变电站保护装置、测控装置或保护测控综合装置，可以利用智能变电站实训室装置，或实地现场参观典型智能变电站。

（3）数字式继电保护测试仪一台。

（4）智能变电站音像视频材料。

（5）装置说明书、出厂原理图、安装调试报告等。

3. 实施内容与步骤

（1）学生分组。4~5人一组，每个小组推荐1名负责人，组内成员要分工明确，规定时间内完成项目任务，建立"组内讨论合作，组间适度竞争"的学习氛围，培养团队合作和有效沟通能力。

（2）认知与资讯。教师下发"微机保护测控装置原理特点及硬件组成""微机保护测控装置巡视与检查训练""微机保护测控装置交流量精度检查训练"项目任务书，布置工作任务。说明完成实训任务需具备的知识、技能、态度，说明观看或参观设备的注意事项，说明观看设备的关注重点。帮助学生确定学习微机保护装置、测控装置原理特点及硬件结构，以及装置巡视与检查等学习目标，明确实训重点。

学生分析学习任务、了解实训工作内容，明确学习目标、工作方法和可使用的助学材料，借助于智能变电站实训室具备的网络资源（包括专业网站、普通网站等），可通过手机、平板电脑等不同途径查阅相关资料，获取微机保护装置技术说明书、参考教材、图书馆参考资料、学习项目实施计划等,并根据任务指导书通过认知、资讯的方法学习掌握相关的背景知识及必备的理论知识,对智能变电站间隔层设备和技术等方面的知识进行学习与训练,并对采集的信息进行筛选和处理。

指导教师通过图片、实物、视频资料、多媒体演示等手段,传授保护装置、测控装置的硬件构成及功能;学习保护装置的巡视及检查项目等。课程通过多媒体课件演示与讲授,利用与学习内容有关的案例辅助,增强学生的感性认识,激发学习兴趣。运用讲述法、任务驱动法、小组讨论法、实践操作法,部分知识讲解、部分知识指导、学生看书回答问题、交流讨论等教学方法实施教学。

(3)操作与实训1:观摩研讨式学习。讨论主题:微机保护测控装置原理特点及硬件组成。

通过实践练习法,进行间隔层设备的观摩与讨论,训练学习项目中的知识技能。学生分组进行活动,明确小组分工及成员合作的形式,各成员以不同的身份完成不同的工作环节。该部分实训可以采用讨论与讲解相结合的方式实施,依照实训室的微机保护测控装置观摩和讲解,主要学习装置的原理与技术应用。

在进行装置原理与应用认知及实训时,学生应熟悉保护功能的实现过程,智能变电站保护测控装置和常规变电站保护测控装置的区别。还可结合实物了解数字式保护测试仪校验方法及校验回路。

(4)操作与实训2:微机保护测控装置巡视与检查训练。

为保证电气设备的安全运行,需要定期或不定期对设备进行巡视与检查。微机保护测控装置巡视与检查前准备工作的安排、人身安全危险点分析及安全措施见表 6-1、表 6-2。巡视检查完毕后要做好检查记录,将检查结果填入表 6-3~表 6-5,并把表 6-3~表 6-5 的检查记录结果纳入撰写的实训报告。

保护装置显示信息含义

表 6-1　　　　　　微机保护测控装置巡视与检查前准备工作安排记录表

序号	准备工作内容	标准	准备情况记录
1	工作前做好摸底工作,结合现场施工情况制定工作方案及安全措施、技术措施、组织措施,并经正常流程审批	(1)摸底工作包括检查现场的设备环境、试验电源供电情况,微机保护测控装置的安装情况、光纤铺设情况,上电情况。 (2)工作方案应细致合理,符合现场实际能够指导工作实施;学习作业指导书;熟悉作业内容、危险源点、安全措施、进度要求、作业标准、安全注意事项	
2	根据工作计划,学习作业指导书,熟悉作业内容、危险源点、安全措施、作业标准、安全注意事项	要求所有到达工作现场人员都明确检查工作的内容、进度要求、作业标准及安全注意事项	
3	准备微机保护测控装置说明书、二次接线图、光纤联系图、虚端子表、交换机配置表、设备出厂调试报告、装置技术说明书	材料应齐全,图纸及资料应符合现场实际情况	

续表

序号	准备工作内容	标准	准备情况记录
4	检查系统厂内集成测试记录及出厂验收记录	SCD文件正确，系统出厂前经相关部门验收合格	
5	检查工作所需仪器仪表、工器具	仪器仪表、工器具应试验合格，满足本次作业的要求	
6	试验电源进行检查	用万用表确认电源电压等级和电源类型无误，应采用带有剩余电流动作保护的电源盘并在使用前测试剩余电流动作保护装置是否正常	

表6-2　　　　　　　　　人身安全危险点分析及安全措施记录表

序号	类别	危险点危险源	安全预控措施	安全措施到位记录
1	误入带电间隔	防止走错间隔造成人身或设备伤害	工作许可后，工作负责人应与运行人员共同确定工作地点、工作范围及现场安全措施是否与工作任务相符；开工后工作负责人应向全体工作班成员进行工作任务、工作范围、现场安全措施及危险点的交底，并设专人监护	
2	电源的使用	使用试验电源应有剩余电流动作保护器	(1)必须使用装有剩余电流动作保护器的电源。 (2)螺钉旋具等工具金属裸露部分除刀口部分应用绝缘胶布包裹	
		接、拆低压电源	(1)接、拆电源前必须用万用表测试电源，以确保所接电源与需要使用电源相适应。 (2)临时电源必须使用专用电源，禁止从运行设备上取得电源。试验仪应可靠接地	

表6-3　　　　　　　　　微机保护测控装置基本信息记录表

序号	项目	记录内容	序号	项目	记录内容
1	装置型号		7	ICD文件版本	
2	生产厂家		8	ICD文件校验码	
3	程序版本		9	ICD文件生成时间	
4	程序校验码		10	SCD文件版本	
5	程序生成时间		11	SCD文件校验码	
6	配置文件版本信息				

表6-4　　　　　　　　　微机保护测控装置外观检查项目记录表

序号	外观检查项目	检查结果记录
1	检查直流电源电压是否与现场情况匹配	
2	检查装置各部件固定良好，无松动现象，装置外形应端正，无明显损坏及变形	

续表

序号	外观检查项目	检查结果记录
3	检查装置的硬件配置，标注及接线等应符合图纸要求；检查装置外部电缆应与设计相符，满足运行要求	
4	检查装置的元器件外观质量良好，所有插件插入后应接触可靠，卡锁到位	
5	检查装置内、外部应无积尘、无异物，清扫电路板的灰尘	
6	检查装置的背板及端子排接线应无断线、短路、焊接不良和虚接等现象，光口有无松动损坏等情况	
7	对照图纸检查电缆、光缆、尾缆、尾纤接线是否正确并记录	
8	检查装置的尾纤，应预留备用光纤并连接良好	
9	端子及屏上各器件标号应完整清晰，电缆标识牌及电缆芯标号应清晰正确，光缆标示牌及尾纤标签清晰正确，备用连接片均已按要求摘除	
10	检查、清扫保护屏及其内部接线，紧固螺钉	
11	检查切换开关、按钮、键盘等应操作灵活、手感良好	
12	检查装置的箱体或电磁屏蔽体与二次等电位接地网连接可靠	
13	检查直流空气断路器符合要求	
14	检查装置光口接线及标示应与其实际功用相符	
15	对照图纸检查打印机电源及通信电缆接线是否正确	

注 检查装置内部时应采取相应防静电措施（插拔插件戴防静电护腕）。

表 6-5　　　　　　　微机保护测控装置面板指示灯检查记录表

面板指示灯	含义	指示灯状态检查记录
运行	正常时灯亮，为绿色光，当有保护启动时闪烁	
动作	保护跳闸出口灯，动作后红灯亮，正常灭	
重合	重合闸出口灯，动作后红灯亮，正常灭	
跳位	当有跳位开关量输入时灯亮	
合位	当有合位开关量输入时灯亮	
充电	重合闸充满电后为绿灯亮，当停用重合闸、被闭锁或合闸放电后为灭	
通道告警	正常灭，当通道异常时，为红色	
告警	此灯正常灭，动作后为红色。有装置故障告警时，装置面板告警灯闪亮，退出所有保护的功能，装置闭锁保护出口电源；有设备异常告警时，装置面板告警灯常亮，仅退出相关保护功能（如 TV 断线），不闭锁保护出口电源	

（5）操作与实训 3：微机保护测控装置交流量精度检查训练。

按照保护测控装置说明书规定的试验方法，分别输入不同幅值和相位的电流和电压，观察保护测装置的采样值是否满足技术条件的规定。微机保护测控装置交流量精度检查需要用智能变电站二次系统常用测试仪器，器具及材料清单见表 6-6，仪器、仪表必须满足精度要求，并在校验合格有效期内，根据相关任务选出相应的工器具。设备安全危险点分析及安全措施见表 6-7。

表 6-6　　　　　　　　　　　　　　　工器具及材料清单

序号	名称	规格/型号	单位	数量	备注
1	安全帽	—	顶	—	人均一顶
2	安全带	—	套	2	在有效期内
3	电源插座、单相三线装有剩余电流动作保护器的电缆盘	220V/380V/10A	只	1	—
4	个人工具箱（组合工具）	—	套	2	—
5	数字式继电保护测试仪	—	台	1	在有效期内
6	手持式数字信号分析仪（便携式网络分析仪）	数字式	台	1	在有效期内
7	笔记本	—	台	1	专门用于检验
8	尾纤	—	根	10	根据装置背板光口类型和调试仪器输出光口类型选择尾纤类型
9	对讲机	—	对	1	—
10	绝缘胶布	红、黄色	卷	各2	—
11	光口防尘帽	SC、ST、FC、LC	个	若干	—
12	记号笔	极细	支	1	—
13	绝缘手套	—	双	1	—

表 6-7　　　　　　　　　　　　　　设备安全危险点分析及安全措施

序号	危险点危险源	安全预控措施	安全措施到位记录
1	人身静电造成保护装置集成电路芯片损坏	拔插插件时装置必须停电，同时释放手上静电后方可进行	
2	进行精度测试时，长期加入大电流损坏保护装置或试验装置	（1）电流：通入$10I_n$时，不能超过10s。（2）电压：通入$1.4U_n$时，不能超过10s	
3	断开或投入电源顺序错以致空气开关越级跳闸	（1）断开保护、操作、通风电源空气断路器或取下熔断器时，要先断开分级电源，再断开总电源，投入时顺序相反。（2）若有空气断路器跳闸时，要先查明原因后方可送电	
4	表计量程选择不当或用低内阻电压表测量联跳回路，易造成误跳运行设备	万用表量程及挡位选择正确	
5	插拔尾纤时无防护措施，造成尾纤污损	插拔尾纤时应戴好尾纤防尘帽，以免尾纤污损	

注　I_n、U_n分别为额定电流、额定电压。

1）理解设备间连接关系并完成接线。智能变电站和传统变电站的微机保护测控装置功能检验主要区别是电压/电流的输入及开关量的输入/输出的方式不同，但保护测控功能的检验相同。

智能变电站一次设备与保护测控装置连接关系如图 6-1 所示，互感器将一次设备的电压/电流转换成二次的电压/电流之后，经合并单元整合并转换成数字量 SV，SV 信号传送给保护测控装置之后，保护装置会处理这些数据，如果判定有故障就会发出数字量的跳闸信号 GOOSE，GOOSE 跳闸信号传送给智能终端，智能终端将这些 GOOSE 信号解析，如果有跳闸命令则执行一次设备的断路器跳闸或合闸。

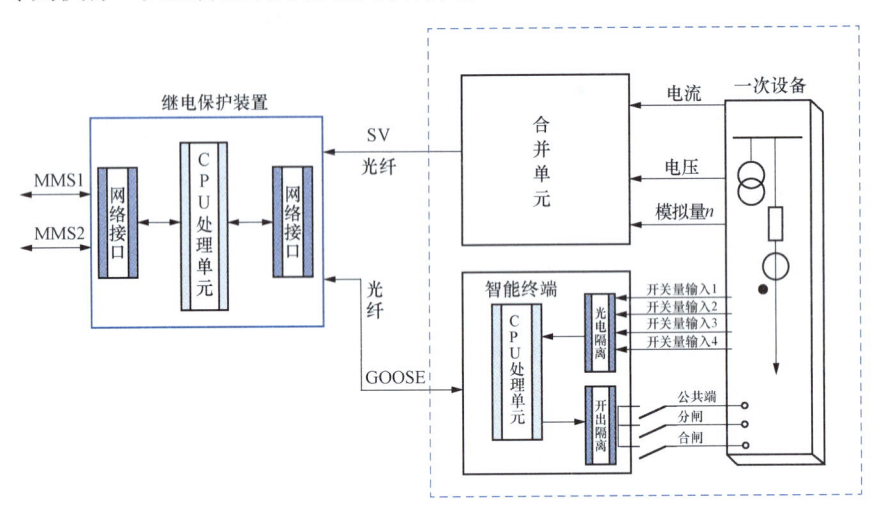

图 6-1 智能变电站一次设备与保护装置连接关系

数字式测试仪与保护测控装置连接关系如图 6-2 所示。做数字保护检验时，数字式测试仪模拟了合并单元和智能终端的作用。它分别模拟合并单元发出数字量的电压/电流，模拟智能终端给保护发送断路器的位置并实时监测保护装置发出的跳合闸信息。测试仪数字量输出端子如图 6-3 所示。

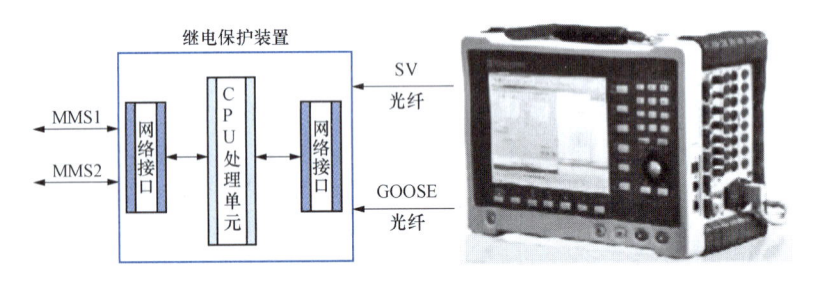

图 6-2 数字式测试仪与保护测控装置连接关系

将测试仪接两对光纤，分别为 SV 信号和 GOOSE 信号，每对光纤是成对使用的两根光纤，一收一发，用 SV 信号加电压/电流采样值，GOOSE 信号用来接收保护装置的跳闸信号或发送断路器位置信号。装置的两对光纤接口端，左边的是 SV 光口，右边的是 GOOSE 光口，与测试仪对应 SV 信号、GOOSE 信号光口的光纤连接，保护测控装置背部端子如图 6-4 所示，注意收发不能接反。

分组讨论保护测控装置交流量精度检查需要的设备，在表 6-8 中填写设备清单，设备可从表 6-6 中选取。

学习项目六　智能变电站的间隔层

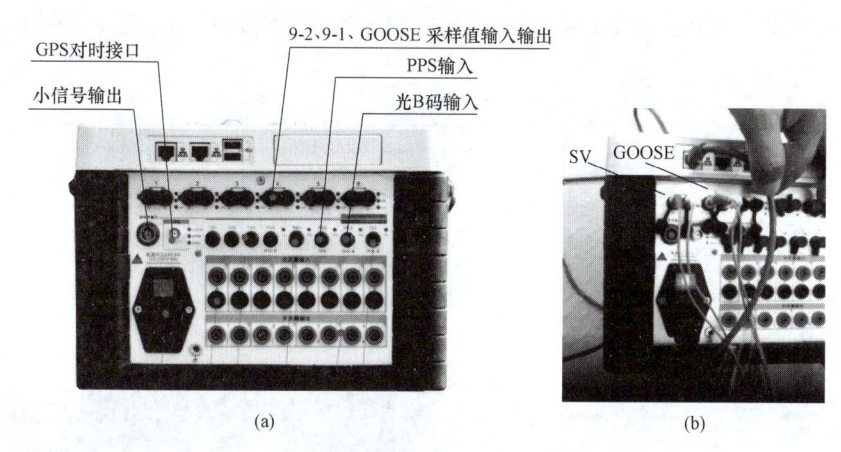

图 6-3　测试仪数字量输出端子
(a) 输出端子分布；(b) 端子连接图

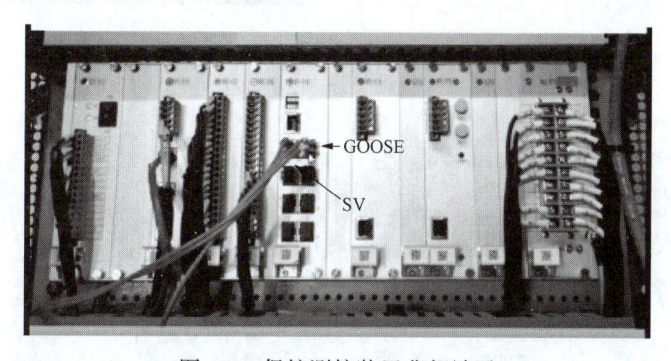

图 6-4　保护测控装置背部端子

表 6-8　　　　　　　　保护测控装置交流量精度检查设备选择填写表

序号	设备名称	规格/型号	单位	数量	备注
1					
2					
3					
…					

2) 保护测控装置交流量精度检查。完成交流量精度检查试验接线之后，进行设置，任务可由教师操作对保护测控装置加采样值，学生在保护测控装置处检查记录，也可学生分组操作记录。

这里以 PNI302 型数字式测试仪为例，说明使用数字式测试仪进行保护测控装置交流量精度检查的操作方法。打开数字式测试仪界面，在软件主菜单页点通用试验（扩展），PNI302 型数字式测试仪软件主菜单界面如图 6-5 所示。

在通用试验主菜单页，点击快捷导入按钮"IEC"，

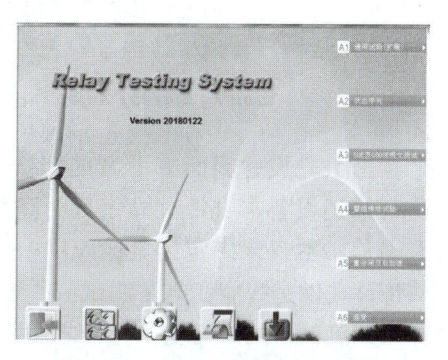

图 6-5　PNI302 型数字式测试仪软件主菜单界面

175

进入 IEC 设置界面。通用试验（扩展）界面、IEC 设置界面分别如图 6-6、图 6-7 所示。

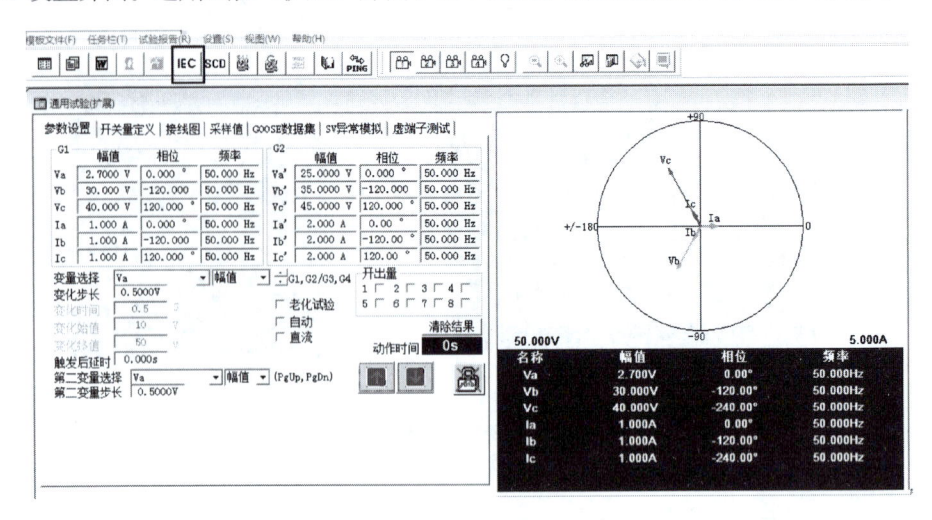

图 6-6　通用试验（扩展）界面

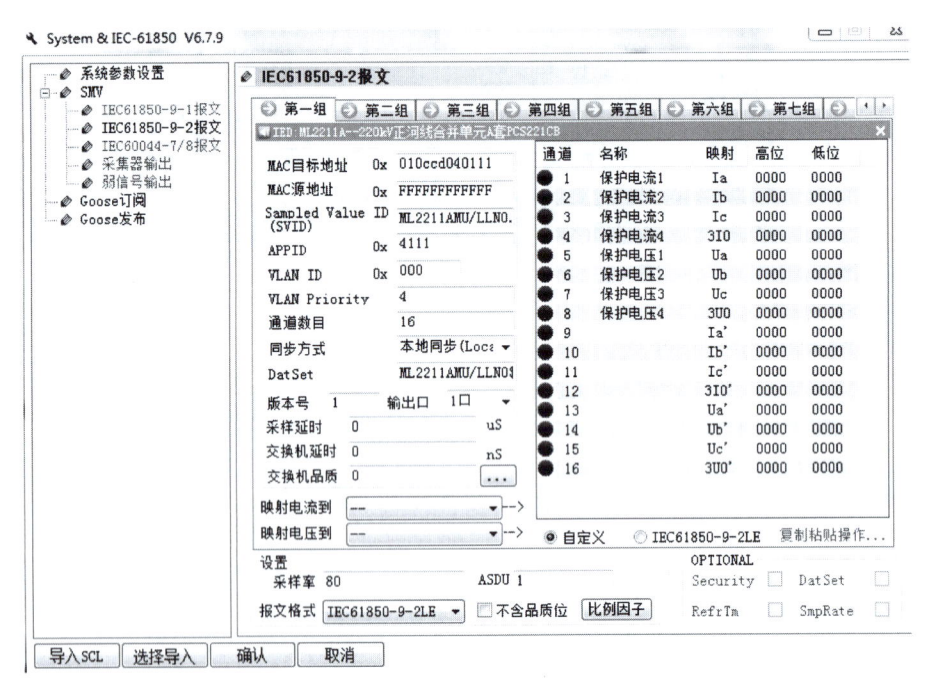

图 6-7　IEC 设置界面

点击 IEC 设置界面中下方的"选择导入"按钮，会弹出智能站的 ICD 文件夹目录，该文件描述设备本身带有固定数目逻辑节点、数据对象和数据属性，不包含 IED 实例名称和通信参数，未绑定到具体应用中。

ICD 文件是智能变电站调试必须要用到的文件，由保护装置厂家设计配置，将 ICD 文件拷贝到测试仪的硬盘里，打开之后，左边的 IED 列表里就会显示变电站所有的设备，找到要做的这套保护装置的配置，点击 SMV 接收，对应接收的就是该套保护装置接收的电压电流。保护测控装置 SMV 接收设置界面如图 6-8 所示。

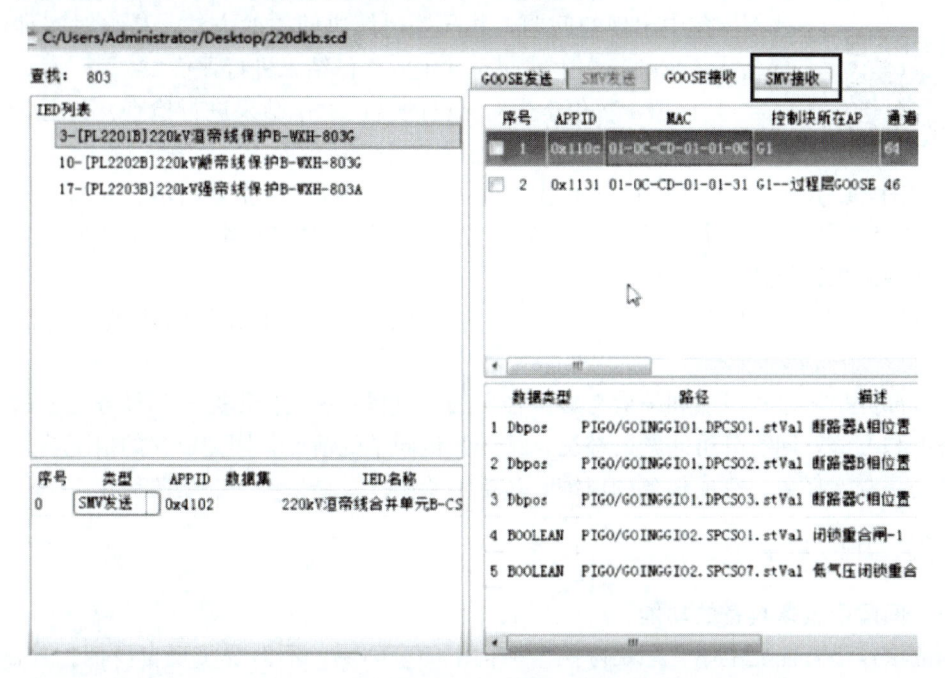

图 6-8　保护测控装置 SMV 接收设置界面

以上步骤设置完成之后，进入图 6-6 界面，在对应位置设置电压/电流的幅值及相位并运行，在保护测控装置人机对话面板中观察并记录数据。

完成交流电流、交流电压精度检查任务，整理数据，将装置交流量精度检查数据记录于表 6-9、表 6-10。

表 6-9　　　　　　　　　　模拟量幅值特性和相位特性检验记录表

相别	电压（V）	电流	角度（°）	电流显示值（A）	电压显示值（V）
A	20	$0.6 I_n$	0		
B	40	$0.8 I_n$	−120		
C	60	I_n	120		

表 6-10　　　　　　　　　　电流、电压相位检查记录表

设定角度（°）	U_a 对 I_a 显示相位	U_b 对 I_b 显示相位	U_c 对 I_c 显示相位
0			
设定角度（°）	U_a 对 U_b 显示相位	U_b 对 U_c 显示相位	U_c 对 U_a 显示相位
120			

模拟量幅值特性和相位特性检验，调整输入交流电压为 A 相 20∠0°、B 相 40∠−120°、C 相 60∠120°V，电流分别为 A 相 $0.6 I_n$ ∠0°、B 相 $0.8 I_n$ ∠−120°、C 相 I_n ∠120°，进入保护菜单检查电流、电压相序、相位符合精度要求。

（6）检查与评估。学生汇报计划与实施过程，回答同学与指导教师的问题。重点检查智

能变电站间隔层设备及技术原理与技术应用基本知识。师生共同讨论、评判操作中出现的问题，共同探讨解决问题的方法，最终对实训任务进行总结。教师与学生共同对学生的工作结果进行评价。

1) 自评：每位学生对自己的实训工作结果进行检查、分析，对自己在该项目的整体实施过程进行全面评价。

2) 互评：以小组为单位，通过小组成员相互展示、介绍、讨论等方式，进行小组间实训成果优缺点互评，并对小组内部其他成员或对其他小组的实训结果进行评价和建议。

3) 教师评价：教师对互评结果进行评价，指出每个小组成员的优点，并提出改进建议。

考核部分采用过程考核和绩效考核两种方法。过程考核的依据是学生任务完成的过程中学习态度和方法，回答分析问题的情况，帮助其他同学的情况，网搜资料的情况等。绩效考核依据的是制定任务、完成任务的成绩，包括实验操作及结果、平时实验等。

相关知识

一、间隔层设备具备的功能

间隔层作为智能变电站"三层两网"结构中的中间层，不但要实现自身保护控制功能，还担负着承上启下的通信作用。间隔层设备的主要功能：汇总本间隔过程层实时数据信息；实施对一次设备的保护控制功能；实施本间隔操作闭锁功能；实施操作同期及其他控制功能；对数据采集、统计运算及控制命令的发出具有优先级别控制；执行数据的承上启下通信传输功能，同时高速完成与过程层及变电站层的网络通信功能。

二、智能变电站间隔层设备特点

智能变电站与传统变电站相比，对过程层和间隔层设备进行升级，将一次系统的模拟量和开关量就地数字化，用光纤代替电缆连接，实现过程层设备与间隔层设备之间的通信。以保护装置为例，智能变电站中新型的数字化保护装置在核心逻辑算法上和常规综合自动化变电站的保护装置无大差别，仅针对 SV 或 GOOSE 的通信特点做了相应的处理，装置的交流插件被 SV 采样值光口板所代替，开关量输入/输出板卡被 GOOSE 光口板所代替，保护装置本身仅保留 CPU 插件完成保护算法及键盘、液晶显示屏等人机界面。

1. 设备结构简化可靠性高

智能变电站中 IEC 61850 的应用，实现了设备智能化、通信网络化、模型和通信协议统一化、运行管理自动化，其定义了变电站的设备和信息分层结构，明确了各层设备的职责；使得传统变电站的设备结构和功能发生了变化，智能变电站间隔层设备的出口部分和采样部分移放到过程层的智能终端和合并单元。

通过电子式互感器的使用，模拟量采集功能独立出来，并移放到过程层；电子式互感器可以通过光纤网络为不同的设备提供统一的电气量。同时，智能断路器的应用使得变电站内分闸/合闸、闭锁、断路器位置等重要信息的传递由常规的硬触点方式变为网络通信方式，因而智能变电站的保护测控装置输入/输出发生了很大变化，可以略去模拟量采集的 A/D 转化部分，不再需要状态量的端子和中间继电器，省去复杂的二次电缆接线，设备结构得到简化，且与一次系统有效隔离，安全性、可靠性得到提高。

2. 信息采集充分共享利用

传统变电站中一些信息独立组成各自的应用系统，由相应的技术管理部门负责运行和管理，如故障录波器系统等。实际运行中，来自不同信息采集单元的设备信息需独立采集、无法共享，形成了各种重复采集和"信息孤岛"现象。

智能变电站间隔层的各种信息对象进行统一建模，把属于不同技术管理部门、各自相对独立发展的其他一些技术集成到变电站综合自动化系统中，使得变电站的各种信息在相应的运行和管理部门之间得到充分共享利用。

3. 智能电子设备实现信息流传送

智能变电站中间隔层设备一般包含继电保护装置、测控装置等，实现使用一个间隔的数据并且作用于该间隔一次设备的功能，即各种远方输入、输出与传感器和控制器之间的通信。间隔单元一般按断路器间隔划分，保护装置负责该间隔线路、变压器等设备的保护、故障记录等；测控装置负责该间隔的测量、监视、断路器的操作控制和联闭锁，以及时间顺序记录等。因此，间隔层由各种不同间隔的装置组成，这些装置直接通过局域网或者串行总线与站控层联系，也可设置数据管理机或保护管理机，分别管理各测量、监视元件和各保护元件，然后集中由数据管理机和保护管理机与站控层通信，并且在站控层及站控层网络失效的情况下仍能独立完成。

智能变电站中的保护、测控装置一般通过 SV 网络接收电流/电压测量值，通过 GOOSE 完成信息量采集和控制命令下发等功能。测控装置接收全网统一的同步时钟信号，实现对一次设备的模拟量、开关量与状态量的同步采集，按照全网统一 IEC 61850 通信标准处理，为测得数据统一打上同步时间标签；也接收运行控制、继电保护等的控制命令，实现对一次设备操作的控制与执行。保护装置在所有的模块中享有最高优先级，可以直接从智能化现场测控装置获取所需信息，以最短的时间做出反应，同时还可通过标准化接口与其他一次设备的保护功能交互、配合。

间隔层设备交换的信息主要包括向站控层主动上送报告记录、故障启动/动作、变位、模拟信号、录波数据等报文，同时接收站控层发出的各种控制块的参数设置，操作开关或断路器开断的控制指令、查询记录、对时等操作请求。向同间隔单元或不同间隔单元的 IED 发出互锁、报警、故障等信号，进行分布式服务功能调用。向下接收过程层合并单元传来的周期性实时采样数据，将站控层发出的控制操作开关或断路器的命令下载给智能开关操作箱，对合并单元的采样值控制块设置采样值周期、传输方式等。

智能变电站间隔层线路保护装置信息交互示意图如图 6-9 所示。线路保护装置与过程层智能终端传送信息包括接收装置 SOE 信息，断路器、隔离开关状态信息，发送线路保护跳闸信息等；同时将装置 SOE 信息，断路器、隔离开关状态信息，联闭锁、启失灵信息送给 GOOSE 交换机供母线差动保护、合并单元装置、故障录波、网络记录分析仪等装置；接收过程层合并单元电流、电压信息。

三、间隔层的通信网架结构

智能变电站的"两网"一般指的是站控层网络和过程层网络，间隔层设备之间的通信，在物理上可以映射到站控层网络，也可以映射到过程层网络。

1. 基于 IEC 61850 的通信网络结构

由于分散分布式结构的可扩充性特点，智能变电站内各层的 IED 都可以采用分布式功

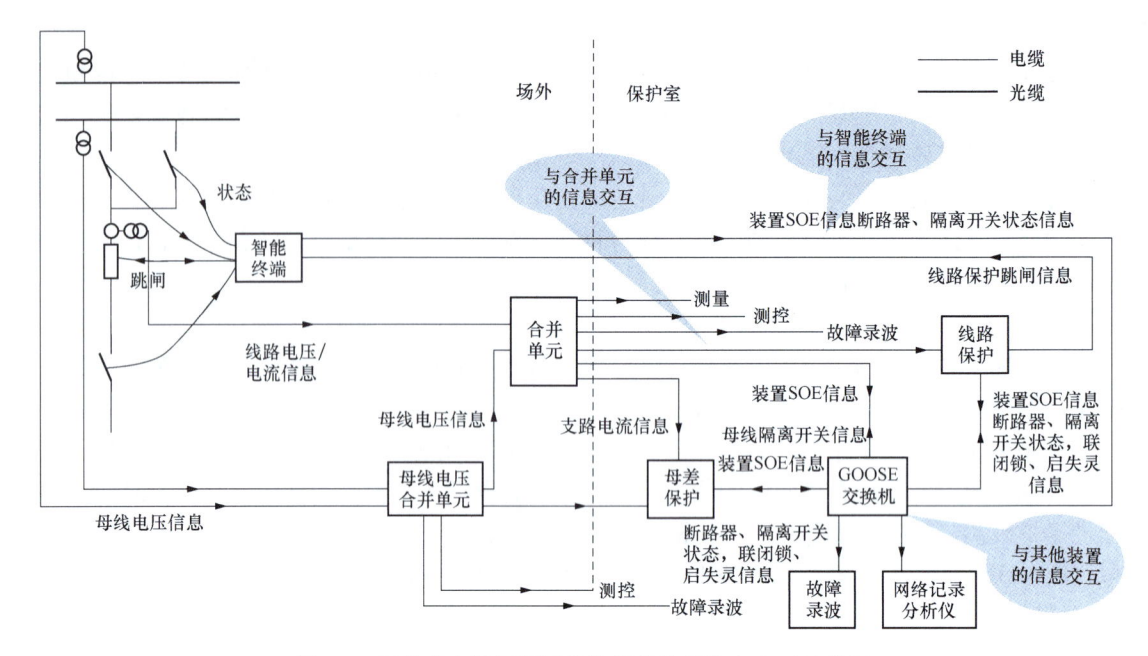

图 6-9 智能变电站间隔层线路保护装置信息交互示意图

能的方式来集成，各层之间通过局域网或者现场总线来连接，提高了抗干扰能力和通信的可靠性。基于 IEC 61850 协议数据共享、设备互操作性的原则，智能变电站间隔层与其他网络层之间的通信网络结构如图 6-10 所示。

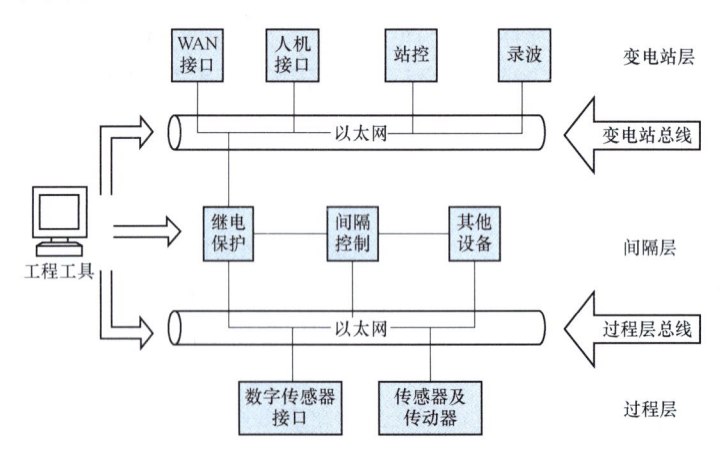

图 6-10 智能变电站间隔层与其他网络层之间的通信网络结构

变电站层与间隔层主要通过变电站总线连接，间隔层与过程层通过过程层总线连接。在变电站通信中，IED 内部为并行通信方式，IED 之间主要的通信方式是串行通信。在开放系统互联（OSI）参考模型的规范下，大多数厂家制造的 IED 以 RS-232 或 RS-485 为接口标准。网络类型主要有局域网和现场总线两种，由于局域网的开放性特点，实现 IED 的互操作及系统的升级都比现场总线容易。因此，采用局域网实现变电站内部串行通信成为发展趋势。

随着嵌入式以太网技术在工业领域的大量应用，各 IED 生产厂家开始将嵌入式以太网芯片加到 IED 中，使 IED 满足以太网标准，其 I/O 设备能够作为以太网的一个节点来传输数据。通过嵌入式以太网，过程环境下负责采集数据的 IED 分别在网上运行，站内综合自动化系统通过站控与各 IED 进行通信，从而控制 IED 的各种操作。

从图 6-10 中可以看到，变电站总线和过程层总线采用以太网连接各种嵌入了以太网芯片的 IED。与以前用现场总线相比，这种方式的传输速度和可靠性大大增强，间隔层的所有 IED 在变电站总线上都可以作为以太网的一个节点，独立地挂网运行，实现全部的数据共享。

由于间隔层与过程层之间数据量大、实时性要求高，以太网的带宽问题成为实现全开放式数字化变电站的瓶颈，对此的解决方法主要有：

（1）在变电站的各层之间通信，使用双以太网结构增加冗余度，从而保证通信的可靠性。

（2）将间隔单元与过程层 IED 一一对应，将间隔单元与 IED 用独立的通信电缆连接起来，然后以组的形式接入过层总线，从而缓解总线上数据流量过大的压力。

（3）选用光纤作为过程层总线的传输介质，提高传输速率。

2. 间隔层网络特点

过程层采样值和隔离开关、断路器等设备就地实现数字化和信息网络化传输；智能终端将隔离开关、断路器位置，本体信息（告警等），隔离开关、断路器控制等进行就地数字化；合并单元实现电流/电压数字化；间隔层设备通过 GOOSE 网和 SV 网与过程层设备（智能终端、合并单元）进行纵向通信。间隔层保护设备与过程层合并单元、智能终端数据通道逻辑如图 6-11 所示，间隔层的保护设备与过程层的智能终端、合并单元之间的通信可以是点对点方式，也可以是网络方式，间隔层其余设备（测控、录波装置等）则均考虑采用网络方式实现与过程层设备的通信。间隔层设备与过程层设备的通信无论是采用点对点方式还是网络方式，为适应开关设备的电磁环境及远距离传输的要求，均应采用光通信介质，以确保信息传输的可靠性。

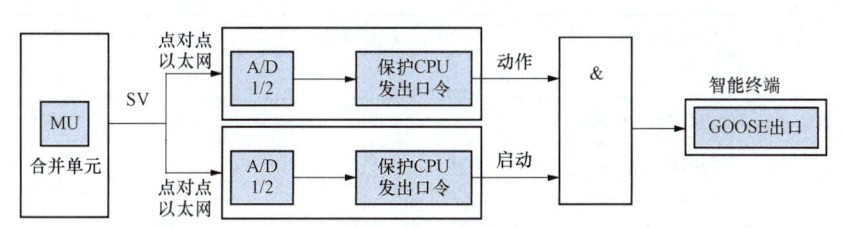

图 6-11 间隔层保护设备与过程层智能终端、合并单元数据通道逻辑

间隔层设备通过过程层 GOOSE 网实现本层设备之间的横向通信（主要是联闭锁、保护之间的配合等）；通过 MMS 网实现与站控层之间的纵向通信。间隔层保护测控装置均以电网口接入 MMS 网，间隔层 MMS 网以光网口接入站控层 MMS 网，站控层设备均以电网口接入 MMS 网。

四、间隔层设备

智能变电站间隔层设备一般指微机保护装置、测控装置、保护测控集成装置、故障录波装置、网络报文记录分析装置、电能计量、安全稳定装置等二次设备。

1. 微机保护装置

在智能变电站中，微机保护包括全变电站主要设备和输电线路的全套保护，具体包括：①高压、超高压、特高压输电线路的主保护和后备保护；②主变压器的主保护和后备保护；③母线保护；④配电线路的保护；⑤站用变压器保护；⑥无功补偿电容器组的保护等。

微机保护是智能变电站二次系统的关键环节，其功能和可靠性在很大程度上影响了整个系统的性能，微机保护子系统中的各保护单元，除了具有独立、完整的保护功能外，必须满足以下要求，也即必须具备以下性能和附加功能。

（1）满足保护装置快速性、选择性、灵敏性和可靠性的要求。

（2）具有故障记录功能。

（3）具有与统一时钟对时功能，以便准确记录发生故障和保护动作的时间。

（4）存储多种保护整定值。

（5）当地显示与多处观察以及授权修改保护整定值。

（6）通信功能。各保护单元具有满足 IEC 61850 标准的以太网通信接口，便于组网，使各保护单元可与监控系统通信。

（7）故障自诊断、自闭锁和自恢复功能。

（8）可接收数字量采样。智能站数字微机保护装置可接收常规电气量采样或合并单元的数字量采样，并进行双 AD 数据的对比处理，不一致时产生告警，闭锁相关保护。采用数字量采样输入的保护设备数据通道设计如图 6-11 所示。保护出口采用 GOOSE 输出方式，只有在保护动作 CPU 和保护启动 CPU 同时出口时，保护装置才能对外发布 GOOSE 跳闸命令。

适用于智能变电站的微机保护装置与传统装置相比，主要区别在于这些智能化二次设备配置了能够接收电流、电压数字信号的光纤接口和（或）能够通过 GOOSE 网络交换开关信号的光纤以太网接口，智能变电站保护装置与常规变电站保护装置硬件的区别见表 6-11。

表 6-11　　　　智能变电站保护装置与常规变电站保护装置硬件的区别

序号	插件名称	常规变电站保护装置	智能变电站保护装置
1	CPU 插件	有	有，且类似
2	光纤接口/扩展插件	无	有
3	交流输入变换插件	有	无
4	低通滤波插件	有	无
5	通信插件	有	有，MMS
6	显示面板	有	有，且类似
7	电源插件	有	有，且相同
8	24V 光耦插件	有	有，开关量输入减少
9	强电光耦插件	有	无
10	信号继电器插件	有	无
11	继电器出口插件	有	无

另外，在运行方面，智能变电站微机保护装置与常规变电站继电保护装置还存在以下主要差别：

1）新增了电子式互感器、合并单元、智能终端、交换机、网络分析仪、在线监测等与继电保护相关的装置或系统。

2) 使用光纤接口/扩展插件,替代交流、低通滤波及出口继电器等模拟输入/输出插件,并由此带来了保护在功能实现上的改变。

3) 取消保护功能投退硬压板、出口和开关量输入回路硬压板,只保留检修和远方操作硬压板,新增了 SV 投入、GOOSE 接收和出口、投退保护功能、远方控制、远方修改定值区、远方修改定值等软压板。

4) 继电保护装置的状态检修。

智能变电站采用 GOOSE 网络之后,其二次回路逐渐被虚拟化,为了能够实时对二次回路进行监控,可以设置 GOOSE 网络断接的报警功能。也即正常运行时,每间隔 5s 发送一次心跳报文,如果连续 20s 未收到心跳报文,GOOSE 网络会及时向保护装置与监控后台发出告警信号。而且 IEC 61850 统一了站内的全部通信规则,对测控装置模型与通信接口进行有效规范,提升了保护设备间的互操作性,实现了不同厂家的无缝连接。

总体而言,智能变电站改变的只是输入/输出的接口,以及传输信息的介质和途径,而继电保护的原理、功能并没有改变。

2. 测控装置

测控装置可按被测量和控制的变压器、线路等一次设备为间隔独立配置主要完成变电站一次系统电压、电流、功率、频率等各种电气参数测量(遥测)、一次设备、二次设备状态信号采集(遥信),接收调度主站或变电站监控系统操作员工作站下发的对断路器、隔离开关、变电站分接头等设备的控制命令(遥控、遥调),并通过联闭锁等逻辑控制手段保障操作控制的安全性,同时还要完成数据处理分析,生成事件顺序记录等功能。

(1) 智能变电站新方式下测控装置相关回路实现。

1) 测控装置通过 SV 网络及 GOOSE 网络完成采样、遥信采集、遥控输出等功能。当不组建过程层网络时,利用点对点光纤通道完成相应功能。测控装置通过 GOOSE 网络采集智能终端、合并单元的异常信号转发给监控系统。异常信号应包含必要的重要信息。

2) 过程层设备无 MMS 网接口,通信中断及光纤断链等告警信息需经过程层交换机接入测控装置,通过测控装置上传至监控后台。

(2) 智能变电站测控装置的新特点。智能变电站测控装置与传统变电站测控装置比较的新特点在于:

1) 具有独立的 GOOSE 接口、SV 接口和 MMS 接口。

2) 采用 GOOSE 协议实现间隔层防误闭锁功能。

3) 具有在线自动检测功能,并能输出装置本身的自检信息报文,具有自动化系统状态监测接口。

4) 与智能变电站继电保护装置一样,测控装置仅保留检修硬压板和远方操作硬压板。

5) 具备接收 IEC 61588 或 RIG-B 码时钟同步信号的功能,装置的对时精度误差不应超过±1ms。

(3) 间隔层防误。为防止监控系统或调控系统未经防误闭锁,而直接操作隔离开关(或接地开关)可能导致的误操作,在测控装置上应用 GOOSE 实现间隔层闭锁逻辑。间隔层防误不仅可以采集断路器、隔离开关等位置量,还可以采集电流、电压等模拟量,实现二次防误。

间隔层防误由测控装置作为主体,预先在内置 PLC 中编写闭锁逻辑。间隔层防误闭锁实时监测设备变位，实时进行闭锁逻辑运算，完成对智能终端遥控闭锁触点进行解闭锁。测控装置与智能终端通过 GOOSE 报文交互解闭锁信息，实现防误闭锁。基于 GOOSE 网络传输，实现跨间隔联闭锁而无须重新增加布线及设备。

3. 保护测控集成装置

保护测控集成装置是将同间隔的保护、测控等功能进行整合后形成的装置形式，其中保护测控均采用独立的板卡和 CPU 单元，除输入/输出采用同一接口、共用电源插件外，其余保护、测控板卡完全独立，保护、测控功能实现的原理不变。保护测控集成装置一般应用于 110kV 及以下电压等级。

4. 网络报文记录分析及故障录波一体化装置

智能变电站中，以光纤为主要通信介质的网络取代传统的电缆硬接线简化了二次接线，提高了施工效率，但也给变电站二次回路调试、试验、故障排查提出新的要求。二次回路调试、试验、故障排查利用传统电工仪表及工具已不能完成作业。网络通信记录分析及故障录波装置可监视、记录全站的网络报文，实现通信报文的在线分析和记录文件离线分析，为站内调试、运行和维护提供有力的辅助手段。

系统发生故障时，故障录波器能自动准确地记录故障前后过程的各种电气量变化情况，通过对记录下的电气量进行分析和比较，判断保护是否正确动作，辅助分析事故原因，同时采集电力系统的暂态特性和有关参数。

网络报文记录分析及故障录波一体化装置也称为网络报文记录分析系统或变电站通信在线监视系统。该系统用一套装置同时实现网络报文记录和暂态录波功能，两种记录信息共享统一的数据源和时标，不仅可以节省变电站的设备、屏柜，还能更方便地实现原始报文数据和暂态录波数据的对比组合分析。

网络报文记录分析仪是智能变电站通信记录分析设备，可对网络通信状态进行在线监测，并对网络通信故障及隐患进行告警，有利于及时发现故障点并排查故障；同时，能够对网络通信信息进行无损全记录，以便重现通信过程及故障；具有故障录波分析功能，当系统故障时，对系统一次电压、电流波形及二次设备的动作行为进行记录，便于事后离线分析。

5. 电能量采集设备

电能量采集设备实时采集变电站电能量，并将电能信息上送计量主站和监控系统。电能量采集设备由上行主站通信模块、下行抄表通信模块、对时模块等组成，功能包括数据采集、数据管理和存储、参数设置和查询、事件记录、数据传输、本地功能、终端维护等。电能量计量是与时间变量相关的功率累计值，电能表和采集终端的时钟准确度直接影响着电能量计量精度和电能结算时刻采集和存储数值的准确度。

6. 网络通信设备

网络通信设备包括多种网络设备组成的信息通道，为变电站各种设备提供通信接口，包括以太网交换机、中继器等。交换机在数据传输过程中的主要功能是对可靠的信息通道进行有效建立，为数据帧有效地交换提供便利而对网络流量进行控制；此外，还为管理交换操作提供便利，使局域网内信息的有效传递得到有效保障。中继器的主要功能是通过对数据信号的重新发送或者转发，完成信号的复制、调整和放大功能，扩大网络传输的距离。

7. 间隔层设备二次回路

（1）传统变电站间隔层设备二次回路。传统变电站间隔层设备（如保护及测控装置）采集的都是模拟量，所有的模拟信号到终端设备时通过模数转换再转化成为数字量，在采集过程中传输过长，模拟量受到传输途径和外界因素干扰较大，对采样和指令干扰影响较大；传统变电站微机保护测控装置设置开关量输入/开关量输出及交流输入端子排，通过从端子到端子的电缆连接方式来实现保护装置与一次设备、二次设备间的配合。

传统变电站的这种设计造成了二次采用了大量的电缆，造成电缆敷设和二次接线的大量工作，工作面很广，回路的转接点很多，有大量的查线、核线工作，在传动调试时工作量很大，送电前要求 TA、TV 回路详细核查，防止 TA 出现开路和 TV 出现短路。

(2) 智能变电站间隔层设备二次回路。数字化保护测控装置的出现，改变了传统二次设计方式。对于装置本身而言，大量的继电器出口、触点开关量输入、交流输入及开关的操作回路被过程层设备所涵盖，取而代之的是光纤接口的出现。智能变电站采集的都是数字量，所有的模拟信号直接在一次设备合并单元或智能终端上转化为光信号直接通过光纤长距离输出至测控或保护装置，数字量传输过程中近似无损耗，不受外界干扰；智能变电站的设计采用了大量的光缆，在送电试运行过程中不会出现 TV 短路、TA 开路等常规变电站送电容易出现的情况，使变电站建设更容易，运行更安全。

五、智能变电站微机保护、测控装置的配置方案

下面以 220kV 及以上变电站双母线接线型式为例，根据 Q/GDW 441—2010《智能变电站继电保护技术规范》要求，介绍继电保护配置具体实施方案。

1. 220kV 输电线路的保护、测控装置配置

线路按双重化配置保护装置；线路过电压及远跳就地判别功能应集成在线路保护装置中，站内其他装置启动远跳经 GOOSE 网络启动。线路保护直接采样，直接跳断路器；经 GOOSE 网络启动断路器失灵、重合闸。

每回线路应配置 2 套包含有完整的主、后备保护功能的线路保护装置。合并单元、智能终端均应采用双套配置，保护采用安装在线路上的 ECVT 获得电流/电压。用于检同期的母线电压由母线合并单元点对点通过间隔合并单元转接给各间隔保护装置。电压切换由各间隔合并单元实现。线路保护直接采样，与智能终端之间采用点对点直接跳闸方式。跨间隔信息（启动母线差动失灵功能和母线差动保护动作远跳功能等）采用 GOOSE 网络传输方式。测控装置采用单 SV 网进行采样，通过单 GOOSE 网络操作断路器。220kV 线路保护单套技术实施方案如图 6-12 所示。

2. 220kV 母线的保护、测控装置配置

母线保护按双重化进行配置。母线保护直接采样、直接跳闸，当接入元件数较多时，可采用分布式母线保护。各间隔合并单元、智能终端均采用双重化配置。采用分布式母线保护方案时，各间隔合并单元、智能终端以点对点方式接入对应子单元。

母线保护与其他保护之间的联闭锁信号［失灵启动、母联（分段）断路器过电流保护启动失灵、主变压器保护动作解除电压闭锁等］采用 GOOSE 网络传输。220kV 母线测控装置采集 220kV 母线电压和母线 TV 隔离开关位置等信号。220kV 母线保护单套技术实施方案如图 6-13 所示。

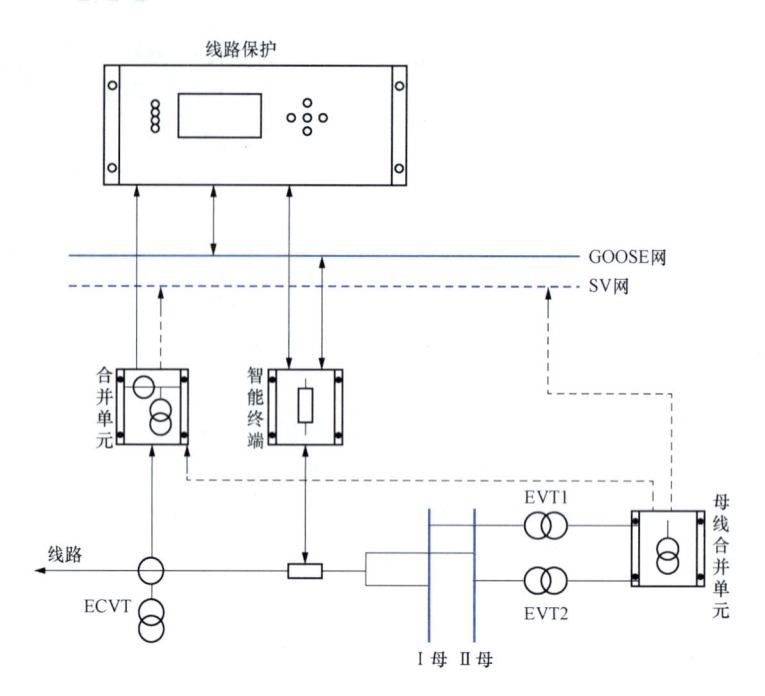

图 6-12　220kV 线路保护单套技术实施方案

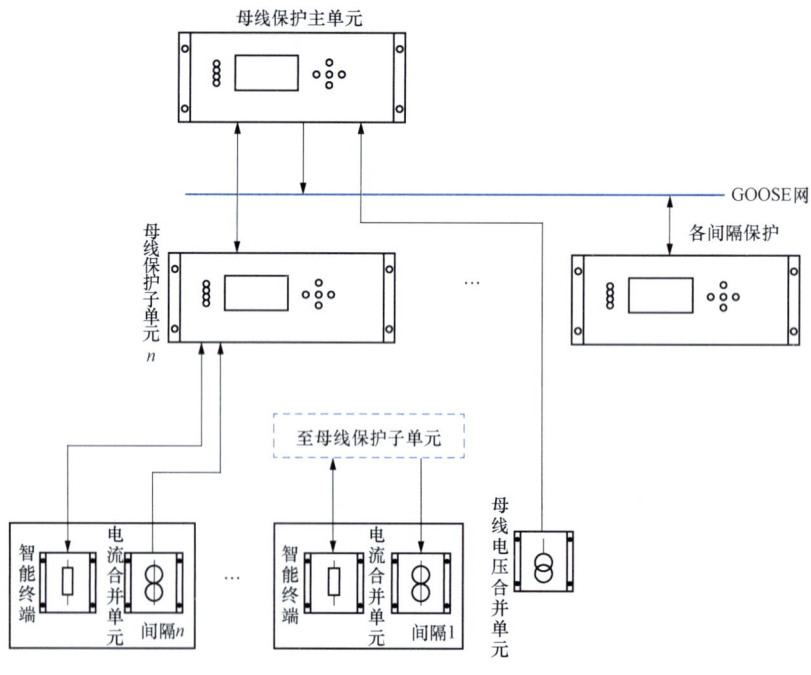

图 6-13　220kV 母线保护单套技术实施方案
注：本图以各间隔独立配置子单元为例

3. 220kV 变压器保护配置方案

变压器保护按双重化进行配置，包含各侧合并单元、智能终端均应采用双套配置。每套保护包含完整的主、后备保护功能；变压器各侧及公共绕组的合并单元均按双重化配置，中性点电流、间隙电流并入相应侧合并单元；变压器保护直接采样，直接跳各侧断路器；变压器保护跳母联断路器、分段断路器，闭锁备用电源自动投入装置，启动失灵等可采用GOOSE网络传输，并实现失灵跳变压器各侧断路器。

非电量保护应就地直接电缆跳闸，有关非电量保护时延均在就地实现，主变压器各类非电量信息由本体智能终端和主变压器测控装置实现主变压器温度、挡位、中性点隔离开关位置等信息采集，信息通过本体智能终端上送过程层GOOSE网。220kV主变压器保护用合并单元、智能终端配置（单套）示意图如图6-14所示。

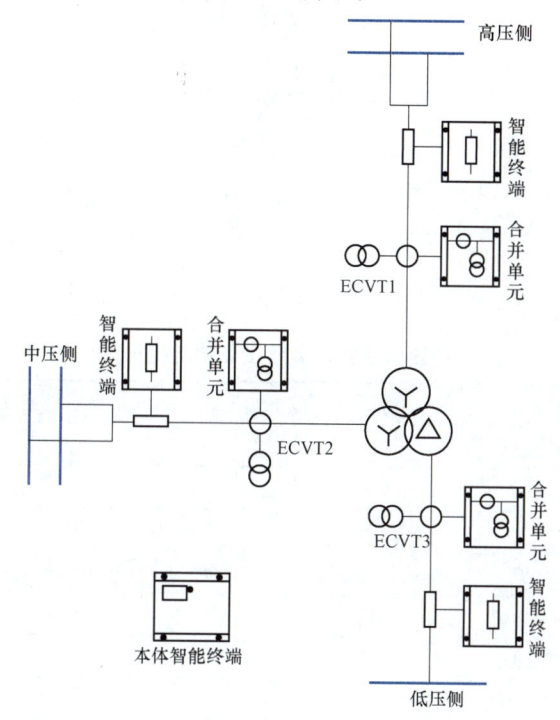

图6-14 220kV主变压器保护用合并单元、智能终端配置（单套）示意图

4. 220kV母联（分段）间隔配置方案

母联（分段）断路器按双重化配置母联（分段）保护、合并单元、智能终端；采用点对点直接跳闸方式；启动母线失灵可采用GOOSE网络传输；母联（分段）断路器间隔合并单元只接入电流，不接入母线电压。220kV母联保护（单套）技术实施方案如图6-15所示。

六、输电线路保护测控装置实例

以CSC-161A（163A/163T）系列数字式线路保护测控装置为例，该装置适用于高压输电线路线路，满足双母线、3/2断路器等各种接线方式。适用于同杆和非同杆线路。装置主保护为纵联电流差动保护，后备保护为三段式距离保护、两段式零序方向保护。装置还配置了自动重合闸，主要用于双母线接线情况。线路保护测控装置主要功能配置见表6-12。

智能变电站线路保护屏及保护装置

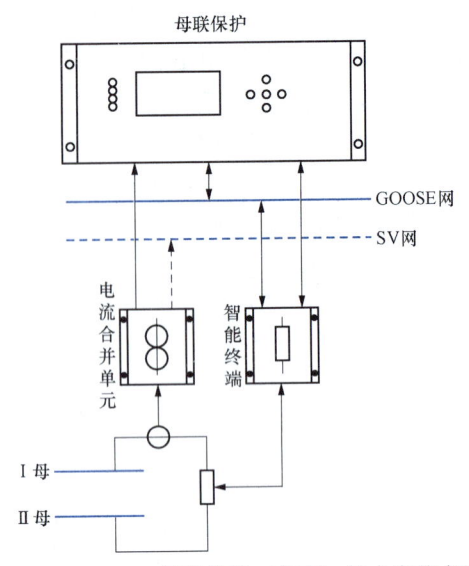

图 6-15 220kV 母联保护（单套）技术实施方案

表 6-12 线路保护测控装置主要功能配置

类别	序号	功能描述	说明	备注
必配功能	1	纵联电流差动保护	—	—
	2	相间距离保护	配置三段	—
	3	接地距离保护	配置三段	—
	4	零序过电流保护	配置四段	Ⅰ、Ⅱ和Ⅲ段的方向可独立投/退；Ⅳ段固定不带方向
	5	零序过电流加速保护	一段	—
	6	TV 断线相过电流保护	一段	—
	7	TV 断线零序过电流保护	一段	—
	8	过负荷告警	一段	—
	9	三相一次重合闸	—	重合闸启动后最长等待时间为 10min
	10	不对称相继速动	—	—
	11	故障测距	—	—
	12	冲击性负荷	—	—
装置类型	1	常规采样、常规跳闸	G	常规装置
	2	SV 采样、GOOSE 跳闸	DA(FA)-G	智能化装置，可以选配测控功能。DA 为后接线方式、FA 为前接线方式

保护测控装置位于变电站的间隔层，向上能与变电站层的监控、远动、故障信息子站等设备通信，向下能与过程层的合并单元、智能单元等设备进行通信，取消电缆硬连接，简化二次回路。可以按照 IEC 61850 定义的 GOOSE 服务与间隔层其他装置进行信息交换完成逻辑配合，也可以与过程层智能单元进行通信，实现对一次设备的信息收集和控制功能。

1. 装置的面板与背板

（1）CSC-161A 线路保护测控装置面板如图 6-16 所示。面板中液晶显示屏左侧为"运行"动作""重合""跳位""合位""充电""通道告警"（CSC-161A 为"备用"）、"告警"灯。各指示灯说明如下：

1)"运行"灯：正常时灯亮，为绿色光，当有保护启动时闪烁。

2)"动作"灯：保护跳闸出口灯，动作后红灯亮，正常灭。

3)"重合"灯：重合闸出口灯，动作后红灯亮，正常灭。

4)"跳位"灯：当有跳位开关量输入时灯亮。

5)"合位"灯：当有合位开关量输入时灯亮。

6)"充电"灯：重合闸充满电后为绿灯亮，当停用重合闸、被闭锁或合闸放电后为灭。

7)"通道告警"灯：正常灭，当通道异常时亮，为红色。

8)"告警"灯：此灯正常灭，动作后为红色。有装置故障告警时（严重告警），装置面板告警灯闪亮，退出所有保护的功能，装置闭锁保护出口电源；有运行异常时（设备异常告警），装置面板告警灯常亮，仅退出相关保护功能（如 TV 断线），不闭锁保护出口电源。

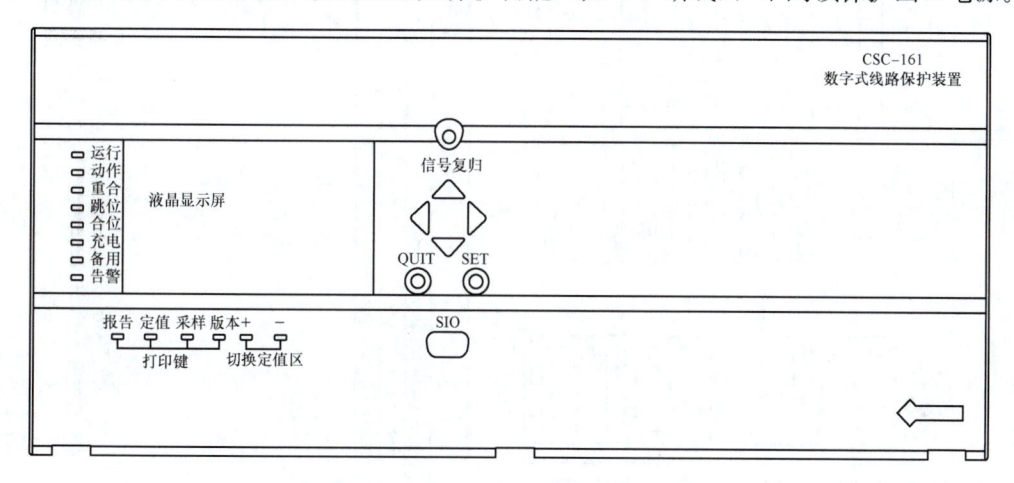

图 6-16 CSC-161A 线路保护测控装置面板

（2）液晶显示屏右侧四方按键说明如下：

1)"SET"：确认键，用于设置或确认。

2)"QUIT"：循环显示时，按此键可固定显示当前屏幕的内容（显示屏右上角有一个钥匙标示，即定位当前屏），再按即可取消定位当前屏功能。菜单操作中按此键后，装置取消当前操作，回到上一级菜单；按此键回到正常显示状态时可进行其他按键操作。

3)"上、下、左、右"：选择键，用于从液晶显示器上选择菜单功能命令。选定后用"左、右"移动光标，"上、下"改动内容。

4)"信号复归"按钮：用来复归信号灯和使屏幕显示恢复正常状态。

液晶屏下部四个打印快捷及两个定值区切换功能键主要为运行人员的操作接口，可以实现运行人员的简单操作。

线路保护测控装置背板如图 6-17 所示，和常规站相比取消了部分开关量输入/开关量输出插件和交流输入插件，增加了光纤以太网插件，接口变为光以太网接口。一般光纤以太网插件同时具备 SV 和 GOOSE 功能，用于 SV 点对点连接、GOOSE 点对点和组网连接，实现智能变电站保护装置的采样和开关量输入/开关量输出功能。

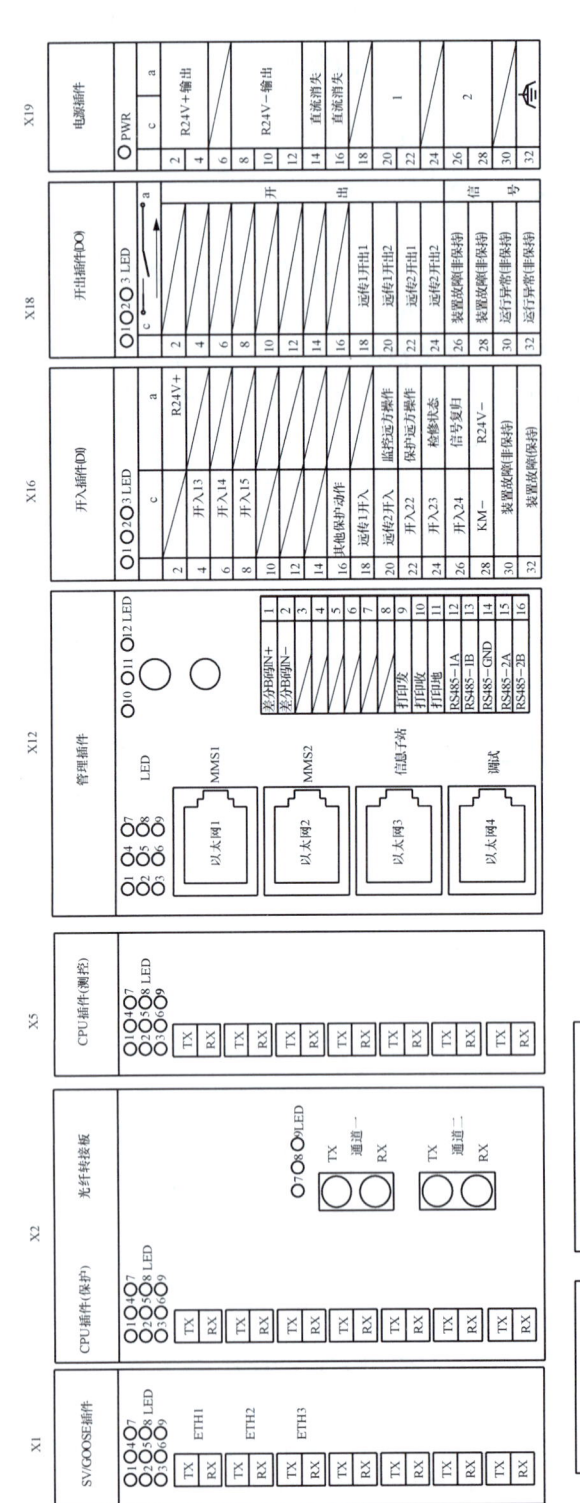

图 6-17 线路保护测控装置背板

注 1：选配测控功能时，配置 X5 测控插件，此时开入插件的开入 13（解锁状态）、开入 14、开入 15、开入 22、开入 23、开入 24 有效。

注 2：X1～X19 为端子编号。

注 3：对于管理插件，也可以选择光以太网或光 B 码对时配置。

保护测控装置插件包括 SV/GOOSE 插件，CPU 插件（保护、测控），管理插件，开关量输入插件，开关量输出插件，电源插件。另外，装置面板上配有人机接口组件，装置的保护 CPU 插件带光纤接口。

2. SV/GOOSE 插件

SV/GOOSE 插件包括 SV 和 GOOSE 部分。装置在线自动检测 GOOSE 报文的有效性，当出现报文延时到达或报文中断时，装置自动发出告警信息，告警信息复位不消失。插件原则上不与站控层网络连接，只连接到过程层网络，完成间隔层装置之间及与过程层智能单元的通信。不同装置 GOOSE 报文的配合关系由系统配置器在系统集成时确定，最终体现在 GOOSE 插件中。插件替代了部分开关量输入插件和开关量输出插件的功能，被替代的这部分插件的信息在以太网内传递，原来的这部分端子将被以太网信息形成的虚拟端子代替，原来大部分二次电缆连线将被虚拟端子之间的联系替代，二次回路被 GOOSE 报文软化。

3. CPU 插件

CPU 插件用于保护 CPU 插件和测控 CPU 插件。CPU 插件是装置的核心插件，主要完成采样、保护动作原理判断、事故录波功能、软硬件自检等。差动保护装置的 CPU 插件配有光纤转接板，自带 64kbit/s、2Mbit/s 兼容的数据接口。

4. 管理插件

管理插件承接保护装置与外界通信，如实现与监控后台、工程师站、远动、信息子站、人机交互模块、调试终端和打印机等的通信。可以支持三路 100MB 电以太网接口（可选光纤以太网接口），提供两路 RS-485 接口，配有串行打印口。用户可根据需要设置，以满足不同监控和远动系统的要求。管理插件上设置有 GPS 对时功能，可满足网络对时、脉冲对时、IRIG-B 码对时方式（可选择电 B 码对时或光 B 码对时）的要求，具备 IEEE 1588 对时功能，并支持 GMRP 网络组播协议。

5. 开关量输入插件及开关量输出插件

开关量输入插件用来接入开关量输入信号。开关量输入插件有两组开关量输入回路和自检回路，能对各路开关量输入回路进行实时自检。开关量输出插件主要输出告警信号等触点，直接从板子上引出，提高抗干扰性能。

6. 电源插件

电源插件采用了直流逆变电源插件，具有失电告警功能。插件输入直流 220V 或 110V，输出保护装置所需 3 组电源。＋24V 两组用于开关量输入/输出插件电源；＋5V 用于各 CPU 逻辑用电源。

7. 人机接口组件

固定在保护测控装置前面板上，设有液晶显示屏、操作按键、复归按钮及与 PC 机通信的电以太网接口。

七、220kV 智能变电站线路保护现场检验作业流程

为全面规范智能变电站继电保护现场作业行为，指导标准化作业全过程，明确现场作业标准，提高作业质量，培养智能变电站继电保护现场作业人员的良好工作习惯，国家电网公司组织编写的《智能变电站继电保护现场作业指导书》中明确了 220kV 智能变电站线路保护现场检验作业流程，如图 6-18 所示。220kV 智能变电站线路保护现场检验作业应

在充分分析智能站二次设备新功能特征和安全措施基础上，做好线路间隔常规校验和缺陷处理中涉及的二次安全措施的实施。确保二次虚回路的安全隔离，智能变电站安全措施的实施至少采取双重安全措施。在不破坏网络结构即不插拔光纤的情况下，安全措施的实施原则主要按照投入检修压板、退出出口软压板、退出接收软压板来实施隔离，设置安全防线。

八、保护测控装置检验工器具

装置检验所使用的仪器、仪表必须满足精度要求，并在校验合格有效期内。装置应配置模数一体继电保护测试仪、数字式万用表、光功率计、光衰减器、时间同步测试仪和相应合并单元配置工具。模数一体继电保护测试仪及数字式万用表（又称手持式数字继电保护测试仪）外观如图 6-19 所示。

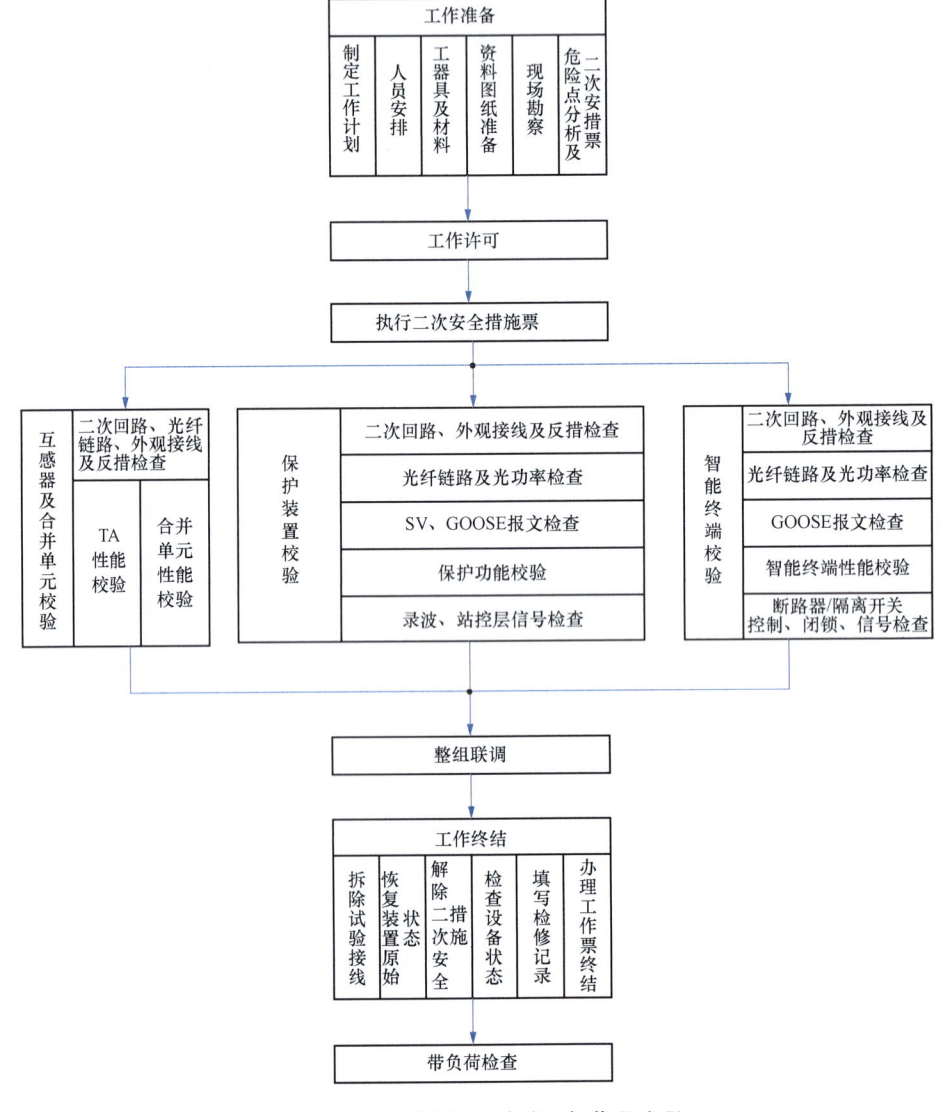

图 6-18 220kV 线路保护检验现场作业流程

(a)   (b)

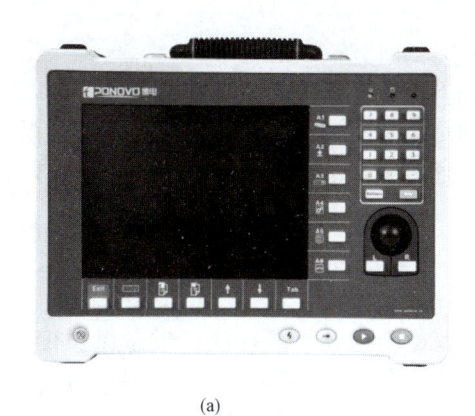

图 6-19 模数一体继电保护测试仪及数字式万用表
(a) 模数一体继电保护测试仪；(b) 数字式万用表

1. 模数一体继电保护测试仪

模数一体继电保护测试仪为智能电子设备提供一组时间同步（相关）的电流和电压采样值，其主要功能是通过汇集（或合并）多个互感器的输出信号，获取电力系统电流和电压瞬时值，并以确定的数据品质传输到电力系统电气测量和继电保护设备。模数一体继电保护测试仪承载着电力系统二次设备前端数据采集、合并、转换的重要功能，故对合并单元保护装置的功能及性能的有效测试，成为智能站测试工作的一个重要环节。

模数一体继电保护测试仪可对电子式互感器输入、电磁型互感器输入、电子式及电磁型互感器混合输入的合并单元进行全面有效的测试，满足各种实际工程中的合并单元测试需求。其功能说明如下：①支持 4/6 路电压、6 路电流模拟量输出，满足常规继电保护测试要求；②支持数字量输出，满足光数字化设备测试要求；③6 路光纤通信接口，可同时收发 IEC 61850-9-2 帧格式的采样值，GOOSE 每组光纤通信接口可同时发送 6 组采样值、15 组 GOOSE，可接收 12 组 GOOSE，接收 IEEE 1588 报文，满足对组网方式的测试；④4 路独立的 IEC 60044-7/8 的采样值输出口，满足国网最新技术要求；⑤自动解析保护模型文件（SCD、ICD、CID、NPI 文件），实现对采样值、采样通道信息、GOOSE 信息的自动配置；⑥可实现数字信号和模拟信号同步输出，满足智能站的各种测试需求；⑦具有 GPS、IRIG-B、IEEE1588 同步对时功能。

模数一体继电保护测试仪可实现：①模拟量电压/电流输入，硬触点跳闸方式的测试设备；②数字量光口输入，数字量方式出口的智能设备；③模拟量电压/电流输入，数字量方式出口的智能设备。

2. 数字式万用表

数字式万用表又称手持式数字继电保护测试仪，是适用于智能变电站安装调试、日常运行维护、故障检修、技能培训的智能测试分析仪。其可实现以下检查。

（1）保护、测控装置加量，采样值检查。

1）适用场合：现场调试、系统联调、故障检修。

2）测试目的：测试保护/测控 IED 报文解析、通道配置、通信配置是否正确。

3）具体测试方法：根据 SCD 文件，选择相应的合并单元，给保护、测控装置施加电压、电流，检查保护、测控各电压、电流通道采样值正确性。

(2) 双 AD 不一致检查。

1) 适用场合：出厂试验和现场调试。

2) 测试目的：测试保护在双 AD 通道信息不一致时保护闭锁行为是否正确。

3) 具体测试方法：采用模拟双 AD 通道采样值不一致，检测保护闭锁行为。

(3) 保护功能调试。

1) 适用场合：出厂试验、系统联调、现场试验。

2) 测试目的：测试保护功能、逻辑是否正确。

3) 具体测试方法：①采用 DM5000＜电压电流＞模块测试过量保护行为；②采用状态序列模块测试线路距离、阻抗；③采用三口光交换机测试部分差动保护功能，需要注意保护装置是否单纤接收，如只有单纤，则只能采用外加 1 路信号，若保护具有收发光纤，则可采用三口光交换机。

(4) 继电保护测试仪信号校验。

1) 适用场合：出厂试验、系统联调、现场调试。在某些时候，可能继电保护测试仪输出信号异常，保护厂家认为保护逻辑正确或不明原因保护异常。

2) 测试目的：验证继电保护测试仪输出报文格式和信号是否正确。

视野拓展

广域保护的概念

电力系统在本质上是一个广域系统，系统中所有的电气量是互相关联的一个整体，这在根本上决定了系统保护是一个全局问题，应该将系统作为一个整体考虑。此外，电力系统的运行状态是不断变化的，不同运行状态下的相同事件对电网的影响也不同。因此，系统的稳定运行问题实际上是系统在当前运行状态下的稳定运行问题，需要通过不断获得的实时数据来实时确定保护控制策略。广域保护是在电网互联趋势下提出的对继电保护系统更高的要求，这是一个新的研究方向。

广域保护即基于广域测量系统及在线动态安全分析的安全稳定控制系统。其利用从系统中获取的多点信息，对故障快速可靠精确切除的同时，能对切除故障后或经受大扰动的系统进行在线安全分析，必要时采用适当的措施防止系统发生大范围或全系统停电，同时能够实现继电保护和自动控制功能的系统。

广域保护系统概念的提出为解决大规模互联电网的保护和控制问题提供了新的思路和方法。借助通信系统，广域保护系统可获得电力系统多测点的信息，快速、可靠、准确地切除故障。同时，根据故障切除前后电网潮流分布和拓扑结构变化的情况，判断切除故障可能对系统安全稳定运行产生的影响，有选择地采取切机、切负荷、电网重构等预防性措施来对频率和电压进行控制，使系统从一个运行状态平稳地过渡到另一个稳定的运行状态，不必等待系统参数偏离正常值之后再采取措施。在预防性措施不能奏效的情况下，采取协调一致的紧急控制措施，防止发生大规模的连锁跳闸和崩溃。

学习项目总结

该学习项目描述了智能变电站间隔层设备的功能、特点及应用，智能变电站技术可以及时收集及保存间隔层设备（如继电保护装置）的相关数据信息，对不同系统的信息进行统一管理，提高数据管理的有效性。智能变电站技术可以实现网络交互运行的便捷化，确保间隔层内部设备之间运行更加高效，确保数据信息的高度共享，从而为迁移功能组态与保护广域提供一个数据交换的全新平台。在应用智能变电站技术时，可以对网络化数据的交换进行有效监控，对交换机智能化的二次回路进行有效监测，并在这一基础上，以保护装置为重点，创建继电保护信息对等的交互模式。

通过对该学习项目的系统学习，使学生能够熟练掌握智能变电站间隔层设备的功能、构成及应用，通过实训操作，培养学生智能变电站间隔层设备运行与维护的职业技能，理解智能变电站保护测控装置的配置原则及硬件结构，掌握保护测控装置交流量精度检查的标准、方法和步骤，能够在专人监护和配合下完成试验操作，并依据相关试验标准，对试验结果做出正确的判断和比较全面的分析。

> **复习思考**

一、填空题

1. 从结构上讲，智能变电站可分为过程层设备、_____设备、站控层设备。
2. 智能变电站中交流电流、交流电压数字量经过合并单元传送至间隔层_____和_____装置。
3. 间隔层由保护、测控、计量、合并单元等装置构成，利用本间隔数据完成对本间隔保护、_____、_____和计量的功能。

二、单项选择题

1. 下列不是间隔层设备的是（   ）。
    A. 保护装置　　　　B. 测控装置　　　　C. 故障录波装置　　　D. GPS 对时装置
2. 间隔层（   ）装置完成测量和控制功能。
    A. 保护装置　　　　　　　　　　　B. 网络报文记录分析装置
    C. 计量表计　　　　　　　　　　　D. 测控装置
3. 间隔层（   ）装置完成全变电站主要设备和输电线路的全套保护功能。
    A. 保护装置　　　　　　　　　　　B. 测控装置
    C. 计量表计　　　　　　　　　　　D. 网络报文记录分析装置

三、多项选择题

1. 网络记录分析装置应具备的功能有（   ）。
    A. 网络状态诊断功能　　　　　　　B. 网络端口通信异常报警
    C. 网络流量统计　　　　　　　　　D. 网络流量异常告警
2. 智能变电站中交流电流、交流电压数字量经过合并单元传送至（   ）。
    A. 保护装置　　　　B. 智能终端　　　　C. 监控工作站　　　D. 测控装置
3. 下列设备不属于智能变电站间隔层设备的有（   ）。
    A. 合并单元　　　　B. 智能终端　　　　C. 线路保护　　　　D. 测控装置

四、判断题

1. 合并单元是间隔层的关键设备。（   ）
2. 智能变电站中 110kV 及以上电压等级继电保护系统应遵循双重化配置原则，每套保

护系统装置功能独立完备、安全可靠。（   ）

3. 继电保护设备与本间隔智能终端之间通信应采用 SV 点对点通信方式。（   ）

五、简答题

1. 智能变电站间隔层在"三层两网"结构中的作用是什么？
2. 智能变电站间隔层主要设备有哪些？
3. 间隔层与站控层交换的信息有哪些？
4. 测控装置的主要功能是什么？
5. 智能站保护装置与常规保护装置比较有什么特点？

标准化测试试题

学习项目六
标准化测试
试题

参考文献

[1] 贺达江，杨威. 智能变电站原理与技术［M］. 成都：西南交通大学出版社，2020.
[2] 陈庆. 智能变电站二次设备运维检修实务［M］. 北京：中国电力出版社，2018.
[3] 黄亦庄. 智能变电站自动化系统原理与应用技术［M］. 北京：中国电力出版社，2012.
[4] 高翔. 数字化变电站应用技术［M］. 北京：中国电力出版社，2008.
[5] 国网河南省电力公司. 智能变电站继电保护现场作业指导书［M］. 北京：中国电力出版社，2016.

学习项目 七

智能变电站的站控层设备及监控系统

学习项目描述

智能变电站站控层向上纵向贯通调控主站系统，向下连接变电站间隔层设备，承载着整个变电站系统协调、管理和控制工作，负责向系统提供变电站运行状态、故障录波、保护整定等数据，负责全站设备的监视与控制，并与各级调度中心进行远动信息实时交互，实现了变电站实时全景检测、自动运行控制、高级应用互动等高级功能。

该学习项目通过完成站控层设备的巡视和维护任务，熟悉站控层设备构成和站控层的特点。通过完成变电站监视和遥控操作任务，熟悉站控层主要功能及技术应用。

学习目标

该学习项目的主要内容包括智能变电站的站控层结构及设备配置，站控层的主要功能及技术应用，包含相关理论知识学习和技能训练，并突出专业技能及职业核心能力培养。

知识目标：掌握智能变电站的结构体系；掌握智能变电站站控层包括的设备、站控层的功能及主要任务；掌握智能变电站站控层的主要功能及技术；了解智能变电站一体化监控系统的结构和作用。熟悉站控层设备的巡视检查项目；熟悉智能变电站站控层设备配置原则及典型配置；能够列举并描述智能变电站站控层主要功能。

能力目标：能够对站控层各设备进行巡视、检查和维护，完成巡视记录卡，能说出各层间的相互联系；能说出站控层所包含的设备及各自的作用；能对简单异常现象进行处理。能够利用站控层功能完成变电站的运行监视；能够在监控系统人机界面上完成遥控操作任务和定值修改。

素质目标：在完成工作任务的过程中，养成独立思考、胆大心细、严谨认真的工作态度，培养团队协作能力；具有以德为先、爱岗敬业、热爱劳动的工作作风；能严格遵守电力规程和规章制度；敢于质疑、刻苦钻研，培养追求真理的精神。

教学环境

教学主要在智能变电站实训基地实施，要求教学环境按照真实智能变电站配置站控层设备和监控系统，满足技能训练的要求。配置多媒体教学设备，并具有通畅的网络环境，能够满足线上线下混合式教学需求。

任务一　站控层设备的巡视与维护

学习目标

知识目标：了解智能变电站一体化监控系统的结构和构成；掌握智能变电站站控层设备

种类及功能要求，站控层设备的巡视检查项目；熟悉智能变电站站控层设备配置原则及典型配置。

能力目标：能够对站控层各设备进行巡视、检查和维护，完成巡视记录卡，并能对简单异常现象进行处理。

素质目标：具有以德为先、爱岗敬业、热爱劳动的工作作风；具有团队协作精神；能严格遵守电力规程和规章制度；敢于质疑、刻苦钻研，培养追求真理的精神；养成胆大心细、严谨认真的工作态度。

任务描述

在学习了智能变电站过程层和间隔层设备的原理、功能和操作后，继续学习站控层特点及设备构成。按照智能变电站运行规程，对站控层典型设备包括监控主机、网络交换机、同步相量测量装置（PMU）数据集中器、数据通信网关机等进行巡视检查，填写巡视记录卡，并上报巡视过程中发现的异常现象。根据教师指令完成异常现象的排查和维护工作。具体任务有：①监控主机巡视与检查；②网络交换机巡视与检查；③PMU数据集中器巡视与检查；④数据通信网关机巡视与检查。

任务准备

播放现场因不按"五防"工作站和电脑钥匙提示的顺序进行操作而引起的安全事故案例，引导学生注重危险点分析与预防控制措施，完成安全规程学习、考试等环节，积极做好安全措施，保证安全、认真地完成站控层设备巡视任务，进一步树立电力职业安全意识，培养严谨认真的工作态度。

通过前面学习项目的学习，学生已经对智能变电站有了较为详细的认识，并且在校企工厂积累了一定的实践经验，适应了"教、学、做"一体化教学和训练。学生依托前续认识和实践积累，利用网络教学资源做好预习，结合所学知识完成教学内容的认知与掌握，形成一套适合自己的解决问题的方法。借助于网络资源，预先学习下列引导问题。

引导问题1：智能变电站一体化监控系统采用何种结构？由哪些设备构成？

引导问题2：智能变电站站控层设备有哪些功能要求？

引导问题3：智能变电站站控层设备的巡视检查项目有哪些？

引导问题4：针对设备巡视过程中可能出现的危险点，应制定怎样的预防控制措施？

引导问题5：智能变电站站控层设备配置原则是什么？

任务实施

1. 实训地点

智能变电站实训基地。

2. 实施所需材料

（1）智能变电站站控层设备实物。

（2）智能变电站运行规程，巡视记录卡。

（3）多媒体设备。

（4）智能变电站音像视频资料。

3. 实施内容与步骤

(1) 学生分组。3~4人一组,指定组长。组内成员要明确分工,明确任务,明确完成任务的时间,建立"组内讨论合作,组间适度竞争"的学习氛围,培养团队合作和有效沟通能力。

(2) 资讯环节。教师说明完成实训任务需具备的知识、技能、态度,说明完成工作任务需要注意的问题,帮助学生做好危险点分析和预防控制措施,保证任务实施过程中的安全。帮助学生确定学习智能变电站站控层设备的巡视与检查等学习目标,明确实训重点。

教师下发工作任务书,描述任务学习目标,布置工作任务。学生分析学习任务、了解实训工作内容,明确学习目标、工作方法和可使用的助学材料,借助智能变电站实训基地的网络资源,通过手机、平板电脑等不同途径查阅相关资料,获取智能化设备技术说明书、参考教材、学习项目实施计划等,并根据任务指导书通过认知、资讯的方法学习掌握相关的背景知识及必备的理论知识,对智能变电站过程层设备和技术等方面的知识进行学习与训练,并对采集的信息进行筛选和处理。

教师通过图片、实物、视频资料、多媒体演示等手段,讲授智能变电站一体化监控系统的结构和构成,智能变电站站控层设备种类及功能要求,站控层设备的巡视检查项目,智能变电站站控层设备配置原则及典型配置等。课程通过多媒体课件演示与讲授,利用与学习内容有关的案例辅助,增强学生的感性认识,激发学习兴趣。运用讲授法,任务驱动法,小组讨论法,实践操作法,部分知识讲解、部分知识指导、学生看书回答问题、交流讨论等教学方法实施教学。

(3) 计划与决策。各小组分别制订工作计划及实施方案,列出工器具清单,包括工具、仪器仪表、装置等。教师审核工作计划及实施方案,与学生共同确定最终实施方案。

(4) 操作与实训1:智能变电站站控层设备巡视与检查训练。

根据智能变电站实训基地实际情况及变电站运行规程,参考《国家电网公司电力安全工作规程》,按照表7-1给出的防范类型及危险点,结合相关知识内容,制定变电站站控层设备巡视的预防控制措施。

表7-1　　　　　　　　　　巡视危险点分析与预防控制措施填写

序号	防范类型	危险点	预防控制措施
1	人身触电	误碰、误动、误登运行设备,误入带电间隔	
		设备有接地故障时,巡视人员误入产生跨步电压	
2	高空坠落	登高检查设备,如登上开关机构平台检查设备时,感应电造成人员失去平衡,造成人员碰伤、摔伤	
3	高空落物	高空落物伤人	
4	设备故障	使用无线通信设备,造成保护误动	
		小动物进入,造成事故	
5	SF_6气体防护	进入户内SF_6设备室或SF_6设备发生故障气体外溢,巡视人员窒息或中毒	

按照变电站现场运行通用规程,对智能变电站站控层设备展开日常巡视与检查,并将检查结果填入表7-2巡视记录卡。

表 7-2　　智能变电站站控层设备巡视与检查记录卡

序号	项目	巡视检查要求	检查结果记录
1	监控主机	监控主备机信息一致，主要包括图形、告警信息、潮流、历史曲线等信息	
2		在监控主机网络通信状态拓扑图中检查站控层网络、GOOSE 链路、SV 链路通信状态	
3		监控主机遥测、遥信信息实时性和准确性	
4		监控主机工作正常，无通信中断、死机、异音、过热、黑屏等异常现象	
5		监控主机同步对时正常	
6	网络交换机	交换机正常工作时运行灯常（RUN）亮，PWR1、PWR2 灯常亮；有光纤接入的光口，前面板上其对应的指示灯：LINK 常亮，ACT 灯闪烁，其他灯熄灭	
7		如果告警灯亮，需要检查跟本交换机相连的所有保护、测控、电能表、合并单元、智能终端等装置光纤是否完好，SV、GOOSE 和 MMS 通信是否正常，后台是否有其他告警信息。如果不正常，通知检修人员处理	
8		交换机每个端口所接光纤（或网线）的标识应该完备	
9		交换机不带电金属部分应在电气上连成一体，具备可靠接地端子，并应有相应的标识	
10		检查监控系统中变电站网络通信状态	
11		使用网络报文分析仪检查网络中 IED 的通信状态	
12		检查交换机散热情况，确保交换机不过热运行	
13	PMU 数据集中器	PMU 正常工作时，电源状态指示灯、时钟同步指示灯、故障指示灯和时间信息（北京时间）显示正确	
14		PMU 无 SV 链路中断告警，与主站网络通信正常，无异常告警	
15		PMU 具有实时监测和动态数据记录，液晶显示屏数据正常刷新	
16	数据通信网关机	数据通信网关机装置正常工作时，电源状态指示灯、时钟同步指示灯、故障指示灯和时间信息（北京时间）显示正确	
17		数据通信网关机与主站网络通信正常，无异常告警	

(5) 操作与实训 2：智能变电站站控层设备配置训练。

1) 变电站资料：某 220kV 变电站配有两台 180MVA 变压器，三侧电压等级分别为 220、110、10kV，变电站 220kV 侧为双母线接线方式，110kV 为单母线分段接线、10kV 为单母线分段接线。220kV 有出线 6 回，110kV 有出线 4 回，10kV 有出线 6 回，共接有 4 组电容器静止补偿装置，两台 10kV 站用变压器供站内用电。

2) 请查阅相关资料，根据智能变电站站控层设备配置原则及设备构成，为上述某 220kV 变电站配置站控层设备，并画出该变电站站控层设备配置结构图，按照表 7-3 内容列出站控层设备配置表。

表 7-3　　　　　　　　　　　　智能变电站站控层设备配置表

序号	设备名称	设备型号	设备性能	设备作用
1				
2				
3				
…				

3）根据智能变电站一体化监控系统结构和构成，以及前边学习项目已学习过的间隔层和过程层设备配置方案，进一步为上述某 220kV 变电站配置完整的自动化监控系统，包括三层的设备配置，并画出整个变电站二次设备结构配置图。

（6）检查与评估。学生以小组为单位汇报计划与实施过程，回答其他组同学与指导教师的问题。重点检查智能变电站站控层设备及功能基本知识。师生共同讨论、评判操作中出现的问题，共同探讨解决问题的方法，最终对实训任务进行总结。教师与学生共同对学生的工作结果进行评价。

考核部分采用过程考核和绩效考核两种方法。过程考核的依据是学生任务完成的过程中学习态度和方法，回答分析问题的情况，团队合作情况，收集资料的情况等。绩效考核依据的是制定工作计划、完成工作任务的成绩。

相关知识

一、智能变电站一体化监控系统

智能变电站一体化监控系统是指依据全站信息数字化、通信平台网络化、信息共享标准化的基本要求，通过系统集成优化具备全站信息的统一接入、统一存储和统一展示，实现运行监视、操作与控制、综合信息分析与智能告警、运行管理和辅助应用等功能的监控系统。

智能变电站自动化由一体化监控系统和输变电设备状态监测、辅助设备、计量等共同构成。其中，一体化监控系统纵向贯通调度、生产等主站系统，横向联通变电站内各自动化设备，处于体系结构的核心部分。

（一）智能变电站一体化监控系统结构

1. 逻辑结构

智能变电站一体化监控系统采集站内电网运行信息、二次设备运行状态信息，通过标准化接口与辅助系统等进行信息交互实现变电站全景数据采集、处理、监视、控制、运行管理、统一存储，构建面向主子站深度互动协同的信息模型和标准化接，支撑主站各业务需求。智能变电站一体化监控系统体系架构逻辑关系如图 7-1 所示。

2. 物理结构

智能变电站一体化监控系统基于监控主机和综合应用服务器，统一存储变电站模型、图形和操作记录、运行信息、告警信息、故障波形等历史数据，为各类应用提供数据查询和访问服务。智能变电站一体化监控系统结构遵循 DL/T 860 的相关规定，智能变电站一体化监控系统物理结构如图 7-2 所示。

智能变电站一体化监控系统物理结构说明如下：

201

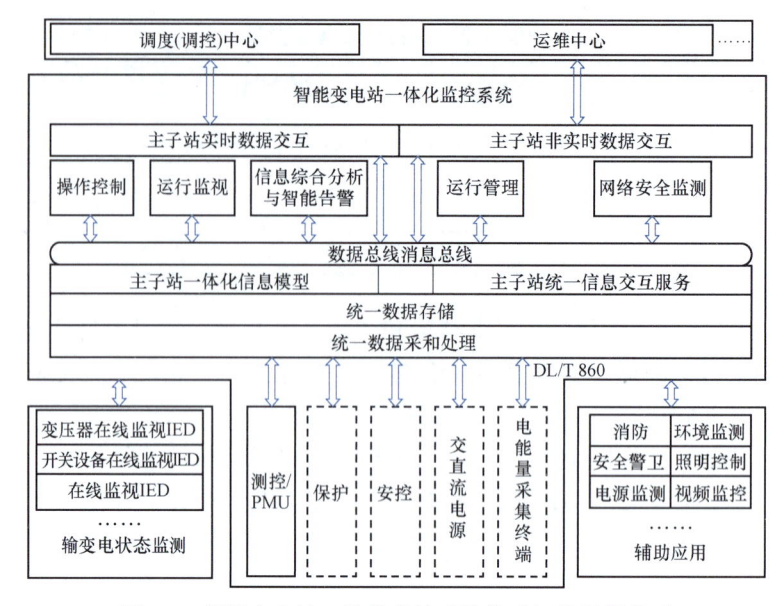

图 7-1 智能变电站一体化监控系统体系架构逻辑关系

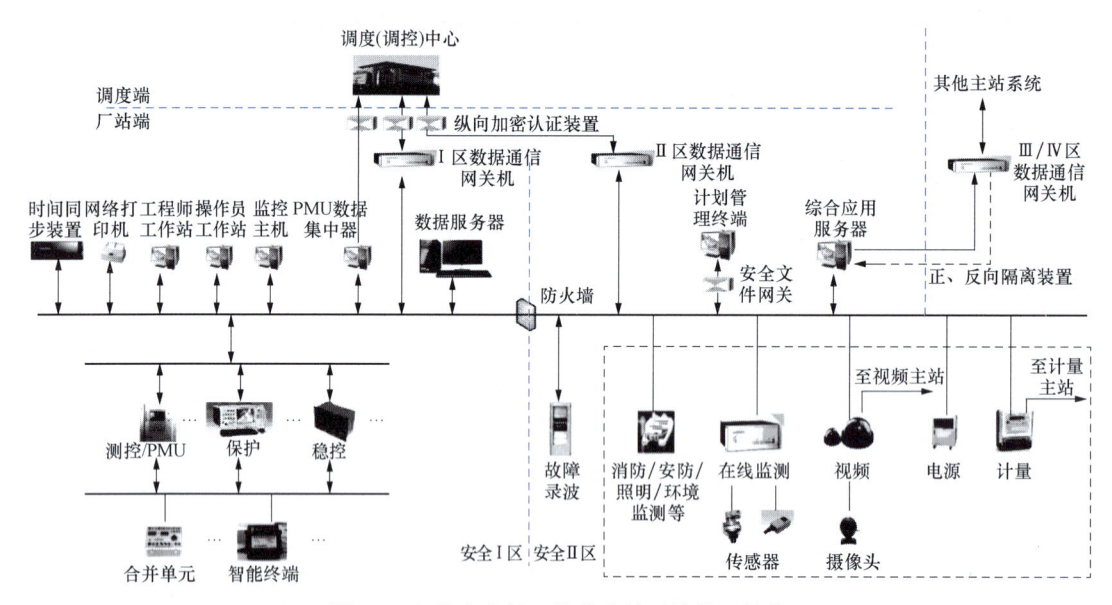

图 7-2 智能变电站一体化监控系统物理结构

（1）在安全Ⅰ区中，监控主机采集电网运行和一、二次设备工况等实时数据，经过分析和处理后在操作员站上进行统一展示，实现实时监视和控制功能。

（2）Ⅰ区监控主机应具备完整的防误功能，可与站内独立配置的智能防误主机进行信息交互，实现防误校核双确认。

（3）Ⅰ区数据通信网关机通过直采直送的方式实现与调度（调控）中心的实时数据传输，并提供运行数据告警直传和远程浏览服务。

（4）在安全Ⅱ区中，综合应用服务器经防火墙获取安全Ⅰ区的保护设备及其在线监视与诊断装置的信息，并和故障录波器、智能辅助控制系统、输变电设备状态监测系统进行通信，实现对全站继电保护信息、一次设备监测信息、辅助设备专题信息等的综合分析和可视化展示。

（5）当智能辅助控制系统、输变电设备状态监测系统采用综合数据网进行信息传输时，与Ⅱ区综合应用服务器之间应加装正反向隔离装置。

（6）Ⅱ区数据通信网关机经过站控层网络从保护装置、综合应用服务器、故障录波器等获取数据、模型等信息，与调度（调控）中心进行信息交互，提供信息查询和远程调阅等服务，并上送全站二次设备运行信息、保护专业信息、故障录波等信息。

（7）网络安全监测装置宜部署在安全Ⅱ区，以获取服务器、工作站、交换机、安全防护设备的重要运行信息、安全告警信息等，实现数据采集、安全分析、告警、本地安全管理和告警上传。

3. 功能结构

智能变电站一体化监控系统的应用功能结构如图 7-3 所示，分为数据采集和统一存储、数据消息总线和统一服务接口、五类应用功能三个层次，支持主子站的实时数据传输和非实时数据传输。五类应用功能包括运行监视、操作与控制、信息综合分析与智能告警、运行管理和网络安全监测。

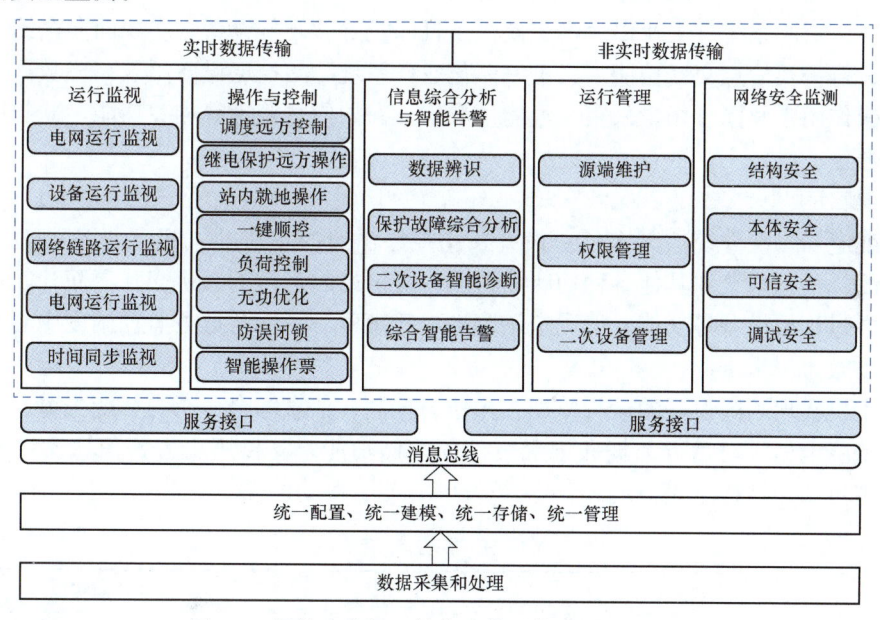

图 7-3 智能变电站一体化监控系统应用功能结构

（二）智能变电站一体化监控系统构成

1. 设备构成

智能变电站一体化监控系统由站控层、间隔层、过程层设备构成。站控层设备主要有监控主机、操作员站、工程师工作站、数据通信网关机、综合应用服务器、防火墙、正向隔离装置、反向隔离装置、网络安全监测装置、PMU 数据集中器、工业以太网交换机及打印机等；间隔层设备主要有测控装置、网络报文记录及分析装置等；过程层设备主要有独立配置的合并单元、智能终端或合并单元智能终端集成装置及过程层工业以太网交换机等。

2. 网络构成

变电站网络在物理上由站控层网络和过程层网络组成。

站控层网络常采用星形结构，110（66）kV 及以上智能变电站应采用双网结构。站控层交换机连接数据通信网关机、监控主机、综合应用服务器等设备，以及间隔层的保护、测控和其他智能电子设备，实现站控层设备之间、站控层与间隔层设备之间及间隔层设备之间的信息传输。

过程层网络常满足 GOOSE 和 SV 报文传输要求，应采用 100Mbit/s 或更高速度的工业以太网。110（66）kV 及以上应按电压等级配置，采用星形结构；220kV 及以上电压等级应采用双网。过程层网络用于实现间隔层设备与过程层设备之间的信息传输；全站的通信网络应采用高速以太网，传输带宽应大于或等于 100Mbit/s，过程层交换机之间级联宜采用 1000Mbit/s 端口互联；以太网交换机应采用工业以太网标准，其设备的功能和性能应遵循 Q/GDW 10429—2017《智能变电站网络交换机技术规范》的规定。

二、智能变电站站控层设备配置

站控层负责变电站的数据处理、集中监控和数据通信，包括监控主机、数据通信网关机、数据服务器、综合应用服务器、操作员站、工程师工作站、PMU 数据集中器、二次安全防护设备、对时系统、工业以太网交换机及打印机等软硬件设备，实现面向全站设备的监视、控制、告警及信息交互功能，属于一体化业务系统。站控层设备用于完成数据采集和监视控制、操作闭锁及同步相量采集、电能量采集、保护信息管理等相关功能，并与远方监控调度中心通信。

（一）硬件典型配置

智能变电站二次系统按无人值班设计，站控层由监控主机兼人机工作站、远动通信装置、保护故障信息系统和其他各种功能站构成，提供站内运行的人机交互界面，实现管理控制间隔层、过程层设备等功能，形成全站监控、管理中心，并与远方监控调度中心通信。

1. 监控主机

监控主机实现站内设备的运行监视、操作与控制、信息综合分析与智能告警、运行管理功能，支持变电站实时运行数据和记录事件的存储功能，支持历史告警信息文件导出等功能。监控主机功能结构见表 7-4。

表 7-4 监控主机功能结构

序号	功能分类	主要功能	具体功能实现
1	运行监视功能	实时运行监视	SCADA
			网络状态监测
			在线监测
			故障录波
		在线状态评估	数据校核、筛选
			信息评估
		远程浏览	远程视频浏览
			远程计算机辅助控制

续表

序号	功能分类	主要功能	具体功能实现
2	操作与控制功能	调控一体化	调度控制
			PMU 应用
		运行操作	智能操作票
			顺序控制
			防误闭锁操作
		经济运行与优化控制	区域无功优化
			远程顺序控制
3	综合信息分析与智能告警功能	故障综合分析	故障分析
			决策判断
		智能告警	数据分类
			故障报警
			人机互动
4	运行管理功能	生产运行	设备运行管理
			设备检修管理
			设备值班管理
		设备信息展示与发布	设备管理系统（PMS）信息管理
			标准/规程/规范管理
		源端维护与模型检验	图模一体化
			变电站模型校验

监控主机实现的基本功能包括电网运行监视、操作控制等。

（1）电网运行监视功能。实现智能变电站全景数据的统一存储和集中展示；提供统一的信息展示界面，综合展示电网运行状态、设备监测状态、辅助应用信息、事件信息、故障信息；实现装置压板状态的实时监视，当前定值区的定值及参数的召唤、显示；实现一次设备的运行状态的在线监视和综合展示；实现二次设备的在线状态监视，通过可视化手段实现二次设备运行工况、站内网络状态和虚端子连接状态监视；实现辅助设备运行状态的综合展示；设备状态监视大量数据信息采集于安全Ⅱ区，经由防火墙传送至监控主机，达到运行监视的目的。

（2）操作控制功能。实现智能变电站内设备就地和远程的操作控制。包括顺序控制、无功优化控制、正常或紧急状态下的断路器/隔离开关操作、防误闭锁操作等。包含以下内容：

1）站内操作。具备对全站所有断路器、电动隔离开关、主变压器有载调压分接头、无功功率补偿装置及与控制运行相关的智能设备的控制及参数设定功能；具备事故紧急控制功能，通过对断路器的紧急控制，实现故障区域快速隔离；具备软压板投退、定值区切换、定值修改功能。

2）无功优化控制。根据电网实际负荷水平，按照一定的策略对站内电容器、电抗器和变压器挡位进行自动调节，并可接收调度（调控）中心的投退和策略调整指令。

3）负荷优化控制。根据预设的减载目标值，在主变压器过载时根据确定的策略切负荷，可接收调度（调控）中心的投退和目标值调节指令。

4）顺序控制。在满足操作条件的前提下，按照预定的操作顺序自动完成一系列控制功能，宜与智能操作票配合进行。

5）防误闭锁。根据智能变电站电气设备的网络拓扑结构，进行电气设备的有电、停电、接地三种状态的拓扑计算，自动实现防止电气误操作逻辑判断。

6）智能操作票。在满足防误闭锁和运行方式要求的前提下，自动生成符合操作规范的操作票。

监控主机应采用双机冗余配置，同时运行，互为热备用。基础操作平台可运行在服务器架构的硬件平台上，支持 Unix、Linux 等操作系统，支持异构、混合模式运行。

2. 人机工作站

主要有操作员站、工程师工作站、"五防"工作站等。

（1）操作员站。提供站内运行监控的主要人机界面，实现对全站一次设备、二次设备的实时监视和操作控制，具有事件记录及报警状态显示和查询、设备状态和参数查询、操作控制等功能。

（2）工程师工作站。实现智能变电站监控系统的配置、维护和管理，是变电站综合自动化系统与专职维护人员联系的主要界面，包括操作员站的所有功能和维护、开发功能，单套配置即可。考虑到硬件互换性，工程师工作站应与操作员工作站同等规格考虑，但无双屏显示要求。

（3）"五防"工作站。变电站综合自动化系统中设置"五防"工作站，"五防"工作站按 DL/T 860.81 的规定从站控层网络获取变电站实时信息。操作员站操作时通过"五防"工作站进行模拟返校，实现变电站的站控层防误操作闭锁功能，在间隔层操作时则通过计算机钥匙和机械锁具实现"五防"功能。

"五防"工作站能显示变电站一次主接线图及设备当前位置情况，进行模拟预演。同时，"五防"工作站还应具有操作票专家系统，利用计算机实现对倒闸操作票的智能开票及管理功能、能够使用图形开票、手工开票、典型票等方式开出完全符合"五防"要求的倒闸操作票。

3. 保护及故障信息系统

保护及故障信息系统要求直接采集来自间隔层或过程层的实时数据，能在电网正常和故障时，采集、处理各种所需信息，能够与调度中心进行通信，支持远程查询和维护。保护及故障信息系统采用单套配置，通过防火墙接入 MMS 网，接收各保护装置信息并通过电力数据网将保护信息传送至调度端。同时依据变电站特点，可将保护及故障信息系统的功能融入监控主机内，站内不单独配置保护及故障信息系统。

4. 数据通信网关机

（1）数据通信网关机一般依据变电站安全分区，功能实现方面分为三种形式：①Ⅰ区数据通信网关机：直接采集站内实时数据，通过专用通道向调度（调控）中心传送实时信息，同时接收调度（调控）中心的操作与控制命令，实现变电站告警信息向调度主站的直接传输，同时支持调度主站对变电站的图形调阅和远程浏览。采用专用独立设备，无硬盘、无风扇设计。②Ⅱ区数据通信网关机：采集保护录波文件，一次设备、二次设备在线监测，辅助设备等运行状态信息；实现Ⅱ区数据向调度（调控）中心和其他主站系统的数据传输；具备远方查询和浏览功能。③Ⅲ/Ⅳ区数据通信网关机：负责向管理信息大区传送厂（站）运行信息，实现与 PMS、输变电设备状态监测等其他主站系统的信息传输，智能站数据通信。

5. 网络报文记录分析系统

网络报文记录分析系统应能实时监视、记录网络通信报文、采样值报文等，每隔一定周期保存为文件，并进行各种分析，对故障报文进行录波，与故障录波系统进行整合。网络报文记录分析系统与故障录波系统整合，采用单套配置。

6. PMU 数据集中器

用于厂站端相量数据接收、转发、存储的通信装置。能够同时接收多个同步相量测量装置的数据，并实时向多个主站转发，同时完成相量数据的就地存储。

同步相量信息转发装置采用嵌入式设备，通过独立的网络采集间隔层 PMU 的相量数据，并通过调度数据网与调度中心电网广域监测系统（WAMS）进行通信，同时为自动化系统站控层高级应用功能实现提供动态数据。智能变电站 PMU 数据集中器为双套配置。

7. 站控层网络交换机配置

交换机至间隔层设备间采用双星形方式连接；站控层设备通过 2 个网络口分别与站控层主交换机 A 和主交换机 B 连接；间隔层测控、测控保护装置 2 个网络出口分别接入 A 网和 B 网；双重化的保护第一套保护装置接入 A 网，第二套保护接入 B 网；交换机按电压等级配置交换机，提高了网络的可靠性、安全性，方便扩建、检修、运行；交换机应选用满足现场运行环境要求的工业交换机，并通过电力工业自动化检测机构的测试，满足标准要求。

8. 时钟同步系统

变电站应配套全站公用的时间同步系统，主时钟应双重化配置，支持北斗系统和 GPS 系统标准授时信号。从国家电网公司的安全战略上考虑，优先采用北斗系统，时钟同步精度和守时精度满足站内所有设备的对时精度要求，站控层设备宜采用简单网络时间协议（SNTP）网络对时方式。

9. 综合应用服务器

综合应用服务器的作用是实现与电能质量监测、状态监测、故障录波、辅助应用系统等设备的信息交互，通过统一处理和统一展示，实现运行监视、控制管理等功能。综合应用服务器接收全站设备运行工况和异常告警信息、一次设备运行数据、故障录波及继电保护专业分析和运行管理信息、设备基础档案和台账信息等，进行集中处理、存储、分析和展示等。综合应用服务器宜采用成熟商用关系数据库、实时数据库和时间序列数据库，支持多用户并发访问。综合应用服务器系统功能见表 7-5。

表 7-5 综合应用服务器系统功能

功能分类	辅助管理功能			
主要功能	电源管理	安全防护	环境监测	辅助优化控制
具体功能实现	一体化电源管理	消防安全	绿色照明	环境监测巡检	视频联动	辅助远程控制

综合应用服务器接收站内暂态数据、电能质量监测数据、辅助系统状态监测量、主设备

状态监测量,然后供给电源、环境、安防监视、视频联动、电能质量监测等功能模块使用。同时依据现场需要,重要的状态等信息经防火墙传送至监控主机。

10. 数据服务器

实现全站的数据集中式存储,为全站各类应用提供统一的数据查询和访问服务。

11. 防火墙

实现站内安全Ⅰ区和安全Ⅱ区设备之间的数据通信隔离。

12. 正反向隔离装置

实现安全Ⅱ区综合应用服务器与智能辅助控制系统、输变电设备状态监测系统的数据单向传输。

13. 网络安全监测装置

实现服务器、工作站、网络设备及安全防护设备等设备运行信息和网络安全监测数据的采集、安全分析与告警、本地安全管理和告警上传等功能。

(二) 智能变电站站控层硬件配置举例

1. 220kV 及以上电压等级智能变电站站控层主要设备配置

监控主机应双重化配置;操作员站、工程师工作站宜与监控主机合并;综合应用服务器宜双重化配置;Ⅰ区数据通信网关机宜按实时传输和服务化应用进行分组部署,每组应双重化配置;Ⅱ区数据通信网关机应双套配置;500kV 及以上电压等级智能变电站操作员站可独立双重化配置。220kV 电压等级智能变电站一体化监控系统结构示意图如图 7-4 所示。

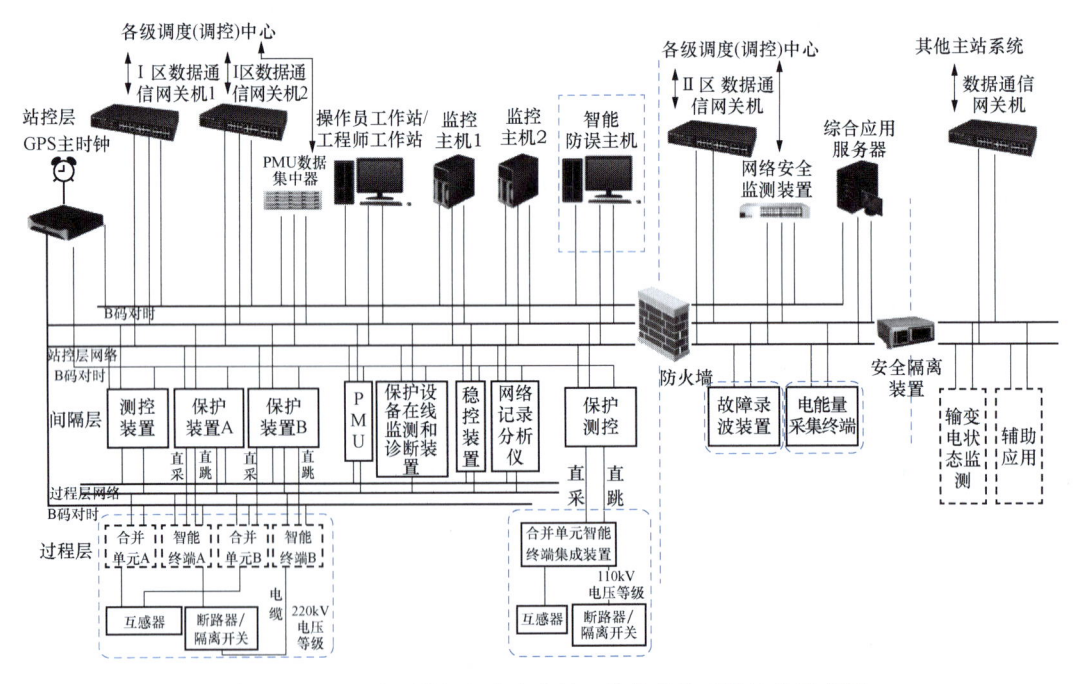

图 7-4 220kV 电压等级智能变电站一体化监控系统结构示意图

2. 110(66)kV 电压等级智能变电站站控层主要设备配置

监控主机应双套配置;操作员站、工程师工作站宜与监控主机合并;综合应用服务器单套配置；Ⅰ区数据通信网关机宜按实时传输和服务化应用进行分组部署，每组应双套配置；Ⅱ区数据通信网关机可单配置。110（66）kV电压等级智能变电站一体化监控系统结构示意图如图7-5所示。

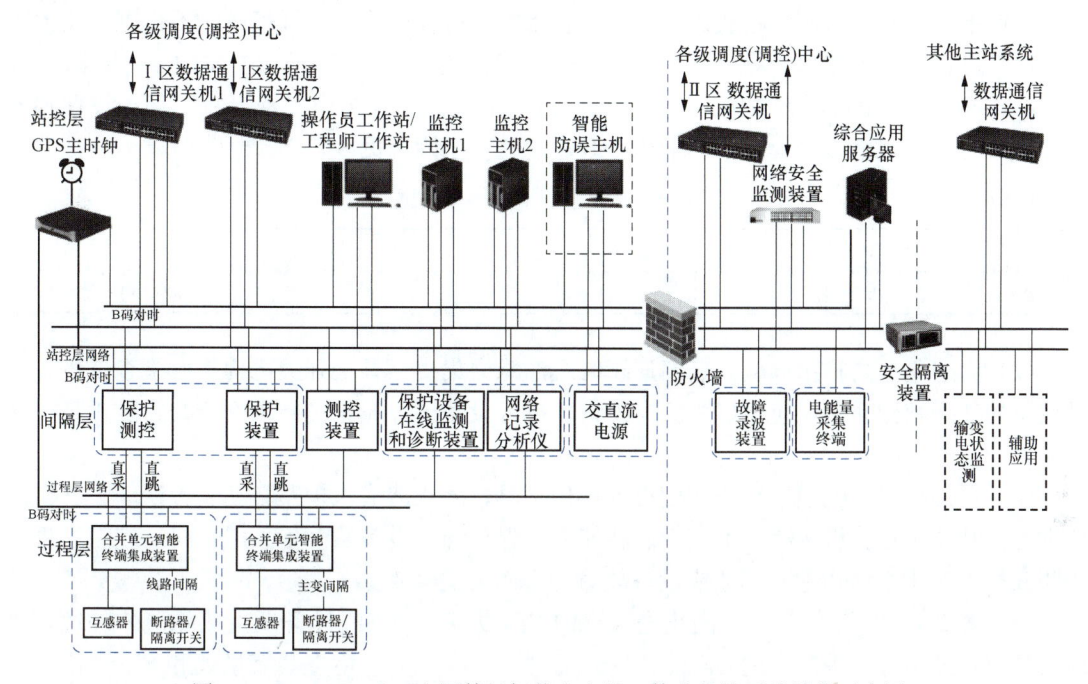

图7-5　110（66）kV电压等级智能变电站一体化监控系统结构示意图

三、站控层后台机监控系统的软件配置

1. 系统软件

智能变电站一体化监控系统的主要系统软件包括操作系统、历史/实时数据库、应用软件和标准数据总线与接口等。

2. 工具软件

智能变电站一体化监控系统的工具软件包括系统配置工具和图形管理工具等，系统配置工具主要由装置配置工具模块、系统配置工具模块、模型校核工具模块、图形管理工具等组成。

（1）装置配置工具模块。将来自SCD文件中其他IED的输入数据与装置内部信号绑定；生成IED专用的配置文件，并将配置文件下装到IED。

（2）系统配置工具模块。用于创建和修改SCD文件，导入ICD文件创建IED实例，配置IED间的交换信息，设定IED的网络地址等通信参数并将IED与一次系统关联。

（3）模型校核工具模块。读取变电站SCD文件，进行语义和语法验证；测试SCD文件的格式和内容是否正确，检测配置参数的合理性和一致性，包括介质访问控制（MAC）地址、网际协议（IP）地址唯一性检测和VLAN设置等。模型校核工具还应具备CID文件检测功能，对装置下装的CID文件进行检测，保证与SCD导出的文件内容一致。

（4）图形管理工具。图形管理工具完成变电站监控系统图形的编辑与管理功能，并可导入和导出标准的图形文件。

四、变电站设备巡视危险点分析及预防控制措施

在对变电站设备进行巡视时，可能出现人身触电、高空坠落、高空落物、设备故障、

SF₆气体中毒等危险情况,所以巡视前必须进行危险点分析,并制定相应的预防控制措施。

误碰、误动、误登运行设备,误入带电间隔,以及设备有接地故障时,巡视人员误入产生跨步电压等情况都会引起人身触电,所以巡视检查时要与带电设备保持足够的安全距离,巡视中运维人员应按照巡视路线进行,进入设备室、打开机构箱、屏柜门时不得进行其他工作(严禁进行电气工作);不得移开或越过遮栏。高压设备发生接地时,室内不得接近故障点 4m 以内,室外不得靠近故障点 8m 以内,进入上述范围人员应穿绝缘靴,接触设备的外壳和构架时,应戴绝缘手套。不同电压等级对应的安全距离见表 7-6。

表 7-6   不同电压等级对应的安全距离

电压等级(kV)	10	35(20)	110(66)	220	330	500	750	1000
安全距离(m)	0.7	1	1.5	3	4	5	7.2	8.7

(1)为避免登高坠物危险,登高巡视时应注意力集中,登上开关机构平台检查设备、接触设备的外壳和构架时,应做好感应电防护。进入设备区,应正确佩戴安全帽,防止高空落物伤人。

(2)在保护室、电缆层禁止使用移动通信工具,防止造成保护及自动装置误动。进出高压室,打开端子箱、机构箱、汇控柜、智能柜、保护屏等设备箱(柜、屏)门后应随手将门关闭锁好,防止小动物进入,造成设备故障,进而引发事故。

(3)要做好 SF₆ 气体防护,防止进入户内 SF₆ 设备室或 SF₆ 设备发生故障气体外逸,巡视人员窒息或中毒。进入户内 SF₆ 设备室巡视时,运维人员应检查其氧量仪和 SF₆ 气体泄漏报警仪显示是否正常。显示 SF₆ 含量超标时,人员不得进入设备室。进入户内 SF₆ 设备室之前,应先通风 15min 以上。并用仪器检测含氧量(不低于 18%)合格后,人员才准进入。室内 SF₆ 设备发生故障,人员应迅速撤出现场,开启所有排风机进行排风。未佩戴防毒面具或正压式空气呼吸器人员禁止入内。只有经过充分的自然排风或强制排风,并用检漏仪测量 SF₆ 气体合格,用仪器检测含氧量(不低于 18%)合格后,人员才准进入。

任务二　站控层主要功能及监控系统

学习目标

在熟悉站控层设备构成及特点且完成对站控层设备巡视与检查的基础上,进一步学习站控层的主要功能及技术应用,并利用站控层的主要功能,完成变电站监控和倒闸操作任务。

知识目标:能够列举并描述智能变电站站控层主要功能;熟悉监控系统的人机界面显示内容。

能力目标:能够利用站控层主要功能完成变电站的运行监视;能够利用站控层主要功能完成线路运行转检修的倒闸操作任务。

素质目标:培养学生的实践能力和探索精神;牢固树立变电站监控系统操作过程中的安全风险防范意识,养成独立思考、严谨认真、团队协作的工作态度;形成良好的电力安全意识与职业操守。

任务描述

智能变电站站控层实现了顺序控制、一体化"五防"、智能告警等自动化、智能化的高级应用功能。该任务要求对智能变电站站控层主要功能进行详细具体的学习，按照智能变电站运行规程，利用站控层主要功能完成变电站的运行监视。熟悉监控系统人机界面，在人机界面上完成遥控操作任务和保护定值检查、修改任务。

任务准备

观看《变电站恶性误操作事故》视频，用震撼的事故画面吸引学生注意力，让学生强烈感受到安全操作、规范操作的重要性，树立职业安全意识，养成严谨认真的工作态度。

学习智能变电站一体化信息系统的数据采集与处理、信息综合分析与智能告警、运行监视、操作与控制、运行管理、信息传输等功能。以北京四方继保自动化股份有限公司 CSGC3000/SA 一体化监控系统为例，认知监控界面并练习监控界面操作。提前预习以下几个引导问题。

引导问题1：数据信息采集来源有哪些？
引导问题2：监控系统遥控操作的控制模式有哪些？
引导问题3：CSGC3000/SA 一体化监控系统有哪些功能菜单？
引导问题4：能否描述监控系统定值操作的步骤？

任务实施

1. 实训地点

智能变电站实训基地。

2. 实施所需材料

（1）智能变电站站控层设备。
（2）变电站运行规程和典型操作票。
（3）多媒体设备。
（4）智能变电站音像视频资料。

3. 实施内容与步骤

（1）学生分组。3~4人一组，指定组长，指定操作人、监护人、安全员、记录员，明确分工，建立各小组之间适当竞争机制。

（2）认知与资讯。指导教师下发操作与实训项目任务书，布置工作任务。讲解完成该任务需具备的知识、技能、态度，说明运行监视和倒闸操作的注意事项和操作重点，帮助学生确定智能变电站站控层主要功能及技术应用的学习目标，明确学习重点。通过图片、实物、视频资料、多媒体演示等手段，演示与讲授学习内容有关的案例，增强学生的感性认识，激发学习兴趣。运用讲授法，任务驱动法，小组讨论法，实践操作法，部分知识讲解、部分知识指导、学生看书回答问题、讨论等教学方法实施教学。

学生以小组为单位分析学习任务、了解工作内容，明确学习目标、工作方法和可使用的助学材料，借助智能变电站实训室网络资源（包括专业网站、普通搜索网站等），通过手机、平板电脑等不同途径查阅相关资料，获得智能变电站运行规程、典型操作票、教材、图书馆参考资料、学习项目实施计划等，根据引导问题，通过认知、资讯的方法学习掌握相关的背景知识及必备的理论知识,并对采集的信息进行筛选和处理。

(3) 计划与决策。各小组分别制订工作计划及实施方案,列出工器具清单,包括工具、仪器仪表、装置等。教师审核工作计划及实施方案,与学生共同确定最终实施方案,培养学生运用理论知识解决实际问题的能力。

(4) 操作与实训1:实施智能变电站运行监视训练。

各小组按照实施方案,以某线路间隔为例,借助监控系统界面,利用站控层主要功能完成变电站的运行监视,记录监控分图上的运行监视信息。完成表7-7。通过对站控层操作员站监控界面的信息记录,熟悉站控层信息采集的内容,以及站控层可视化的展示方式。

表7-7　　　　　　　　　　　××线路间隔监视记录表

记录信息	填写信息值	记录信息	填写信息值
断路器状态		功率及功率因数	
隔离开关状态		远方/就地切换开关状态	
接地开关状态		保护压板状态	
电压		保护信息	
电流			

(5) 操作与实训2:监控系统界面的远方断路器遥控操作训练。

按照监控系统遥控操作说明,首先选择操作控制模式,然后按照遥控操作步骤完成某线路间隔断路器及隔离开关的遥控操作,并完成表7-8。通过对站控层操作员站进行遥控操作练习,进一步掌握监控系统的操作方法,熟悉站控层功能应用。

表7-8　　　　　　　　　　　××线路间隔遥控操作记录表

操作对象	操作模式	初始状态	操作步骤	操作结果
断路器				
线路侧隔离开关				
母线侧隔离开关				

(6) 操作与实训3:按照监控系统定值操作说明,召唤某线路间隔保护定值,并记录表7-9中所列定值。小组讨论制定出一份新的定值清单,按照定值清单和定值操作步骤对所列保护定值进行修改、下发、固化,并再次召唤定值检查是否修改成功。最后将新的定值单打印出来。

表7-9　　　　　　　　　　　××线路间隔定值操作记录表

序号	名称	当前值	修改后定值	单位	最小值	最大值
1	接地距离Ⅰ段定值					
2	接地距离Ⅱ段定值					
3	接地距离Ⅱ段时间					
4	接地距离Ⅲ段定值					
5	接地距离Ⅲ段时间					
6	相间距离Ⅰ段定值					
7	相间距离Ⅱ段定值					

续表

序号	名称	当前值	修改后定值	单位	最小值	最大值
8	相间距离Ⅱ段时间					
9	相间距离Ⅲ段定值					
10	相间距离Ⅲ段时间					
11	零序电流Ⅰ段定值					
12	零序电流Ⅱ段定值					
13	零序电流Ⅱ段时间					
14	零序电流Ⅲ段定值					
15	零序电流Ⅲ段时间					

（7）检查与评估。学生以小组为单位汇报计划与实施过程，回答其他组同学与指导教师的问题。重点检查智能变电站站控层功能及技术应用基本知识。师生共同讨论、评判操作中出现的问题，共同探讨解决问题的方法，最终对实训任务进行总结。教师与学生共同对学生的工作结果进行评价。

1）自评：每位学生对自己的实训工作结果进行检查、分析，对自己在该项目的整体实施过程进行自评。

2）互评。以小组为单位，通过小组成员相互展示、介绍、讨论等方式，进行小组间实训成果优缺点互评。

3）教师评价。教师对互评结果进行评价，指出每个小组成员的优点，并提出改进建议。

考核部分采用过程考核和绩效考核两种方法。过程考核的依据是学生任务完成的过程中学习态度和方法，回答分析问题的情况，团队合作情况，收集资料的情况等。绩效考核依据的是制定工作计划、完成工作任务的成绩。

相关知识

站控层通过硬件配置和软件架构，实现智能变电站一体化信息系统的数据采集与处理、信息综合分析与智能告警、运行监视、操作与控制、运行管理、信息传输等功能。

一、数据采集与处理

1. 数据采集

实现对站内各专业数据（测控、保护、故障录波、电量、直流、设备在线检测、辅助设备等）的综合采集与处理。数据采集范围主要包括：①电网运行数据、设备运行信息、变电站运行异常信息的采集；②电网稳态、动态和暂态数据的采集；③一次设备、二次设备和辅助设备运行信息的采集；④保护设备在线监视与诊断装置上送的设备状态、虚实回路状态、诊断结果等数据的采集。其中测控上送量测数据应按一次值上送，量测数据应带时标、品质信息。数据采集应支持 DL/T 860，实现数据的统一接入。信息采集来源见表 7-10。

表 7-10　　　　　　　　　　　信 息 采 集 来 源

稳态运行信息	馈线、联络线、变压器各侧、电容器、电抗器、母线电压等
动态运行信息	三相基波电压、电流、频率、频率变化率等
暂态运行信息	保护动作信号、定值信息等

213

2. 在线监测

智能变电站增设以变压器、断路器等为重点监测对象的在线状态监测单元，通过电学、光学、化学等技术手段对一次设备状态量进行在线监测，实现设备状态信息数字化采集、网络化传输、状态综合分析及可视化展示。在线监测示意图如图 7-6 所示。

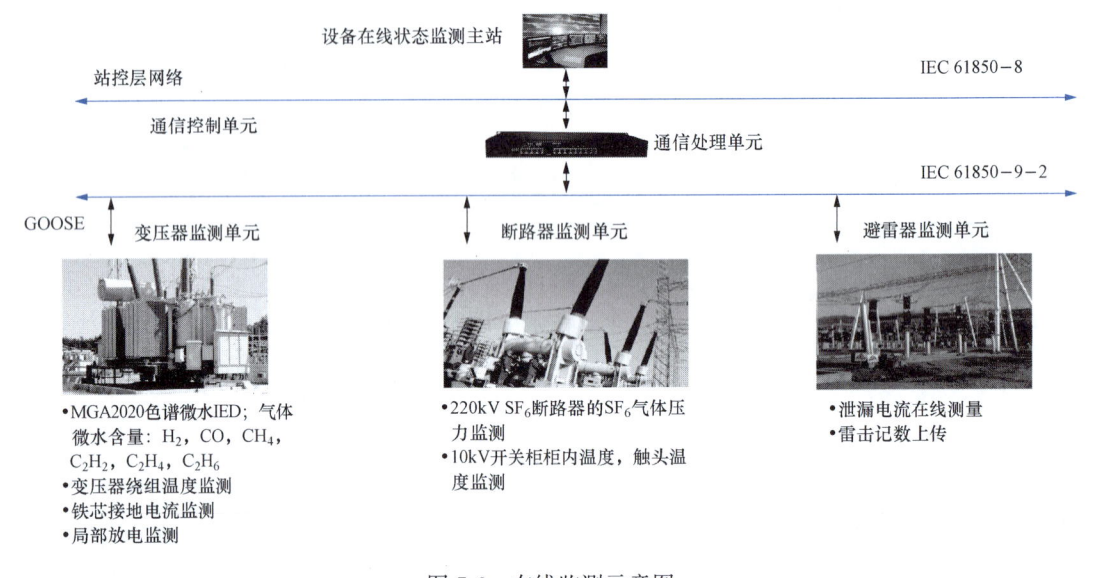

图 7-6 在线监测示意图

3. 数据处理

实现对数据采集的各类数据进行系统化操作，用于支持一体化监控系统完成运行监视、操作与控制、告警分析等功能。数据处理主要包括：①模拟量、状态量、电能量、SOE、保护定值（参数）、录波文件、相量、辅控等各种类型数据的处理；②对数据的逻辑运算与算术运算，对时标和品质的运算处理和通信中断品质的处理，数据的转换、置数、告警、保存、统计等。

遥信处理包括：①遥信信号取反；②手动信号屏蔽；③自动触点抖动检测、抖动屏蔽；④双遥信触点；⑤可根据事故总信号及保护信号，自动判别事故变位。

遥测处理包括：①标度量工程量转换；②正确判别一级、二级遥测越限及越限恢复，并产生告警；③可按越限时段定义越限告警死区、越限恢复死区；④支持遥测量变化死区处理；⑤支持定义遥测量零值范围；⑥支持遥测突变阈值设定、遥测突变告警；⑦向用户提供手动屏蔽实测值功能；⑧有效处理多源遥测量。

电能量处理包括：①脉冲量转换为工程量；②支持电能表计的归零、满量程处理；③支持由功率到积分电能量的计算。

4. 数据统计

数据统计包括实时数据统计、历史数据统计。统计的内容包括：①主变压器、输电线路有功、无功功率的最大值、最小值及相应时间；②母线电压最大值、最小值及合格率统计；③计算受配电电能平衡率；④统计断路器动作次数、断路器切除故障电流及跳闸次数；⑤用户控制操作及定值修改记录；⑥功率、功率因数、负荷率计算；⑦所用电率计算、安全运行天数累计等。另外，分析统计还提供公式计算、用户语言计算功能。

二、信息综合分析与智能告警

信息综合分析与智能告警功能为运行人员提供参考和帮助，主要包括：①对采集的反映电网运行状态的量测值和状态量进行检测分析，确定其合理性及准确性；②实现对站内实时/非实时运行数据、辅助应用信息、各种告警及事故信号等综合分析处理；③系统和设备根据对电网的影响程度提供分层、分类的告警信息；④按照故障类型提供故障诊断及故障分析报告。

1. 数据辨识

数据辨识是充分利用变电站稳态、动态、暂态等多源冗余数据，对采集的反映电网运行状态的量测值和状态量进行检测分析，确定其合理性及准确性，辨识不良数据并提供其状态估计值，达到标识数据品质、剔除不良数据、提高变电站数据准确度的作用。数据辨识逻辑如图 7-7 所示。

（1）数据合理性检测。对量测值和状态量进行检测分析，确定其合理性。具体包括：①检测母线的功率量测总和是否平衡；②检测并列运行母线电压量测是否一致；③检查变压器各侧的功率量测是否平衡；④对于同一量测位置的有功、无功、电流量测，检查是否匹配；⑤结合运行方式、潮流分布检测开关状态量是否合理。

（2）不良数据检测。对量测值和状态量的准确性进行分析，辨识不良数据。具体包括：①检测量测值是否在合理范围，是否发生异常跳变；②检测断路器、隔离开关状态和量测值是否冲突，并提供其合理状态；③检测断路器、隔离开关状态和标志牌信息是否冲突，并提供其合理状态；④当变压器各侧的母线电压和有功、无功量测值都可用时，可以验证有载调压分接头位置的准确性。

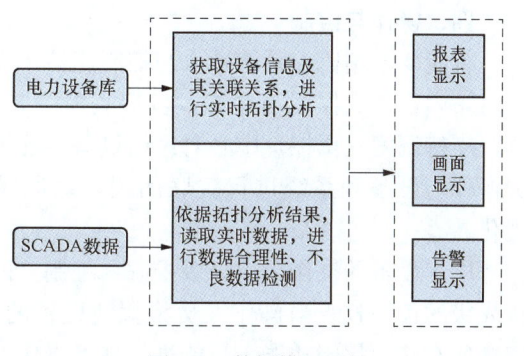

图 7-7 数据辨识逻辑

2. 故障分析

在电网事故、保护动作、装置故障、异常报警等情况下，基于稳态、暂态、动态三态数据进行综合分析，实现故障分析功能。

（1）故障信息综合展示。在事故发生后的几分钟内生成快速诊断事故，并将事故分析的结果进行可视化展示。具体包括：①实时告警：在电网发生故障后能够在实时告警窗口快速发出告警信息，同时生成事故简报，事故简报与实时告警关联，点击实时告警时自动弹出简报窗口；②故障分析结果图形化展示：以图形化的方式展示故障的分析结果，主要内容包括故障简报、保护动作事件、故障测距、动作时序、故障量及保护定值。

（2）故障分析报告。综合简报与保护装置动作报告，生成故障综合报告，主要内容包括故障相关的电网信息和设备信息。

3. 智能告警

智能告警通过建立变电站的逻辑模型并进行在线实时分析，实现变电站告警信息的分类分组、告警抑制、告警屏蔽和智能分析，自动报告变电站异常并提出故障处理指导意见，也为主站分析决策提供依据。全站告警信息分为事故信息、异常信息、变位信息、越限信息和告知信息五类。建立变电站故障信息的逻辑和推理模型，实现对故障告警信息的分类和过滤。结合遥测越限、数据异常、通信故障等信息对电网实时运行信息、一次设备信息、二次设备信息进行综合分析，通过单事项推理与关联多事件推理，生成告警简报。根据告警信息的级别，通过图像、声音、颜色等方式给出告警信息。

三、运行监视

监控系统运行监视的监视范围包括电网运行信息、一次设备状态信息、二次设备状态信息和网络运行监视。可对全站二次设备运行状态、网络运行状态进行可视化展示，为运行人员快速、准确地完成操作和事故判断提供技术支持。监视画面具有电网拓扑识别功能，实时信息的显示能根据信息的当前品质状态使用不同的显示颜色。运行告警能够分层、分级、分类显示，信号能根据运行单位要求人工进行分类。统计及功能报表包括限值一览表、人工置数一览表、挂牌一览表、日报表、月报表等。

四、操作与控制

智能变电站监控系统操作与控制支持单设备控制和顺序控制。功能包括：①支持监控主机对站内设备的控制与操作，包括遥控、遥调、人工置数、标识牌操作、闭锁和解锁等操作，支持调度（调控）中心对站内设备的遥控、遥调操作；②满足安全可靠的要求，所有相关操作与设备和系统进行关联闭锁，确保操作与控制的准确可靠；③支持操作与控制可视化。

电气设备的操作采用分级控制，控制分四级：①第一级：设备本体就地操作。具有最高优先级的控制权。当操作人员将就地设备的"远方/就地"切换开关放在"就地"位置时，闭锁所有其他控制功能，只能进行现场操作。②第二级：间隔层设备控制。③第三级：站控层控制。该级控制在站内操作员工作站上完成，具有"远方调控/站内监控"的切换功能。④第四级：调度（调控）中心控制。优先级最低。

设备的操作与控制优先采用遥控方式，间隔层控制和设备就地控制作为后备操作或检修操作手段，同一时刻，只允许执行一个控制命令。

1. 站内操作与控制

（1）单设备控制。单设备控制支持增强安全的直接控制或操作前选择控制方式，开关设备控制操作分三步进行：选择→返校→执行。选择结果显示，当"返校"正确时才能进行"执行"操作。在进行选择操作时，若遇到以下情况之一应自动撤销：①校验结果不正确；②遥控选择后 30～90s 内未有相应操作。

单设备遥控操作需满足以下安全要求：①操作必须在具有控制权限的工作站上进行；②操作员必须有相应的操作权限；③双席操作校验时，监护员需确认；④操作时每一步应有提示；⑤所有操作都有记录，包括操作人员姓名、操作对象、操作内容、操作时间、操作结果等，可供调阅和打印。

单设备遥控操作时，同一时刻只允许执行一个操作与控制命令。

（2）同期操作。断路器控制具备检同期、检无压方式，严禁检同期、检无压自动切换。操作界面具备控制方式选择功能，操作结果应反馈。同期检测断路器两侧的母线、线路电压幅值、相角及频率，实现自动同期捕捉合闸。过程层采用智能终端时，针对双母线接线，同期电压分别来自Ⅰ母或Ⅱ母相电压及线路侧的电压。

（3）定值修改操作。智能变电站可通过监控系统修改定值，装置同一时间仅接受一种修改方式，定值修改前应与定值单进行核对，核对无误后方可修改，支持远方切换定值区。

（4）软压板投退。智能变电站远方投退软压板可采用"选择返校执行"方式，软压板的状态信息可作为遥信状态上送。

（5）主变压器分接头调节。主变压器分接头的调节可采用直接控制方式逐挡调节，变压器分接头调节结果信息应上送。

2. 调度操作与控制

智能变电站支持调度（调控）中心对管辖范围内的断路器、电动隔离开关等设备的遥控操作，支持保护定值的在线召唤、保护定值区的切换、软压板投退的修改，支持变压器挡位调节和无功补偿装置投切，支持交直流电源的充电模块投退、交流进线开关等的远方控制。同一时刻，只允许执行一个调度操作与控制命令，且以上操作应通过Ⅰ区数据通信网关机实现。支持调度（调控）中心进行功能软压板投退和定值区切换时的"双确认"功能。

3. 防误闭锁

根据智能变电站电气设备的网络拓扑结构，进行电气设备的有电、停电、接地三种状态的拓扑计算，自动实现防止电气误操作逻辑判断。防误闭锁分为三个层次：站控层闭锁、间隔层联闭锁和机构电气闭锁。站控层闭锁由监控主机实现，操作应经过防误逻辑检查后方能将控制命令发至间隔层，如发现错误应闭锁该操作。间隔层联闭锁由测控装置实现，间隔间闭锁信息通过 GOOSE 方式传输。机构电气闭锁实现设备本间隔内的防误闭锁，不设置跨间隔电气闭锁回路。站控层闭锁、间隔层联闭锁和机构电气闭锁属于串联关系，站控层闭锁失效时不影响间隔层联闭锁，站控层和间隔层联闭锁均失效时不影响机构电气闭锁。

4. 顺序控制

顺序控制也称程序化操作，是指在变电站原有标准化操作的前提下，由变电站监控系统微机根据操作目的及"五防"规则发出整批指令，系统自动按照操作票规定的顺序执行相关运行方式变化的操作任务，系统根据设备状态信息变化情况判断设备操作效果，每执行一步操作前自动检查防误闭锁逻辑，并根据操作效果自动执行下一指令，一次性地自动完成多个控制步骤的操作，从而自动实现对变电站设备的程序化、自动化操作。

顺序控制可实现操作项目软件预制、操作任务模块式搭建、设备状态自动判别、防误联锁智能校核、操作步骤一键启动、操作过程自动顺序执行等，顺序控制能够有效地减少操作时间和停电时间，并有效降低误操作的概率，从而降低电网事故率，避免大面积停电。

5. 无功优化

监控系统根据电网实际负荷水平，按照一定的策略对站内电容器、电抗器、调相机及变压器挡位进行自动调节，并接收调度（调控）中心的投退和策略调整指令。

6. 操作可视化

操作可视化要求为操作人员提供形象、直观的操作界面。展示内容包括操作对象的当前状态（运行状态、健康状态、关联设备状态等）、操作过程中的状态（状态信息、异常信息）和操作结果（成功标志、最终运行状态）。

五、运行管理

运行管理模块支持源端维护和模型校核功能，实现全站信息模型的统一，建立站内设备完备的基础信息，为站内其他应用提供基础数据，支持检修流程管理，实现设备检修工作规范化。

1. 源端维护

源端维护中的"源端"是指在变电站端统一配置和维护数据。源端维护的内容包括数据模型、网络拓扑、接线图等。源端维护的目标是调度/集控系统可以直接导入和使用变电站端维护的数据模型。源端维护的意义在于数据模型统一在变电站端进行配置和维护，减少了调度/集控端的维护工作量，保证了变电站端与调度/集控端数据模型的一致性，消除了因两端数据模型不一致对系统运行带来的潜在风险，提高系统运行的可靠性。

2. 权限管理

权限管理应区分设备的使用权限，应针对不同的操作，运行人员设置不同的操作权限。

3. 二次设备管理

（1）测控装置参数管理。测控装置参数管理功能，要求支持召唤、修改测控装置的参数，测控装置参数的操作人员应具备对应的操作权限。

（2）远动定值管理。远动装置定值管理功能要求远动定值信息以文件形式进行管理，每个远动通道对应一个远动定值文件。远动定值文件至少包括基本信息、版本信息、合并信号信息、遥测转发信息、遥信转发信息、遥控转发信息及遥调转发信息等内容。

（3）保护定值管理。保护定值管理功能支持对保护设备的当前定值区号、任意区定值进行召唤和显示，定值信息的显示应带有名称及相应属性，如模拟量类型定值应带有最大值、最小值、步长、量纲等信息的显示。能够通过必要的校验、返校步骤，完成对保护设备的定值区切换操作、定值修改操作。支持本地监控、远方主站发起的保护定值操作命令。在一个保护定值操作命令执行期间，应拒绝本地或其他远方主站新发起的对同一保护设备的定值操作命令。在保护定值操作过程中，应完整记录整个操作流程的每个步骤，包括操作人、操作时间、操作类型、操作结果等信息，并存入数据库。

4. 时间同步管理

厂站端时间同步装置作为时间同步监测管理者，实现对站控层设备、间隔层设备、过程层设备等的时间同步监测。

六、信息传输

智能变电站监控系统信息传输功能应支持与多级调度（调控）中心的信息传输，其内容与格式应标准化、规范化，实时数据传输应满足实时性、可靠性要求，非实时数据传输宜采用服务接口方式按需调用。

通过Ⅰ区数据通信网关机传输的内容包括：①电网实时运行的量测值和状态信息；②保护装置状态变位信息、动作信息、告警信息；③设备运行状态的告警信息；④调度操作控制命令；⑤远程浏览；⑥告警直传；⑦二次设备定值区、定值、软压板；⑧遥控、设点、顺控等操作命令；⑨保护装置远方操作命令。

通过Ⅱ区数据通信网关机传输的内容包括：①故障录波器数据；②保护装置在线监测信息、中间节点信息、保护录波文件；③模型和图形文件：全站的 SCD 文件、公共信息模型（CIM）文件等；④系统配置与维护信息：转发通道信息、转发点表、二次设备配置参数等。

七、监控系统人机界面的认知和操作

这里以北京四方继保自动化股份有限公司 CSGC3000/SA 一体化监控系统为例介绍监控系统人机界面。用户登录系统后，点击"开始"按钮，可弹出该系统的功能菜单，主要包括系统运行、应用功能、组态等，CSGC3000/SA 一体化监控系统功能菜单如图 7-8 所示。

学习项目七　智能变电站的站控层设备及监控系统

1. 系统运行菜单

（1）操作员画面。点击"操作员画面"，弹出操作员界面。操作员界面如图7-9所示。

操作员界面布局可以划分为标题区、菜单区、工具栏区、主显示区等。

标题区主要包括图形运行程序的标题栏，左侧显示了图形运行应用程序名称，以及当前打开的图形文件名称；右侧包括最小化、关闭两个标题栏按钮。

主显示区是图形的显示区域，主要实现根据实时值刷新显示图形，以及发送控制和调节命令。主显示区内鼠标的操作可以分为图形操作和图形对象操作两种，图形操作是指图形整体的操作，包括鼠标选择视图/放大、缩小等菜单项，

图7-8　CSGC3000/SA一体化监控系统功能菜单

在主显示区内放大、缩小图形等操作；图形对象操作是指鼠标左键单击配置了事件连接的图形对象，或右键单击图形对象，在弹出的菜单项中选择控制命令。控制和调节命令的发送通常都是在指定的界面中进行的，这样的界面通常是弹出式的窗口，类似于模式或非模式对话框。

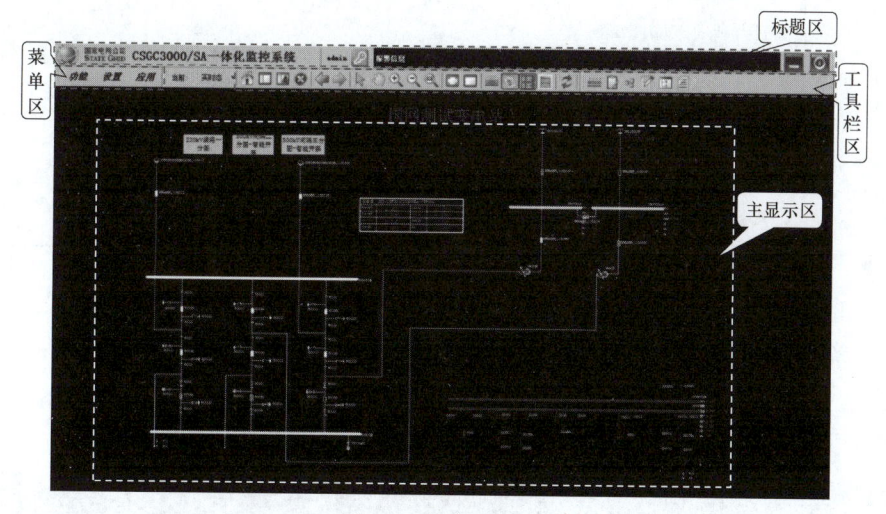

图7-9　操作员界面

（2）功能菜单。功能菜单主要显示了"当前的工程名称""告警""历史告警查询""实时库查看器""曲线工具"和"显示控制台"。某些功能和"系统运行菜单"重复。

（3）设置选项。点击操作员界面左上角的"设置"按钮，显示设置菜单。系统设置包括的设置内容有系统偏好、遥控配置、量测过滤配置，显示风格和潮流显示配置。设备颜色配置可以按照电压等级、拓扑岛、带电标志、告警等信息的不同配置不同的前景颜色和背景颜色。动态值颜色配置主要用于设置某个表字段值的前景颜色、背景颜色，以及是否闪烁等配置。着色模式包括电压等级、绘制颜色、拓扑岛、带电标志，一般选择电压等级着色模式，如果启动了拓扑服务，则使用带电标志着色模式可以显示设备带电状态。

图7-10　系统工具栏

（4）工具栏。系统的工具栏如图7-10所示，

219

工具栏功能说明见表 7-11。

表 7-11 工具栏功能说明

图标	功　　能
	进入启动画面
	将图形列表调出，方便进入各个图形
	告警推图查看对话框，在发生故障需要进入某个间隔时，该图标会变亮，并不断闪烁，点击弹出"告警推图列表"对话框。该列表中显示所有的发生故障的图，点击可进入对应的间隔分图中
	关闭当前图形
	移动与释放移动的快捷方式
	放大与缩小图形的快捷方式，矩形放大镜实现区域放大
	实现全图显示和主显示区的初始状态显示
	打开或者关闭图层窗口
	显示设备名称
	显示动态数据
	刷新当前图形

（5）实时告警。点击"实时告警"，弹出实时告警窗口。双击操作员界面上的告警栏，也可以调出实时告警窗口。实时告警窗口如图 7-11 所示。

图 7-11　实时告警窗口

2. 应用功能菜单

应用功能菜单拥有"历史告警查询""实时库数据浏览""历史曲线""故障报告"和"智能告警"五个子菜单。

（1）历史告警查询。点击"历史告警查询"，弹出历史告警查询界面。可以按照时间、类型等查询历史。还可以保存典型的查询条件，以便后续查询。

（2）实时库数据浏览。点击"实时库数据浏览"，弹出实时库查看器，可以进行临时的数据库的修改。

（3）故障报告。点击"故障报告"，启动故障报告查询模块，在告警窗口"电网故障"分页中，选中一条电网故障，右键选择详细信息直接查看故障报告。

（4）智能告警。点击"智能告警"，弹出智能告警界面，智能告警子系统首先判断出线路故障，在列表中用红色显示出线路故障；同时，左边故障线路设备组自动展开，且闪烁。

另外还有组态菜单包含"五防编辑""报表编辑""顺控编辑"和"建模组态"四个子菜单，可以调用"五防"编辑的脚本，调用报表编辑脚本，弹出顺控编辑界面。

系统状态拥有"后台查看""任务管理""进程状态"和"登录详情"四个子菜单。"后台查看"可以查看重要服务的当前的运行状态，并能够进行做"运行"和"停止"的操作。"任务管理"可以进行运行任务的设置。"进程状态"可以查看各个进程当前的运行状态。"登录详情"可以查看当前用户的权限等信息。

3. 遥控操作

北京四方继保自动化股份有限公司 CSGC3000/SA 一体化监控系统对可以遥控的设备，如断路器、隔离开关、压板等进行遥控操作时，可以选择多种模式的控制方式。

（1）返校模式。指的是带预选的遥控，先选择，然后遥控执行。返校模式控制如图 7-12 所示。

（2）量测点验证模式。遥控执行后，不算遥控成功，要等遥控点对应的遥信变位并与控制目标值相同才算遥控成功。

（3）口令验证模式。在遥控执行之前，需要输入选择相应的操作员及密码，然后才能够进行遥控执行。

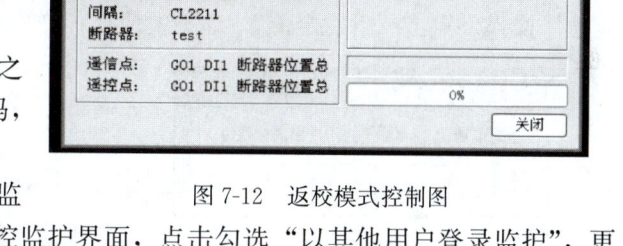

（4）带监护模式。选择类型为"带监

图 7-12 返校模式控制图

护"，在遥控时，点击"请求监护"，遥控监护界面，点击勾选"以其他用户登录监护"，更改相应的监护人，输入密码。选择"允许"，点击"遥控执行"，实现遥控操作。

（5）"五防"检查模式。遥控操作时，要遵循"五防"逻辑来操作，只有符合"五防"才能够进行控制。

（6）双编号验证模式。按照步骤首先点击"编号验证"，输入"编号"，操作即可实现控制。

4. 装置操作

智能变电站监控系统可以对保护装置进行远方操作。在操作员界面上左键点击"保护装置"图标。选择"保护操作"，弹出保护操作界面，可以进行"召唤版本"操作，获取当前保护地相对应的所有信息，同时可以完成定值、压板、开关量输入、模拟量、录波、装置动作报告等操作。这里只详细描述定值操作步骤。

（1）点击"定值"，进入定值操作界面，定值操作界面如图 7-13 所示。点击"召唤当前定值区号"，会显示当前定值区号。然后点击"召唤定值"，系统会自动将定值列举到"值"

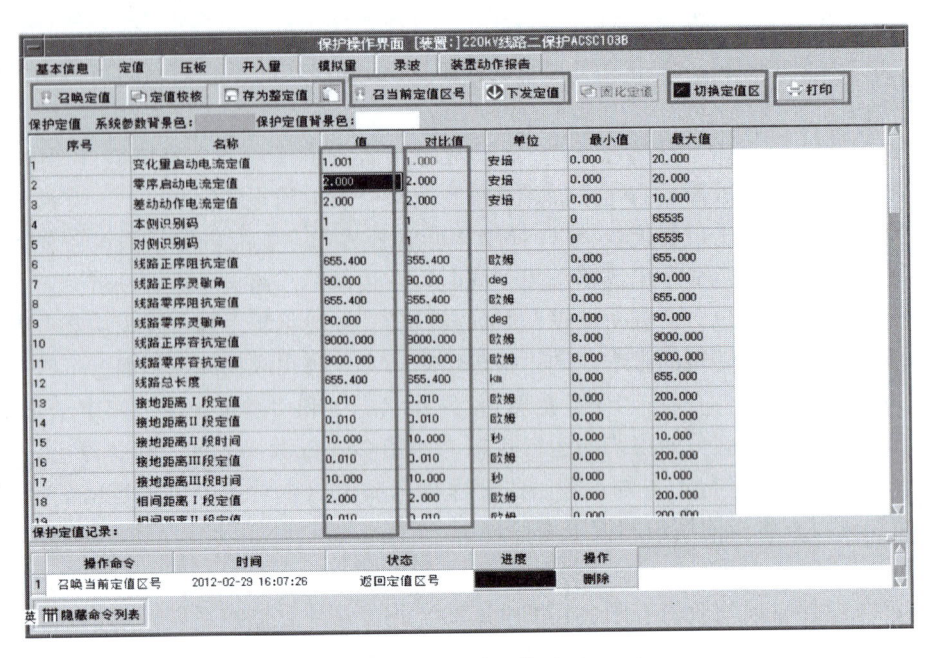

图 7-13 定值操作界面

这列，然后依次点击"存为整定值"和"定值校核"，系统会显示相关成功提示，若没有成功提示需查看通道等进行处理。

（2）点击"存为整定值"右侧的图标，系统会自动将原始值列举到"对比值"，编辑某个值后，对应的对比列的值会变成红颜色，以示区分。只有存在红色列时，才能执行"下发定值"操作。点击"下发定值"，如下发成功，弹出"下发定值成功界面"，下发定值成功界面如图 7-14 所示。要固化选择"是"，弹出"监护人确认窗口"。

图 7-14 下发定值成功界面

（3）选择"以另一用户监护"，更改用户组，选择用户，输入用户密码，点击"登录"，实现监护。最后点击"许可"，实现固化，为确定是否固化成功，可以再次召唤定值，查看是否为修改后的定值。

点击"打印"，选择对应的打印机，根据需要进行相应设置，打印定值。

视野拓展

科技为北京冬奥电力保障铺就亮丽底色

为了保障北京冬奥会安全可靠供电、满足竞赛高标准用电需求，国家电网公司按照"五个最""四个零"的目标，在保电工作中创新运用电力科技，新装备、新工具应用亮点纷呈，数字化、智能化管理效果显著，为北京冬奥电力保障工作铺就了亮丽底色。

为推动电力保障体系高效运转，国网北京市电力公司自主研发建设了冬奥电力运行保障指挥平台，于 2021 年 10 月 26 日正式运行，配置应用于各级电力保障指挥部和场馆侧。通过北京冬奥电力运行保障指挥平台，可时刻感知场馆电气设备运行状态和内外部环境，发现异常情况第一时间研判报警，帮助指挥员统筹全局快速决策部署，指导场馆电力团队开展巡视值守和应急处置。北京冬奥电力运行保障指挥平台贯通电网调度、生产、营销等多个业务系统，实现了奥运史上首次电力业务领域数字化、智能化、标准化全景监视，并将 24h 不间断监控范围延伸至客户侧配电网络和临时供电设施等末端设备，实现了保障范围全域覆盖、信息全景展示、数据全要素感知、指挥全过程管控，确保冬奥供电保障工作顺利开展。

学习项目总结

该学习项目介绍了智能变电站监控系统的结构和构成，描述了站控层设备功能要求及智能变电站站控层设备配置原则，通过完成站控层设备的巡视和维护任务，进一步熟悉站控层设备构成和站控层的特点。对站控层的主要功能进行了详细说明，并利用站控层主要功能完成变电站监视、遥控操作、定值修改任务，使学生技能水平得到同步提升。

复习思考

一、填空题

1. 智能变电站自动化系统由_____和输变电设备状态监测、辅助设备、计量等共同构成。

2. 智能变电站一体化监控系统的五类应用功能包括运行监视、_____、信息综合分析与智能告警、运行管理和网络安全监测。

3. 防误闭锁分为三个层次，分别为_____闭锁、_____闭锁和_____闭锁。

二、单项选择题

1. 电气设备的操作采用分级控制，（　　）具有最高优先级的控制权。
   A. 设备本体就地操作　　　　　　B. 间隔层设备控制
   C. 站控层控制　　　　　　　　　D. 调度（调控）中心控制

2. 电气设备的操作采用分级控制，（　　）优先级最低。
   A. 设备本体就地操作　　　　　　B. 间隔层设备控制
   C. 站控层控制　　　　　　　　　D. 调度（调控）中心控制

3. 顺控控制操作票库采用"源端维护、数据共享"策略，部署在变电站（　　）。
   A. 合并单元　　B. 智能终端　　C. 保护装置　　D. 监控主机

三、多项选择题

1. 智能变电站一体化监控系统中站控层设备包含（　　）。
   A. 监控主机　　B. 数据通信网关机　　C. 综合应用服务器　　D. PMU 数据集中器

2. 智能变电站一体化监控系统中间隔层设备包含（　　）。
   A. 测控装置　　B. 网络报文记录　　C. 分析装置　　D. 操作员站

3. 智能变电站一体化监控系统中过程层设备包含（　　）。
   A. 独立配置的合并单元　　　　　B. 智能终端
   C. 合并单元智能终端集成装置　　D. 过程层工业以太网交换机

四、判断题

1. 站控层网络实现站控层设备之间、站控层与间隔层设备之间及间隔层设备之间的信息传输。（　　）

2. 断路器控制具备检同期、检无压方式，检同期、检无压方式可自动切换。（   ）

3. 故障录波器和网络报文记录分析装置应具有 MMS 接口，装置相关信息经 MMS 接口直接上送过程层。（   ）

五、简答题

1. 什么是智能变电站一体化监控系统？
2. 监控主机中电网运行监视主要实现哪些功能？
3. 举例说明电网运行可视化可展示哪些稳态和动态数据。
4. 单设备遥控操作需满足哪些安全要求？
5. 源端维护中的"源端"指什么？

标准化测试试题

学习项目七
标准化测试
试题

参考文献

[1] 贺达江，杨威. 智能变电站原理与技术. 成都：西南交通大学出版社，2020.
[2] 林治. 智能变电站二次系统原理与现场实用技术. 北京：中国电力出版社，2016.
[3] 王顺江. 智能化变电站自动化实操技术. 北京：中国电力出版社，2018.
[4] 国网辽宁省电力有限公司电力科学研究院. 智能变电站二次系统及其测试技术. 北京：中国电力出版社，2017.

学习项目 八

智能变电站的高级应用功能认知

学习项目描述

智能变电站的优势体现在其高级应用功能的实现，同时智能变电站的高级应用功能也是区别于数字化常规变电站的重要特征。该学习项目将描述智能变电站的高级应用认知，包括设备在线状态监测与可视化技术应用，操作控制程序优化后的智能顺序控制与一体化"五防"技术，故障状态下辅助事故决策的智能告警技术。通过从现场实际工作出发，借鉴国内外先进培训理念，以培养职业能力为出发点，注重情境培训模式，把"教、学、做、练"融为一体，培养学生的专业素质和操作技能。

学习目标

知识目标：熟悉设备在线状态监测含义，了解智能变电站在线状态评估与分析决策技术；了解智能变电站可视化技术；熟悉"五防"及"顺序控制"概念；了解智能一体化"五防"系统与传统变电站"五防"系统的区别；掌握智能变电站顺序控制倒闸操作的程序与标准；认知智能变电站智能告警。

能力目标：能掌握智能变电站远程在线巡视方法；能根据智能变电站在线监测信息描述设备故障缺陷；学会运行维护一体化"五防"装置；能说明智能变电站顺序控制典型倒闸操作的具体操作步骤与方法；能说明智能一体化"五防"系统的原理；能描述顺序控制的安全措施和方法。

素质目标：提高学生对智能变电站安全稳定运行的综合意识，培养学生逻辑思维和创新思维；具备分析问题能力；养成自主的学习习惯和严谨的工作态度，强化职业责任，提高职业能力；培养规范操作的安全及质量意识。

教学环境

"教、学、做、练"一体化教学设计，建议小班授课，授课地点可以选在智能变电站实操室、VR实操室、或校外智能变电站实操基地。硬件设备包括电脑及多媒体投影设备，软件需求包括课件、视频材料及仿真智能变电站系统。

任务一　设备在线状态监测与可视化技术应用

学习目标

智能变电站中一次设备及二次系统在线监测技术的发展，显著改善了变电站的响应能力，实现了变电站"无人值守"、调控一体化、运维一体化，能够实时在线评估变电站运行的安全状态，结合在线分析决策系统，及时预警可能出现的故障状况，使离线安全分析逐渐让位于在线稳定性评价技术，从事前预防、事中控制、事后补救和系统自愈各方面提升电网的事故分析和故障处理能力。

知识目标：了解智能变电站在线状态评估与分析决策技术；了解智能变电站可视化技术。

能力目标：能掌握智能变电站远程在线巡视方法；能根据智能变电站在线监测信息描述设备故障缺陷。

素质目标：能够跟踪电气工程领域的前沿技术，具备工程应用创新能力。

任务描述

学习智能变电站在线状态评估与分析决策系统在变电站的应用，了解在线状态评估与分析决策系统主要构成及工作原理，实操练习智能变电站巡视，根据智能变电站在线监测信息描述设备故障缺陷。

任务准备

随着传感技术、微电子技术、计算机软件、硬件、数字信号处理技术、人工神经网络、专家系统、模糊集理论等综合性智能系统在状态监测和故障诊断中的应用，智能变电站的建设为一次设备和二次设备的在线状态评估提供了数据基础和实现手段。通过对一次设备、二次设备进行在线监测，以及在线数据分析、汇总和状态观察，可以实现设备的在线状态评估；根据设备需要进行维修，避免临时性维修、维修不足或维修过剩、盲目维修等。提前预习以下引导问题。

引导问题 1：变电站在线状态评估有何意义？
引导问题 2：智能变电站在线状态评估系统如何构成？
引导问题 3：可视化技术应用于哪些项目？

任务实施

教师说明完成该任务需具备的知识、技能、态度，说明观看设备的注意事项，说明观看设备的关注重点。帮助学生确定学习目标，明确学习重点。将学生分成若干小组。

学生以小组为单位分析学习项目、任务解析和任务单，明确学习任务、工作方法、工作内容和可使用的助学材料。

1. 实操项目

智能变电站设备状态监测与可视化技术应用。

2. 实操目的

了解智能变电站状态监测项目，学习数据记录方法。

3. 实操地点

智能变电站 VR 实操室，仿真智能变电站或智能变电站现场。

4. 实操器材

（1）一套实操智能变电站系统，或实地参观典型智能变电站，或智能变电站仿真软件。

（2）多媒体教学设备。

(3) 智能变电站音像视频材料。

5. 实操内容

智能变电站设备远程在线巡视。变电设备仿真巡视项目基本流程见表8-1，在仿真变电站系统远程在线巡视变电站设备，做好监测记录，报告缺陷情况，完成表8-2的填写。

表 8-1　　　　　　　　　　变电设备仿真巡视项目基本流程

序号	阶段	操作过程	标准
1	准备	学生入场	核对工位信息无误后就座。检查确认电脑画面正常
		宣布安全要求	教师宣读实操安全事项相关要求
2	操作	检查仿真系统信息	根据变电站仿真系统提供的告警信息进行检查
		限定范围内一、二次设备及在线监测装置巡检	(1) 在仿真系统上选择必要的安全工具，装备安全工器具。 (2) 检查到异常设备报缺陷，根据缺陷标准进行定性。发现并正确汇报缺陷情况及定性（不要求选择检修策略）。 (3) 缺陷汇报内容：设备双重名称、相别及部位、异常现象、定性
		处理完毕	回收安全工器具，完成设备巡视检查处理

表 8-2　　　　　　　　　　变 电 站 巡 检 记 录 表

设备	监测内容	情况记录
110kV变电站	主变压器	储油柜和充油套管的油位、油色是否正常，器身及套管有无渗、漏油现象	
		变压器上层油温是否正常、温度指示是否正常	
		变压器声音是否正常	
		绝缘子管应清洁、无破损、无裂纹或打火现象	
		冷却器运行正常	
		引线接头接触良好，不发热，触头温度不超过70℃	
		吸潮气油封应正常，呼吸畅通。硅胶变色不应超过总量的1/2，否则应更换硅胶	
		防爆管玻璃膜片应完整无裂纹、无积油，压力释放器无喷油痕迹	
		气体继电器内无气体，且充满油	
		有载调压分接开关应指示正确、位置指示一致	
	SF$_6$断路器	检查绝缘子的运行状态及污秽情况	
		检查并记录SF$_6$气体压力是否正常，压力指示××MPa	
		检查断路器位置指示是否正确	
		检查极间连杆、横梁及支架上螺母是否松动	
	隔离开关	隔离开关的瓷绝缘应完整无裂纹或无放电现象	
		操动机构包括连杆及部件应无开焊、变形、锈蚀、松动和脱落现象，连接轴销子紧固螺母等应完好	
		闭锁装置应完好，机构外壳等接地应良好	
		接地开关接地应良好	
		隔离开关合闸后触头应完全进入刀嘴内，触头之间应接触良好，在额定电流下运行温度不超过70℃	
		隔离开关通过短路电流后，应检查绝缘子有无破损和放电痕迹，动静触头及接头有无熔化现象	

续表

设备		监测内容	情况记录
110kV 变电站	110kV 母线 TV	TV 绝缘子应清洁完整，无损坏及裂纹，无放电现象	
		TV 油位、油色应正常，无漏油现象	
		TV 内部声音正常	
		高压侧引线的接头连接应良好、不应过热、二次回路电缆导线不应损伤，高低压熔断器（或低压侧空气断路器）应完好	
		TV 二次侧和外壳接地应良好，二次出线端子箱的门应关好	

相关知识

一、变电站的电气设备状态检修

变电站的电气设备检修可以分为事故检修，计划检修和状态检修三种类型。

（1）事故检修（BM）。以事故发生为启动事件，根据故障发生的时间、断路器的变位信号、保护的动作情况、故障录波的电气量变化等判断故障发生的位置，对故障设备进行的针对性检修。这种检修方式是一种被动性质的检修，只在故障发生后进行。

（2）计划检修（TBM）。根据设备的寿命，负荷对电能传输的要求，以及调度计划进行的预防性质的检修。计划检修在一定程度上可以预防设备重大故障的发生，但计划检修一般是在停电状态下进行，耗时、耗资，降低了设备的利用率，而且试验状态的设备工作条件与运行状态的设备不尽相同，有些隐患未必能通过计划检修发现。

（3）状态检修（CBM）。在设备的投入运行过程中，收集设备的运行状态信息，进行数据的分析比较诊断，从当前数据发现设备的异常情况，从历史数据推断设备状态的发展趋势，在故障发生前发现问题设备实施检修。

随着检修理论、检测技术的发展和电网企业管理方式的转变，状态检修作为先进检修方式之一得到了长足的发展，已经成为检修体制的重要组成部分。电气设备的状态检修的优势可以体现在：①状态检修可以及时发现并阻止设备异常运行状态的扩大，避免衍生为设备故障；②状态检修可以避免对正常设备的过度检修，节约检修费用；③状态检修的设备监测是在带电过程中进行的，可以提高设备的实际利用率。

二、智能变电站的电气设备在线状态评估

智能变电站以全站信息数字化、通信平台网络化、信息共享标准化，对实现电气设备在线状态评估具有天然优势：计算机可以通过 IED 自动获取电气设备运行状态数据，诊断决策过程也可以由计算机自动完成，并生成动态分析报告和检修预警。

1. 电气设备在线评估系统功能

（1）通过在线监测系统，运维人员可以有效查看设备数据、运行状态等。

（2）报警信息可以辅助运行人员及时地排除故障。

（3）存储的历史数据可以对电气设备的状态检修、评估、预警和风险分析提供有力的依据。

2. 电气设备在线状态评估作业

电气设备的在线状态评估作业由设备在线状态监测、设备故障诊断、在线评估决策、维

修四个步骤组成。

（1）设备在线状态监测。在线状态监测系统就是通过各种传感器技术、广域通信技术和信息处理技术，获得电气设备的实时运行数据，从而实现对各类输变电设备的实时监视。

（2）设备故障诊断。将电气设备实时运行数据与标准要求进行对比和诊断，并采取合理的评价方法对电气设备的状态进行评估、分析和预测。

（3）在线评估决策。根据对一次设备状态评估和分析的结果对电气设备给出检修预警。

（4）维修。一般电气设备的维修与传统变电站电气设备的维修方式相似。

智能变电站根据设备的各种量测信息，估计出设备的当前运行状态。设备在线状态监测为状态评估提供基本数据支持；设备故障诊断是以状态监测为依据，综合设备历史信息，利用神经网络、专家系统等技术来判断设备的健康状况。在线评估决策则是综合考虑设备的故障严重程度、检修成本、潜在风险等因素，从而制定检修计划。

3. 在线状态评估系统分层结构

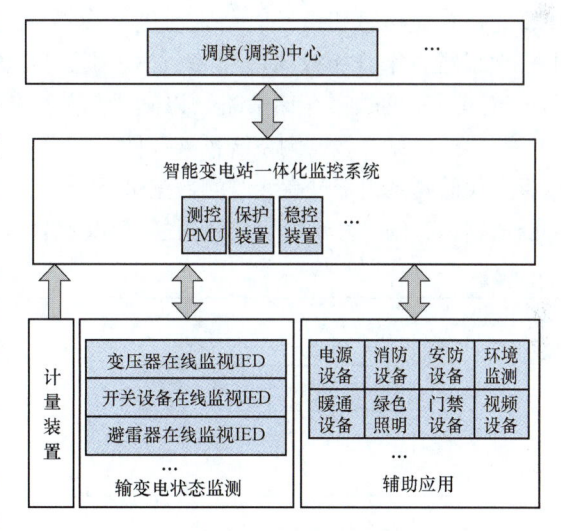

按照智能变电站的分层原则，智能变电站在线状态评估系统按需要分层，常见可分为站控层、间隔层、过程层三层或站控层、过程层两层，智能变电站在线状态评估系统如图8-1所示，图中所示系统为三层结构。

电气设备的在线状态评估系统构成可以划分为在线监测装置、智能组件和数据处理系统三个部分，表现为可靠提取设备状态变化的信息，以标准的方式传输，数据分析系统诊断设备的健康状态，为运行、检修提供决策支持。

（1）在线监测装置。前端信号采集与处理系统分布在过程层，通常安装在被监测设备上或附近，采用相应的监测单元或者电子传感器，用以自动采集、处理和发送被监测设备状态信息。

（2）智能组件。具有现场监测功能的智能电子设备，主要负责某一类设备的数据采集、整理、分析和存储等任务，根据

图 8-1 智能变电站在线状态评估系统

上级后台主机不同分析软件对于信息的需求上传数据、接收命令。

（3）数据处理系统。在线监测系统的站内后台主机（子站）主要分布在站控层。其主要功能为采集变电站内的所有在线监测数据，并转换为统一标准化的模型；利用基于在线监测及故障诊断的数据处理与分析系统，进行统计分析数据及存储数据；采用预设的数学模型，把历史数据库中的监测数据进行推理分析，诊断出运行电气设备的健康状况，对运行电气设备提出维护方案，进行报警提醒等。此外，还具有向上一级（主站）上传数据、接收远程控制和维护命令等功能。

三、智能变电站一次设备在线监测

智能变电站电气设备在线监测是整个状态评估的基础，它能够在不停电的情况下，对电气设备状况进行连续性或周期性地自动监视、检测，实时在线捕捉设备的状态变化。

变电站电气一次设备的在线监测系统主要由监测装置、综合监测单元和站端监测单元组成，用于实现在线监测状态数据的采集、传输、后台处理及存储转发功能。根据被检测设备状态综合诊断的需要，在线监测可采取多个状态量综合监测的方式，并可扩展到整个变电站。

电气设备在线监测系统的工作流程如图 8-2 所示，在线监测装置安装在变电站内，通过 IEC 61850 协议（DL/T 860）采集、汇聚站内在线监测设备的数据，并上送整站信息到在线监测主站。

电气一次设备在线状态监测系统

DL/T 1411—2015《智能高压设备技术导则》规定，监测 IED 通过采集高压设备状态信息，实现对其运行状态和/或控制状态和/或负载能力状态的智能评估；主 IED 用于集合智能组件内各 IED 信息，对高压设备的运行可靠性、控制可靠性及负载能力等做出评估，以支持电网运行控制和/或状态检修。

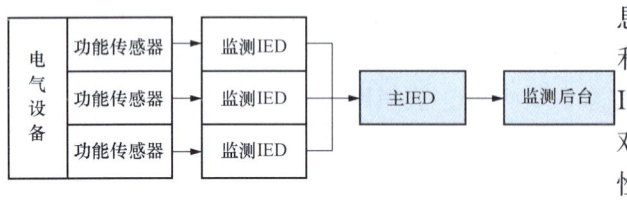

图 8-2 电气设备在线监测系统的工作流程

监测 IED 可按监测项目独立配置，也可集成配置，应根据工程实际需求选用。监测 IED 的格式化信息和结果信息应通过站内通信网络报送到主 IED，报送周期可为 2h。若自上一次报送以来监测量的变化超过 5% 则追加报送 1 次。各监测 IED 应配置足够的存储空间，选择适宜的数据存储策略，以满足趋势分析和深度分析的需要。

智能变电站在线监测系统框架如图 8-3 所示，图中所示系统为两层结构。智能变电站一次设备在线监测系统依据在线监测数据进行分析、判断、报警，给运行人员提供准确的、直接的判断依据，有助于发现电气设备可能存在的潜伏性缺陷，是保证设备安全运行的有力工具。

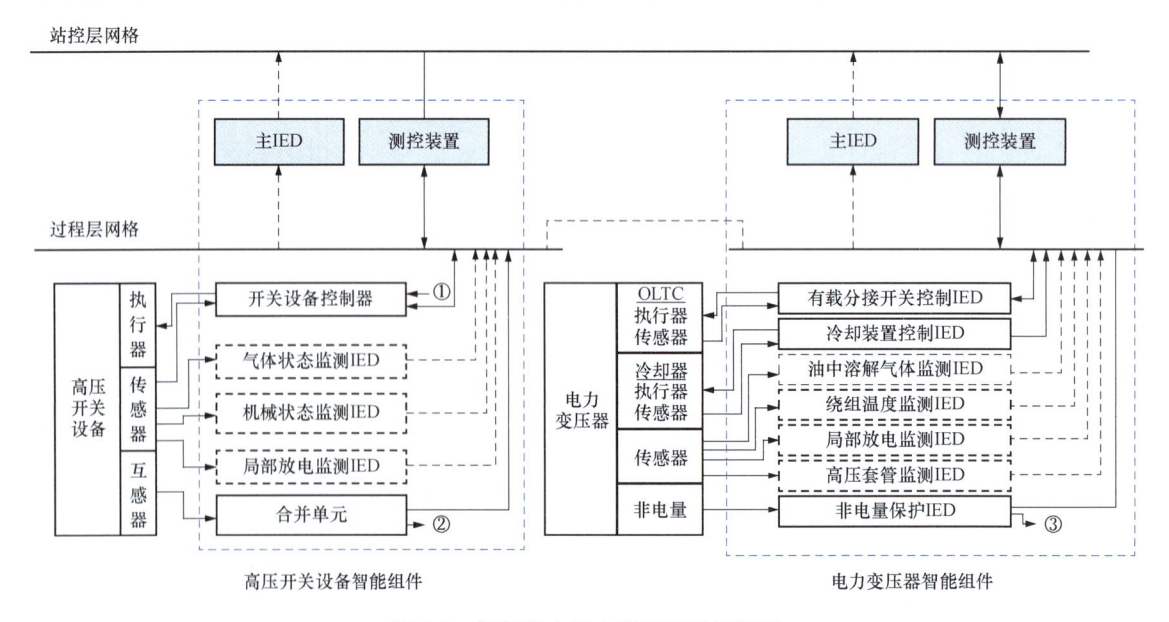

图 8-3 智能变电站在线监测系统框架

四、智能变电站二次设备在线监测

智能变电站二次系统在过程层组网，使用大量光缆代替电缆，IED 之间的连接隐形化，不可见的、抽象的网络报文及软信号令运维人员难以适应。因此，监测系统能够提供二次回路的图形显示，为复杂网络中发生的通信故障提供定位和报警，并协助运维人员进行故障检测。

智能变电站二次系统状态监测的范围是过程层、间隔层与站控层之间的联系，要求做到无"盲点"监测，包括智能设备在线自检、网络在线自检、输入在线自检、输出在线自检。

智能变电站二次系统状态监测应通过建立一系列客观指标系统，以反映设备在运行过程中的状态；将这些指标发送到监控后台，并与特征曲线和趋势分析进行比较，可以获得各功能模块甚至整个设备的安全稳定运行水平，准确提高其稳定性和可靠性。

以继电保护装置在线监测系统为例来说明。继电保护装置由多个功能模块组成。为了确保这些功能组件正常工作，可以利用继电保护装置本身就具有的自检功能。继电保护装置的自检告警信息可以初步反映继电保护装置本身的一些运行状态，如工作环境状况、硬件运行情况、软件运行情况、通信状态、外部电路等。继电保护装置的自检告警只能反映设备的"正常"或"异常"，不能识别设备状态的变化过程，发挥预警作用，因此，需要彻底更新或改进装置硬件结构。

智能变电站继电保护装置在线监测系统应具有：①根据功能模块添加监控单元，支持连续监测关键的模拟量信息；②通过通信方式向监测系统输出这些关键信息；③监测系统长期记录这些模拟量，形成历史记录数据库，发现设备状态的变化规律；④基于数学模型进行智能识别和判断，结合设备损坏时的状态特征，实现继电保护装置的自我诊断。

五、智能变电站可视化技术应用

变电站一次设备和二次设备作为变电站的重要实物资产，设备运行条件涉及电网的安全经济运行。因此，通过变电站设备（一、二次设备）的在线状态可视化监测，分析设备状态，进行设备的状态检修和健康维护，可以降低智能变电站的全生命周期运行成本。

1. 设备状态可视化

指利用信息交互获取设备的自诊断信息，以智能电网及相关系统可识别的方式表达自诊断结果，通过标准协议送到变电站监控系统进行设备状态展示，并通过远程传输设备发送到上级调度，为基于状态监控的设备全寿命周期综合优化管理提供基础数据支持。可视化不仅针对上级监控及调度系统，而且面向现场运维人员。

从上级监控及调度系统的角度来看，变电站端应采集主要一次设备（变压器、断路器等）及二次设备（各继电保护设备及安全自动装置、稳控装置，网络交换机）等的状态信息，进行状态可视化展示并发送到上级系统，为实现优化电网运行和设备运行管理提供基础数据支撑；变电站的高级应用服务器将站内设备的状态在线监测信息上送，使上级部门能够监测站内设备状态并制定合理的检修策略，降低智能变电站的全寿命周期运行成本。

从运行人员的角度来看，智能变电站与传统变电站之间的差异带来了大量运行和维护问题的凸显。而利用可视化技术可以在人机界面中直观地显示出 SCD 文件中表示的系统设备逻辑连接，将一次设备、二次设备的空间布局与状态监测，用与传统一、二次回路图相似的图形展现出来，为变电站工程验收、运行维护、设备巡视、故障处理、技术培训提供重要参考。

2. 智能变电站可视化展示

根据 Q/GDW 10678—2018《智能变电站一体化监控系统技术规范》规定，智能变电站可视化技术可视化展示的内容应包含以下方面。

（1）电网运行可视化。电网运行可视化应满足：①应实现稳态和动态数据的可视化展示，如有功功率、无功功率、电压、电流等，采用动画、表格、曲线、饼图、柱图、仪表盘等多种形式展现；②应实现站内潮流方向的实时显示；③提供最新告警提示、光字牌、图元变色或闪烁、自动推出相关故障间隔图、音响提示、语音提示多种信息告警方式；④不合理的模拟量、状态量等数据应置异常标志，并用闪烁或醒目的颜色给出提示，颜色可以设定；⑤支持电网运行故障与视频联动功能，在电网设备跳闸或故障情况下，视频应能自动或者手动切换到跳闸设备。

（2）设备状态可视化。设备状态可视化应满足：①针对不同监测项目显示相应的实时监测结果，超过阈值的应以醒目颜色显示；②可根据监测项目调取历史曲线；③在电网间隔图中通过曲线、音响、颜色效果等方式综合展示一、二次设备各种状态参量，内容包括运行工况、运行参数、状态参数、实时波形、诊断结果等；④应根据监视设备的状态监测数据，以颜色、运行指示灯等方式，显示设备的健康状况、工作状态（运行、检修、热备用、冷备用）、状态趋势。

（3）网络运行可视化。显示包括二次设备物理端口、交换机设备等在内的全站物理光纤回路的连接关系，并以颜色、图形闪烁等方式，显示物理链路状态和二次设备物理端口状态。

3. 设备运行状态展示信息

通过可视化技术，实现对电网运行信息，保护信息，一、二次设备运行状态等信息的运行监视和综合展示。设备运行状态展示信息包含以下三个方面。

（1）运行工况监视。

1）实现智能变电站全景数据的统一存储和集中展示。

2）提供统一的信息展示界面，综合展示电网运行状态、设备监测状态、辅助应用信息、事件信息、故障信息。

3）实现装置压板状态的实时监视，当前定值区的定值及参数的召唤、显示。

（2）设备状态监测。

1）实现一次设备的运行状态的在线监视和综合展示。

2）实现二次设备的在线状态监视，宜通过可视化手段实现二次设备运行工况、站内网络状态和虚端子连接状态监视。

3）实现辅助设备运行状态的综合展示。

（3）远程浏览。调度（调控）中心可以通过数据通信网关机，远方查看智能变电站一体化监控系统的运行数据，包括电网潮流、设备状态、历史记录、操作记录、故障综合分析结果等各种原始信息及分析处理信息。

六、智能变电站状态评估在线分析决策

智能变电站状态评估是指根据设备的自检信息、在线监测信息及其他巡检信息对设备及回路进行运行、异常、故障、检修和退出等运行状态的评价。

智能变电站状态评估在线分析决策将根据在线监视的信息，自动通过历史数据比对、同源数据比对、知识库匹配等方式实现对设备及回路进行评估，并能对异常、故障设备及回路

进行预警、提示和定位,最终提出处理建议。

1. 数据处理

由于变电站基本数据和实时信息的准确性对变电站及调度主站系统高级应用软件的稳定运行至关重要,因此需要用到更多的验证信息,通过信息融合(又称数据融合),对各种信息的获取、表示及其内部连接进行综合处理,最终实现信息的优化。

2. 分析评价

在对智能变电站进行状态评估时,应按一定的评价方法进行。

变电站状态监测是对多个状态指标的监测过程,不同的监测指标描述了设备的不同功能特性。在各种运行方式下,监测所得的各指标的测量值均有不同,因此,状态监测的结果要求能在区分设备的运行方式的条件下判断出设备的当前工作状态。

在进行状态评估时,根据监控获得的设备状态信息,以不同的加权值衡量各指标对设备状态评价结果的影响。首先,在线监测系统收集各设备的状态数据,利用状态指标的权重分配强化对设备运行方式的区分;然后,指标权重值应与二次设备的组合状态相结合,综合故障诊断模型对监测设备的结构特征、参数、监测设备的运行历史状态记录、剩余寿命及环境因素进行评估,以确定设备的实际工作状态。

3. 决策建议

在监测过程中,各状态指标指向模糊,在分析过程中要根据其实际状态,做出设备的状态估计,并依据状态估计的等级程度,做出相应的决策建议。

(1) 如果当前状态为严重告警状态,要尽快安排停电进行综合系统维护。

(2) 如果当前状态为一般预警状态,可以通过实时监测与动态控制,优先对已存在的一些问题进行检修和试验。

(3) 如果当前的问题较少,可以通过正常的周期检修,及时找到问题予以排除。

(4) 如果当前状态良好,说明当前智能变电站的设备处于正常状态,可适当延长检修和试验,以确保整个输电的稳定性。

任务二 一键顺控技术及应用

学习目标

通过实训,使学生掌握智能一体化"五防"系统的原理;学会运行维护一体化"五防"装置;掌握进行顺序控制的安全措施和方法;加深对智能变电站高级应用技术的理解。

知识目标:了解智能一体化"五防"系统与传统变电站"五防"系统的区别;了解智能变电站顺序控制的意义;认知智能操作票生成系统;掌握智能变电站顺序控制倒闸操作的程序与标准。

能力目标:掌握智能变电站顺序控制典型倒闸操作的具体操作步骤与方法。

素质目标:学习目标明确,争取上进,不断完善自我;培养严谨的工作态度,养成自主学习习惯;形成良好的电力安全意识与职业操守,提高职业能力,争取各方面的优秀。

任务描述

该任务将学习智能变电站一键顺控技术在变电站的应用,了解相关的规程规定,掌握智能变电站顺序控制倒闸操作的程序与标准，掌握具体操作的步骤与方法。

任务准备

变电站电气设备的工作状态包括运行、热备用、冷备用、检修，电气设备的工作状态从一种状态向另一种状态进行切换的操作称为倒闸操作。智能变电站顺序控制是指根据给定的调度命令，按照一体化监控系统的预定运行逻辑和"五防"规则自动完成一系列断路器和隔离开关的倒闸操作，最后改变系统运行状态的过程。

工作中注意事项：①在现场工作中，实操培训至少有两人进行，仪器放置和使用平稳，使用方法正确，每一步判断准确，不因人为因素造成误判；②在异常情况下（如直流系统接地等）或断路器跳闸，无论是否与工作有关，都应立即停止工作，保持现状，以及时查明原因；③所有电气设备的金属外壳应有良好的接地装置。使用时不得拆除或使用接地装置做其他工作。

一体化"五防"系统按照变电站一次设备接线方式进行"五防"规则描述，变电站监控系统与"五防"系统形成统一整体，实现信息共享，通过对每一步操作进行"五防"规则匹配，对违反操作票顺序的操作实施强制性闭锁，为无人值班变电站的运行提供可靠的保证，避免了操作过程中的错误。提前预习以下引导问题。

引导问题1：什么是智能变电站一体化"五防"系统？

引导问题2：什么是顺序控制？

引导问题3：什么是智能操作票？

引导问题4：对顺序控制倒闸操作有何要求？

任务实施

教师讲解完成任务所需的知识、技能和态度、观看设备操作的注意事项，以及操作设备的重点。帮助学生确定日常学习的标准，清晰学习重点。

学生分组分析学习项目、任务，明确学习任务、工作方法、工作内容和辅助学习资料。

1. 实训内容

智能变电站倒闸操作。

2. 实训目的

检验智能变电站顺控功能。顺控功能传动试验应符合：①按典型顺序控制票逐一检验全部顺序控制功能应正确传动；②不同运行方式下自动生成典型操作流程的功能应正确；③顺序控制急停功能应正确。

3. 实训地点

智能变电站 VR 实训室，仿真智能变电站或智能变电站现场。

4. 实训器材

（1）一套实训智能变电站系统，或实地参观典型智能变电站，或智能变电站仿真软件。

（2）多媒体教学设备。

（3）智能变电站音像视频材料。

5. 顺序控制的操作步骤

（1）顺序控制操作步骤。顺序控制倒闸操作时，应按以下步骤完成操作：操作准备→接受指令→填写顺控操作票→生成操作任务→预演→一键执行→操作复核→汇报→结束。

(2) 顺序控制的操作要求。主要有：①顺序控制应满足倒闸操作的基本要求；②在监控系统中调用顺序控制操作票时，应严格执行操作监护制度；③顺序控制操作票必须经过严格的审批程序，操作票固化在系统中后不得随意更改，操作票备份完成后，应由专人进行管理，并设置管理密码；④汇控柜、测控等装置上的远控/就地控制手柄应置于遥控位置；⑤一次设备闭锁方式应处于联锁状态，智能终端、继电保护、合并单元的遥控连接片应处于投入状态；⑥当变电站改造（扩建）施工、设备变更、设备名称变更时，应同时修改顺序控制操作票，重新验证，执行审批程序，并完成顺序控制操作票的变更、固化和备份。

(3) 操作时注意事项。主要有：①在调用顺序控制操作票时，应严格执行模拟演练和操作监护制度；②在进行顺序控制操作前，应再次检查设备的状态，根据操作任务，选择服务器中存储的经批准的顺序控制任务，并确认顺序控制操作任务和项目；③操作人、监护人通过电子方式签字确认后，向服务器发出操作指令，每一步手动确认；④顺序控制运行完成后，通过后台监控显示和现场检查，检查一次设备、二次设备运行结果的正确性；⑤顺序控制操作完成后，运维人员应检查相关一次设备、二次设备的运行情况。

6. 220kV 实训变电站倒闸操作标准化作业指导

实训任务完成中，填写表 8-3。

表 8-3　　　　　　220kV 实训变电站倒闸操作标准化作业记录表

阶段	序号	操作过程	执行情况记录
准备阶段	1	进场	
	2	自身检查：着装、精神状态和情绪等	
	3	工具检查：录音器（笔）、印章等	
受令阶段	1	电话录音：联系调度下达操作命令时，必须使用电话录音或监听	
	2	互通姓名	
	3	接受调度操作命令：随听随记，并记录在"变电运维工作日志"中	
	4	受令复诵	
	5	确认操作任务	
审核阶段	1	"五防"后台检查	
	2	审核操作票	
	3	危险点交代	
	4	工器具检查：安全帽、验电器、绝缘手套、绝缘靴、雨衣、携带式照明灯、接地线、仪表、盒式组合工具、操作把手等	
模拟预演阶段	1	唱票录制操作变电站、操作票编号、操作任务、监护人抽签号、操作人抽签号	
	2	模拟前检查：核对"五防"机运行方式、设备名称、编号和位置与调控指令相符	
	3	在模拟图上进行模拟预演	
	4	模拟后检查	
	5	传输操作票	
	6	签字认可	

续表

阶段	序号	操作过程	执行情况记录
倒闸操作阶段	1	前往操作现场	
	2	设备地点确认	
	3	远方操作	
	4	正式操作：可分为断路器的操作（后台遥控）、隔离开关的操作、装设接地线（手动合接地开关）的操作、保护压板（空气断路器、切换把手）的操作、设备检查项的操作等。 操作人、监护人认真履行倒闸操作复诵制，监护人唱诵操作内容，操作人用手指向被操作设备并复诵，监护人确认无误后发出"正确、执行"动令，并将计算机钥匙交给操作人，操作人立即进行操作。计算机钥匙开锁前，操作人应核对计算机钥匙上的操作内容与现场锁具名称编号一致后开锁。监护人所站位置应能监视操作人的动作及被操作设备的状态变化，操作人和监护人应注视相应设备的动作过程或表计、信号装置	
	5	全面检查：全部操作结束后，监护人回传计算机钥匙，监护人和操作人共同检查"五防"机变位正确，后台变位正确，光字、报文信息无异常后，监护人、操作人应再次按操作顺序复查，回顾操作步骤和项目无遗漏，仔细检查所有项目全部执行并已打"√"后，确认实际操作结果与操作任务相符	
	6	记录时间及盖"已执行"章	
汇报阶段	1	汇报	
	2	工具归位	
	3	做好变电运维工作日志、缺陷等相关记录	

相关知识

一、智能变电站一键顺序控制技术

顺序控制通常也被称为一键式操作。顺序控制步骤的执行条件、确认条件应符合后台的"五防"逻辑。防误系统应支持基本"五防"、扩展防误、操作顺序校验、跨站校验、提示性防误校验、重要用户和挂牌信息防误校验、操作权限关联闭锁等相关校验。

顺控操作票生成后须经相关人员审核，审核通过后方可执行。执行顺控操作票之前，须进行模拟预演。在顺控执行过程中，运维人员应密切注意相应设备的执行进度和位置变化，确保操作安全。通过顺序控制，可以减少人工操控与调节，实现无人值守，这是变电站智能化的一个显著特征。智能变电站中全站信息数字化，信息的纵向贯通和横向交互，使顺控操作和"五防"闭锁成为可能，使智能变电站充分具备了稳定控制运行的条件。

智能变电站的一键顺控技术应包含一体化"五防"系统，智能操作票生成系统及顺序控制。Q/GDW 10678—2018《智能变电站一体化监控系统技术规范》对此三方面都给出了对应的规范标准。

1. 顺序控制

一次设备运行状态包括运行、热备用、冷备用、检修。为了保证系统的安全稳定运行，保证负荷的正常供电，系统调度要根据调度或检修需要在这些运行状态间进行切换，即倒闸操作。

智能变电站的顺序控制就是将传统变电站的操作票工作顺序转换为一系列相关控制指令，通过自动化设备自动逐条发出控制指令，按照"五防"闭锁的时序及闭锁逻辑，对断路器及隔离开关等开关设备执行顺序操作，系统根据设备状态信息变化情况逐条判断每步操作是否到位，确认到位后自动执行下一指令，直至所有控制指令全部执行完毕。

顺序控制具有倒闸操作效率高、人工参与度低、设备操作可靠性高的优点。与常规变电站的操作相比，顺序控制技术采用模块化的操作票，根据操作任务自动逐项操作，既避免了操作人员技术水平、设备认知情况不同产生的操作安全性和正确性的影响，又减少了运维人员在设备之间往返操作确认的工作，大幅度提高了倒闸操作工作效率，降低运维人员劳动强度和误操作风险。

对于倒闸操作，应实现电气防误闭锁操作功能，自动生成符合操作规范的操作票。为避免误操作，倒闸操作需进行闭锁逻辑校验及强制闭锁。传统变电站的防误操作是在独立的"五防"系统中实现，智能变电站优先采用与监控系统一体化的"五防"系统。

2. 一体化"五防"系统

一体化"五防"系统是将"五防"系统集成到监控系统中，实现操作票生成和防误闭锁功能。"五防"系统与监控系统在硬件上共享一个主机，既是监控系统的后台机，也是"五防"系统的主机；在软件方面两者共享图形界面和数据库，传统的通信环节取消。"五防"站作为监控系统的节点，结构上既可以兼做操作员站，也可以独立配置；功能上逻辑关联，确保程序化操作的逻辑一致性。根据智能变电站电气设备的网络拓扑结构，进行电气设备的有电、停电、接地三种状态的拓扑计算，自动实现防止电气误操作判断。

(1) 三层防误闭锁。一体化"五防"系统分为站控层防误闭锁、间隔层防误闭锁和现场布线式防误闭锁三个层次。这三种闭锁之间属于串联关系，站控层防误闭锁失效时不影响间隔层防误闭锁，站控层防误闭锁和间隔层防误闭锁均失效时不影响现场布线式防误闭锁。一体化"五防"系统分层示意图如图8-4所示。

1) 站控层防误闭锁。由监控主机实现，操作应经过防误逻辑检查后方能将控制命令发至间隔层，如发现错误应闭锁该操作；可实现全站一次设备远程/就地运行的"五防"闭锁。站控层的闭锁范围包括全变电站的开闭所、网门和接地线。这是变电站"五防"系统中最常用的防误层。

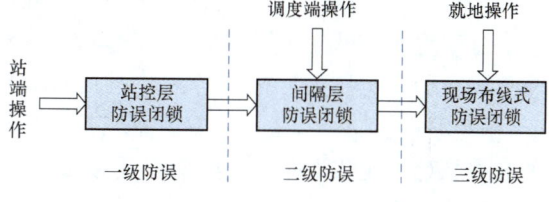

图8-4 一体化"五防"系统分层示意图

2) 间隔层防误闭锁。由测控装置实现，间隔间闭锁信息宜通过GOOSE方式传输；将测控装置管理软件中的"五防"逻辑下装到间隔层的测控装置，在测控装置中实现间隔内"五防"闭锁。间隔层的测控单元也可以通过站控层以太网进行实时通信，以获取其他间隔测控单元的联锁信息，实现间隔联锁。

3) 现场布线式防误闭锁。实现设备本间隔内的防误闭锁，是机构电气闭锁，不设置跨间隔电气回路。这种闭锁方式是在硬件设备上实现的闭锁功能。将间隔内关联断路器的辅助触点串联在相应隔离开关的分合闸电路中,利用断路器的位置状态实现对隔离开关的操作闭锁。这种电气闭锁的优点是实时性强、操作简单、使用方便,缺点是二次电缆敷设较多,施工工作量大,而且辅助触点的可靠性的差异将会影响到电气闭锁的可靠性。

(2) 防误系统功能。智能变电站防误系统应具备以下功能:

1) 站控层操作票功能:操作票的生成、编辑、排练、打印、执行、记录、管理等功能。

2) 站控层闭锁功能:防锁逻辑编辑、导出功能正常,闭锁逻辑正确。

3) 间隔层闭锁功能:将站控层闭锁和电气联锁解除后,按照预设的联锁逻辑规则顺序操作设备。该设备应可操作;解锁闭锁后被闭锁设备可操作。

4) 电气闭锁功能:将站控层闭锁和间隔层联锁解除后,按照预设的联锁逻辑规则按顺序操作设备,该设备应可操作。

3. 智能操作票生成系统

(1) 智能操作票生成系统的要求。智能操作票生成系统在满足防误闭锁和运行方式要求的前提下,自动生成符合操作规范的操作票,其要求主要有:①智能操作票采用典型票匹配方式实现。②典型票基于间隔类型、设备类型、源态、目标态预先创建。③根据在画面上选择的设备和操作任务到典型票库中查找,如果匹配到典型票,则装载典型票,保存为未审票;如果没有匹配到典型票,执行下一步。④根据在画面上选择的设备和操作任务到已校验的顺控流程定义库中查找,如果匹配到顺控流程定义,则装载顺控流程定义,拟票人根据具体任务进行编辑,如添加提示步骤,然后保存为未审票。

(2) 操作票生成方式。目前操作票的生成有人工生成、典型操作票生成、图形化操作票生成、专家系统操作票生成和智能操作票生成等多种方式。

1) 人工生成。是最基础也是传统倒闸操作最常用的方式,该方式由变电站运行人员纯手工填写操作票,受人为因素的干扰比较大。该方式只用于少数情况下起补充作用。

2) 典型操作票生成。首先建立典型操作票数据库,在执行操作任务时根据操作任务从典型操作票数据库搜索读取所需的典型票,根据具体变电站操作情况适当修改,得到实际操作票。该操作对于状态之间转换情况唯一时效率很高,通常需要人工干预才能最终得到操作票。

3) 图形化操作票生成。每次点击一次接线图上的电气元件就生成一次操作步骤,由于是系统自动生成,可以很好地与程序化操作指令结合,目前这种基于图形校核的操作票自动生成方式由于功能强大、操作直观,实际应用最为广泛。

4) 专家系统操作票生成。专家系统基于计算机程序根据存放的操作经验和规则,以及相关电力系统专业知识库,按照操作任务目的,进行推理匹配,生成最终执行操作票,专家系统对经验依赖较高。

5) 智能操作票生成。智能操作票生成系统可实现典型票存储、文本出票、图形出票、模拟预演、操作票防误、智能开票、程序顺控等功能。模拟预演、操作票防误、智能开票、程序顺控是智能操作票功能的核心模块。智能出票可自动分析识别受控站接线方式与实时数据,利用预先定制的操作规则库,根据操作指令自动分解出相应操作步骤,出票速度和准确率极高。同时,智能出票过程经拓扑"五防"检验和模拟预演,只有"五防"检验成功和模拟预演成功,才能生成操作票,减少了运行人员逐个点击图标出错的风险。程序顺控具备系统、完善的操作票专家规则库,可实现操作票"一键生成",以及操作流程的自动化。

(3) 操作票生成系统功能。操作票生成系统包括生成、预演、执行、归档等环节，其中生成和预演是程序化操作的基础。在操作票中，很多操作之间应按先后顺序进行，因此每一步操作都应有防误逻辑、操作内容、操作后确认逻辑。

智能操作票生成系统在执行顺控前应进行强制性模拟预演。为保证一键式顺控操作步骤执行的正确性，在该功能模块中设置强制预演功能，预先拟好的操作票必须经过模拟预演正确方可操作。模拟预演可采用单步和全部步骤预演两种模式，模拟预演正确后方可进行倒闸操作，如不正确，系统提示错误步骤及原因。只有预演通过的操作票才能实际执行。

二、智能变电站顺序控制方案

顺序控制变电站控制系统主要由后台服务器、远程数据通信、测控装置组成，根据顺序控制的功能实现主体的不同，顺序控制的实现方式主要有集中式、分布式和复合式三种形式。

1. 集中式顺序控制

集中式顺序控制是运行人员、综合自动化系统厂家和检修调试人员应根据变电站接线方式、设备配置、变电站特殊点及技术条件联合编制顺序控制操作规则。技术人员根据审核通过的操作规则写入顺控操作票。顺控操作票存储在后台服务器中。

执行顺序操作时，运维人员根据操作任务选定操作票，计算机监控程序解析操作票，按照操作顺序生成控制指令，通过远程数据通信依次向测控装置下发控制指令，智能组件自动完成现场倒闸操作。

集中式顺序控制在站控层后台服务器上实现对操作票的存储、执行和操作逻辑及状态的判断，适用性较高，在运行方式变化导致电气接线不同的复杂情况下，能满足顺序控制的需求。集中式顺序控制的缺点是监控系统与间隔层测控装置配合较复杂，变电站投运后，如接线方式改变、新增扩建间隔，往往需要改动操作规则，在进行逻辑试验时会涉及运行间隔，验证难度较大，停电影响大。

2. 分布式顺序控制

分布式顺序控制由间隔层测控装置实现。监控后台生成离散化操作票，按间隔安装到测控 IED 中。当系统接收到倒闸操作的命令之后，将检查当前状态，根据要实现的目标状态生成程序化操作步骤，并独立完成顺控操作的组织执行。优点是无须测控装置以外的设备即可完成操作，便于扩建，新增间隔的操作票调试只需对新增设备进行调试，具有较高的可靠性；缺点是后台服务器需要频繁访问间隔层设备，易造成网络信息访问量过大，且操作票存储机构不一致，不利于跨间隔操作。

3. 复合式顺序控制

复合式顺序控制指将集中式与分布式相结合的方式，复合式顺序控制框图如图 8-5 所示。单间隔操作的顺序控制操作票写入间隔层测控装置中，实现对操作票的存储、执行和操作逻辑及状态的判断；跨间隔（各个间隔之间）的操作票，对其操作在后台服务器完成。当系统接收到操作命令时，首先判断是否是跨间隔操作，如果是单间隔操作，采用分布式的方案实现顺控操作，将命令发至间隔层测控装置，由该间隔的测控装置来实现顺控操作；如果有跨间隔操作，采用集中式的方案实现顺控操作，将命令下达至后台服务器，由后台服务器发出操作命令至相应间隔。复合式顺序控制的变电站控制系统应用最为广泛。

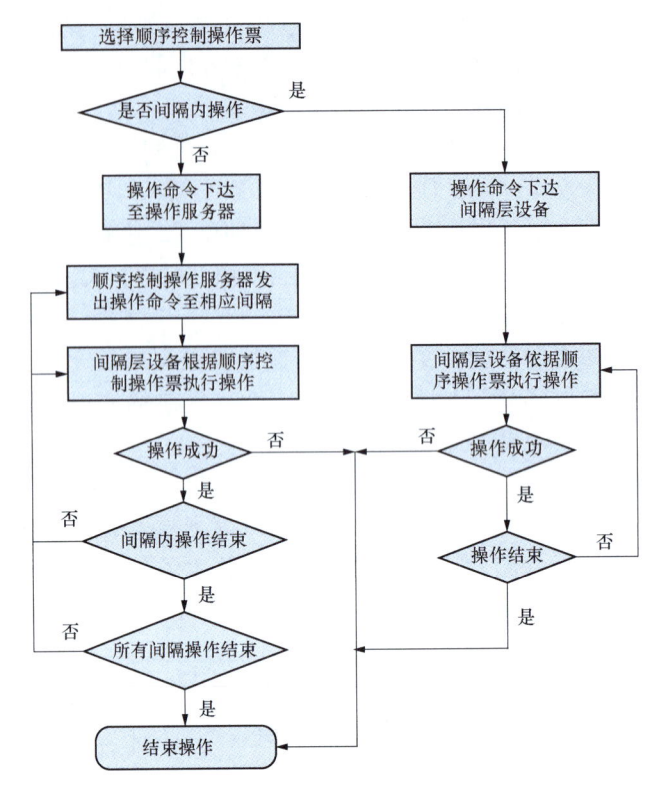

图 8-5 复合式顺序控制框图

三、顺序控制的应用管理

顺序控制通过预制操作项目、搭建操作任务模块、判别设备状态、防误联锁智能校核、操作步骤一键启动、操作过程自动顺序执行等一系列的动作，完成一键式倒闸操作。具体操作包括：①主站发起的顺序控制由数据通信网关机配合监控主机完成；②主站与站端监控主机的顺序控制信息交互由数据通信网关机中转；③主站负责操作票调阅、预演和执行的流程发起，流程进行过程中主站可以进行操作取消、暂停、继续、终止等人工干预；④监控主机根据收到的指令进行操作票匹配和指令有效性验证，经防误闭锁功能和站内独立配置的智能防误主机校核通过后进行预演和执行，并向主站返回操作票以及预演、执行的单步结果和总操作结果。

实现顺序控制的两个关键部分是顺序控制系统的建立和顺序控制逻辑票的编制，系统的建立关系着顺序控制功能能否实现，逻辑票的编制关系着顺序控制的正确实施。

1. 顺序控制系统的建立

顺序控制操作票库采用"源端维护、数据共享"的策略部署在变电站监控主机。自动化监控主机是顺序控制实施的主体，实施顺序控制前应对所管辖的变电站进行全面排查梳理，确认变电站的自动化监控系统的类型。

监控一体化主机集全站设备信息监控、异常告警、远方与本地遥控、防误闭锁与操作票维护功能于一体，本身具备顺序控制条件。

对于监控主机与防误装置独立设置的智能变电站，监控主机无法进行防误闭锁，则可通过在监控主机上设置"五防"逻辑控制压板实现位置信号传输及操作防误控制。

2. 顺序控制逻辑操作票的编制

（1）根据变电站设备配置、接线方式、特殊操作及"五防"闭锁要求，确定变电站设备操作逻辑、闭锁逻辑及需转换的状态。

（2）编制顺序控制逻辑操作票。编制前确定各操作任务初始状态的核对内容、操作到位结果判据、操作后位置核对等。

（3）将操作任务的每一步倒闸操作的步骤编制成有序的操作序列，形成操作逻辑。逻辑票的编制需要结合实际的操作顺序，考虑一次设备的状态变化操作顺序、二次设备压板操作变化规律，避免人工操作穿插其中。

（4）在系统中写入经审核正确的顺序控制逻辑操作票。

3. 顺序控制的预演与核对

生成操作任务时，根据选择的操作对象、当前设备态、目标设备态，在操作票库内自动匹配唯一的操作票。

模拟预演全过程应包括检查操作条件、预演前当前设备态核实、防误闭锁校验、单步模拟操作，全部环节成功后才可确认模拟预演完毕。

根据写入的顺序控制逻辑操作票，逐一间隔逐一状态进行预演与现场实操核对。对操作逻辑及闭锁逻辑的正确性进行验证，对操作顺序的合理性进行调整，对设备操作到位率进行统计；对于监控主机与防误装置独立设置的变电站，核对顺序控制操作顺序与防误装置操作顺序，将防误装置操作票传输至监控主机进行两者逻辑配合验证。

一键顺控操作票（主变间隔现场预演）

4. 顺序控制的执行

指令执行全过程应包括启动指令执行、检查操作条件、执行前当前设备态核实、顺序控制闭锁信号判断、全站事故总判断、单步执行前条件判断、单步防误闭锁校验、下发单步操作指令、单步确认条件判断，全部环节成功后才可确认指令执行完毕。

顺序控制操作执行前，现场运维人员应根据调度命令核对现场与监控主机设备初始状态保持一致，检查确保设备操作的各类电源正常投入，站内设备无异常信号；顺序控制操作执行中，现场运维人员应始终密切注意观察程序化操作系统的执行进程，以及各项告警信息；顺序控制操作执行后，现场运维人员应对照调度命令要求的最后状态，对现场设备的位置、信号逐一进行核对，确认设备操作到位。

顺序控制操作的执行程序应具备人工干预功能。在指令执行过程中应能够暂停执行操作，任务暂停后应能够继续执行操作，在任务执行过程中应能够终止执行操作；顺序控制操作的执行程序应设定异常处置判定条件，即遇何种异常操作停止。以先来先执行为基本原则，指令正在执行时，后续到达的指令应被闭锁，并回复不执行。顺序控制操作的执行程序应记录顺序控制指令源、执行开始时间、结束时间、每步操作时间、操作用户名、操作内容、异常告警、终止操作等信息，为分析故障及处理提供依据。

任务三　智能告警及事故信息分析决策

学习目标

学习智能变电站智能告警技术。通过对应实训环节，使学生对智能变电站运行检修规则和相关设备运维监控有更深入的理解和认知，进一步增强学生理论联系实际的能力。

知识目标：理解智能变电站智能告警系统的组成、结构及意义。

能力目标：掌握智能告警系统的应用。

素质目标：形成良好的电力安全意识与职业操守；培养团队协作能力及良好的沟通交流能力；培养学生吸收新设备、新原理、新技术能力的职业素质；培养学生分析问题的能力。

任务描述

智能告警功能通过建立变电站故障信息的逻辑和推理模型，实现对故障告警信息的分类和过滤。对变电站的运行状态进行实时分析和推理，自动报告变电站异常情况，为主站提供分层分类的故障告警信息。

该任务将通过对实训基地、实地参观学习或视频学习，熟悉智能变电站的智能告警系统，将告警窗口的信息应用于事故处理，然后分组实操，训练变电站事故处理流程和方法，进行汇报和总结。

任务准备

电力系统中的事故可分为电气设备事故和电力系统事故两类。如果发生电气设备事故，系统和客户将受到影响，为局部事故；电力系统事故将系统分解为多个部分，破坏整个系统的稳定性，是影响大量客户的系统性事故。电气设备事故可能发展为电力系统事故，从而影响整个系统的稳定性。事故发生时，监控系统界面弹出告警信息窗口，因此，在处理事故和异常运行时，应仔细检查、分析告警信息，做出正确的事故处理判断。提前预习以下引导问题。

引导问题 1：什么是智能变电站智能告警？

引导问题 2：智能告警信息如何进行分类？

引导问题 3：智能告警窗口包含哪些信息？

引导问题 4：如何利用告警信息进行事故处理？

任务实施

教师说明完成该任务需具备的知识、技能、态度，说明观看或参观设备的注意事项，说明观看设备的关注重点。帮助学生确定学习目标，明确学习重点。

学生分组分析学习项目、任务解析和任务单，明确学习任务、工作方法、工作内容和可使用的助学材料。

一、实训项目 1：智能变电站的智能告警功能实训

1. 实训目的

认识智能变电站告警信息系统。

2. 实训地点

智能变电站 VR 实训室、仿真智能变电站或智能变电站现场。

3. 实训器材

（1）一套实训智能变电站系统，或实地参观典型智能变电站，或智能变电站仿真软件。

（2）多媒体教学设备。

（3）智能变电站音像视频材料。

4. 实训内容

教师在仿真智能变电站系统设定故障，学生根据告警信息窗口，填写表 8-4。

表 8-4　　　　　　　　　　　告警信息窗口项目信息表

项目	内容	记录	备注
故障信息	故障设备		
	故障相别		
	故障测距		
	故障电流		
	故障时间		
动作信息	断路器名称及动作时间		
	保护名称及动作时间		
	自动装置名称及动作时间		
智能告警系统建议处理方案	故障原因		
	处理方案		

二、实训项目 2：智能变电站的异常事故处理流程实操训练

1. 实训目的

学习根据智能变电站告警信息进行异常事故处理的一般流程和方法。

2. 实训地点

智能变电站 VR 实训室、仿真智能变电站或智能变电站现场。

3. 实训器材

（1）一套实训智能变电站系统，或实地参观典型智能变电站，或智能变电站仿真软件。

（2）多媒体教学设备。

（3）智能变电站音像视频材料。

4. 异常事故处理的原则

异常事故处理应坚持"保人身、保电网、保供电、保设备"的原则。在处理事故时，首要保人身，其次保电网，再次保供电，最后保设备，只有符合上述原则，才能保证事故处理的正确性。

保人身是指确保人身安全是第一位的。当事故对人身安全构成威胁时，应先解除对人身的威胁；当发生人身伤害，应先施行抢救。保电网是指变电站操作人员必须具有电网系统的整体意识，如果不能保证电网正常工作，就不能保证向客户的正常供电。保供电是指应及时恢复对客户的供电，排除设备故障的步骤需要进行正确的分析和判断，以减小事故影响的停电范围。保设备是指保证设备安全，减少事故损失。

5. 异常及事故处理的操作步骤

（1）查看告警窗，检查并记录事件信息、保护和自动装置的动作信号，查看事件推理报告/事故跳闸报告。

当发生异常事件时，智能变电站综合监控系统的智能告警对每个间隔的光字牌信息都设置了事件推理功能。在告警窗口中右键单击告警信息，将出现"事件推理"菜单，单击则进入事件推理报告。

当发生故障时，智能告警窗口的"推理信息"栏将显示故障报告信息。如果单击右键点查看，则自动进入事故跳闸报告。

（2）快速对故障范围内的设备进行外部检查，并向调度报告事故特征和检查情况。

（3）根据事故特征对故障范围进行分析和判断，判断事故停电范围。

（4）采取措施限制事故的发展，消除对人身和设备安全的威胁。

（5）恢复无故障部分的电源。

（6）快速隔离或排除故障，并恢复电源供应。

（7）对损坏的设备采取安全措施，向相关上级报告，故障设备由专业人员进行维修。

6. 实训内容

教师在仿真智能变电站系统设定故障，学生根据告警信息窗口，编写异常及事故处理方案，并填写表 8-5。

表 8-5　　变电站事故处理记录表

序号	项目名称	操作规范要求	执行记录
1	简要检查	检查确认监控机告警信息	
		检查监控后台，确认跳闸情况	
		检查站内事故后负荷潮流、电压情况	
2	简要汇报调度	向调度简要汇报。简要汇报内容：时间、跳闸断路器、保护动作及潮流情况等	
3	详细检查	选取安全工器具	
		详细检查确认相关一次设备、二次设备状况	
		复归相关信号，打印保护、故障录波报告	
		检查一次设备、二次设备异常或缺陷	
4	详细汇报调度	向调度详细汇报，并申请调度指令（默认调度同意申请内容）	
5	隔离故障设备	选取安全工器具	
		隔离故障设备（转至冷备用，二次保护同步调整）	
		如需要解锁隔离故障点时，在"特殊操作"内体现申请流程	
6	恢复送电	调整至合理运行方式	
7	故障设备转检修	汇报调度："故障设备已隔离，正常设备已恢复运行，并申请故障设备转检修。"	
		根据运行规程将故障设备转检修状态（不开展围栏、标志牌设置）	
8	结束	回收安全工器具	
		汇报调度处理完成	

相关知识

一、智能告警决策系统的建立

1. 常规变电站告警方式存在的问题

随着电网规模的扩大，电网结构变得越来越复杂，运行方式的变化也越来越频繁，导致变电站本身产生大量的信号，各种信息最终通过数字通信网络汇总到监控系统中，向调度员提供的告警信息越来越多。正常情况下，SCADA 在 1min 内上传的告警信息至少为数十个或数百个；如果电网中发生故障，将上传更多事件，1s 内可能出现数百条告警消息。如果该故障属于复杂故障或自动装置不能正常动作，则 1s 内会有数百个甚至数千个告警信息汇集到调度控制中心。

大量的相关告警信息以"大规模"和快速变化的形式发送到电网调度中心站系统，增加了通信、运行和维护的工作量。更重要的是，过多的未分析和处理的信号被传递给调度操作人员，使真正重要的告警信息被大量的噪声和无用信息淹没，调度操作人员被海量信息混淆，重要的告警信号容易被漏报，从而导致告警系统不能真正发挥出告警的作用，并延误事故的处理，还会影响事故处理的正确性。

2. 智能告警决策系统

为保证调度自动化系统的正常运行，帮助调度人员清晰检测电网中所有重要和风险问题，及时发现系统故障和潜在的危险情况，可以对一些不重要的告警信息进行简单观察或直接过滤，智能处理大量复杂冗余告警，从而突出故障信息，减少干扰信息，对潜在危险信息进行预警并显示系统故障点，进而减少调度员的工作量，提高调度员的工作效率。

因此，变电站需要建立智能告警决策系统，实现故障告警信息分类和信号过滤，消除无效告警，例如告警抖动、瞬时告警、过时告警、冗余告警等；对异常及故障的告警信息进行分类、过滤和提取，提供事故原因信息和故障位置信息，自动报告变电站异常情况，提出故障处理指导，提供最少事件信息列表，解决事故时调度中心告警问题。智能告警决策系统显著提高了调度响应和处理速度，可协助调度运行人员进行准确的故障判断和处理。

二、智能告警系统功能

Q/GDW 10678—2018《智能变电站一体化监控系统技术规范》对信息综合分析与智能告警的规定如下：对采集的反映电网运行状态的量测值和状态量进行检测分析，确定其合理性及准确性；应实现对站内实时/非实时运行数据、辅助应用信息、各种告警及事故信号等综合分析处理；系统和设备应根据对电网的影响程度提供分层、分类的告警信息；应按照故障类型提供故障诊断及故障分析报告。信息综合分析与智能告警功能应能为运行人员提供参考和帮助。智能告警系统的实现功能应包括：

（1）通过对全站设备对象信息的统一建模，结合变电站故障信息的关联性逻辑和推理模型，建立统一的预警与告警逻辑，为所有报警信息查找其内部规则，区分真假，确认有用信息并标记其重要性，实现对故障告警信息的分类和过滤。

（2）结合遥测越限、异常数据、通信故障等信息，对实时运行信息、一次设备信息、二次设备信息和辅助设备信息进行综合分析，实时在线筛选推理全站预警与告警信息，通过单事件推理和相关多事件推理生成告警简报。

（3）建立信息传递的优先级别，通过告警信息之间的逻辑连接，采用推理技术确定最终告警，按照调度中心的要求以简报的形式及时上报分层分类的预警与告警信息。高优先级的信息应立即报告，对于具有自恢复功能的设备所产生的告警信息，可延时一段时间，看看能否恢复。

（4）通过图像、声音、颜色等方式给出告警信息，便于操作人员快速调取信息，提供预警与告警的处理指导建议，便于调度人员快速做出决策。

(5)具有检索功能，应支持多种历史查询方式，既可以按厂站、间隔、设备来查询，也可按时间查询，还应支持自定义查询。将告警信息与历史信息相结合，可以推断出故障对系统的影响。智能告警简报的示例如图 8-6 所示，图中示例为 Q/GDW 10678—2018《智能变电站一体化监控系统技术规范》给出的智能告警。

```
示例
<!System = 兰溪变电站 Version=V1.0 Cod=UTF-8 Type=全模型 Time = '20111104_15:02:26_120'>
<E>
<类名 Entity ='兰溪'>
@#    Num    属性名    数值
#     1      时间      '2011-11-04 15:02:26:120'
#     2      设备名    浙江.兰溪/220kV.东牌 2337 线.ARP301
#     3      事件      跳闸
#     4      原因      接地故障
</类名:兰溪>

</E>
注 1：时间的格式按照"year-month-day 空格 hour:min:sec:ms"。
注 2：设备名的格式按照附录 C 的要求。
注 3：原因的内容可为结构体或指针，其内容为告警产生的具体原因，可为文字、数据等多种形式。
```

图 8-6　智能告警简报的示例

三、智能告警信息系统告警信息分类规范

当发生事故时，智能告警辅助决策系统应将变电站各类相关告警信息进行分类过滤，并将变电站需要向调度报告的告警信息在不同等级的告警窗口按分类进行分页面显示，有利于重要告警重点显示，减少运行人员需要读取的告警信息的数量，从而尽快判断出设备的真实工作状况。变电站的各种告警信息按照动作时序上传。

1. 按照对电网影响的告警信息分类

一般而言，按照告警信息对电网影响的程度及运行人员对信息的关注度，变电站告警信息可分为事故信息、异常信息、变位信息、越限信息和告知信息五类。

(1) 事故信息。事故信息是由于电网故障、设备故障等引起断路器跳闸的信号（包含非人工操作的跳闸）、保护装置动作出口跳合闸的信号，以及影响全站安全运行的其他信号，是需实时监控、立即处理的重要信息。这一类信息有电气设备事故信息（如断路器操动机构三相不一致动作跳闸）和辅助系统事故信息（如火灾告警动作）。

(2) 异常信息。异常信息是反映设备运行异常情况的告警信号、影响设备遥控操作的信号，其直接威胁电网安全与设备运行，是需要实时监控、及时处理的重要信息。这一类信息有威胁电网安全与设备运行的信息（如主变压器本体冷却器全停）和影响遥控操作的信息（如 GIS 操动机构异常信号）。

(3) 变位信息。变位信息是指开关类设备状态（分闸、合闸）改变的信息。该类信息直接反映电网运行方式的改变，是需要实时监控的重要信息。

(4) 越限信息。越限信息是反映重要遥测量超出告警上下限区间的信息。重要遥测量主要有设备有功功率、无功功率、电流、电压、主变压器油温、断面潮流等，是需实时监控、及时处理的重要信息。

(5) 告知信息。告知信息是反映电网设备运行情况、状态监测的一般信息。主要包括隔

离开关、接地开关位置信号,主变压器运行挡位,以及设备正常操作时的伴生信号(如保护压板投/退)。该类信息需定期查询。

2. 按照重要程度的告警信息分类

各生产厂商对告警信息的分类不尽相同,因此展示的分页窗口也不相同。例如,按照告警信息的重要程度及运行人员的响应方式,也可以将变电站告警信息分为事故类告警信息、预告类告警信息、状态类信息、被动信息、其他信息。

(1)事故类告警信息。这类信息主要反映电网中发生一次设备故障,从而引起的一次设备、二次设备的运行状态发生的改变。如断路器变位。针对这类信息,变电站运行人员、各电网调度运行人员必须第一时间进行监测和故障处理的信息。当出现此类告警信息时,要求运行人员在尽可能短的时间内判断出事故性质和事故发生的原因,及时上报调度,并依据调度指导进行故障的隔离和恢复运行。

(2)预告类告警信息。这类信息主要反映智能变电站电气设备在线监测的运行参数及相关回路异常状态监视信息的变化。当监视到变电站一次、二次电气设备的运行参数超出正常运行允许范围,设备进入异常运行状态,如任其发展下去,会引起隐藏故障的发生,因此需要及时发现并处理,以避免事故的发生乃至扩大。这类信息如保护装置异常告警。当这一类信息出现时,表征电网运行中的设备出现异常,需要通知检修人员进行消缺处理,同时运行人员需要根据设备的状态采取事故预案。

(3)状态类信息。这类信息主要反映电气设备运行状态。通过电气设备上传的模拟量信号、开关量信号了解设备的当前运行状态,得出设备可用、操作允许等判断。这一类信息如接地开关的分、合位置状态。

(4)被动信息。这类信息不会主动上传,在设备动作或异常时专业人员需要详细分析事故时才会被调用。被动信息可以反映系统一段时间的运行状态,如微机保护的软报文信息等。

(5)其他信息。这一类信息仅为提示信息,事件发生时有信息上传,但不需要运行人员过多关注,如开关储能电机动作及复归、保护启动及动作信号返回、故障录波器启动信号。

在告警信息分类原则确定后,可以在智能变电站 SCD 文件中将变电站监控系统上传的所有相关信息予以定义和赋值,制作成信息库。当变电站发生事故时,各类告警信息按照分类展示到各种分页窗口,此时重要的告警信息被筛选出来,运行人员可以重点关注事故类信息和预告类信息,并据此做出故障点判断和事故处理。

四、专家系统

专家系统是在某一特定领域内,运用领域专家的丰富知识进行综合推理求解的计算机软件系统。专家处理系统对电气设备的运行状态、异常状态和事故状态进行实时分析和推理,自动报告变电站的异常情况,为主站提供分级分类的故障告警信息,提出适当的处理建议,指导操作人员进行事故处理的后续操作。

在监控系统中建立基于专家系统的变电站告警信息辅助决策系统,可以对变电站运行信息进行智能化处理,提取故障告警信息,按要求对预警与告警给出处理指导意见。

专家系统具有故障分析功能,包括:①在电网事故、保护动作、设备或装置故障、异常告警等情况下,宜具有通过对站内事件属性与时序、电测量信息等的综合分析,实现故障类型识别和故障原因分析;②宜实现单事件推理、关联多事件推理、故障推理等智能分析决策功能;③宜具备可视化的故障反演功能。

变电站告警信息辅助决策系统的专家系统按照系统功能分为数据库、知识库、推理机、解释机等的功能模块，每个模块都有足够的独立性，报警信息被用作并行或串行处理的触发信号。变电站告警信息专家系统结构示意图如图 8-7 所示。

1. 数据库

收集并存储电气设备数据配置及实时运行状态信息，包括开发告警信息的综合分类、语法和语义定义，对信息进行分级分类，确定设备实际工作状态，建立告警信息关联。数据库为变电站事故分析与处理提供数据基础。

2. 知识库

由知识库工程师和变电站领域专家合作，分析变电站设备的典型异常处理，将典型的故障处理方式进行分类归纳和总结，建立规则表达式。规则表达式的内容主要包括故障名称、故障类型、故障原因、处理方式等。知识库为变电站事故分析与处理提供规则依据。智能告警系统的性能是否优越主要取决于知识库中所包含的知识的完善程度。

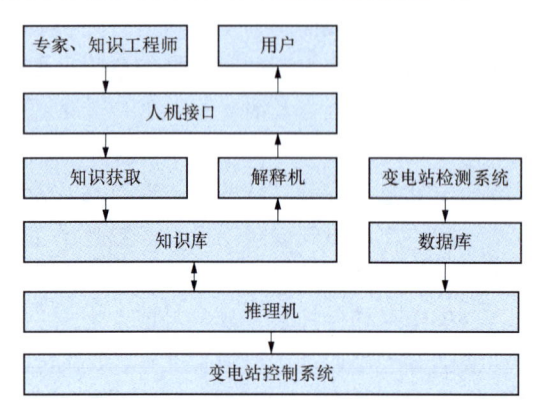

图 8-7　变电站告警信息专家系统结构示意图

3. 推理机

结合数据库中的数据信息与知识库中的规则表达式，对异常故障信息按照固定程序的推理模型进行推理，获得最终推理结果。推理机制的主要任务是根据一定的控制策略重复匹配知识库中的规则，得到新的结论，得到解决问题的结果。

4. 解释机

根据推理机推断出的异常或事故结论的可信度，用图表给出设备发生异常/事故的原因和处理建议。

对于变电站智能告警，应提前制定《智能变电站综合故障分析规范》，并根据已发布的规范建立专家系统知识库。专家系统知识库原则上应包括 90% 以上的变电站故障类别，所有重要的光字牌信息都应设置智能告警推理和分析功能。

在综合故障分析报告中，应直接从保护信息子站读取保护动作信息，并直接从录波子站读取故障分类、故障范围和故障电流，以确保数据的正确性。事件推理和智能故障推理只能作为参考或建议，不能作为事故跳闸报告发送。操作维护人员应仔细检查异常原因或进行事故处理过程。

五、智能告警信息系统信息展示

1. 告警信息内容展示

智能告警信息系统最后将对经过筛选和分析的故障信息在智能告警窗口进行综合展示，展示内容主要包括事故编号、时间日期、告警装置、告警报文、所属调度、告警影响、建议措施等。从智能告警窗的"推理信息"栏可以跳转到事故跳闸报告，其中事故跳闸报告内容包括：

（1）故障信息，如发生时间、故障设备、故障相别、故障测距、故障电流。

（2）动作信息，如断路器动作信息、保护动作信息、安全自动装置动作信息等。

(3) 处理方案，根据实际故障给出故障的详细处理建议。

2. 告警信息关联性展示

变电站内的信息具有逻辑关联性，如一个间隔内的继电保护动作与断路器跳闸具有关联性。将同一间隔内具有逻辑关联性的设备信号放在同一界面中一起显示，可以查看一个故障的所有故障信息，为继电保护专业人员提供故障时刻信息完整的综合展示；通过综合稳态数据、暂态数据和动态数据，还可以对故障过程进行全景事故反演。

智能变电站采用 IEC 61850，利用 SCD 文件和 SSD 文件，可以将一次设备及二次设备之间的关联关系绘制成网络拓扑图。

对告警信号进行关联性分析，可以将各个设备与其对应的相关告警信息关联在一起，可以了解设备之间的逻辑关系，建立基于网络拓扑的信息关联，向变电站技术人员直观地反映智能变电站中详细的链路告警信息。例如电气设备出现故障或异常时，在拓扑图上只显示设备异常告警及与该设备相关联的链路告警。

根据设备间的关联结果绘制网络拓扑图，可以及时借助关联关系建立故障分析模型，统一断面全景数据采集，进行智能分析和推断，估算出可能的故障位置、故障范围、事故原因，再依靠故障分析专家系统给出故障恢复策略，高效地找到处理问题的解决办法，指导运行人员进行故障恢复。

智能告警信息系统是智能变电站的典型特征之一，属于智能变电站的高级应用。通过告警信息的分类和专家推理，智能告警系统的应用，可以使运行监控人员快速掌握事故的重点，及时有效地采取处理方案，提高运维人员的工作效率，提高异常事故处理的准确性和速度，保证电网安全运行。

视野拓展

中国首个 1000 千伏特高压站实现一键顺控

2023 年 5 月 9 日，中国首个投入商业化运行的特高压交流变电站——1000kV 荆门特高压站完成一键顺控投切 1000kV 变压器调试操作，倒闸操作跨入"分秒"时代。荆门特高压站是华中区域特高压交流环网枢纽，标志着"十四五"时期华中地区特高压工程建设驶入快车道。

电力系统黑科技——二次设备在线监视与智能诊断技术

二次设备在线监视与智能诊断技术是指通过在线采集保护设备的实时运行信息，监视保护设备的故障、告警、动作等保护设备运行状态，对保护设备的实时运行进行全面监视，并依据获取的在线信息对保护设备进行故障分析、缺陷快速识别及诊断、安全措施自动告警、动作分析等技术。

二次设备在线监视与智能诊断系统能够对二次设备（保护装置、安全自动保护装置、故障录波器等）状态进行监视与智能诊断，采集二次设备配置参数、运行信息、动作信息、录波文件和故障测距等信息，自动分析生成完整的电网故障分析结果，作为暂态信息源提供综合智能告警应用，为调度人员进行故障快速处理提供决策依据，并为继电保护专业人员进行事后故障分析提供详尽的过程数据和分析结果。同时作为二次设备的运行监视管理系统，为保护专业人员提供二次设备在线状态监视、定值查询和校核、统计分析等功能，并通过 Web 服务器将数据转发至Ⅲ区，供工作人员浏览查询等。实现继电保护设备的远方监视、控制，通过对二次设备运行的信息智能化筛选，提供快速准确的分层式故障报告信息，完成智能在线巡检、设备的缺陷预警、异常定位、安措预警、故障录波智能分析、动作行为智能分析等智能诊断功能，为大运行模式下电网事故分析、处理创造有利条件。

学习项目总结

在智能变电站中，在线监测系统通过传感器、计算机、通信网络等技术，获取设备参数进行分析处理，以此判断设备是否可靠，可以及早发现故障隐患并进行处理，使得供电系统更加可靠。智能变电站在线监测系统的应用在很大程度上减少了设备维修的费用，为设备的常规检修提供了可靠的参照数据。通过在线监测系统，可以对变电站全站实现"智能监测、智能判断、智能管理、智能验证"。

与传统的操作人员在站控层分步操作相比，变电站顺序控制机制可以将传统操作票转化为任务票，帮助操作人员执行复杂的操作任务，无须额外的人工干预或操作，降低操作难度，操作过程更加优化，操作步骤更加简单，使变电站倒闸操作更加安全快捷，缩短手动操作造成的停电时间，有效避免误操作，提高电网的可靠性和操作效率。

区别于常规变电站的告警窗口，智能告警信息系统能够提供多个事故、告警、越限、检修、未复归等告警信息页面窗口，将不同级别的告警信号输入不同的告警页面，便于监控人员掌握重要告警。通过告警的确认与否，也可以确定监控人员是否处理了告警。根据信号分类的优先级别可以进行语音播报。告警事件发生后，专家系统可根据告警信息进行推理，给出异常事故的原因和处理措施，提高监控人员的专业水平。依托专家系统知识库，解释事故原因，提供处理解决方案，建立变电站信息处理专家系统知识库，使监控人员能第一时间准确判断和处理事故异常，维护人员也能根据现场实际情况随时改进知识库的内容。

复习思考

一、填空题

1. 智能变电站设备事故分析和处理技术从人工决策转变为_____。
2. 现场巡视主要内容包括检查_____正常，电源指示正常，各种信号、表计显示无异常。
3. 变电站电气一次设备的在线监测系统主要由_____、综合监测单元和站端监测单元组成。

二、单项选择题

1. 顺序控制也被称为（ ）。
   A. 一键控制　　　B. 一体控制　　　C. 一维控制　　　D. 一键调节
2. 顺控操作票是在（ ）生成的。
   A. 站控层　　　　B. 间隔层　　　　C. 过程层　　　　D. 网络层
3. 为实现顺控操作，一次设备位置信号的采集应能正确采集现场断路器和隔离开关的实际位置，可采用（　　）遥信且具备完善的防误闭锁功能。

A. 辅助触点　　　　B. 双辅助触点　　　C. 主回路触点　　　D. 相关其他触点

三、多项选择题

1. 顺序控制的实现条件包括（　　）。

A. 一次设备应能够进行远控操作　　　B. 二次设备满足 IEC 61850 的要求

C. 能够进行手动切换　　　　　　　　D. 能够可视化

2. 顺控操作应注意（　　）。

A. 顺控操作票生成后须经相关人员审核，审核通过后方可执行

B. 执行顺控操作票之前，须进行模拟预演

C. 在顺控执行过程中，运维人员应密切注意相应设备的执行进度和位置变化，确保操作安全

D. 操作完成后无须汇报

3. "五防"系统中最常用的防误层是（　　）。

A. 站控层防误闭锁　　　　　　　　　B. 间隔层防误闭锁

C. 网络层防误闭锁　　　　　　　　　D. 现场接线式防误联锁

四、判断题

1. 根据设备智能化技术水平、设备状态可视化程度，可进行远程巡视，并适当缩短现场巡视周期。（　　）

2. 状态可视化完善的智能设备，宜采用以现场巡视为主，以远程巡视为辅的巡视方式。（　　）

3. 对暂不满足远程巡视条件的变电站智能设备应参照常规变电站、无人值守变电站原管理规范等相关规定进行现场巡视。（　　）

五、简答题

1. 智能变电站高级应用功能有哪些？
2. 什么是设备状态可视化？
3. 采用顺控操作进行倒闸操作时应注意什么问题？
4. 顺序控制指令执行全过程应包括哪些步骤？
5. 什么是电气设备的状态检修？

标准化测试试题

参考文献

[1] 高翔. 智能变电站技术 [M]. 北京：中国电力出版社，2012.

[2] 焦日升，等. 智能变电站运维与监控 [M]. 北京：中国电力出版社，2017.

[3] 国网浙江省电力公司. 智能变电站技术与运行维护 [M]. 北京：中国电力出版社，2015.

[4] 国网江苏省电力有限公司电力科学研究院. 智能变电站原理与测试技术 [M]. 北京：中国电力出版社，2019.

[5] 国网浙江省电力有限公司. 智能变电站监控系统典型作业培训教材 [M]. 北京：中国电力出版社，2020.

[6] 国网浙江省电力有限公司. 变电站运维技能培训教材 [M]. 北京：中国电力出版社，2016.

[7] 辛建波，康琛，陈田，等. 基于动态数据的输变电设备全寿命周期成本分析 [J]. 电力系统保护与控制．2019，47（7）：7.

[8] 王帅，姜敏，李江林. 全维度智能变电站设备状态监测关键技术研究 [J]. 电测与仪表，2020，57（7）：5.

[9] 刘兴勇，傅振宇，吕昕昕，等. 基于 PCS9700 监控系统的智能变电站顺序控制研究 [J]. 东北电力技术，2018，39（8）：4.

[10] 俞胜. 基于智能变电站全景信息平台"一键式"顺序控制 [J]. 农村电气化，2018（11）：5.

[11] 陈磊. 顺序控制技术在 220kV 公园智能变电站的应用 [J]. 科技与创新．2017（19）：3.

[12] 言艳辉，刘坚. 变电站顺序控制的应用探究 [J]. 电工技术，2018（8）：3.

[13] 岳利强. 智能告警技术在智能变电站中的应用研究 [J]. 通信电源技术，2021，038（007）：58-60.

[14] 张永刚，庄卫金，孙名扬，等. 大运行模式下面向监控的分布式智能告警架构设计 [J]. 电力系统保护与控制．2016，44（22）：6.

[15] 茹东武，李永照，陈喜凤，等. 一种智能变电站智能告警专家系统推理机制的研究 [J]. 电器与能效管理技术．2017（5）：6.

学习项目 九

智能变电站的监控辅助系统

学习项目描述

该学习项目选取智能变电站的监控辅助系统运行及维护任务，通过任务实施，引导学生初步认知智能变电站的监控辅助系统的构成、特点、作用、功能。训练学生独立学习、获取新知识、新技能、处理信息的能力；培养学生团队协作和善于沟通的能力。学生制订工作计划及实施方案，列出工具、仪器仪表、装置的需要清单。教师审核工作计划及实施方案，引导学生确定最终实施方案，实施环节是学生执行智能变电站的监控辅助系统的操作，检查与评估环节是学生汇报计划与实施过程，回答同学与教师的问题。教师与学生共同对学生的工作结果进行评价；自评环节是学生对本项目的整体实施过程进行评价；互评环节是以小组为单位，分别对其他组的工作结果进行评价和建议；教师评价环节是教师对互评结果进行评价，指出每个小组成员的优点，并提出改进建议。并通过实例描述智能变电站的监控辅助系统的系统结构和突出特点。使学生对智能变电站的监控辅助系统具有初步认识。

教学环境

建议实施小班上课，在智能变电站实训室（或校外实训基地）进行教学，便于"教、学、做"一体化教学模式的具体实施。配备需求：白板、一定数量的电脑、一套多媒体投影设备。多媒体教室应能保证教师播放教学课件、教学录像及图片。

学习目标

知识目标：理解智能变电站的监控辅助系统的含义，熟悉智能变电站的监控辅助系统内容及应用，理解智能变电站的监控辅助系统操作和维护方法。

能力目标：具备智能变电站的监控辅助系统结构认知能力；具备智能变电站的监控辅助系统操作和维护能力；通过智能巡检机器人巡视路径规划和巡视测温实训，了解智能变电站的监控辅助系统的重要性和运维注意事项。

素质目标：培养学生的观察力、想象力和逻辑思维，锻炼学生团队协作和探索精神，能够熟练掌握智能变电站辅助系统安全操作规程和应急处理流程，养成高度的安全防范意识。

任务描述

通过对智能变电站的监控辅助系统传感器性能测试、视频联动测试和功能测试等，观察智能变电站的监控辅助系统，对照其技术应用特征，分组讨论、汇报和总结。熟悉智能变电站的监控辅助系统的构成、作用、功能及使用方法。通过智能站辅助系统相关功能进行操作，学会总结归纳变电站辅助系统组网形式及其优缺点。通过概念学习和结构分析，了解不同智能变电站的监控辅助系统特点及应用情况。

任务准备

教师说明完成该任务需具备的知识、技能、态度，教师通过操作智能变电站的监控辅助系统，让学生对智能变电站的监控辅助系统有粗略认识。帮助学生确定学习目标，明确学习重点，将学生分组；学生通过分析学习项目、解析任务单，明确学习任务、工作方法、工作内容和可使用的助学材料。利用网络教学资源预先学习，结合所学知识完成教学内容的认知与掌握，形成一套适合自己的解决问题的方法。这种专业理论教学和技能操作训练的有机结合，使学生理性与感性取得同步认识。借助网络资源，预先学习下列引导问题。

引导问题1：什么是智能变电站的监控辅助系统？
引导问题2：智能变电站的监控辅助系统结构体系是什么？
引导问题3：智能巡检机器人由哪些部件组成？

任务实施

1. 实施地点

智能变电站实训室、多媒体教室。

2. 实施所需器材

（1）多媒体设备。

（2）一套智能变电站的监控辅助系统实物。可以利用智能变电站系统实训室装置，或去典型智能变电站参观。

（3）智能变电站辅助系统音像材料。

3. 实施内容与步骤

（1）学生分组。3~4人一组，指定小组长。

（2）认知与资讯。指导教师下发项目任务书，描述项目学习目标，布置工作任务，讲解智能变电站的监控辅助系统的构成、功能及特点；学生了解工作内容，明确工作目标，查阅相关资料。

指导教师通过图片、实物、视频资料、多媒体演示等手段，展示智能变电站的监控辅助系统系统结构形式，让学生理解几种智能变电站的监控辅助系统功能。让学生初步了解智能变电站的监控辅助系统。

（3）计划与决策。学生进行人员分配，制订工作计划及实施方案，列出工具、仪器仪表、装置的需要清单。教师审核工作计划及实施方案，引导学生确定最终实施方案。

（4）实训与操作1：监控辅助系统的传感器性能测试、视频联动测试和功能测试。

1）监控辅助系统简介。智能变电站的监控辅助系统包含智能辅助控制系统和设备在线监测系统，智能辅助控制系统是在视频系统的基础上发展起来的，包括辅助系统后台主机、图像监视及安防子系统、环境监测子系统、火灾报警子系统等，为变电站的运行、监控、检修和信息化提供了重要的辅助支撑。

2）实训目的。让学生认识并掌握智能变电站的监控辅助系统相关知识和基本操作。

3）实训方法。教师讲解任务项目及相关知识点，实训室内直接查找实物，并按教师要求测试记录，学生小组讨论，最后将了解到的信息以小组为代表向大家展示汇报，撰写实训报告。

4）实训内容。根据实训条件从智能变电站仿真系统的展示实验、智能巡检机器人巡检设置、变压器状态监测实验等方面展开，采取分组循环或统一演示实验等实施方法。实训过程中，通过辅助系统可以实时观察设备和现场运行的视频信息、变电站一次设备运行环境信息等。此外，通过对巡检机器人工作原理和构成的现场讲解，使学生对智能变电站的监控辅助系统的加深了解。

学生可以实行不同小组分别观察系统的不同环节，循环进行，仔细观察、认真记录。观察智能变电站的监控辅助系统设备及系统构成，观察结果记录在表9-1、表9-2中。

表 9-1　　　　　　　　　　观察智能变电站辅助系统记录表

序号	智能变电站的监控辅助系统要观察的环节	包括的主要功能	设备间的连接描述	主要设备作用描述	主要设备特点描述	备注
1						
2						
3						
…						
疑问记录						
询问后对疑问理解记录						

表 9-2　　　　　　　　　　智能变电站的监控辅助系统记录表

序号	传感器测试	视频联动测试	功能测试	疑问记录	询问后对疑问理解记录
1					
2					
3					
4					
5					
6					
…					

（5）实训与操作2：智能巡检机器人巡视及操作。

1）实训方法。以智能巡检机器人巡视路线设计和测温操作作为实训项目，仔细观察、认真记录，观察智能变电站的监控辅助系统操作方法。

2）实训内容。为保证在设定时间内实现变电站检修机器人的巡视工作，变电站巡视机器人的工作系统会使用摄像头对户外设备进行逐一检测，且由于巡检地点位置不同，机器人巡视时需要对变电站表计及油位计进行定时拍摄，以此实现巡视工作的全面覆盖。由于巡视机器人安装有红外摄像头及测温装置，在巡视机器人系统下达巡视任务时，机器人会自动对设备和接头的温度进行检测，并将红外测温影像传递给后台监控界面，对该影像进行存储，确保红外影像及设备运行情况可以及时得到传输。

对于设备运行状况存在问题的部位，机器人也可以做到人工遥控与自主检测的切换，且两者切换速度较快，在人工遥控检测结束后，不会影响机器人的正常自主巡视工作进度。若机器人巡视时发现变电站设备运行出现故障，会针对故障问题进行应急处理，且将故障部位及该部位温度、油位计和表计的数据传递给后台监控单位，进行自动报警处理。机器人在进行巡视时，会定期对自身设备进行检测，发现故障后会将故障问题发送至后台，并对机器人的本体信息、检测信息进行备份记录，定期生成数据分析表传给后台。

(6) 检查与评估。学生汇报计划与实施过程，回答同学与教师的问题。重点检查智能变电站的监控辅助系统基本知识的掌握情况。教师与学生共同对学生的工作结果进行评价。

1) 自评：学生对本项目的整体实施过程进行评价。
2) 互评：以小组为单位，分别对其他组的工作结果进行评价和建议。
3) 教师评价：教师对互评结果进行评价，指出每个小组成员的优点，并提出改进建议。

相关知识

变电站以往的辅助系统较多，且分散管理，智能变电站方案需考虑利用物联网技术，通过对外界的感知，构建传感网测控网络。在传感网测控平台基础上建立集成化的辅助系统，实现图像监视、安全警卫、火灾报警、主变压器消防、智能巡检及采暖通风等功能的集成，提升变电站辅助系统运行管理智能化，为智能变电站无人值班提供强大技术支持，达到"智能监测、智能判断、智能管理、智能验证"。智能变电站的监控辅助系统是以高可靠的智能设备为基础，综合采用动力环境、图像监测、消防、照明、监测、预警和控制等技术手段，为变电站的可靠稳定运行提供技术保障的监控系统。辅助系统集成化示意图如图9-1所示。

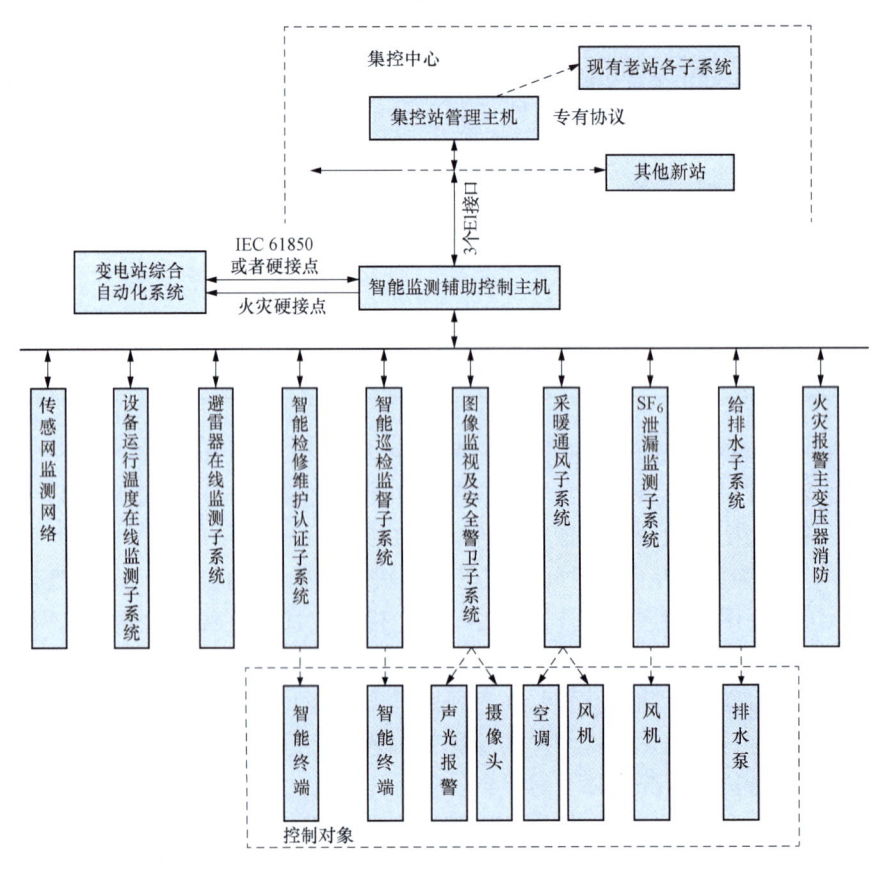

图 9-1 辅助系统集成化示意图

在辅助系统集成化的基础上，按照 IEC 61850 要求实现信息的应用，解决了变电站安全运营的"在控""可控"等问题，满足了智能变电站无人值班的要求。随着计算机技术和网络通信技术的快速发展，在变电站的安全防范方面，广泛采用了自动化技术、计算机技术、网络通信技术、视频设备技术及控制等多种技术，对变电站动力环境、图像、火灾报警、消防、照明、采暖通风、安防报警、门禁识别控制等实现在线监测和可靠控制。并远传到监控中心或调度中心。智能辅助控制系统以"智能控制"为核心，为满足电力系统安全生产，智能辅助控制系统主要对全站主要电气设备、关键设备安装地点及周围环境进行全天候的状态监视。

一、智能变电站的监控辅助系统构成

智能变电站的监控辅助控制系统至少包括视频监控子系统、防盗报警子系统、火灾报警及主变压器消防子系统、门禁控制子系统等。

随着变电站智能化的发展，智能辅助系统也在不断发展，增加了变电站智能巡检监督子系统、设备运行温度在线监测子系统、避雷器在线监测子系统、智能检修维护认证子系统、采暖通风子系统、给排水子系统及 SF_6 泄漏监测子系统等，工作实际中根据变电站规模和要求进行配置。有时也将采暖通风子系统、给排水子系统和 SF_6 泄漏监测子系统综合称为环境监测子系统。

通过变电站智能辅助系统应能对变电站各类辅助系统运行信息的集中采集、异常发生时的智能分析和告警信息进行集中发布。通过变电站各种辅助系统间的信息共享及与变电站综合自动化系统、变电站状态监测系统等的信息交互，还可以实现系统间的联动控制。

二、智能辅助控制系统的功能

1. 视频监控子系统

视频监控子系统是智能辅助控制系统的核心组成部分，它能够完整看到变电站内主要设备的运行情况。各种辅助子系统的报警输出只有通过视频监控子系统的协助才能够以最直观的方式为值班人员提供报警信息和事故现画面，协助值班人员及时处理，以保证变电站的安全。视频监控子系统能自动推出操作所涉及的设备实时现场画面，协助值班人员对每一步操作过程进行确认，保证操作的安全性。

当变电站发生事故时，视频监控子系统能根据保护动作信号对相关设备运行现场画面进行自动锁定和录像，为运行值班人员提供处理事故和分析事故的依据。在视频监控子系统中，最核心的是网络硬盘录像机。以大规模集中监控系统软件为核心，执行强大的图像监控功能，和站内监控系统进行联动，对设备操作、事故处理进行联动，可以实现远程视频巡检和远程视频指导功能。

2. 防盗报警子系统

高压脉冲电子围栏安装在变电站围墙上，通过安全能量而构成高压电隔离屏障装置，实现对变电站围墙、大门的全方位布防监视，不留死角和盲区。遇到入侵者发出报警信号。安装高压脉冲电子围栏须经公安机关批准，并确保安装、使用符合安全规定。

防盗报警子系统配置灵活，可实时反映探测器的布防、设防、报警及各种状态，对报警信息进行及时提示，在设定的布防时间内，实时入侵监控。防盗报警子系统还可以同时联动该区域的照明系统、闭路电视监控及门禁等系统。

3. 火灾报警及主变压器消防子系统

火灾报警及主变压器消防子系统分为火灾自动报警系统和主变压器消防系统两部分。

火灾自动报警系统用于尽早探测初期火灾并发出报警，主要应用在主控室、工具室等场所。

主变压器消防系统主要应用在变压器上，实时监控消防状态并根据报警情况进行自动或者手动地启动灭火等操作。

4. 门禁控制子系统

采用感应读卡和自动控制技术，利用非接触式智能卡传统的人工查验证件放行、用钥匙开门的落户方式，系统自动识别智能卡上的身份信息和门禁权限信息，授权范围内的人员将持感应卡，根据所获得的授权，在有效期限内可开启指定的门锁进入门禁控制的场所。

门禁控制子系统可与视频监控子系统、火灾自动报警系统智能联动。当有人通过门禁设备进出时，视频监控子系统可调用相应摄像机，进行视频查看，以确定进出人员的身份。当火灾自动报警系统发生动作时，门禁控制子系统联动打开火灾报警相关区域的所有门，以利于运行人员进行火势控制或撤离。

5. 变电站智能巡检监督子系统

变电站日常设备巡视是保证变电站安全运行的一项重要的管理制度。截至目前，常规人工巡视方法由于存在劳动强度大、安全系数低、人工成本高等缺点，变电站智能巡检监督子系统已代替常规人工巡视方法在我国大中型变电站巡视管理中大量使用。该系统以智能巡检机器人为核心，整合机器人技术、电气设备非接触检测技术、多传感器融合技术、模式识别技术、导航定位技术及物联网技术等，能够实现变电站全天候、全方位智能巡检和监控的智能巡检系统。智能巡检机器人系统能够提高正常巡检作业和管理的自动化和智能化水平，为智能变电站和无人值守变电站提供创新型的技术检测手段和安全保障，更快地推进变电站无人值守的进程。智能巡检机器人如图9-2所示。

智能巡检机器人系统采用分层控制结构，分为上下两层，即基站和移动站控制层、系统层。智能巡检机器人主要用于户外变电站，用于代替巡逻人员巡逻检查。智能巡检机器人可以携带红外热像仪电站设备检测装置等，采用自主和遥控的方式对室外高压设备进行监测，以检测电气设备的内部热缺陷，以及外部机械、电气问题（如异物、损伤、发热等），为操作人员诊断电气设备运行和故障事故先兆提供相关数据。机器人系统能够在正确的时间代替人的检查工作，并能生成报表。机器人在恶劣的天气条件下，在没有监督人员的情况下，可根据检查的固定路自动返回出发点。

图 9-2 智能巡检机器人

6. 环境监测子系统

环境监测子系统通过各类传感器、控制箱、就地模块等设备对变电站内温湿度、微气象、溢水、SF_6气体浓度等环境信息进行实时采集监测，联动控制空调、风机等设备，达到改善站内设备运行环境的效果，保障变电站设备安全可靠运行。

三、智能辅助控制系统的运行及维护

为确保智能辅助控制系统在运行中安全可靠，运行之前（包括维护过程中）需要对关键设备进行测试。

1. 传感器性能测试

（1）测试对象。主要包括无线温度传感器、红外线热像仪、温湿度传感器、水浸传感器、水位传感器。

（2）测试内容。功能是否正常，性能是否满足要求。

2. 视频联动测试

（1）检查视频监控各通道监视与远方控制功能正常。

（2）检查视频图像与水浸传感器、振动传感器、烟感传感器等联动的正确性。

（3）验证通过信息融合消除虚警信息的有效性。

（4）设备操作时，检验视频图像联动的正确性。

3. 功能测试

（1）测试智能辅助控制系统的统一平台上，图像监控系统的各通道监视画面是否正确，并且是否可对视频进行调整。

（2）测试安全警卫系统声控报警是否正确，智能辅助控制系统的统一平台的报警信号及画面是否正确。

（3）测试火灾报警系统的声控、光控报警是否及时且正确。

（4）测试主变压器消防系统的功能是否正确，是否能正确喷水。

（5）测试采暖通风系统的智能风机是否能正常启动，采暖系统能否正常加热。

四、智能变电站的监控辅助系统配置实例

1. 监控辅助系统实例介绍

以智能变电站辅助系统综合监控平台 DH-IAS 为例来介绍监控辅助系统配置。DH-IAS 系统主界面共有用户信息、统计信息、子系统、常用功能、告警信息五个功能。登录客户端默认显示首页窗口，首页窗口界面如图 9-3 所示。

图 9-3 首页窗口界面

（1）用户信息：显示当前日期以及当前登录用户名。

（2）统计信息：显示当前连接设备信息。

（3）子系统：显示当前用户所有具有使用权限的子系统，通过点击子系统图标，可进入到相应的子系统主界面。

（4）常用功能：显示用户常用的功能，通过点击常用功能图标，可进入到相应的功能界面。

（5）告警信息：显示最新的告警信息。

2. 电子地图系统

点击电子地图，进入到该功能，能看到各级组织结构下配置的电子地图，选择一个变电站节点，可以看到该变电站下配置的一次设备、前端各区的监控设备、环境测试设备的部署图。当电子地图上的设备发生报警时，设备所在节点状态会发生变化。

3. 视频监控系统

视频监控系统共包括云台控制、语音对讲、录像回放、图片管理、画面分割、画面比例、视频上墙等功能。

4. 安全警卫系统

（1）状态显示。操作员能通过该系统界面查看前端所接入的开关量输入设备（双鉴、水浸、烟感、围栏等）告警时产生的状态。

（2）关联视频操作。通过双击安全警卫通道打开关联视频。环境量通道打开关联视频的前提是要在报警计划配置中给环境量通道配置关联视频。

5. 门禁控制系统

门禁控制系统主要用于门禁的远程控制和门禁历史事件的查询。

6. 智能控制系统

智能控制系统主要功能是控制变电站前端开关量设备，如灯光、风机，可以手动或系统联动实现设备启、停。具有延时保护、状态提示功能。能够控制空调等智能设备，实现智能设备的全面调节。不仅能够手动调节，也可以与环境监测系统的联动，实现自动的温、湿度调节。

7. 环境监控系统

该系统主要对环境量进行实时监控，展示环境量数据的实时值和变化曲线，提供历史报表和曲线的查询，输出环境量数据的统计报表和曲线。

（1）实时曲线。将环境量监测设备读取数据值以曲线形式呈现在客户端。

（2）实时列表。将环境量监测设备读取数据值以实时列表呈现在客户端。

8. 智能巡检系统

智能巡检系统支持分析的巡检类型包括红外测温、图片对比、多种圆形仪表、矩形仪表、多种电闸、多种 LED 状态灯和数字灯、干燥剂等。

进入"实时巡检"页面，从左侧计划列表中双击一个巡检计划，如果在该巡检计划执行时间段内点播，则会在巡检日志中提示请求监视计划成功，视频画面显示当前执行的巡检点画面，界面右侧显示当前巡检点信息和分析结果。

智能巡检系统还包括机器人巡检，智能巡检系统可以与智能机器人互动进行巡检，辅助变电站值班员进行 24h 不间断设备巡视。机器人可以按照事先扫描录入的线路图，顺利地绕过障碍一路前行，准确到达每台变压器设备下，并仔细观察设备各个部分的情况。值班员只要在控制室里，就能以机器人的视角看到室外设备的实时影像，此外，还可以将热成像图一起生成在屏幕上。通过机器人技术、即时定位与地图构建导航定位技术、图像识别技术、红外测温等高新技术，机器人可以通过内置红外热成像仪和可见光摄像机等变电站设备检测装置，在对变电站进行巡视时实时将画面和数据传输至远端监控系统，对设备节点进行红外测温，及时发现设备发热缺陷，同时也可采集变压器声音进行智能分析从而判断变压器的运行状况。

机器人左边带灯的眼睛是可见光摄像机，主要负责拍摄下实时的画面；右边的是红外热成像仪，用于测量温度，生成相关数据。中间的鼻子部分，是一个扫描仪，可以对地图进行扫描，并且自动规划、识别路线，给自己导航。下面还有拾音器，可以采集现场的声音来分析设备运行是否正常。智能巡检机器人的启用，大大减少了长期的人工投入，解决了恶劣天气下巡检难度大和危险度大的问题，能够更有效地保证设备巡检质量，提高工作效率，降低值班人员的工作强度，而且能为无人值守变电站的推广应用提供创新的技术检测手段，进一步提高变电站巡检的可靠性和安全性。智能巡检机器人还可以利用红外线摄像头对充油、充气设备的油位、油温进行监测分析，还能监测到断路器与隔离开关分合闸情况、避雷器动作次数与泄漏电流，利用计算机监控系统将设备进行放大确认处理，使得监控人员通过电脑也能对设备情况了如指掌。

9. 红外测温系统

进入红外测温系统界面，在左侧设备列表中点击红外摄像机将出现两路通道画面，一路是可见光通道画面，一路是红外通道画面。

红外测温系统可以同时打开三路红外测温设备，每路均包括可见光通道、红外通道和温度曲线图。

（1）鼠标测温。提供给用户在任意界面查看任意位置的温度。点击鼠标测温按键，进入鼠标测温状态；在红外视频画面区域点击，即可完成设置，再次点击鼠标测温按键，退出鼠标测温状态；在鼠标测温状态点击视频画面，可以任意点选测温点位置，且不需要与预置点绑定。

（2）红外告警配置。红外测温对象实时值异常时，可通过此功能设置报警。右键单击红外视频画面，选择"红外告警配置"，进入红外告警配置界面。用户根据需要设置测温对象的告警上限和下限，测温区域还可设置取值模式（设置测试区域显示温度最高值、最低值或平均值）。

（3）历史查询。用户可通过历史查询查看各个测温对象的历史数据。

10. 视频诊断系统

视频诊断系统用于视频质量诊断。该功能需要依赖视频诊断分析设备。在 Web 后台已经添加视频诊断设备之后，用户只需要配置诊断计划，到执行时间后台会自动执行。进入视频诊断系统，默认停留在诊断配置界面。诊断类别统计图统计出该计划中关联设备发生的所有告警。

11. 智能分析系统

智能分析系统用于行为分析（穿越警戒线、入侵警戒区、穿越围栏和物品遗留）和人数统计。

五、物联网技术在智能变电站的监控辅助系统的运用

物联网是新一代信息技术的重要组成部分，物联网内每个产品都有一个唯一的产品电子码（EPC），通常 EPC 被存入硅芯片做成的电子标签内，附在被标志产品上，被高层的信息处理软件识别、传递、查询，进而在互联网的基础上形成专为供应链企业服务的各种信息服务。

利用物联网技术，通过对外界的感知，构建传感网监测网络，对影响变电站运行的因素实施全方位智能监测。在传感网监测平台基础上建立一套全站公用的智能状态监测与辅助控制系统，集成状态监测、图像监视、安全警卫、火灾报警、主变压器消防、采暖通风等系统功能，达到智能监测、智能判断、智能管理、智能验证的要求，实现变电站智能运行管理。

智能监测是指对影响变电站运行的因素采用全方位、多手段的实时监测，自动评估变电站运行状态，减少人为工作量，是变电站实现自动化管理的前提。

智能判断是指在减少远方人员参与的前提下，根据监测的数据，评估变电站的运行状态，自动判出各类异常情况，生成处理方案，形成判断结果。

智能管理是指执行判断结果，实现辅助系统间的协调联动，消除异常情况造成的影响。形成异常情况处理过程报告，及时将结果上报远方集控中心。监测辅助系统的运行状态，执行远方集控中心的各项命令。

智能验证是验证站内人员的巡检、操作运行维护等行为的正确性，与站内人员行为实现互动，保证人员安全，避免事故发生。

视野拓展

"电力黑科技"——变电站智能巡检机器人

电网"生病"了怎么办？如何及时发现排除变电站存在的隐患？有办法！"5G＋"让电网运维转向智能化无人化。基于 5G 技术的变电站智能巡检机器人也将自动巡检的视频回传场景清晰展现出来。

变电站智能巡检机器人能够以全自主、本地或远方遥控模式代替或辅助人工进行变电站巡检，巡检内容包括设备温度、设备外观、隔离开关开合状态、仪表、设备噪声等，具有检测方式多样化、智能化，巡检工作标准化，客观性强等特点。同时，系统集巡检内容、时间、路线、报表管理于一体，实现了巡检全过程自动管理，并能够提供数据分析与决策支持。

巡检内容：对变电站设备温度进行实时采集和监控，同时可以对设备温度数据进行智能分析和诊断，实现对设备故障的判别和自动报警。具备机器视觉功能：可消除室外环境雨雾、光照等对设备图像清晰度的影响，可进行设备外观状态的自动识别。具备听觉功能：机器人通过采集设备运行中发出的声音，提取设备声音特征，为识别设备内部异常提供依据。

运行模式：①自主巡检：运行人根据巡检时间、周期、路线、目标、类型（红外、可见光等）灵活进行任务定制，机器人按照定制任务进行自动巡检。②定点巡检：运行人员选择部分设备进行巡检，系统自动生成最佳路线并执行定点任务。③遥控巡检：运行人员通过后

台手动控制界面，控制机器人执行巡检任务。

学习项目总结

该学习项目描述了智能变电站的监控辅助系统的概念、特点、应用结构，提出了智能变电站辅助系统的典型应用特征。智能变电站辅助系统是现代物联网技术在变电站的进一步发展的结果，也是智能变电站和高级应用的进一步提升，其主要变化体现在智能变电站监控、设备管理、门禁管理网络化功能实现等，如采用光纤作为辅助系统的主通道，采用功能强大的一体化平台，采用集成化、标准化的设备等。智能变电站辅助系统能够完成比常规变电站辅助系统范围更宽、层次更深、结构更复杂的信息采集和信息处理，变电站内、站与调度、站与站之间、站与大用户和分布式能源的互动能力更强，信息的交换和融合更方便快捷，控制手段更灵活可靠。智能变电站辅助系统具有信息数字化、功能集成化、结构紧凑化、状态可视化等主要技术特征，符合易扩展、易升级、易改造、易维护的工业化应用要求。能够进行扩展高级应用，有效解决了统一建模的问题，增强了和站外的互动能力。

复习思考

1. 如何描述智能变电站的监控辅助系统？
2. 智能变电站的监控辅助系统技术应用特征有哪些？
3. 智能变电站的监控辅助系统结构体系特点有哪些？
4. 智能变电站的监控辅助系统主要技术有哪些？
5. 智能变电站的监控辅助系统功能与常规变电站辅助系统有哪些创新？
6. 智能变电站的监控辅助系统功能有哪些？
7. 智能变电站的监控辅助系统配置哪三层设备结构？
8. 智能变电站的监控辅助系统前端设备包括哪些？

标准化测试试题

学习项目九 标准化测试试题

参考文献

[1] 王晓旭，郭亚昌，段晓晨，等．新一代智能变电站辅助系统建设思路深化研究［J］．山西科技，2016（6）：4.

［2］王芝茗．基于集中式保护测控系统的智能变电站［M］．北京：中国电力出版社，2012.
［3］高翔．智能变电站技术［M］．北京：中国电力出版社，2012.
［4］河南省电力公司．智能变电站建设管理与工程实践［M］．北京：中国电力出版社，2012.
［5］于海龙，刘晓伟，李志戈．变电站智能巡检系统的研究［J］．电子世界，2015（21）：2.
［6］丁书文．变电站综合自动化原理及应用［M］．2版．北京：中国电力出版社，2010.
［7］宁夏电力公司教育培训中心．智能变电站运行与维护［M］．北京：中国电力出版社，2011.